기술과 국가

스티븐 브라이엔 지음 | 조용호 옮김

표지의 글자체

표지의 글자체는 대한민국 공군에서 독자 개발한 공군서체(강한공군체, 바른공군체)로 2023년 독일 iF 디자인 어워드(iF Design Award 2023)에서 본상을 수상하였다. 대한민국 공군 인터넷 홈페이지(https://rokaf.airforce.mil.kr/)의 홍보자료실에서 다운로드 받을 수 있다.

표지의 그림 설명

위 사진은 1945년 7월 16일, 미국 뉴멕시코 주의 앨러머고도(Alamogordo) 폭탄 시험장에서 실험된 최초의 원자폭탄이다. 폭탄이 만들어진 로스앨러모스(Los Alamos)에서는 이 폭탄을 "가젯(Gadget)"이라고 불렀으며, 플루토늄의 핵분열을 이용한 원자폭탄이었다. 옆에 앉아 있는 사람은 미국의 유명한 물리학자 로버트 오펜하이머(Robert Oppenheimer) 다음으로 로스앨러모스 연구소장을 지낸 물리학자 노리스 브래드버리(Norris Bradbury)이다.
Image Credit: U.S. Department of Energy, TR00224(Trinity test, Partially assembled Gadget) (https://commons.wikimedia.org/wiki/File:TR00224_(35631842225).jpg)

아래 사진은 미국 테네시 주 오크리지(Oak Ridge)에 있는 우라늄 농축 시설에서 찍은 것이다. 사람들은 이것을 칼루트론(Calutron)이라고 불렀으며, Y-12 전자기 동위원소 분리 플랜트의 일부였다. 사진의 제목처럼 "칼루트론의 소녀들(Calutron girls)"이 칼루트론 제어패널 앞에 앉아 있다. 여러 개의 근무교대 조를 편성해 24시간 동안 장비를 가동하였으나 정작 사진의 소녀들은 기계의 용도를 알지 못했다.
Image Credit: James E. Westcott, Official US Army Photographer for the Manhattan Project, American Museum of Science and Energy (https://en.wikipedia.org/wiki/File:Y12_Calutron_Operators.jpg)

기술과 국가

군사기술혁명 시대의 기술안보

Technology and Security
in the Era of the Military Technology Revolution

스티븐 브라이엔 지음 | 조용호 옮김

드러커마인드

To Shoshana Bryen
and
In honor of my children and grandchildren

쇼샤나 브라이엔,
그리고 나의 자녀들과 손주들을 위하여

저자소개

스티븐 브라이엔(Stephen D. Bryen)은 안보전략과 기술 분야를 선도하는 전문가이다. 미국 국방부와 의회에서 고위직을 역임했으며, 다국적 방산기업의 대표를 지내기도 했다.

저자는 Asia Times, American Thinker, Epoch Times, Newsweek, Washington Times, Jewish Policy Center, Weapons and Strategy 등 기타 여러 신문과 잡지에 글을 기고하고 있다. 본 책의 초판인 "기술안보와 국력"(Technology Security and National Power, Routledge & CRS Press)"과 "성지를 위한 보안"(Security for Holy Places, Morgan James Publishing)을 포함하여 기술과 안보를 주제로 6권의 책을 출간했으며, 국가안보와 국방에 관련된 다수의 연구에 참여하는 등 지속적으로 많은 활동을 하고 있다.

브라이엔 박사는 정부와 업계에서 50년의 경력을 갖고 있다. 미국 상원 외교위원회 수석 운영국장, 지역 NGO 정치조직 수석 임원, 유대인 국가안보문제연구소 소장, 국방부 정책차관, 국방기술보안청(DTSA, 방산기술보호본부라고도 불림) 창설자이자 초대 청장, Finmeccanica(현재의 Leonardo사) 북미 지사장, 미국-중국 경제안보심의위원회 심의위원 등을 역임했으며, 현재는 미국 안보정책센터(Center for Security Policy) 선임연구원, 아시아 타임즈(Asia Times) 선임특파원, 무기와 전략(Weapons and Strategy)의 편집장이다. 다국적 방산 대기업인 Finmeccanica에서 근무할 당시, 그가 이끌었던 북미 지사는 기하급수적으로 성장하였으며, 연간 50억 달러 이상의 매출을 달성하기도 했다.

기술과 안보 분야의 유명한 저널리스트인 데이비드 실버버그(David Silverberg)는 《Homeland Security Today》에서 다음과 같이 기술하였다. "브라이엔은 정부에서 경력을 쌓은 후 민간 기업에 발을 들였지만, 진정한 기업가이자 혁신가였다. 브라이엔의 포트폴리오의 핵심은 공동의 방위를 추구하기 위하여 미국과 동맹국들의 기술협력을 관리하고 이끌어가는 것이었다."

브라이엔 박사의 다양한 경험과 탁월한 성과로 미국 국방부는 두 차례에 걸쳐 그에게 특별 최고 훈장을 수여하였으며, 현재 그는 미국 워싱턴 D.C.의 정관계와 국제사회로부터 정부와 민간 비즈니스 분야를 대표할 수 있는 검증된 리더로 인정받고 있다.

미국 CBS의 프로그램 "60분(60 Minutes)"의 몰리 세이퍼(Morley Safer)는 다음과 같이 말했다. "브라이엔 박사는 미국 국방부에서 민감한 기술을 적대국, 잠재적인 적대국, 그리고 의심스러운 동맹국들로부터 보호하는 최고의 경찰 역할을 맡았다."

타임지의 아일린 섀넌(Eileen Shannon)은 "브라이엔은 무기거래에 있어서 스타워즈의 요다(Yoda)이다. 전직 국방부 수출 책임자였던 그는 규제의 모든 취약점을 알고 있기 때문에 그의 말을 무시하면 위험에 빠질 것이다."라고 말했다.

추천사

"스티븐 브라이엔의 매력적인 저서의 명확하고 명료한 산문은 높은 수준의 기술 자료를 일반 독자들도 쉽게 이해하고, 접근할 수 있도록 해준다. 그의 이야기는 성경으로 시작하여 최근의 특징적인 사례들과 미국의 경험을 중심으로 서술하고 있으며, 기술적 우위가 승자와 패자를 결정짓는 절대적인 요소는 아니더라고 큰 영향을 미칠 수 있음을 강조하고 있다. 이 책은 풍부하고 상세한 역사적 사례와 더불어 마치 탐정 추리소설을 읽는 것과 같은 재미를 준다."

- Juliana Pilon, 미국 알렉산더 해밀턴(Alexander Hamilton)
서양문명연구소 선임연구원

"스티븐 브라이엔의 훌륭한 연구 성과는 기술을 확보하고 통제하는 주체가 가졌던 이점과 지속적으로 우위를 유지하기 위한 긴장상태를 설명한다. 또한 진화된 기술과 비밀스러운 기술들을 '획득'하는 방법도 어떻게 진화했는지를 보여준다. 저자는 '이미 시작된 기술의 세계화가 퇴보할 가능성은 없다.'고 지적하며, 기술을 최대한 보호하기 위해 고려할 수 있는 계획들을 제시한다. 새로운 프로그램을 기획할 때에도 보안은 중요한 고려 요소가 될 것이기 때문에 정부와 산업계의 정책 입안자들은 본 책을 읽고 숙고하는 것이 좋을 것이다."

– Norman Saunders, 미국 해안경비대(USCG) 제독(예. 소장)

"주제가 기술안보라면, 미국의 '선택'은 당연히 스티븐 브라이엔이다. 국방부 또는 산업계, 정부 또는 애국 정당 등을 위해 활약하는 브라이엔의 가족들은 미국의 지식 무기고에서 가장 강력한 '무기'이다."

– Larry Taylor, 미국 해병예비군(USMCR) 장군(예. 소장)

"새로운 정보시스템의 개발, 국방에 적용되는 마이크로 전자공학 분야의 연구, 잠재적인 적들의 손에 들어갈 수 있는 대량살상무기(WMD)의 등장으로 인해 정책 입안자들은 이러한 제품과 기술의 상업적인 거래에 더 큰 관심과 주의를 기울여야 한다. 스티븐 브라이엔은 일반 대중들도 이러한 기술의 상대적인 중요성을 이해하는 것 역시 중요하다고 말한다. 그래야만 미래의 전략게임에서 승자와 패자를 구분할 수 있을 것이기 때문이다.

– Daniele Lazzeri, 이탈리아 싱크탱크 Il
Nodo di Gordio 의장

목차

저자서문

1981년에 국방부에 근무하게 되면서 미국의 기술이 구소련(이하 "소련")에 유출되는 것을 막는 데 집중하라는 요청을 받았다. 이와 같은 요청의 주된 원인은 미국의 무기시스템이 소련에 의해 복제되고 있다는 정보당국의 커지는 불안감 때문이었다. 더욱 걱정스러웠던 점은 소련이 기술을 획득하기 위해 정교한 네트워크를 구축하고, 첨단 마이크로 전자공학, 컴퓨터 그리고 컴퓨터와 연관된 시스템, 최신 제조기술과 같은 "소프트(soft)"한 기술 분야에 초점을 맞추었다는 것이다.

임무를 받았을 때, 미국의 기술이 외부로 유출되는 것뿐만 아니라 그것을 통제하려는 노력이 세 가지 이유로 인해 어려울 것이라는 사실을 곧 깨달았다. 그 이유는 미국, 유럽, 아시아 회사들이 소비에트(Soviets) 국가에 기술을 팔고자 하는 욕망, 판매를 촉진하기 위한 미국 국무부, 상무부 등 우리 정부의 압력, 그리고 종종 수출통제법 이행에 실패하는 우리 동맹국들의 약점들 때문이었다.

미국 국방부 내에서도 해외에서 수익성을 기대할 만한 무역거래를 차단하는 것에 대한 반대가 있었다. 그 이유는 국방부의 많은 고위공직자, 특히 조달 관련 활동에 종사하는 사람들은 종종 업계에서 국방부로 오기도 하고, 다시 업계로 돌아갈 것을 기대하는 경우가 많았기 때문이다. 때로는 소위 "의자에 먼저 앉기 놀이(musical chair)"라고 불리기도 하는, 업계 임원을 정부에 고용하는 방안은 장기적인 관점에서 정부에서 오랫동안 근무한 관료들로부터 얻기 힘든 현명한 리더십을 제공하는 경우가 많다. 그러나 단점은 이렇게 임용된 인물들이 출신 기업에 대해 일종의 충성심을 가지고 있다는 것이다. 항상 이해가 상충되는 것은 아니지만, 때로는 국가 안보를 희생하더라도 기업과 산업분야의 이익을 증진하는 방향을 대변하기도 한다. 실제로는 주로 무역 증진에 관심이 있는 상무부와 국무부를 상대로 협력하는 것보다 국방부 내부에서의 싸움이 더 어려웠다. 1981년에 인식했던 것과 같이 미국의 안보를 보호하기 위해 강력한 기술통제 프로그램의 방향을 올바르게 설정하고, 구현하는 데 거의 3년이라는 시간이 걸렸다.

1981년부터 우리가 본 것은 소련이 대규모 군사적 팽창을 감행하고, 새로운 전략 전술무기를 전례 없는 속도로 도입함으로써 미국과 NATO 동맹국들에게 도전하고 있다는 것이었다. 소련 측에서 전략무기의 우위를 점한다면, 재래식 무기로부터 이탈을 초래할 것으로 예상되었기 때문에 소련 측의 군비지출 속도가 예상과 같이 지속된다면, 한편으로는 유럽의 안보가 다른 한편으로는 미국의 국가안보가 위태로워질 수 있었다. 이것은 두 가지를 의미했다. 미국은 유럽, 중동, 페르시아만과 같은 많은 지역에서 주도적인 입지를 잃을 것이고, 미국의 경제는 정체되거나 빠져나올 수 없는 깊은 불황에 빠질 수 있다는 것이다. 무엇보다도 세계는 더욱 위험해질 것이다. 왜냐하면 미국은 대표적인 민주주의 국가이자 현상 유지(status-quo)의 세력으로서 세계질서와 평화를 조금이라도 보장하는데 도움이 되는 안보우산(security umbrella)을 제공하기 때문이다. 만약 그것이 사라지면, 그 원심력은 전 세계적으로 다양한 문제를 야기하기 시작할 것이고, 폭력과 위험의 수준은 급속히 높아질 것이다.

이 모든 것은 일정부분 소련의 군사적 우위에 달려 있었다. 소련의 지도자들이 상황을 정확히 본 것은 분명하지만, 실제로 이 상황을 가늠하기 위해서는 특히 대리전 같은 경우, 미국의 능력을 지속적으로 시험할 필요가 있었다. 물론 소련의 비결은 열핵무기와 그 운반체계의 획기적인 발전이었다. 소련은 이 무기들에 많은 투자를 했고, 미국이 이에 대응하기 위해 많은 것을 할 수 있을 것이라고는 기대하지 않았다.

레이건 정부는 주로 베트남 전쟁 이후 심하게 고갈된 미군 병력을 재건하는 데 중점을 두었는데, 새로운 전차, 항공기, 미사일, 통신장비, 레이더, 위성 및 우주선 등이 주요 과제였다. 해군은 활력을 되찾고 실질적으로 확대될 것이며, 육군, 공군, 해병대는 그 규모가 커지고 새로운 무기를 확보하게 되는 것이었다. 하지만 소련의 도전에 응답하는 것은 시간이 걸리는 일이었다. 예산을 배정하는 것과 새로운 무기를 생산하는 것은 별개의 일이다. 주요 무기 플랫폼을 개발하고 배치하기 위해서는 8년에서 12년이 걸린다. 하지만 소련은 상당히 빠르게 움직이고 있는 것으로 나타났다. 새로운 프로그램을 시작하기 위해 의회의 승인을 필요로 했던 미국과 달리, 소련은 신형 ICBM이든, 신형 열핵무기이든, 신형 잠수함이든, 또는 개량된 전차든 플랫폼 개발을 착수하는 데 있어 걸림돌이 없었다.

그러나 미국은 한 가지 중요한 이점을 갖고 있었다. 그것은 바로 조금 더 진보한 기술이었다. 보다 더 나은 기술로 더 강력한 무기를 생산할 수 있었다. 사실 그것은 일종의 힘의 승수였다. 소련은 그들의 투자가 미국의 기술을 손에 넣을 수 있는 능력과 연계된다는 사실을 알고 있었다. 우리의 임무는 그들을 막을 방법을 찾는 것이었다. 그 결과 우리는 기술 유출과 손실에 대한 통제를 상당히 강화할 수 있었고, 소련이 기술의 전선에서 입지를 확보하고자 하는 노력을 거부할 수 있었다.

이 경험을 통해 기술이 국가안보에 얼마나 중요한지를 깊이 알게 되었다. 그때와 마찬가지로 지금도 우월한 기술을 활용해 올바른 안보체제를 구축하면 국력을 강화시킬 수 있다고 생각한다. 그 반대도 마찬가지이다. 기술의 이점을 함부로 쓰면 국력이 크게 약화된다. 오늘날 미국이 기술적 우위를 낭비하고 미국의 힘을 실질적으로 약화시켰다는 것은 완전히 명백한 사실이다. 그로 인해 경제적, 정치적 약화가 초래되었고, 외국 기업들, 특히 중국을 비롯한 여러 나라에 주요 제조업 분야의 일자리를 뺏겼으며, 경제가 약화되어 예산과 군 인력이 감축되고, 필수적인 무기획득 프로그램이 취소되는 등, 그 증상들 중 일부는 아주 뚜렷하게 나타났다. 미국이 곤경에 처해 있다고 말하는 것조차 상황을 정확하게 판단하지 못하고 과소평가하는 것으로 간주될 정도이다.

미국이 약해지면 전 세계가 혼란에 빠지게 된다. 주위를 둘러보면, 미국의 후퇴가 가시적이면서도 동시에 얼마나 슬픈 상황인지 어렵지 않게 알 수 있다. 미국은 중동에서의 입지를 잃었고, 우방이 아닌 적과 동맹을 맺으려고 함으로써 문제를 더욱 악화시켰다. 이는 전쟁에서 패배했을 때나 하는 행동이다. 러시아는 날마다 NATO의 대응 시간을 시험하고 있으며, 발트해와 북대서양을 포함한 민감한 지역에서 NATO 동맹에 도전하고 있다. NATO는 아마도 곧 멸종된 도도(dodo)새의 길로 나아갈지도 모른다.

본 연구는 국력에 있어 기술의 중요성을 고찰하고, 잃어버린 것들의 일부를 되찾는 방법을 제안하기 위함이다. 기술이 국력과 어떻게 연관되어 있는지 이해하기 위해 먼 과거, 고대까지의 사례를 연구해 볼 것이다. 성경에 기술과 국력에 관한 중요한 단서가 기록되어 있다는 사실에 놀라는 사람도 있을 것이다. 그렇게 기록된 교훈 중 일부는 오늘날에도 여전히 설득력이 있다. 우리는 또한 기술이 대량살상무기(WMD)를 탄생시킨 20세기와 21세기 초의 고된 노력과 마이크로 전자제품과 컴퓨터와 같은 신기술에 대해 더욱 자세히 살펴볼 것이다. 미국의 국력 중 상당 부분이 극도로 중요한 마이크로 전자제품, 컴퓨터 기술 등의 영역을 기반으로 하고 있으며, 바로 이 기술들이 해외로 퍼지고 잠재적인 적대 세력들의 손에 점점 더 많이 들어가고 있다. 우리가 결과를 맞이했을 때는 이미 늦었으며, 더 이상 게임에 참여할 수 없을 것이다.

이 책에서 설명하고 기술한 내용들이 정책 입안자와 대중들로 하여금 기술이 국가 안보에 얼마나 중요한 영향을 미치는지를 이해하고 교훈을 얻을 수 있기를 바란다. 우리는 마지막 장에서 이 문제에 초점을 맞추어 누가 승자이고 누가 패자인지를 살펴볼 것이다. 이 책의 가장 큰 장점은 기술에 대한 이해를 심화시켜 우리의 기술정책을 어떻게 구현하고 운영할지를 재고하는데 도움을 줄 수 있다는 것이다. 내가 이 책에서 기술한 것처럼, 우리에게는 신뢰할 수 있는 정책이 없기 때문에, 우리가 큰 어려움 속에서 표류하고 있다고 해도 과언이 아니라는 생각이다.

- 스티븐 브라이엔

초판서문

냉전시기 미국은 첨단 기술을 활용해 무기체계와 지휘통제 자산을 개선함으로써 소련의 군사력 증강에 균형을 맞추려 했다. 소련군이 활용할 수 없었던 기술적 돌파구를 활용한다면, 기술은 힘의 승수가 될 것이고, 미국과 NATO 장비의 부족을 보완해줄 것이었다. 전략이 효과를 발휘하려면 NATO 정부는 다음 사항에 전념해야 했다.

① 신기술을 소련보다 더 빨리 받아들이고 적용하기
② 거부 정책 수행: NATO에 의해 통제되는 중요한 기술에 대한 소련의 접근 차단
③ 기술을 효과적으로 이용할 수 있는 군사적 교리를 만들기

미국의 장점은 국방기술에 대한 투자와 활기찬 국내의 민간 경제였는데, 소련은 이 두 가지를 모두 결여하고 있었다. 강력한 민간기술과 군사기술의 결합이 가져온 "군사혁명(Revolution in Military Affairs)"은 결국 소련제국의 붕괴로 이어졌다. 대륙간탄도미사일(ICBM)과 다탄두 개별목표 재진입체(MIRVs)에 대한 소련의

막대한 군사적 투자를 약화시키고, NATO를 비롯한 유럽에서 서방의 양보를 얻어내려는 공산당 지도자들의 희망을 좌절시킨 것은 레이건 대통령의 "스타워즈(Star Wars)" 탄도미사일 방어 프로그램이며, 이보다 더 명백하게 효과적인 것은 없었다.

기술에 대한 통제는 소련과 바르샤바 조약 기구 동맹국들이 미국과 NATO를 따라잡지 못하게 하는 필수적인 요소였다. 파리에 본부를 둔 대공산권수출조정위원회(COCOM, Coordinating Committee for Multinational Export Controls)는 기술에 대한 정책들이 논의되고 실행되는 전쟁터였다. COCOM은 회원국 중 한 개의 국가의 반대만으로도 수출을 차단할 수 있었기 때문에, 미국은 독특한 영향력을 행사했고, 1980년대에는 마침내 동맹국들에게 각각의 통제정책과 정책 준수를 요구하기도 했다. 대체로 COCOM 연습이 효과를 거두면서, 소련은 군사혁명의 핵심 요소인 컴퓨터와 전자공학 분야에서 계속 뒤처졌다. 단 한 가지 예만 들어보면, 1970년대 후반과 1980년대 초반 몇 년 동안 미사일통제 시스템과 "스마트(smart)" 무기에 필수적인 마이크로 전자공학 분야에서 미국이 소련을 앞서는 기간은 1~3년 정도였다. 무기 시스템의 수명을 고려할 때, 이러한 작은 차이는 기술적 우위를 보장하기에는 충분하지 않았다. 미국의 통제정책과 COCOM 덕분에 1980년대 후반까지 그 격차는 7년 이상이 되었고, 그 이후 그 차이는 급격하게 더 벌어졌다. 소련은 미국의 스마트 무기를 따라잡는 것과 이에 대한 대응책을 찾기가 점점 더 어려워졌다. 미국이 아프가니스탄 반군에 첨단 스팅어(Stinger) 미사일을 공급했을 때, 소련은 마치 바지가 벗겨진 채 발이 묶인 것과 같이 다수의 무장 헬리콥터와 제트 전투기를 잃었다.

미국은 소련을 붕괴시키는 과정에서 기술이 국력에 필수적이라는 사실을 깨달았지만, 그 교훈은 금세 잊혀졌다. 미국은 초강대국의 우위를 유지하는 대신 이제 세계 어느 곳으로나 자유롭게 기술을 수출하기로 결정했다. 그것은 마치 거대한 압력 밸브가 열리는 것과 같았다. 미국 기업인들은 언제 어디서나 거래를 성사시키기 위해 달려갔다. 마치 이를 축하라도 하듯이 COCOM은 곧 폐지되었으며, 수출통제와 관련된 모든 규율도 사라졌다.

COCOM과 효과적인 수출통제를 포기한 것은 여러 가지 측면에서 미국의 힘을 약화시켰다. 중국은 주로 미국 덕분에 기술강국이 되었고, 이제 아시아에서 미국의 우위에 도전할 수 있는 위치에 올랐다는 평가가 많다. 미국의 국방비 삭감, 지상군과 해군의 축소로 인해 중국은 미국을 아시아에서 멀리 밀어내고 이 지역 세력의 주요 중재자로서 자리매김하는 길을 모색하고 있다고 본다. 부상하는 중국의 초기 희생자는 아마도 미국 함대와 미국 의회에 보호를 의존해온 대만일 수도 있다. 그리고 만약 미국의 힘이 쇠퇴하고, 대만의 군사력을 최신상태로 유지하는 것이 점점 더 어려워진다면 상당한 곤경에 처할 수도 있을 것이다.

한편, 대만의 사례가 일본한테도 해당될 수 있다. 일본은 제2차 세계대전 이후 국방복지를 시행해 왔으며, 자체 방위에 많은 투자를 하지 않았고 결과적으로 경제와 사회지원 프로그램에 더 많은 예산을 투입하였으며, 자국의 안보를 위해 미국의 힘을 제공받는 이점을 누렸다. 중국은 일본의 속내를 탐색하기 시작했다. 그리 멀지 않은 미래의 어느 시점에 중국은 미국을 일본으로부터 더 멀리 밀어내기 위해 더욱 강력한 친중 정치 활동을 후원할 수도 있다. 조금 더 과장해서 만약 이것이 성공한다면, 중국은 이 지역에서 재편성을 강요하고, 일본의 기술과 산업 역량을 확보할 수도 있다. 이는 아마도 제2차 세계대전 이전과 전쟁 중에 일본이 중국과 한반도를 착취했던 것을 뒤집을 수도 있는 것이다. 만약 중국이 성공한다면 의심의 여지가 없는 세계 초강대국이 될 것이다.

점점 더 많은 중국 전문가들과 중국에 정통한 인원들이 미국에게 위험성을 경고하고 있다. 그러나 워싱턴은 중국의 힘이 커지고 있다는 사실을 거의 인식하지 못하고 있으며, 그 힘의 대부분도 미국의 원천 기술에 기반을 두고 있다는 지적이 많다. 그리고 국방기술과 비밀에 대한 보호 등 가장 합리적으로 필요해 보이는 조치조차 거의 취해지지 않았다. F-35 합동타격전투기(Joint Strike Fighter)와 같은 미국 최고의 무기와 관련된 수백만 건의 기록, 설계도, 설계정보, 그리고 소프트웨어 코드가 중국을 위해 활동하는 사이버 범죄자들에게 도난당했다는 기사들이 많이 보도되었다. 미국의 국방기술 그리고 경제적으로 중요한 상용제품들과 시스템들이 체계적으로 약탈당하고 있지만 미국정부는 여전히 엉뚱한 방향으로 나아가고 있다.

대량살상무기(WMD) 확산 과정에서도 실패한 기술정책의 충격이 감지된다. 이러한 기술 확산의 주범은 과거의 소련이나 오늘날의 러시아가 아니다. 미국과 유럽은 훨씬 더 나쁜 행위자였고, 그런 나쁜 행위는 지금도 계속되고 있다. 이라크와 시리아의 신경가스 방출로 인한 결과의 일부를 이미 목격했고, 곧 생물무기의 사용도 보게 될 것이다. 생화학무기의 사용 위험과 함께 중동이나 남아시아, 한반도에서도 핵무기가 사용될 위험성이 점점 더 커지고 있다. 이러한 위험은 필연적이고 현실적이며, 그 위험성은 점점 더 커지고 있다. 재앙의 가능성이 기하급수적으로 증가하고 있다고 생각하는 것은 틀린 말이 아니다. 우리가 직면한 다양한 위험을 되돌리는 것은 세대를 초월한 과제이다. 안타깝게도, 느슨한 기술통제를 강화하거나 미국의 국방기술을 보호하고, 국가안보 이익을 확고하게 지켜보자고 주장하는 사람은 거의 없다.

이 책은 성서시대부터 현재를 조망하며, 기술의 역사와 기술이 국가 권력에 미치는 중대한 영향성을 살펴볼 것이다. 우리의 지도자들과 시민들이 기술 확산의 위협을 심각하게 받아들이고, 국가안보와 세계평화를 보호하기 위해 행동하도록 설득하는 것이 나의 목표이다. 나의 논지를 명확하게 설명하기 위해 이 책에서는 기술이 어떻게 승자와 패자를 모두 만들 수 있는지를 설명할 것이다. 어떤 사람들은 권력이 총구에서 나온다고 생각한다. 그러나 더 정확하게는 권력은 안보에 필수적인 "기술의 통제"에서 나온다. 이것은 고대와 현대 모두 해당되었지만 널리 알려지고 이해되는 것 같지는 않다. 국가적으로 위기가 닥쳤을 때 각 국가들은 스스로를 보호하기 위한 조치를 취하겠지만, 이는 역설적으로 결과를 예상할 수 없는 게임에 관대한 방식으로 참여하는 것이다. 불행하게도 우리 지도자들은 종종 기술에 대해 무지하다. 그들은 국가 안보에 대한 기술의 힘이나 가치를 이해하지 못하고, 너무나도 자주 정치적인 목표를 추구하면서, 왕관의 보석을 포기하기도 한다. 우리 미국만이 그렇게 한 것은 아니지만, 자신의 자유를 가장 높은 가격에 파는 것은 특히 자유 민주주의 사회의 나쁜 습관이라는 점에 유의해야 한다. 레닌도 스탈린도 이것을 아주 잘 알고 있었다. 미국의 시각에서 바라보았을 때, 푸틴 대통령, 시진핑 주석 등 세계의 지도자들이 이를 이해하지 못할 것이라고 장담하는 사람은 아마도 없을 것이다.

- 스티븐 브라이엔

제1장

고대인과 기술

The Ancients and Technology

제1장

고대인과 기술
(The Ancients and Technology)

"보라 숯불을 불어서 자기가 쓸 만한 연장을 제조하는 장인도 내가 창조하였고 파괴하며 진멸하는 자도 내가 창조하였은즉"
- 이사야(Isaiah) 54장 16절 -

오늘날 우리는 급부상하고 넘쳐나는 기술혁신에 매료되어 기술의 역할이 정치적인 권력을 행사하고, 군사작전을 가능하게 한다는 역사적인 사례를 잊는 경향이 있는 것 같다. 확실히 유럽이나 중동, 남미, 중국을 여행하는 사람들은 고대의 유적과 유물들을 쉽게 볼 수 있다. 그 유물들은 이집트의 피라미드, 그리스인과 로마인이 건설한 에페소스(Ephesus)의 – 튀르키예에 위치하고 있으며, 에페스라고 불리는 – 급수시설(water system), 로마의 판테온(Pantheon), 북미의 아즈텍과 잉카의 계단식 농업 시스템이 있으며, 요르단[1]과 이스라엘 네게브(Negev)의 나바테아 왕국(Nabateans) 유적도 충분히 내세울 만하다. 고대의 기술은 가시적이고 유형적인 노출로 인하여 많은 것들이 발견되었는데, 현재에도 중국, 러시아, 중동, 영국에 이르기까지 전 세계의 유적지를 대상으로 고고학 연구가 지속적으로 진행되고 있기 때문에 더 많은 것들이 드러날 가능성이 높다.

우리의 관심은 주로 기술이 어떻게 정치적, 군사적 힘으로 직접적으로 전환되었는지에 중점을 두고 있으며, 기술의 발전이 안보에 어떤 영향을 미쳤는지를 찾아보는 데에도 두고 있다. 예를 들어 폼페이우스(Pompey) 유적지의 화장실은 로마인들이 배관 및 위생 분야에서 얼마나 중요한 발전을 이루었는지를 보여주었는데, 만약 기원전 430년에 아테네인들이 로마인들과 같은 일을 했다면 펠로폰네소스(Peloponnesian) 전쟁의 결과는 달라졌을 것이다.

스파르타 동맹과 싸웠던 아테네인들은 도시 외부의 인구를 스파르타 공격대로부터 멀리하기 위해 아테네로 이동시키는 전략을 취했다. 결국 아테네는 인구의 과밀화와 위생시설의 부족으로 인해 큰 타격을 입었고, 전염병이나 전염병과 유사한 질병이 유행함에 따라 인구의 절반 이상이 사망했다. 아테네인들은 나름대로 신중하게 행동했지만 재앙이 일어난 것이다. 대신 아테네가 스파르타를 공격하는 전략을 결정했다면 결과는 달라졌을 수도 있었다. 앞서 말했듯이 아테네는 질병으로 인해 매우 값비싼 대가를 치렀으며, 그 지도자 페리클레스(Pericles)도 전쟁이 아닌 전염병으로 사망했다. 결론적으로 아테네의 인구는 감소했을 뿐만 아니라 스파르타와의 전쟁이 너무나 오랫동안 지속되면서 그들의 힘과 부를 낭비하게 되었다.

기술을 현명하게 사용하면, 어떻게 정치적인 통제가 가능한지를 보여주는 흥미로운 사례가 성경에 기록되어 있다. 히브리어와 기독교 성경은 동일하지 않으며, 성경 본문의 내용들은 복잡한 역사와 함께 얽혀있다. 성경은 어느 시기에서든지 공동체의 필요를 충족시키거나 정치적, 종교적, 이념적 주제 - 그것은 또한 고대 성경의 본문과 메시지의 의미를 창의적으로 바꾸거나, 사실을 바꾸거나, 불편한 부분을 제거하는 것을 의미한다. - 를 강조하기 위해 수년에 걸쳐 그리고 다양한 사람들에 의해 기록되고 개정되었다.

수 세기에 걸친 재작업과 편집에도 불구하고, 놀랍게도 몇몇의 흥미로운 이야기들은 살아남았다. 그 중 하나가 이스라엘의 첫 번째 왕인 사울(Saul)을 물리친 다윗(David)의 이야기이다.[2] 다윗은 성경에서 등장하는 가장 복잡한 인물 중 하나인데, 그에 대한 이야기는 여러 가지 이유로 설득력이 있다. 종종 죄를 지어 하나님으로부터 벌을 받았지만 전반적인 생애는 "하나님의 사랑(Beloved of God)"으로 총애를 받았다.

우리의 논하고자 하는 목적에 맞는 다윗의 이야기 중 가장 중요한 부분은 다윗과 블레셋(Philistines) 사람들이 연관되어 있다. 이들의 관계는 다윗과 그의 부하들을 함정에 빠뜨려 죽이려 했던 사울 왕으로부터 다윗과 부하 600여 명이 도망쳐 나오면서 시작된다. 지금 우리가 알고 있는 성경의 이야기는 영웅 다윗이 사울로부터 부당한 대우를 받음에 따라 투쟁하는 모습으로 묘사된다. 예언자 사무엘은 사울에 대한 지지를 철회하고 다윗을 후계자로 선택하였다.

〈다윗에게 기름 붓는 사무엘〉

(두라 에우로포스 유적지 발굴 작품, 3세기경, Dura Europos synagogue painting : Yale Gilman collection) https://commons.wikimedia.org/wiki/File:Dura_Synagogue_WC3_David_anointed_by_Samuel.jpg

하지만 다윗은 수배자가 되어 도망을 갔는데, 자신과 그의 부하들을 블레셋 지역의 가드 왕 아기스(King Achish of Gath) - 가드(Gath)는 블레셋의 5개 도시 국가 중 하나이며 이스라엘 해안 평야와 초기 이스라엘 정착촌이 집중되어 있던 유대 산기슭 사이에 전략적으로 위치해 있었다. - 에게 바친다. 다윗과 아기스는 둘 다 사울을 물리치고 싶어 했기 때문에 편의상 동맹을 맺었다. 이 거래가 성사된 이유는 다윗이 사울의 전투방법에 대한 전략적인 정보를 제공할 수 있는 능력을 갖고 있었고, 사울을 상대로 싸우겠다는 의지도 있었기 때문이었다.[3]

블레셋 사람들은 크레타(Cretan) 또는 적어도 에게해(Aegean)

출신으로 여겨진다. 그들은 현재의 가자(Gaza) 아래에서부터 북쪽의 레바논(Lebanon)까지 뻗어 있는 이스라엘 해안 평야를 점령했다. 블레셋 사람들은 고대 팔레스타인을 통과하는 모든 무역을 통제했고, 그들의 군대를 사용하여 그 지역에 사는 부족들을 통제했다. 그럼에도 불구하고 블레셋의 통치는 훨씬 더 강력한 남쪽의 이집트인과 북쪽의 아시리아인(Assyrians)들 사이에서 균형을 이루어야 했다. 아시리아 제국은 나중에 바빌로니아인(Babylonians)들에게 정복되고 대체되었다.

이스라엘의 첫 번째 왕은 이스라엘 부족들을 위한 중앙집권적 리더십을 확립하기 위해 창조되었다. 사울 이전까지 이스라엘 부족들은 블레셋 사람들을 밀어내거나 가나안(Canaanites) 사람들 또는 지역적 지배권을 놓고 다투려는 다른 부족들의 군사적 압박에 효과적으로 대처하기가 어려웠다. 그래서 중앙집권적 권력을 두려워한 예언자 사무엘의 반대에도 불구하고 사울이 선택되었다(시대는 기원전 1200년).[4] 어쨌든 사무엘은 사울을 선택하였고, 사울을 왕으로 기름 붓는 일에 참여한다. 이후 이야기의 초점이 사울의 왕권으로 옮겨가면서 사무엘과 사울의 관계에 대해서는 더 이상 알 수 없으며, 사무엘은 결국 제외되었다. 우리가 알 수 있는 것은 초기에 사울이 어느 정도 성공을 거둔 후 그 부족들의 독립성을 지키기 위해 강한 압박을 받았다는 것이다. 이후 사무엘과 사울의 거리는 멀어지고, 우리는 어린 다윗이 적을 물리칠 만한 대담한 지도자로 부상하는 것을 볼 수 있다. 사울은 다윗을 통제하려는 사무엘의 관심과 자신의 욕망을 알게 되고, 그의 딸 미갈(Michal)과 다윗을 결혼시켰으며, 사울의 아들 요나단(Jonathan)과 다윗은 가족 이상의 돈독한 유대관계를 형성한다. 그러나 그것은 소용이 없었고 사울은 다윗을 암살하기 위해 움직였다. 다윗은 이를 알아차리고 탈출하였다.

〈사울과 다윗〉[1]

〈요나단과 다윗〉[2]

〈다윗의 탈출을 돕는 미갈〉[3]

1) https://commons.wikimedia.org/wiki/File:Saul_and_David_by_Rembrandt_Mauritshuis_621.jpg(Saul and David, by Rembrandt, c. 1650)
2) https://commons.wikimedia.org/wiki/File:Rembrandt_Harmensz._van_Rijn_031.jpg(David and Jonathan by Rembrandt, c. 1642)
3) https://commons.wikimedia.org/wiki/File:Michal_Gustave_Dor%C3%A9.jpg(Michal lets David escape from the window. A painting by Gustave Doré, 1865.)

그 당시 다윗과 함께 있던 약 600명의 사람들(그리고 그들의 가족)은 사울의 리더십에 도전하기에는 너무 적었다. 그들에게는 도움이 될 수 있는 동맹이 필요했고, 사울을 물리칠 수 있는 무기와 도구를 갖기 위해서는 기술이 필요했다. 바로 이러한 이유 때문에 다윗과 그의 군대는 스스로 용병을 자처하며 아기스(Achish)의 밑으로 들어갔다.

사울의 지휘 아래 이스라엘 백성들이 블레셋 사람들을 이길 수 없었던 이유는 무엇이었을까? 그 대답은 성경에 분명하게 기록되어 있는데, 바로 철 병거(iron chariot, 쇠로 만든 전차)이다. 실제로

이 부분은 성경속의 이야기가 여러 차례 수정되고 정리되는 과정에서도 살아남은 것처럼 보이는 부분이다. 사사기(Judges) 4장 3절에서 분명히 읽을 수 있듯이, "야빈 왕은 철 병거 구백 대가 있어 이십 년 동안 이스라엘 자손을 심히 학대했으므로 이스라엘 자손이 여호와께 부르짖었더라." 그리고 사사기 1장 19절에 "여호와께서 유다와 함께 계셨으므로 그가 산지 주민을 쫓아내었으나 골짜기의 주민들은 철 병거가 있으므로 그들을 쫓아내지 못하였으며"라고 했다.[5] 사사기에는 정치적 상황이 자세하게 설명되어 있다. 히브리 부족들은 바위와 산이 많은 지역에서 블레셋 사람들을 어느 정도 억제할 수 있었는데, 그 이유는 그러한 곳에서는 철 병거가 효과적으로 작동할 수 없었기 때문이다. 그러나 전략적으로 중요한 지역의 계곡들은 블레셋 사람들에 의해 굳건하게 막혀 있었다.

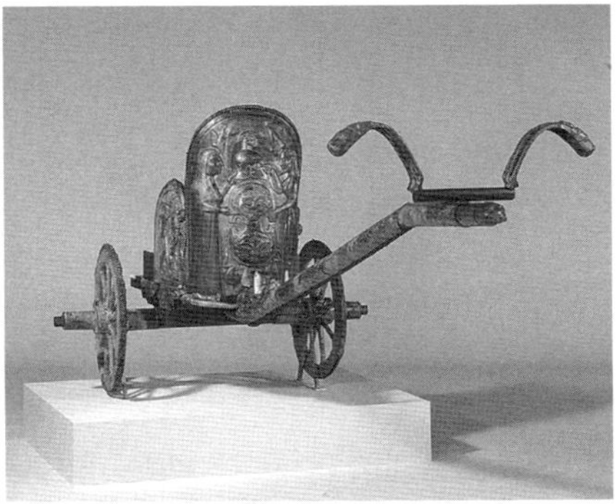

〈전투중인 람세스 2세(기원전 13세기)〉[1]　　〈몬텔레온 청동전차(기원전 530년경)〉[2]

1) https://en.wikipedia.org/wiki/Chariot#/media/File:Rams%C3%A9s_II_en_Qadesh,_relieve_de_Abu_Simbel.jpg

2) https://en.wikipedia.org/wiki/Chariot#/media/File:Bronze_chariot_inlaid_with_ivory_MET_DP137936.jpg

철 병거가 성경의 기록에서 중요한 역할을 하는 것은 이번이 처음도 아니고 마지막도 아니다. 예를 들어, 우리는 출애굽기(Exodus)에서 파라오가 이스라엘 사람들을 추격했다는 사실을 알 수 있는데, 멤피스(Memphis), 헬리오폴리스(Heliopolis), 부바스티스(Bubastis), 피톰(Pithom), 펠루시움(Pelusium)을 포함한 북이집트의 인근 도시에서 모인 이집트의 군인들이 왕의 경호대를 구성하였고, 600대의 철 병거[6]로 추격했다는 것이다.

성경은 철 병거를 명확하고 분명하게 묘사하고 있지만, 철이 어떻게 철 병거에 사용되었는지는 정확하게 나타나 있지 않다. 오늘날 우리가 볼 수 있는 증거들은 다윗 시대에 철 병거가 존재했다는 것을 증명하지는 않는다. 아마도 철과 같은 금속은 마모를 감소시키기 위한 전차의 축으로 사용되었고, 황동으로부터 만들어진 린치핀(lynchpin)은 - 마차나 수레, 자동차의 바퀴가 빠지지 않도록 축에 꽂는 핀 - 철로 만들 수도 있었을 것이다. 그리고 그 시대 가나안 사람들의 철 병거에는 철제 바퀴가 달려 있었다는 자료가 있는데, 아마도 나무 바퀴의 둘레에 철을 사용하였을 것이다. 하지만 철의 가장 중요한 용도는 철 병거의 측면이나 외부를 덧씌운 다음, 보병집단 대열의 측면을 돌격하기 위한 것이었다. 빠른 속도로 공격하는 철 병거의 탑승자들은 화살보다는 창, 곡괭이, 칼의 위협에 더 많이 노출되었다. 따라서 철 병거에는 신체적 보호가 매우 중요했으며, 말들도 보호하였다는 사례도 있다. 물론 이러한 보호는 병거의 무게를 증가시켜, 언덕을 올라가기에는 부적합했고, 바위가 많은 토양에서 운용하기에는 위험했다.

철은 청동과 달리 상당히 빨리 녹슬면서 사라진다. 이는 고대 세계에 남아 있는 철 유물이 훨씬 적은 이유를 설명해준다. 철기로의 전환은 주석이 부족했기 때문이었지만 이에 대한 증거는 논쟁의 여지가 있다. 주석의 주요 공급원은 영국, 프랑스, 일부 지중해 지역이었으며, 이 지역에서 수입된 것으로 보인다. 그러나 이집트와 같은 대국이 점점 많은 양의 주석을 - 주석의 대부분을 - 가져가면서 블레셋 공국을 포함한 소규모 무역 국가들은 다른 공급원을 찾거나 대안을 고안해야 했다. 따라서 주석의 가용성, 가격상승, 지역전쟁, 심지어 악천후 등으로 인한 잦은 공급 중단 때문이라도 현지에서 사용 가능한 재료를 찾아서 사용하는 방법에 이르게 되었다. 당시에 철은 풍부했고 인근 광산에서 육로를 이용해 수입할 수 있었다. 따라서 철이 청동을 대체하면서 철 병거는 구조적 강화뿐만 아니라 특히, 차축 메커니즘과 바퀴를 강화하기 위해 사용되었을 가능성이 가장 높다. 전반적으로 장갑화 되어 있지 않았던 경량의 병거는 암석이 노출되어 있고, 거친 지형의 지역에서 운용이 적합하다. 그러므로 가나안의 철 병거와 관련된 자료들에서 나타나는 병거들은 경량화 된 형태였다는 것이 이치에 맞을 것이다.[7] 이스라엘 사람들은 철의 사용을 중단하지 않았다. 성경에서는 솔로몬이 수백 대의 철 병거를 만들었다고 알려준다.

페르시아의 키루스 대왕(기원전 530년) 시대에는 강철 낫이 달린 병거가 사용되었다. 크세노폰(Xenophon)의 "키루스의 교육(Cyropaedia)" 에는 "바퀴 양쪽에 길이가 약 2큐빗(cubit) 정도 - 큐빗은 성인 남성의 팔꿈치부터 가운데 중지까지의 길이를 나타내며, 1큐빗은 보통 50cm이다. - 되는 강철 낫을 차축에 달았고, 차축 아래에는 땅 바닥을 향하는 다른 낫을 달았다."는 내용이 있는데 이것은 병거를 적들의 중심으로 돌진할 목적으로 장착한 것이었다.

따라서 철의 제련과 성형, 철기의 연마와 수리 등 철기 제조업의 발전은 국가 권력의 매우 중요한 구성 요소였다. 국가는 철을 제조하거나 철편을 수입할 수 있었지만 이를 위해서는 무역경로를 통제해야 했고, 철편을 활용하여 경제에 중요한 영향을 미칠 수 있는 전쟁물자와 도구를 제조할 수 있는 장인과 기반시설도 필요했다. 철로 만든 농기구를 생산하고, 이를 수리하고 연마하는 대장장이를 통제하는 능력은 국가에 상당한 수준의 경제적 통제권과 군사적 영향력을 부여했다.

철강의 생산 시기는 지역에 따라 다르지만 최근 연구에 따르면, 예상보다 훨씬 일찍 이루어진 것으로 나타났다. 사하라 이남 아프리카의 고고학적 증거에 따르면 철의 생산은 기원전 1,000년경에 시작되었다(전통적인 연대 측정[8]). 전문가들은 사하라 이남 아프리카에서 제철이 시작된 것은 일부 사람들이 생각하는 것처럼 이집트로부터의 기술적인 수입이 아니라 지역 자체적인 발전에 따라 이루어졌다고 생각한다. 현재 튀르키예의 앙카라에서 남쪽으로 약 100km 떨어진 지역인 카만 칼레호육에서 기원전 2100년에서 1950년 사이에 철강 생산을 진행 했었다는 매우 타당한 새로운 증거가 나타났다. 이번 조사는 일본 이와테현립 박물관의 아카누마 히데오가 이끄는 일본의 고고학자 및 금속학자 팀에 의해 수행되었다. 철뿐만 아니라 강(steel)을 제조하고 단조하는 기술이 이렇게 이른 시기에 존재했었다는 사실은 대략 기원전 1592년에 발생한 이집트의 힉소스(Hyksos) 침공에서 철이 쉽게 이용 가능했음을 의미한다.

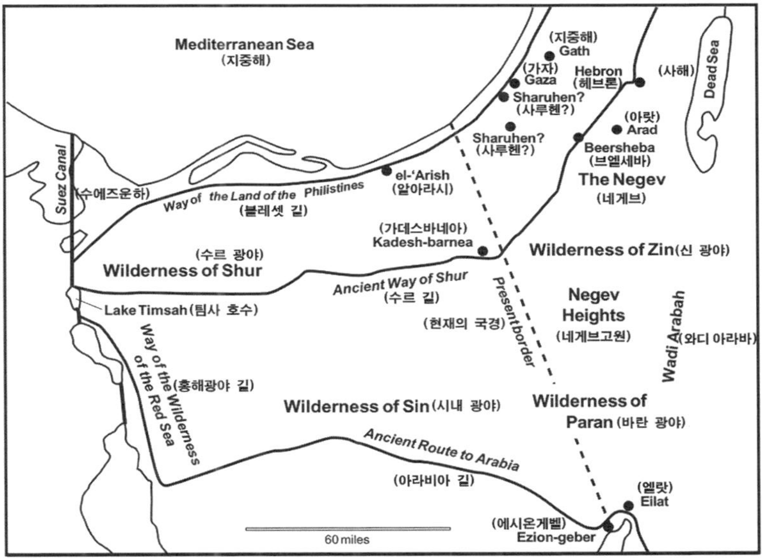

〈힉소스-아말렉(Hyksos-Amalekites) 시대의 유대 남부, 가자, 시나이 상류 지역의 지도〉[9]

일부 전문가의 견해에 따르면 힉소스 사람들은 실제로 성경에 나오는 악명 높은 아말렉(Amalekites) 사람들이었다. 아말렉인들은 때때로 블레셋인과 동맹을 맺기도 하고, 때로는 등을 지기도 하였는데, 이스라엘 부족들은 이집트를 떠나면서 아말렉인들을 만났다. 그 후로 성경에 나오는 것처럼 이스라엘 부족들과 아말렉인들은 끊임없는 치열한 전투를 벌였다. 아말렉인의 철제

도구는 그들과 무역을 했던 블레셋 사람들로부터 얻었을 수도 있고, 페니키아(Phoenicians) 사람들, 심지어 가나안(Canaanites) 사람들로부터 얻었을 수도 있다. 고고학자들은 가나안 사람들이 이집트의 "철 병거"보다 우수한 병거를 만들었고, 최초의 "합성궁(composite bow)"으로 무장한 병력들이 병거에 탑승했다고 말한다.

고대에는 오늘날의 이스라엘 남부, 가자(Gaza) 지구, 시나이(Sinai)라고 불리는 일부 지역에 복잡한 정치적 상황이 존재했다. 이 지역은 민족과 부족 집단 사이에 실제로 치열한 경쟁이 벌어졌으며, 교역을 위한 자원과 상품이 제한되기도 했던 곳이다. 따라서 군사용 무기에 활용되는 구리와 주석, 특히 희귀성으로 인해 대부분 수입에 의존해야 했던 주석 같은 원자재의 가격은 히브리인과 힉소스-아말렉인들과 같은 이주 집단에게는 점점 더 비싸졌고 구하기가 어려워졌다. 따라서 청동무기, 청동갑옷, 청동 칼과 창을 대신하는 철과 철의 가공은 저렴하고 실용적인 대안이었다. 더욱이 힉소스-아말렉 사람들의 경우, 그들의 거래 수단의 대부분은 약탈로부터 나온 것이었다. 그 시대의 주 수입원은 죄수들, 특히 높은 이윤을 받고 노예로 팔 수 있었던 여성들이었다. 우리는 철과 관련된 작업이 무역의 수단이었던 노예, 광산과 제련소의 포로 등의 인력들을 통해 번성할 수 있었음을 짐작할 수 있다.

기술적으로 가장 창의적이었고, 다른 세력의 정치적, 군사적 야심에 큰 영향을 미친 사람들은 누구였을까? 그들은 히브리인이 아니었다. 그 영광은 가나안 사람들(Canaanites)에게 돌아간다.

가나안 사람들(Canaanites)

가나안인들은 현재의 레바논, 시리아, 요르단, 이스라엘 일부 지역에 위치한 부유한 소도시 국가의 사람들이었다. 청동기 시대에 그들의 기술은 정교해졌는데, 이는 도자기와 조리도구를 만드는 방법의 발전, 직조기술과 금속을 다루는 능력, 주로 구리와 주석으로 만든 청동으로 설명된다. - 이 시기에 이집트의 청동은 금속에 비소가 포함되었기 때문에 일반적으로 비소 청동으로 설명된다. - 무엇보다도 가나안 사람들은 - 때로는 페니키아인(Phoenicians)으로 잘못 인식되기도 한다. - 화물선을 포함한 우수한 해군력을 바탕으로 광범위한 무역망을 운영했다. 그들의 노하우는 가나안이 도시국가로서 독립을 견딜 수 있도록 지탱해주었으나 약 800년 후 정복주의자였던 페르시아인을 포함한 다른 사람들에 의해 착취되었다.

어떤 사람들은 가나안 사람들이 힉소스로부터 철 병거를 제작하는 기술을 얻었다고 생각할지도 모르지만, 그 반대일 가능성이 더 높다. 가나안 사람들은 도시를 보호하기 위하여 철 병거와 합성궁 이외에도 낫검, 소켓 도끼(투겁도끼), 거대한 성벽을 만드는 것을 창안하는 등 당시 그들이 가진 기술은 매우 혁신적이었다. 그중에서도 특히 중요한 혁신은 고위급 군인, 지휘관들을 위한 철제 갑옷이었다. 가나안 사람들은 그들에게 도움이 되는 정교한 군사력과 발전된 전투전술을 가지고 있었다. 철 병거와 합성궁의 사용, 측면공격 능력, 초전선에서 적 공격의 충격을 흡수하기 위한 징집병의 활용 등 기타 다양하고 창의적인 트릭들이 가나안 사람들을 성공으로 이끌었다.

일부 가나안의 도시국가, 특히 유대지역에서 직면했던 심각한 문제는 더 크고 강력하며 독단적이었던 이집트와 경쟁할 수 없었다는 것이다. 결과적으로 많은 국가가 이집트의 속국이 되었고, 이집트는 감독관 - 오늘날 우리는 그들을 정치지도원 또는 정치장교(political officer)라고 부른다. - 을 파견하여 속국을 면밀하게 통제하도록 했다. 이 감독관들은 히브리 부족을 상대로 했던 것과 마찬가지로 가나안 사람들의 마을과 도시에서도 활동했다. 그러나 이집트가 힉소스의 점령 이전에 쇠퇴하게 되고, 외부로 나가는 대신 내부로 방향을 틀자, 블레셋 사람들은 이집트 감독관들을 블레셋 감독관으로 교체하였으며, 지역사회에 자신들의 의지를 관철시킴과 동시에 팔레스타인(Palestinian) 지역에서 자신들의 입지를 확보하기에 이르렀다.

블레셋 사람들(The Philistines)

블레셋 사람들은 철을 제련하는 기술을 통제하는 것이 매우 중요하다는 사실을 완벽하게 이해한 것 같다. 사무엘상 13장 19절에는 이 점이 정확하게 기록되어 있다: “그 때에 이스라엘 온 땅에 철공이 없었으니 이는 블레셋 사람들이 말하기를 ‘히브리 사람이 칼이나 창을 만들까 두렵다 하였음이라.’ 온 이스라엘 사람들이 각기 보습이나 삽이나 도끼나 괭이를 벼리려면 블레셋 사람들에게로 내려갔었는데…”

표면적으로 이것은 블레셋 사람들이 금속 가공을 완전히 통제했음을 보여준다. 예를 들면, 블레셋 사람들은 지역의 제련소를 통제하고 농기구를 유지하고 보수하는 것 외에도, 히브리인들이 원료에 접근하는 것을 막고, 단조, 수리, 절삭 등의 작업이 가능한 장인들을 양성하는 것조차 차단할 수 있는 충분한 통제권을 가지고 있었다. 또한 블레셋 사람들은 히브리 부족 지역에 광범위한 정탐(偵探) 네트워크를 구축해 두었고, 그들의 주요 임무 중 하나는 비밀 제련 활동을 식별하고 폭로하는 것이었다. 일단 발각이 되면, 블레셋의 집행관들이 그러한 장소를 파괴하는 것은 매우 쉬운 일이었을 것이다.

초기 히브리와 가나안의 역사를 보면 그 문화권에서는 농업과 전쟁에 필요한 구리, 청동, (아마도) 철기를 생산했다는 사실을 알 수 있으므로 대장장이를 통제하려는 블레셋의 노력의 성공은 히브리와 가나안 지역에 대한 매우 강력한 통제와 연결됨을 보여준다. 또한 다윗과 그의 군대가 왜 블레셋 사람들에게 스스로 징용됨으로써 그들에게 필요한 무기를 공급받았는지 이해하는 데도 도움이 된다.

성경은 전반적인 상황에 대해 진실을 말하면서도 히브리 부족이나 이스라엘 부족의 독립의 정도를 지나치게 과장하고, 일부 히브리인의 승리가 실제보다 더 컸다고 주장하려고 하는 것처럼 보인다. 간단히 말해서 이스라엘 부족들은 군사적 점령 하에서 지도력이 약했고, 조직력이 부족했으며, 전반적으로 해상과 무역에 대한 접근성이 제한되었기 때문에 블레셋 사람들은 그들을 착취할 수 있었다. 한 가지 예외는 이스라엘 정착지를 통과하는 대상교역(隊商交易) - 사막지방에서 주로 낙타를 이용한 교역 - 이었을 것이며, 이는 보급품과 심지어 무기까지 구입할 수 있는 유일한 기회였을 것이다.

우리는 또한 기존의 "사사(士師, Judges)"제도에 기초한 느슨한 연방제 통치 시대에서 왕을 중심으로 하는 중앙집권적 정부로의 전환이 공통의 혈통과 종교적 관점을 공유하는 12개의 지파가 하나로 통합될 수 있는 진정으로 독립된 이스라엘 왕국의 출현 가능성을 만들어냈다는 것도 알 수 있다. 진정으로 통합된 군주국의 출현은 오늘날에도 여전히 느낄 수 있는 문화적, 종교적 르네상스를 만들어냈다.

합성궁(Composite Bow)의 활용

철 병거는 전쟁의 방식을 극적으로 변화시켰다. 특히, 철 병거의 설계가 개선됨으로써 탑승공간은 더욱 안전하고 안정적으로 변했으며, 전쟁에서의 유용성으로 인해 천년 이상 전쟁의 구성요소 중 일부로 남게 되었다. 전투원들은 철 병거를 이용하여 적의 측면을 공격함으로써 보병들의 대형을 흐트러트릴 수 있었고, 그들의 지상 사단을 적의 기동하는 공격대형에 맞설 수 있도록 하였다. 나중에는 병거 자체가 강화되어 공격용 무기가 되면서 적의 보병을 상대로 돌격의 선봉에 서서 대열을 무너뜨리고 지상 공격의 길을 뚫을 수 있게 하였다. 철 병거에는 대개 2~3명의 전사들이 탑승할 수 있었다. 한 사람은 병거를 운전하는 일을 담당했고, 또 다른 사람은 무거운 도끼나 창, 또는 둘 다를 들고 다녔고, 세 번째 사람은 활과 화살로 무장했다.

활과 화살은 10,000년 이상 동안 사용된 것으로 알려진 매우 오래된 무기이다. 이것은 전쟁뿐만 아니라 사냥에도 필수적이었다. 그러나 궁수들이 분명히 알고 있듯이 이 무기에는 분명 문제가 있었는데, 활이 부러지거나 깨지면 쓸모가 없게 되는 것이었다. 동물의 내장으로 만든 활시위의 현(弦) 역시 가장 결정적인 순간에 고장 날 가능성이 높았다. 활현을 세게 당겼다가 놓았을 때, 구조물에 충격이 가해지면, 전투의 범위가 제한되고 정확도도 많이 떨어졌다. 현의 횡단력 때문에 손목의 힘이 감소되었기 때문에 숙련된 궁수가 이를 운용하지 않는 한 발사된 화살은 비틀림이 발생하여 결국 경로에서 이탈했다.

합성궁의 발명은 궁술을 향상시켰는데, 합성궁에서 표적을 향해 발사된 화살은 단단한 표적을 최대 3인치까지 관통할 수 있었고, 철 병거의 궁수에게 보다 긴 사거리, 더 나은 정확도, 더 큰 살상력을 제공할 수 있는 열쇠이기도 했다. 합성궁이 수메르인(Sumerian) 또는 아카드인(Akkadian)이 처음 발명한 것인지, 아니면 가나안인이 만든 것인지 그 기원에 대해서는 논쟁이 있다. 하지만 그것은 확실히 철 병거와 함께 이집트의 군대를 압도했던 힉소스에게 필수적인 무기였다.

합성궁은 나무, 뿔, 힘줄, 물고기 부레로 만들어진다. 그 비결은 물고기 부레인데, 이것을 익혀서 준비하는 방법을 통해 고대 전투원들을 위한 에폭시이자 내구성 있는 접착제를 만들 수 있었다. 물고기 부레는 물고기가 물을 머금거나 배출함으로써 물에서 몸을 뜨게 하거나 가라앉게 해준다. 부레 자체는 대체로 콜라겐 물질이며, 콜라겐 접착제로 가장 적합한 물고기는 잉어, 철갑상어, 메기, 대구 등이 대표적이다. 오늘날 물고기 부레는 부레풀(본질적으로 부레의 농축 콜라겐)로 가공되어 맥주와 와인을 정화하는 데 사용되기도 한다. 부레풀(Isinglass)은 르네상스 시대에 벽과 천장에 사용할 수 있는 접착성 재료인 "명주 반창고(court plaster)"에도 사용되었다. 최근에는 추가 드레싱 없이 상처를 치료하는 데 부레풀이 사용되기도 한다. 따라서 고대의 재료가 부상당한 군인들의 신속한 치료를 위하여 새로운 역할을 하고 있는 셈이다.

물고기 부레로 만든 접착제의 장점은 소의 내장이나 가죽의 힘줄로 만든 접착제보다 더 강하고 비틀림 효과가 더 좋다는 것이다. 중동에서 활을 만드는 사람이 자체적으로 부레풀을 생산한 것인지, 아니면 수입을 한 것인지는 알 수가 없다. 하지만 확실한 것은 철 병거와 합성궁을 만들기 위해서는 많은 목재를 수입해야 했고 특히, 합성궁을 만들기 위해서는 오랜 시간이 필요했다. 많은 노동력을 보유한 재산가는 부족장들로부터 대가를 받은 후 노예들을 이용해 화살의 제작과 생산을 관리했다. 어떤 사람들은 양질의 합성궁을 생산하는 데 1년이 걸렸다고 말하기도 한다. 이는 활과 화살을 제조하는데 많은 인력이 투입되었으며, 이러한 작업 과정은 계층적으로 잘 조직되고 규율이 잘 잡힌 공동체에서 중요한 작업이었음을 시사한다. 이 시스템은 보병 군인들을 위해 군복, 무기, 교통, 음식, 의료 등 모든 것을 제공해주었다. 앞서 언급한 것처럼 블레셋 사람들의 경우, 그들은 분명히 해상무역을 통제할 수 있는 위치에 있었기 때문에 금속, 목재, 물고기 부레에 이르기까지 꼭 필요한 재료의 수입을 통제할 수 있었다. 또한 블레셋 사람들은 앞서 살펴본 것과 같이 대장간을 포함한 제조 및 지원 기능을 성공적으로 통제했다.

〈울루부룬(Uluburun) 난파선의 위치(X표시 지역)〉

https://en.wikipedia.org/wiki/Uluburun_shipwreck#/media/File:Uluburun_Shipwreck_Location.svg

"울루부룬(Uluburun) 난파선"은 무기제조와 관련된 교역이 실제로 있었음을 보여주는 매우 중요한 증거이다. 이 배는 후기 청동기 시대에 만들어졌으며, 배에 사용된 목재의 방사성 탄소 연대를 측정한 결과 기원전 1305년의 것으로 밝혀졌다. 이 사실은 배 자체가 적어도 기원전 1280년대 또는 1290년대에 속한다는 것을 의미한다.[10] 성경에 나오는 사사기(Judges)의 끝이 기원전 1077년경임을 기억한다면, 이 배는 약 2세기 전에 이미 항해를 하고 있었던 것이다.

이 난파선은 구리(10톤)와 주석괴(1톤)로 구성된 화물을 싣고 시리아나 팔레스타인에서 항해를 했다. 또한 청동무기(검, 화살촉, 창머리, 철퇴, 단검)와 농기구, 가나안 도자기도 운반했다. 주괴들의 대부분은 쉽게 다룰 수 있고, 동물들을 통해 육상 운송을 용이하게 할 수 있도록 모양을 만들었다. 구리는 거의 확실하게 키프로스 인근까지 추적되어 왔고, 주석은 오늘날의 아프가니스탄처럼 멀리 떨어진 곳에서 왔을 수도 있다. 튀르키예 남서부 해안 카스(Kas) 인근에서 난파되어 1984년 해면 잠수부들에 의해 발견된 난파선의 최종 목적지에 대해서는 다양한 이견이 있다. 당시의 환승 허브였던 로도스(Rhodes)로 향했을 가능성도 배제할 수 없는데, 당시 시대상과 발견된 장소를 고려하면 일리가 있는 추측이다.

울루부룬 난파선은 군용품과 일반 상용품 모두에 대한 무역이 얼마나 중요한지를 보여준다. 배에는 이미 팔레스타인 해안 지역과 그 너머에서 생산된 다양한 해외상품이 포함되어 있었고, 이것들은 국제적인 무역 네트워크를 통해 공급될 수 있었다. 만약 모든 화물이 한 곳으로 운송된다고 가정한다면, 선박의 화물을 구입하는 데에는 상당한 돈이 필요했을 것이다. 그러나 그것들이 환승 지점으로 향했을 경우 화물들은 다시 세분화되어 각각의 고객들에게 운송되었을 것이다. 우리는 선박의 소유자가 누구인지, 선박이 실제로 어디에서 왔는지는 알 수 없으며, 화물을 수취하려던 고객에 대한 정보도 없다. 그러나 이 사례는 3,100년 전에 무기와 금속의 거래가 얼마나 중요했는지를 보여주고 있다.

결론

성경의 기록과 고고학적 연구에 따르면 고대에도 현대와 마찬가지로 핵심기술에 대한 통제가 정치권력을 유지하는데 필수적이었다는 사실은 분명하게 알 수 있다. 가나안 사람들과 블레셋 사람들, 그리고 그 밖의 여러 지역의 사람들이 무역을 권력에 연계시키는 것을 보면 똑똑했을 뿐만 아니라 그들의 지식을 군사작전을 위해 사용할 만큼 기술적으로도 혁신적이었다는 사실도 확인할 수 있다. 철 병거를 제작하는 기술과 합성궁의 경우에서 보았듯이 기술과 국력의 연결고리는 매우 강했다. 청동기시대에서 철기시대로 전환된 상황이 군사무기와 농기구 모두를 대상으로 하였음을 고려한다면, 그들이 마주했던 경제적인 문제는 현대의 국가예산이 무기체계의 개발, 조달, 그리고 배치에 영향을 미치는 것과 거의 동일한 방식으로 선택지에 영향을 주었을 것이다.

약탈은 고정된 영토 기반이 없는 부족들이 부를 축적하는 주된 방법이었다. 남성과 여성, 그리고 어린이를 포로로 잡는 것을 포함하여 그들이 다른 부족으로부터 약탈할 수 있었던 것은 전쟁도구와 기타 필요한 보급품을 획득하는 데 사용할 수 있는

"화폐"였다. 대부분의 경우 이러한 반(半) 이주적 특성의 "떠돌아다니는" 부족 집단에는 자체 기술과 장인이 부족했으며, 이는 의심할 바 없이 기술을 통제하려는 블레셋의 임무를 훨씬 쉽게 만들었다.

블레셋 사람들의 경우 그들에게 무슨 일이 일어났고 그들의 도시국가가 왜 사라졌는지는 정확하게 알 수 없지만, 그들이 독립을 상실한 이유는 아마도 힉소스가 추방된 후 이집트 세력이 부활한 것과 관련이 있을 것이다. 이스라엘의 연합왕국도 마찬가지로 실패했고, 이스라엘 권력의 중심은 남쪽의 유대 왕국과 북쪽의 이스라엘 왕국으로 갈라졌다. 두 국가는 모두 종교에 대한 접근법도 달랐고 대외적인 충성도와 동맹도 달랐다. 결국 전 지역이 이집트, 아시리아, 바빌로니아, 페르시아, 그리고 마지막으로 로마 등 더 큰 세력에 의해 공격을 받고 파괴되었다. 예루살렘을 무너뜨리고 유대 성전을 파괴한 것도 로마인들이었다.

따라서 무엇보다도 블레셋 사람이나 이스라엘 사람 모두 국력에 필요한 기술의 원천을 통제하지 못했다는 사실을 명심할 필요가 있다. 합성궁이 다른 곳에서 발달한 것처럼 철을 제조하는 기술도 외부에서 나왔다. 결국 필수적인 기술에 대한 무능력한 통제가 그들의 파멸을 봉인하는데 도움을 준 것이다.

제2장

기술과 보안 그리고 교리

Technology, Security, and Doctrine

제2장

기술과 보안 그리고 교리

(Technology, Security, and Doctrine)

"망치는 유리를 깨뜨리지만 강철을 단조(鍛造)한다."
- 러시아 속담 -

기술 없이는 그리고 군대와 정보 수집을 위해 기술을 사용하려는 의지 없이는 어떤 국가도 안전하고 강력한 상태를 유지할 수 없다. 기술은 제2차 세계대전 이후 미국의 패권을 유지해주는 핵심요소였다. 미국은 제대로 준비되지 않은 육군, 해군, 공군을 이끌고 제2차 세계대전에 참전했지만 다양한 전투경험, 성능이 향상된 무기, 그리고 무기를 대량으로 생산할 수 있는 능력을 갖춘 승자의 자격으로 제2차 세계대전에서 벗어났다. 하지만 당시 미국의 주요 적국이었던 독일과 일본은 전쟁 초기에 더 잘 준비되어 있었고, 더 발전된 기술을 갖고 있었기 때문에 미국은 전쟁에서 거의 패배할 뻔했다. 실제로 독일이 인종정책을 펼치지만 않았더라면, 전쟁에서 승리하는 좋은 스토리를 기대할 만했다. 그러나 스스로 유대인 과학자들을 몰아내고, 인종적 차별과 편견이 지배하는 국가정책에 초점을 맞추면서 독일군은 전쟁의 패자로 운명을 결정짓게 되었다.

어떤 사람들은 – 전쟁에 참전한 사람들과 특히 소련의 동맹국들은 – 전쟁결과의 차이를 가져온 원인이 그들의 희생, 적의 공격과 파괴로부터 견디는 능력, 끈기와 투쟁의지 덕분이었다고 반론을 제기할 수도 있다. 소련군의 용기는 놀라울 따름이지만 북아프리카와 대서양, 유럽 전역과 태평양에서 추축국(Axis powers)과 싸웠던 다른 연합국들과 그들의 군대 역시 마찬가지였다.

당시 독일군(Wehrmacht)이 믿을 수 없을 만큼 강인하고 탄력적이었다는 사실은 의심의 여지가 없었다. 하지만 결국 독일은 자원, 특히 공군과 기갑군을 위한 연료가 부족했기 때문에 몰락하게 된다. 연합군은 독일의 제조 인프라를 상당 부분 파괴함으로써 히틀러와 나치가 자신들의 군대에 보급하려는 노력을 완전히 불가능하게 만들었다. 독일의 무기는 훌륭했고, 제트 전투기와 폭격기[1]들은 대혼란을 일으켰으며, V-1과 V-2 로켓은 유럽 도시의 사기를 무너뜨렸다.

여기서 핵심 변수는 기술이었다. 전쟁이 시작되었을 당시 유럽의 능력을 평가한다면 독일은 분명히 영국과 프랑스에 뒤처져 있지 않았다.[2] 프랑스의 붕괴와 영국의 전쟁준비 부족은 잘못된 정책과 불충분한 투자, 그리고 위협의 대상이 무엇인지에 대한 분석이 부족했기 때문이었다. 프랑스군은 독일의 폭격기, 전차, 그리고 U-보트가 스페인군을 공격하는 것을 간과하면서 마지노(Maginot) 요새로 자신들의 조국을 방어하기로 결정했다. 독일의 전격전은 프랑스의 요새를 우회한 전차와 기동부대, 그리고 그들의 공습을 통해 프랑스의 육군 부대를 파괴할 수 있었다. 사실 독일은 고도로 기계화된 무기를 통합하여 운용하는 매우 중요한 공격방법이자 전투기술을 개척했다.

반면 영국은 프랑스에서 현저하게 노출된 원정군(BEF, British Expeditionary Force)을 보유하고 있었다. 군대를 강화하기 위한 실질적인 방법이 부족했으며, 고립되고 봉쇄되어 운명의 끝에 임박했을 때, 그들을 대피시키기 위한 즉각적인 조치를 취해야만 했기 때문에 심각한 곤경에 처하게 되었다. 독일의 히틀러와 참모들이 결정한 일시적인 휴전기간 동안 영국군은 영국군, 폴란드군, 프랑스군, 벨기에군, 일부 네덜란드군 등 약 330,000명의 군인을 구출했지만 그 대가는 매우 컸다. 예를 들면, 영국군은 다수의 항공기와 각종 수송선(구조에 사용된 861척 중 249척이 침몰)을 잃었다. 따라서 제2차 세계대전이 시작될 무렵 연합군[3]에는 큰 약점이 있었으며, 이를 극복하기 위해서는 분명히 많은 시간이 필요했다.[4]

군대는 교리와 계획들을 중심으로 만들어진다. 군사태세는 군대가 무엇을 하려고 하는지(또는 하지 않으려고 하는지)에 관한 것이다. 기술은 교리, 계획, 군사태세에서 중요한 역할을 한다. 현대의 기술주기는 그 어느 때보다 빠르기 때문에 기술의 역할과 영향력이 과거에 비해 훨씬 커졌다. 현명한 국가라면 국가안보에 필요한 적절한 군사기술을 찾은 후 이를 조직하고, 관리하며, 배치해야 한다는 사실을 잘 알고 있을 것이다.

제2차 세계대전이 시작되었을 때 가장 똑똑한 국가는 독일이었다. 독일은 군수산업 기반을 재건하고 있었고, 사전에 인지된 군사적 요구사항을 만족시키는 기술을 활용하고 있었으며, 독일의 야망을 달성하기 위해 최적화된 필수적인 교리와 작전 노하우를 개발하고 있었다.[5] 그 다음 순위의 국가는 미국도, 영국도, 프랑스도, 벨기에도 아니었다. 아마도 완전한 재무장의 필요성을 인지한 두 번째로 똑똑한 국가는 소련이었을 것이다. 당시 소련은 뭔가를 추진하고 있었다. 그들은 기초과학 분야에 강점이 있었고, 중앙통제 방식의 경제체제였기 때문에 필요한 경우 해결책으로써 자원을 투입할 수 있었으며, 무엇보다도 편향적인 사고를 가진 독재자에 의해 운영되었다. 그러나 소련도 몇몇의 큰 장애물에 직면했는데, 이것은 "소련제국"이 청산된 오늘날까지도 러시아가 겪고 있는 여전히 어려운 문제들이다.

독일과 마찬가지로 소련도 사람들을 불평등하게 대했다. 전형적인 반유대주의(anti-Semitism)와 반소수주의(anti-minority)의 태도는 소련의 핵심 산업을 성장시키는 데 전혀 도움이 되지 않았다. 나치의 어리석은 수준에 비할 바는 아니지만, 소련의 반유대주의와 일반적인 편집증은 기간산업에 대한 소련 정부 당국과 지도자들의 선택에 큰 부담을 주었다. 또 다른 큰 문제는 소련군대의 지휘부를 무너뜨린 군사 엘리트들의 숙청 문제였다. 스탈린은 야전사령관 5명 중 3명, 육군사령관 15명 중 13명(4성 장군에 해당), 제독 9명 중 8명, 군단장 57명 중 50명, 사단장 186명 중 154명을 숙청했다. 그러나 제2차 세계대전이 시작되자 숙청되었던 생존자 중 일부는 부활하였다.

스탈린이 소련의 군사 엘리트들을 무너뜨린 것 외에도 대대적인 숙청 작업은 정치적인 적으로 간주되는 지식인, 과학자, 엔지니어, 교수, 교육자, 유대인들에게도 초점을 맞췄다.[6] 스탈린의 숙청에 사로잡힌 총 인원은 150만 명 - 러시아 통계에 따르면 - 에 달했고, 1936년부터 1938년까지 681,000명이 처형되었다. 많은 전문가들은 실제 사형집행 건수가 3~5배는 더 많았다고 말하지만, 어쨌든 이러한 탄압과 살인은 소련에 피해를 입혔고, 나치의 공격으로부터 자국의 영토를 보호할 수 있는 능력을 손상시켰다. 이에 더하여 소련의 엘리트들을 숙청하는 스탈린의 정치적 결정은 히틀러가 소련을 침공하는 문을 열어주었다. 표면상 독소 불가침 조약 - 몰로토프-리벤트로프 조약(The Molotov-Ribbentrop Pact) - 은 스탈린에게 동유럽에 대한 통제권을 제공했지만, 스탈린에 대항하는 독일의 움직임을 보지 못하게 만들었다.

소련은 기술이 크게 부족했다. 스스로 전쟁을 벌이고 있는 무질서한 국가, 각종 잔학한 행위와 숙청에 휩싸인 국가, 과학 분야의 지식 엘리트들이 고통을 겪고 있는 국가에서 위험을 감수하고 발명에 집중한다는 것은 그리 쉬운 일이 아니었다. 그러나 소련에게 한 가지 긍정적이었던 점은 정치당국과 군사 기획자들이 현재의 상황 속에서 뭔가 조치를 취해야 한다는 점을 분명히 인식했다는 것이다.

우리는 여기서 1934년부터 1938년까지 차량수송 및 기갑부대 병과의 수장을 역임했던 이노켄티 안드레오비치 칼렙스키를 살펴볼 필요가 있다. 남부 시베리아 미누신스크 출신 재단사의 아들인 칼렙스키는 젊은 시절 붉은 군대에 입대해 대부분을 육군 통신부대에서 근무했으며 러시아 내전에서 백군(White Army)에 맞서 싸웠다. 1920년대 말까지 소련군은 소위 "종심공격 작전"을 기반으로 하는 전차전 교리를 확립했다. 이 교리는 미하일 니콜라예비치 투하체프스키 원수가 고안한 것이었고, 칼렙스키는 그가 신뢰하던 요원 중 한 명이었다. 그러나 이 교리에는 한 가지 문제가 있었다. 소련인들에게는 그러한 임무를 수행할 만한 기술이나 전차가 없었던 것이다. 공교롭게도 독일도 마찬가지 상황이었는데, 올바른 해결 방안을 찾기 위해 칼렙스키는 독일과 미국으로 보내졌고, 결국 해답은 독일이 아닌 미국에서 발견되었다.

〈미하일 투하체프스키〉[1]

〈이노켄티 칼렙스키〉[2]

1) https://commons.wikimedia.org/wiki/File:Mikhail_Tukhachevsky_circa_1935.jpg
2) https://commons.wikimedia.org/wiki/File:Innokenty_Khalepsky.jpg

실제로 독일군은 그들의 문제점을 - 이 문제는 나중에 팬저(Panzer) 전차 시리즈로 해결되었다. - 알고 있었는데, 독일도 동일한 시기에 소련과 마찬가지로 문제를 해결하기 위해 궁리하고 있었다. 그들은 체코슬로바키아를 침공한 후 Skoda(ČKD) 공장을 인수함으로써 이 문제를 해결했다. ČKD 공장에서 생산된 전차는 나치군을 위해 긴급하게 투입되었으며, 전격전이 시작되자 프랑스로 진격하였던 대표적인 전차였다. 제2차 세계대전 당시 가장 강력한 전차로 일컬어졌던 팬저 전차 시리즈(ČKD에서 생산된 2개 모델)는 초기 버전의 체코 전차였지만 독일군이 프랑스와 벨기에를 침공하기 위해 필요한 기동성을 갖추고 있었다.

나치의 침공 이전에 소련은 체코슬로바키아의 전차를 이용할 수 없었다. 따라서 당시의 상황은 소련의 기갑부대를 재편성하기 위해 투하체프스키의 핵심 교리를 실현할 수 있는 적절한 장비가 필요했다. 즉, 종심공격 작전을 수행하려면 장거리를 빠르게 이동하고 험지를 넘나들 수 있는 전차가 필요했던 것이다.

제1차 세계대전에서 처음으로 전차가 도입되었을 때에는 아직 초보적인 수준의 장비였다. 당시 전차는 기관총 진지와 같은 장애물에 맞서는 보병을 지원하기 위한 장비 이상으로 생각되지 않았다. 전차와 기계화 부대, 그리고 장갑(裝甲)의 개념은 여전히 미래의 것이었다. 대부분의 미국 육군 지휘관을 포함한 많은 사람들이 야전에서 전차가 필요하다는 것은 동의했지만 여전히 기병과 말을 공격작전의 기본 요소로 생각하고 있었다. 시끄럽고 냄새가 나며 신뢰할 수 없었던 전차는 전장으로 수송하기가 쉽지 않았고, 이를 계속 운용하기 위해서는 연료와 탄약도 공급

받아야 했기 때문에 전쟁을 수행하기 위한 좋은 수단은 아니었다.

미국의 군사 지도자들은 전차를 어떻게 설계해야 하는지에 대해 의견이 분분했다. 일부는 1960년대 Timex 시계의 광고처럼 "두들겨 맞고도 계속 작동"할 수 있는 전차를 원했고, 다른 사람들은 빠른 공격작전을 선호하였다. 물론 각각의 접근 방식을 지지하는 사람들도 있었지만 양측의 논쟁은 대부분 보수적이었고, 독일과 소련의 생각에 비해 훨씬 뒤처져 있었다.

전장에서 운용이 가능한 빠른 속도의 전차는 상당히 가벼워야 했다. 초기 전차는 디젤 연료[7]가 아닌 가솔린을 사용했기 때문에 취약한 부분에 타격이 가해지면 폭발할 위험 - 디젤 연료는 가솔린 보다 인화점이 높기 때문에 폭발하기가 더 어렵다. - 이 있었다. 그리고 제한된 마력의 엔진과 구동렬(驅動列)을 갖춘 고속 전차는 중장갑을 장착할 수 없었기 때문에 승무원들은 취약함에 노출되었다. 반면, 중장갑의 전차는 수송이 어려워 전투에 투입할 수 없었고, 약한 엔진과 조잡한 변속기가 탑재되어 속도와 기동성이 떨어졌다.

전차의 운용방법에 대한 상충된 생각들이 보여주듯이 미군은 기계화 부대에 대한 일관된 교리가 부족한 상태로 전쟁에 참전했다. 전차교리와 연합군의 작전을 이해한 독일군과 비교했을 때, 미국의 기계화 부대는 대부분 부적합한 장비를 보유하고 있었으며, 사용 방법에 대한 지식도 부족한 상태였기 때문에, 현장에서 즉석으로 새로운 기갑 및 기계화 전투기술을 배워야 했다. 미국의 전차는 동력이 부족한 가솔린 엔진 뿐만 아니라 장전과 발사가 어려운 소구경 포를 장착하고 있었다. 전쟁 초기에는 항공기에도 사용이 가능한 방사형 엔진에 대한 수요로 인해 전차에는 다양한 유형의 가솔린 엔진(일부는 방사형, 일부는 직렬 설계)들이 다시 장착되었다. 현장지원과 유지보수는 악몽과도 같았다.

제1차 세계대전과 제2차 세계대전 사이에 미국은 다양한 전차 설계를 시도했다. 이들 중 가장 중요한 것은 독특한 발명가인 존 월터 크리스티(John Walter Christie)의 이름을 딴 크리스티(Christie) 전차로 알려져 있다. 존 월터 크리스티는 1865년 5월, 미국의 남북전쟁이 막 끝날 무렵 뉴저지주 뉴 밀퍼드(New Milford)에서 태어났으며, 금세기에 이르러 자동차 공학의 천재로 알려진 엔지니어이다. 수많은 발명품 중에서도 그의 초기 발명품 중 하나인 전륜구동(FWD: Front-Wheel Drive) 시스템은 장기적으로 자동차 산업에 큰 영향을 미쳤으며, 이 시스템을 적용한 중소형 자동차들도 흔히 볼 수 있게 되었다. 1905년 크리스티는 자신이 개발한 FWD 방식의 자동차를 대중 앞에서 과시하며, 경주하기도 했다.

FWD 시스템이 등장한 이후 이제 대부분의 자동차에는 전면 독립 서스펜션(suspension)이 - 현가장치 - 표준처럼 적용되었다. 자동차 경주에서 부상을 입은 크리스티는 뉴욕시에서 사용할 전륜구동 택시를 만드는 일을 시작했다. 택시 프로젝트는 성공하지 못했지만 중요한 혁신을 가져왔다. 넓은 공간의 전륜구동 택시를 만들기 위해 엔진을 옆으로 돌리는 급진적인 조치를 취한 것인데, 이것은 현재 "가로형 마운트 엔진(transverse-mounted engine)"이라고 부르는 방식이다. 가로형 장착 엔진은 영국의 자

FREAK AUTOMOBILE

The fastest thing in the automobile line ever built is capable of traveling at a rate of 2 miles per minute on a straight-away track. It is the invention of Mr. Walter Christy, wealthy New Yorker, who has spent years developing the "freak automobile," as it is known. Unlike any other automobile this machine develops all its power over the front axle, where all the mechanism is located and the power applied. The horse power of this machine is estimated at 130 and it is built for racing exclusively. Mr. Christy races this machine for pleasure and recreation. He has nothing for sale and does not advertise anything.

〈크리스티(Christie)의 최초의 전륜구동 자동차〉

위 기사에 따르면 크리스티의 자동차는 전륜방식으로 130마력의 엔진을 탑재하여 직선 도로에서 1분당 2마일을 이동할 수 있었다. 그는 자동차경주를 즐겼는데, "괴기한 자동차(FREAK AUTOMOBILE)"라는 제목이 인상적이다. https://commons.wikimedia.org/wiki/File:Christie-V4-1908.gif?uselang=en#Licensing

동차기업인 BMC(British Motor Corporation)가 제작한 미니(Mini)라는 자동차에 처음으로 다시 등장하였다. 그 이후 다른 많은 소형 자동차에도 적용되어 출시되기까지는 50년이라는 시간이 더 걸렸다. 크리스티의 또 다른 개발품은 "볼 조인트(ball joint)"였다. 볼 조인트는 후륜구동 차량에서 엔진 구동축과 뒤축을 연결하기 위해 사용되었는데, 전륜구동 차량에서 볼 조인트는 다른 연결 장치를 통해서 차량 변속기와 앞바퀴를 연결할 수 있었다.

이후 크리스티는 경주용 자동차와 택시에서 소방차로 관심을 돌렸다. 소방차는 소화전에서 호스 노즐로 물을 이동시키기 위해 펌프가 필요했는데, 1912년까지 대부분의 소방차는 말이 끄는 기계식 펌프를 사용했다. 크리스티는 미국 전역에서 널리 판매되고, 인지도가 높으며, 성능이 검증된 증기 펌프를 장착한 전륜구동 소방차를 제작했다. 미국 육군의 관심을 끈 것은 바로 이 발명품이었다. 육군에는 기계화된 총포가 필요했고, 크리스티의 전륜구동 소방차는 이 프로젝트에 적합한 후보처럼 보였다. 육군은 크리스티에게 그들의 설계요구 사양을 충족시켜달라고 요청했다. 그러나 크리스티는 자신만의 확고한 생각을 가지고 있었고, 육군의 요구한 설계에는 문제점이 있다고 말하면서 그들이 요청한 임무를 거절했다.

그럼에도 크리스티는 무거운 차량, 특히 장갑차를 설계하는 데 관심이 많았고, 여러 가지 설계안을 제출하였지만, 그와 육군과의 불편했던 관계를 고려하면 거절당할 것이 뻔했다. 그렇지만 크리스티는 계속해서 노력했다. 그는 상대적으로 빠른 속도로 장거리를 이동할 수 있는 전차를 설계하는 것은 어려운 일이라고 생각했다. 그 이유는 당시에 사용 중이던 전차의 서스펜션 시스템인 판 스프링(leaf spring)[8]은 - 중형차량 및 트럭에도 사용된다. - 속도와 회전 능력이 부족하고, 거친 지표면에서 유연성을 필요로 하는 경우에는 사용하기가 부적절했기 때문이었다. 따라서 크리스티는 판 스프링 대신 코일 스프링(coil spring)을 기반으로 하는 서스펜션을 발명했으며, 이를 “헬리코일(helicoil)” 시스템이라고 불렀다. 헬리코일은 전차의 주행 바퀴 각각에(일반적으로 각 측면에 4개) 배치되었는데, 각 주행 바퀴는 노면 위에서 독립적으로 위아래로 움직일 수 있었다. 따라서 불규칙한 노면에서도 각 주행 바퀴는 직접적으로 지면에 닿게 된다.

크리스티의 설계에는 두 번째 특징이 있었다. 전차의 궤도(track)를 손쉽게 제거할 수 있었고, 고무로 된 바퀴로 변환하여 고속도로를 달리는 속도[9]로 빠르게 이동할 수 있었다. 크리스티의 이 복합적인 접근법은 다음과 같은 주요 문제를 해결했다. 도로에서 선로를 최소한으로 사용하고, 전차를 수송하기 위한 트럭이 없어도 전장으로 쉽게 이동시킬 수 있었다. 크리스티 전차는 고무 보기륜(bogie wheels)으로 시속 69마일, 궤도로 시속 47마일로 달릴 수 있었다. 당시 다른 어떤 전차도 이 속도를 따라올 수 없었다.[10]

서스펜션과 바퀴 외에도 크리스티 전차는 또 다른 흥미로운 특징을 가지고 있었다. 여전히 사용되는 중요한 아이디어 중 하나는 경사장갑이다. 아이디어는 간단하다. 만일 전차의 표면장갑이 경사진 상태에서 포탄을 맞으면, 전차 표면의 각도로 인해 들어오는 포탄의 방향이 바뀌게 된다. 크리스티는 경전차의 얇은 장갑을 보완하기 위해 경사진 장갑을 사용했다. 오늘날 경사장갑은 거의 모든 전차의 표준화된 특징이다.

크리스티의 설계 아이디어는 미국 육군으로부터 외면을 받았지만, 미국에서 소련군의 전차 설계도와 장비를 찾고 있었던 칼렙스키(Khalepsky)의 관심을 끌었다. 당시 미국과 소련의 외교적 관계는 개선될 것이라는 전망이 있었고, "크리스티 시스템"이 험지에서 빠른 속도를 필요로 하는 소련의 중요한 요구사항을 충족시킬 것이라는 것을 칼렙스키는 즉시 알아차렸다. 이제 문제는 크리스티의 전차 시제품을 어떻게 소련으로 가져갈 수 있는가에 있었다. 소련은 크리스티로부터 두 대의 전차를 구매했는데, 이는 크리스티가 전차의 시험과 평가를 위해 미국 육군에 전차 6대를 공급하기로 계약을 체결한 직후에 구매가 이루어졌다. 그는 미국 육군과 계약한 6대의 물량 중에서 2대를 소련군으로 보낸 것인데, 이로 인해 미국 육군으로의 납품이 지연되었고, 또 다시 그들의 분노를 샀다.

크리스티가 소련과의 거래에서 무사할 수 있었던 것은 루즈벨트 정부가 소련과 긍정적인 관계를 구축하고 미국의 수출을 위한 새로운 판로를 찾고자 했기 때문이다. 당시 미국은 경제적으로 불황을 겪고 있었다. 일자리가 부족하고 매우 좋지 않은 시장 상황에서 두 대의 크리스티 전차가 소련으로 수출된 것이다. 전차는 "농업용 장비(agricultural equipment)"라는 품목으로 배송되었으며, 포탑이나 무장은 포함되지 않았다. 그러나 엔진을 포함한 전차의 모든 핵심장비가 인도되었다. 칼렙스키 거래에서는 암토르그(AMTORG)라는 무역회사를 중개대리인으로 사용했다. 암토로그 무역회사(AMTORG Trading Corporation)는 1924년 아먼드 해머(Armand Hammer)에 의해 설립되었는데, 1933년 주미 소련 대사관이 재개장하기 전까지 암토르그는 소련 첩보 작전의 최전선인 미국에서 소련의 임무 달성을 목표로 운영되었다.

다음의 사례는 헨리 포드(Henry Ford)이다. 1929년부터 1932년까지 미국의 가장 큰 무역거래 중 하나는 포드가 소련의 고리키(Gorky) - 현재의 니즈니 노브고로드(Nizhny Novgorod) - 에 건설한 자동차 공장이었다. 당시 미국의 실업률은 매우 높았으며, 자동차 조립 라인에서 일했던 근로자의 30% 이상이 실업 상태였다. 이러한 경제난으로 인해 파업과 폭동이 일어났다. 고리키 거래는 미국과 고리키에서 일하려던 - 소련에 머물렀던 일부 사람들은 스탈린의 숙청에 휘말려 목숨을 잃었다. - 미국인 모두에게 많은 일자리를 제공했다. 포드와 기타 미국 공급업체의 성장을 유지하기 위해 "농업용 트랙터"를 소련으로 이전하는 것은 루즈벨트 정부의 이치에 맞아 떨어졌고, 어느 누구도 불평하지 않았다. 미국 미시간주 디어본(Dearborn)의 포드(Ford)는 연간 8만 대에서 9만 대의 차량을 생산하고 있는 고리키 공장을 위해 1,300만 개의 자동차 부품을 생산하고 있었다. 낮은 가격의 "농업용 트랙터" 몇 대로는 공장을 계속 가동시키기에 턱없이 부족했지만, 고리키 공장 생산량의 상당 부분은 소련의 붉은 군대에 공급되었다.[11] 고리키 거래는 1970년대에 비슷한 자동차 거래로 이어졌다. 이탈리아 피아트(Fiat)는 이탈리아 Fiat 124를 기반으로 라다(Lada)[12] 자동차를 처음으로 생산했다. 다른 하나는 소련군의 대형트럭과 동력장비 제조에 활력을 불어넣었던 카마 강(Kama River) 트럭 공장이었다. 포드 거래와 마찬가지로 피아트와 카마 강 사례도 소련과의 관계 개선을 의한 아이디어에 기초한 거래였다.

한편, 모스크바로 인도된 두 대의 크리스티 전차는 칼렙스키의 비전을 정당화하는 데 매우 중요한 역할을 했다. 소련은 크리스티 전차를 완전히 이해한 후 그들의 필요에 맞게 설계를 수정했다. 첫 번째 결과는 BT(Bystrokhodny) 시리즈 - BT는 고속전차(Fast Tank)를 의미 - 로 이어졌다. 설계의 핵심은 크리스티의 헬리코일(helicoil) 서스펜션이었는데, 크리스티의 경사장갑도 적용되었다. 그러나 궤도-차륜형 변환 시스템을 적용하지는 않았다. 소련의 설계자들은 궤도-차륜형 변환 시스템은 전차의 소중한 내부 공간을 차지한다고 생각하였고, 차라리 그 공간을 탄약으로 채우는 것이 더 유용하다고 생각했다. 그리고 소련의 도로 상태가 너무 나빴기 때문에 차륜형 전차를 운용하는 것에 대한 이점이 거의 없다는 것을 알고 있었고 차라리 전차를 철도를 통해 전장으로 이동시키는 것이 더 낫다고 생각했다.

BT 시리즈는 1930년대에 생산되었다. 원래는 포드 사업부가 만든 미국의 리버티(Liberty) 엔진을 장착했지만,[13] 나중에 소련은 독일의 BMW에서 설계한 가솔린 엔진을 채택했고, 1930년대 후반에는 자체설계와 제작을 통해 가솔린에서 디젤엔진으로 전환하였다. 그러나 BT는 붉은 군대가 요구하는 기동성은 충족시켰지만, 적절한 보호를 위한 장갑기능이 부족했다. 사실 이 전차는 상대적으로 강력한 엔진(450마력)을 갖춘 경전차였다. 붉은 군대는 독일군과 마찬가지로 스페인 내전에서 전차전술을 다듬으며 힘든 과정을 겪었다. 소련에게 가장 큰 시험은 1939년에 소련군이 몽골의 할힌골(Khalkhyn Gol, 할하강)에서 일본군과 맞붙었을 때였다.

1939년 할힌골(할하강)은 러시아 소비에트 연방 사회주의 공화국(RSFSR: Russian Soviet Federative Socialist Republic)의 일부였던 몽골과 확장주의로 무장한 일본이 세운 꼭두각시 국가인 만주국 사이의 경계였다. 소규모였지만 일련의 군사적 충돌과 사건이 발생한 후 해당 지역에서 본격적인 전투가 벌어졌다. 소련군은 나중에 원수까지 진급한 게오르기 주코프가 이끌었는데, 첫 번째 주요 전장에서 승리를 따내면서 소련의 영웅이 되었다. 그 전투에서는 BT 탱크가 효과적으로 활용되었다. 주코프는 투하체프스키 원수가 창안한 작전계획을 따랐고, 크리스티가 설계한 탱크를 배치하여 상당한 성공을 거둔 것이다.

〈서스펜션 시험 중인 크리스티 전차(1936)〉[1]

〈T-34(A-34) 사전제작 시제품(1940)〉[2]

1) https://commons.wikimedia.org/wiki/File:Christie_T3E2_tank_LOC.hec41005.jpg
2) https://commons.wikimedia.org/wiki/File:T-34_Model_1940.jpg

그러나 소련군은 이러한 전투경험에서 BT 전차의 장갑이 얇고, 포탑에 소구경 포만 탑재되어 있다는 취약점을 알게 되었다. 이로 인해 소련은 T-34라는 보다 개량된 전차를 개발하게 되었다. 1940년에 배치된 T-34는 적절한 역사적 순간에 등장하였고, 소련 군대의 주력 전차가 되었다. T-34는 크리스티의 서스펜션을 사용했고 궤도가 없어도 - 어떤 변환작업이 없이도 - 달릴 수 있었기 때문에 전차의 궤도가 부러지거나 피격을 당하더라도 계속해서 운용할 수 있었다. 좀 더 강화된 장갑과 우수한 디젤 V-12 엔진을 갖추고 있었으며, 전면뿐만 아니라 전차 전체에 경사장갑을 적용하였다. 이로써 T-34는 역사상 가장 성공적인 전차가 되었다. 한편, T-34는 독일의 중무장한 팬저(Panzers) 전차의 공격을 받기도 했지만 뛰어난 기동성과 대규모 화력을 활용한 소련의 기갑 공격을 막기 위해 독일군의 기갑부대는 충분한 전력을 제공할 수 없었다. T-34 전차는 84,000대 이상이 제작되었으며, 또 다른 13,000대의 T-34 섀시가 대포와 대공포를 탑재하는 데 사용되었다. T-34는 제2차 세계대전의 승리에 중요한 역할을 했다. 소련의 인상적인 전투승리에 기여한 것은 바로 미국의 기술이었다.

불행하게도 앞으로 다가올 승리에도 불구하고 투하체프스키와 칼렙스키는 스탈린을 피하지 못했다. 투하체프스키 원수는 소련 군부의 숙청 대상 중 가장 우선순위가 높았던 인물이었기 때문에 체포되어 아마도 고문을 받았을 것이며, 스탈린을 전복시키려는 파시스트 집단의 일원이라고 "자백"을 강요받았을 것이다. 일종의 "쇼(show)"와 같았던 재판은 1938년에 열렸으며, 그 후 곧 처형되었다. 칼렙스키 역시 반역자로 지목되어 재판을 받았으며, 1938년에 처형되었다.

미국의 영웅이어야 했던 크리스티 역시 부진한 성적을 거두었다. 심하게 분열된 미국 육군과의 싸움은 전쟁 초기에도 계속되었다. 그에게는 의회의 지지자들, 워싱턴의 막강한 변호사들, 그리고 그의 전차 설계를 지지하는 일부 육군 관계자들이 있었지만, 그의 연약하고 어려운 성격, 정정당당하지 못한 행동, 끊임없는 금전적 보상 요구, 그리고 일부 기술적인 결점과 문제들을 간과하는 경향 등 쉽게 해결되지 않는 문제들이 항상 따라다녔다. 때때로 엔지니어링이나 운영 부분에 문제가 있기도 했으며, 크리스티의 정서적인 불안과 독특한 성격은 문제의 해결을 방해하기도 했다.

미국 육군의 지휘부들도 비난받아 마땅하다. 육군은 수많은 과오와 실수를 저질렀다. 첫 번째는 장갑과 기계화 문제에 대해 "둘 중 하나"의 접근 방식을 취한 것이었다. 육군이 경장갑을 갖춘 빠른 전차를 비판한 이유는 그들의 교리에서 찾을 수 있다. 육군은 육군의 기병대가 기계화에 편승되지 않도록 무거운 전차를 원했다. 소위 말해서 뚱뚱하고 큰 저속의 전차는 허용될 수 있었는데, 저속전차의 전술은 가볍고 빠른 공격이 가능한 경전차의 전술과 상당히 달랐기 때문이다. BT를 만든 소련과 달리 미국 육군은 같은 아이디어를 추구하지 않았다. 따라서 미국 육군은 동력이 부족하고, 디젤 엔진이 아닌 가솔린 엔진을 사용하고, 화력도 떨어지는 상대적으로 무거운 전차를 가지고 전쟁에 참여했다. 시간이 경과하면서 전차가 개선되는 동안 육군은 교리를 발전시키고, 전차를 교리에 맞게 조정해야 했다.

두 번째 실수는 기술의 천재성을 인식하고도 이를 통제하지 못한 것이다. 크리스티는 자동차 기술과 방어시스템 분야에서 토마스 에디슨(Thomas Edison)이자 헨리 포드(Henry Ford)였다. 자동차 분야의 그의 천재성은 이미 자동차 제조 초기인 1905년 초에 선보였다. 현명한 육군 지휘부가 크리스티의 가치를 인식했더라면, 그와 함께 살 수 있는 길을 모색했을 것이다. 그러나 이런 일은 결코 일어나지 않았다. 육군과 크리스티는 서로를 압도하고 우위를 점하려고 대결하는 등 모든 것을 두고 싸웠다. 육군은 결코 크리스티를 통제할 수 없었고 상호간의 성공을 위한 적절한 유인책도 찾을 수 없었다. 이러한 발명가와 함께 일할 수 없는 무능한 "시스템"은 때때로 미국에게 막대한 비용을 청구할 수 있다는 사실을 보여준 셈이다. 미국의 창의성과 창조성을 활용할 수 있는 능력을 갖고 있었고, 발명가와 기업가적 진취성을 존중하는 나라가 소련으로 귀결되었다는 것은 아이러니하다. 결국 크리스티는 1944년 1월, 버지니아주 폴스 처치(Falls Church)에서 거의 파산한 채로 사망했다.[14]

제3장

냉전의 승자 : 마이크로칩

The Winner of the Cold War: Microchip

제3장

냉전의 승자 : 마이크로칩
(The Winner of the Cold War: Microchip)

"충분히 발전된 기술은 마술과 구별할 수 없다."
- 아서 C. 클라크(Arthur C. Clarke) -
영미 SF문학계의 3대 거장
前 스리랑카 모라투와대학교 총장
미국 항공우주학회(AIAA) 명예회원

I

마이크로칩 하나로 어떻게 냉전에서 승리할 수 있었을까? 1970년대 중반부터 시작하여 1980년대에 기세를 더한 소련은 전 세계의 세력균형을 위협하는 전례 없는 군사력 증강에 착수했다. 소련군이 유럽을 침공하는 모습이나 붉은 군대의 핵탄두 미사일이 미국에 떨어지는 모습은 단순한 환상이 아니었다. 역대 소련의 지도자들은 이와 같은 노력에 막대한 투자를 하였는데, 매년 소련 국내총생산(GDP)의 17~25% 정도에 해당하는 규모였다.[1] 소련의 지도자들은 서유럽과 중동을 통제하고, 미국에게 굴욕감을 안겨주며, 세계경제에 대한 미국의 지배력을 종식시키는 대가로 자국을 빈곤하게 만들고, 제국을 불안정하게 만드는 위험을 감수했다.

그들이 실패한 이유 중 하나는 마이크로칩(microchip) 또는 집적회로(integrated circuit)였다. 고작 몇 달러밖에 안 되는 마이크로칩이 어떻게 군사력 확장과 정치적 지배에 혈안이 된 한 국가의 합심된 노력을 물리칠 수 있었을까? 이를 이해하려면, 우선 전자공학의 혁명과 그것이 전쟁에 미친 영향을 이해하는 것이 중요하다. 소련의 군사기획 전문가들이 주장하는 "군사혁명(revolution in military affairs)"은 소련에서 시작된 것이 아니다. 이는 미국의 텍사스와 캘리포니아에서 시작되었다. 제2차 세계대전 중에 시작된 연구활동으로 인해 세상이 변화하기 시작한 것은 1958년 말과 1959년이었다. 1958년 9월 당시 텍사스 인스트루먼트(Texas Instruments)의 신입사원이었던 잭 킬비(Jack Kilby)는 게르마늄 기판에 집적회로를 시연하는 작업을 하고 있었다.[2] 캘리포니아의 밥 노이즈(Bob Noyes)도 비슷한 아이디어를 독립적으로 연구하고 있었는데, 그의 작업은 실리콘 베이스에 집적회로를 만드는 것이었다.

집적회로는 무엇일까? 집적회로는 다수의 개별 트랜지스터를 하나의 패키지로 묶은 고체의 소형 소자이다. 이 트랜지스터들은 서로 연결되어 있으며 다양한 작업을 수행할 수 있다. 라디오, 컴퓨터, 스마트폰, 자동화기기, 레이더, 의료기기를 포함한 현대의 모든 전자기기는 집적회로를 기반으로 하는데, 이를 사용하는 기기의 종류는 매우 다양하며 지속적으로 증가하고 있다. 집적회로는 트랜지스터의 발명으로 발전했다. 트랜지스터는 라디오, 레이더, 초기 컴퓨터의 기초를 이루었던 진공관을 대체했다. 트랜지스터에 대한 특허는 1925년부터 있었지만 1947년이 되어서야 최초의 실용적인 트랜지스터가 생산되었다. 1950년대 중반에 이르러서는 미국산 부품을 중심으로 주로 아시아에서 제조되었던 꽤 무거운 배터리의 트랜지스터 라디오가 소형 진공관을 사용하는 라디오를 대체하기 시작했다.[3]

트랜지스터는 진공관보다 더 작았으며, 스위치를 더 빠르게 껐다가 켤 수 있었다. 즉, 트랜지스터는 그 당시 진공관을 사용했던 대형 컴퓨터에도 적용할 수 있었던 중요한 부품이었다. 진공관과 트랜지스터를 모두 사용하는 초기의 하이브리드 컴퓨터는 영국에서 처음으로 등장하기 시작했다. 그러나 1957년 IBM은 최초의 트랜지스터 컴퓨터 계산기인 IBM 608 - 초기 버전인 604가 개발되었으나 상용화되지는 않았다. - 을 생산한다. IBM 608은 3,000개의 게르마늄 트랜지스터를 사용했으며, 2년 후에 Olivetti Elea 컴퓨터가 그 뒤를 이었다.

홀로코스트를 탈출한 오스트리아의 유대인 로버트 아이슬러는 1936년에 인쇄 회로기판(PCB, Printed Circuit Board)을 발명했다. 비록 재정적으로는 성공하지 못했지만, 인쇄 회로기판은 제2차 세계대전 중 전자근접신관(electronic proximity fuse)에 사용되어 런던을 공포에 떨게 한 V-1 버즈 폭탄을 격추하는 데 도움을 주었다. 이러한 훌륭한 업적에도 불구하고, 영국인들은 그를 불법 체류 외국인으로 매장했다.

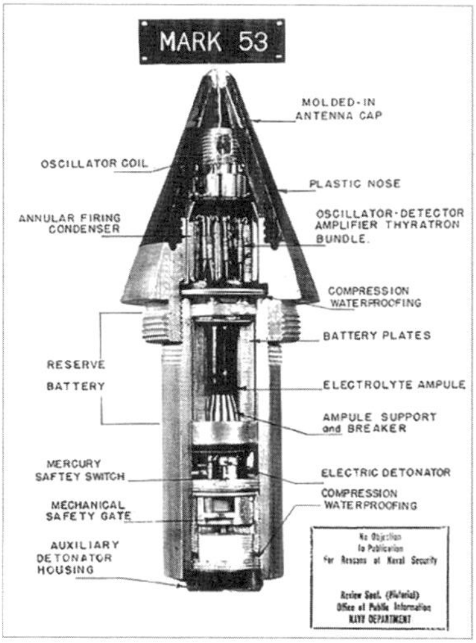

〈PCB가 사용된 근접신관(MARK 53)〉[1]

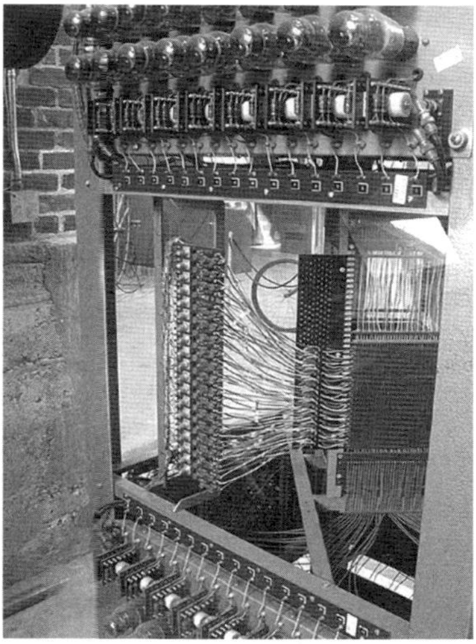

〈휠윈드(Whirlwind) 컴퓨터 Core Memory〉[2]

1) https://en.wikipedia.org/wiki/Proximity_fuze#/media/File:MK53_fuze.jpg
2) https://commons.wikimedia.org/wiki/File:Project_Whirlwind_-_core_memory,_circa_1951_-_detail_1.JPG

트랜지스터는 정보를 저장하는 방법에 대한 문제를 바로 해결하지는 못했다. 컴퓨터가 무엇인가를 처리하기 위해서는 고속의 컴퓨터 메모리는 필수적이다. 초기 컴퓨터는 "코어 메모리(core memory)"로 알려진 "솔리드 스테이트 컴퓨터 메모리(solid-state computer memory, 반도체 기억장치)"에 의존했다. 코어 메모리의 "비트(bit)"는 매트릭스의 각 페라이트 도넛(ferrite donut)으로 나타낼 수 있는데, 이 도넛을 반(半)자기화 하는 방식 - 자기화(magnetizing) 하거나 자기소거(demagnetizing) - 으로 작동된다.

코어 메모리에는 크게 두 가지 종류가 있는데, 페라이트 코어 메모리(ferrite core memory)와 - 자성을 이용해 데이터를 저장하는 비휘발성 메모리로 1950년대와 1960년대에 컴퓨터 메인 메모리로 사용되었으며, 각 비트는 작은 자성 링으로 구성되었다. - 도금 와이어 코어 메모리(plated wire core memory)이다. 페라이트 코어 메모리가 처음으로 사용된 것은 1953년 MIT 훨윈드(Whirlwind) 컴퓨터였다. 코어 메모리의 핵심적인 특징은 그물이나 철망 형태의 회로망 마디마다 작은 페라이트 도넛 모양의 자석을 넣어서 일일이 손으로 엮은 것이었다.

이러한 메모리의 가격은 처음에는 비트 당 약 1달러로 매우 비쌌기 때문에 코어 메모리 제조 장소는 미국이 아닌 주로 아시아 국가들로 이동했지만, 스칸디나비아의 재봉사들도 이 작업에 기꺼이 참여하기를 희망했다. 당시 중국계 미국인인 왕 안(An Wang)과 우 웨이동(Way-Dong Woo)가 주축이 되어 발명한 코어 메모리와 기타 컴퓨터 부품을 어떻게 하면 값싼 노동력으로 만들 수 있을지가 컴퓨터와 전자장비 분야에서 주로 논의되던 화제였으며, 이는 오늘날에도 여전한 현상이다. 이로 인해 중국은 컴퓨터 전자제품 분야의 최대 생산국으로 부상할 수 있었다.[4]

두 번째 유형의 코어 메모리는 도금 와이어 코어 메모리(plated wire core memory)라고 불리는 것이다. 이것은 위의 페라이트 코어 "도넛 자석"을 제거하였는데, 그물 회로망 접합부의 도넛을 자기 도금(magnetic plating) 방식으로 대체했다. 도금된 회로망은 1957년 벨(Bell) 연구소에서 발명되었고, 핵심적인 장점은

〈페라이트 코어 메모리〉[1]

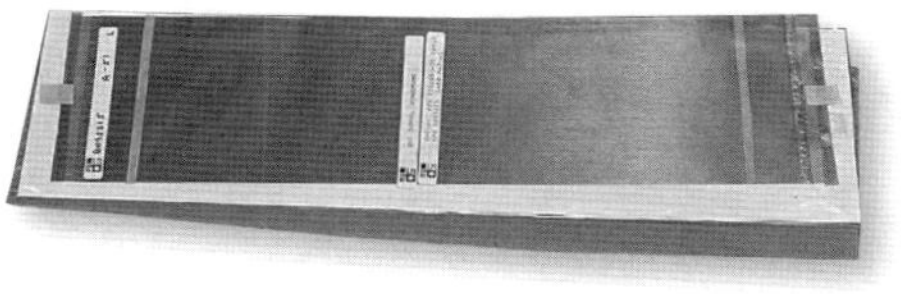

〈도금 와이어 코어 메모리〉[2]

1) Konstantin Lanzet, CC BY-SA 3.0, "Core Memory Module" (https://commons.wikimedia.org/wiki/File:KL_CoreMemory.jpg)
(회로망 접합부에 페라이트 도넛 모양의 많은 자석들이 보인다.)

2) Bubba73, CC BY-SA 4.0, "Univac plated-wire memory" (https://commons.wikimedia.org/wiki/File:Univac_plated-wire_memory.jpg)

"자기도금" 방식이 기계를 통해 제작과 응용이 가능했다는 것이다. 도금된 코어 메모리 기술은 상용 컴퓨터와 군사용 시스템에 있어서 매우 중요한 기술이었다. 이를 사용한 최초의 컴퓨터는 Univac 1110이었지만, ICBM시스템인 미니트맨 Ⅲ와 우주왕복선의 주 엔진제어 컴퓨터, 허블 우주망원경 등 다양한 군사 및 우주 응용 분야에도 활용되었다.

1976년 9월 6일, 소련에서 탈출한 망명 조종사 빅토르 벨렌코(Viktor Belenko) 중위는 당시 세계에서 가장 빠른 전투기였던 소련의 MiG-25를 몰고 일본 하코다테(Hakodate)로 비행했다. 일본 당국의 허가를 받은 후, 미국의 합동노획물자활용본부(Joint Captured Materiel Exploitation Center)의 기술 전문가들이 MiG-25의 비밀을 알아내기 위해 일본으로 날아갔다. 항공기는 완전히 분해되었다. 가장 중요한 발견 중 하나는 미국이 "집적회로"를 사용하여 정보를 저장하는 방법을 사용한 지 한참이 지났음에도 소련의 항공기에서는 여전히 소형 진공관이 발견되었고, 메인 컴퓨터는 도금된 와이어 메모리[5]를 사용했다는 것이다. 미국 국방부는 소련의 최신예 전투기인 MiG-25가 1940년대와 1950년대에 설계된 전자부품을 사용하는 것을 의아하게 여겼다.

〈MiG-25 Foxbat〉[1)]

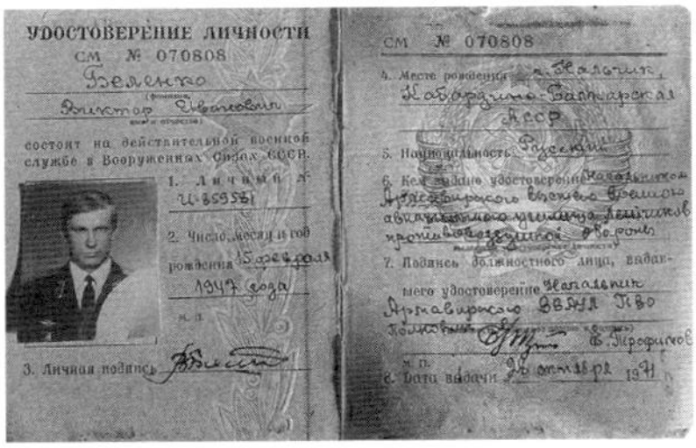

〈빅토르 벨렌코의 군인 신분증〉[2)]

1) https://commons.wikimedia.org/wiki/File:Air-to-air_right_underside_rear_view_of_a_Soviet_MiG-25_Foxbat_aircraft.jpg
2) https://commons.wikimedia.org/wiki/File:Former_Soviet_Pilot_Viktor_Belenko%E2%80%99s_Military_Identity_Document.jpg

도금 와이어 메모리는 가격이 비싸고 제한된 정보만 저장할 수 있었다. 하지만 이것이 군사 및 우주 시스템에 사용하기에 매력적인 이유는 실리콘 기반 집적회로와 달리 무선방출 및 방사선에 영향을 받지 않기 때문이다. 국방부 표현대로 쉽게 말하면 방사선에 강하다는 의미로, 미사일이 핵 반격을 할 때 나오는 방사선을 견디면서 계속 작동되고, 항공기 레이더나 무기 시스템이 적의 전파방해로 인해 작동이 중단되지 않는다는 것이다. 집적회로가 무선방출과 방사선으로부터 보호받기 위해서는 외부적인 조치가 필요했다. 이를 위해서는 보통 차폐기술을 적용하는데, 납과 강철 덮개 등을 사용하면, 무게가 추가되고 공간을 차지하는 단점이 발생한다. 그래서 국방부는 이러한 민감한 플랫폼에 갈륨-비소 집적회로를 사용하는 것을 선호하는데, 그 이유는 바로 갈륨-비소가 일반적인 실리콘 기판 집적회로에 비해 태생적으로 방사선에 대한 저항성이 있기 때문이다.[6]

최초의 아폴로(Apollo) 우주비행 프로그램 임무 컴퓨터는 약 64,000바이트의 페라이트 코어 메모리를 사용했는데, MIT 계측연구소에서 설계하고 레이시온(Raytheon)에서 제조했다. 아폴로 프로그램에는 지구 궤도 임무 2회, 달 궤도 임무 2회, 달 궤도 진입 임무 1회, 달 착륙 임무 6회가 포함되어 있었으며, "플라이 바이 와이어(fly-by-wire)"로 알려진 기술의 - 전자식 비행 조종 장치 - 토대를 형성했다. 플라이 바이 와이어 시스템은 전투기와 민간 항공기의 에일러론(ailerons)과 방향타(rudders)에 대한 기계적 연결을 대체했다. 비행시스템을 제어하는 컴퓨터를 사용하면 조종사 혼자서 항공기를 안정적으로 유지할 수 없더라도 이를 최적화하여 "정상적으로" 비행할 수 있도록 해준다. 플라이 바이 와이어는 1958년 Avro Canada CF-105 항공기에 처음 시도되었는데, 매우 성공적이었으며 1969년에 취항한 영국-프랑스 콩코드 초음속 여객기를 비행하기 위해서도 필요했다. "진정한" 플라이 바이 와이어는 아날로그가 아닌 디지털 방식이고, 비행제어를 위해 진일보한 액추에이터(actuator, 유압장치)를 사용하였으며, 이것은 고성능 전투기를 위한 필수적인 기술이 되었다. F-16 C/D 블록(Block) 40은 디지털 4중(4 채널) 플라이 바이 와이어 시스템과 기계적 백업이 없는 - 이전의 F-16은 아날로그 플라이 바이 와이어 시스템이었다. - 최초의 미국 전투기이다.

II

텍사스 인스트루먼트(Texas Instruments)사의 킬비(Kilby)와 페어차일드(Fairchild)사의 노이스(Noyce)는 집적회로 개발을 주도했다. 향후 몇 년 동안 텍사스 인스트루먼트는 군용시스템에 사용되는 많은 집적회로를 생산하게 된다. 노이스는 고든 모어(Gordon More)와 함께 인텔(Intel Corporation)을 설립하는 데 도움을 주었다.[7] 인텔은 마이크로프로세서를 개척하고, 개인용 컴퓨터 프로세서 분야의 세계적인 선두주자가 되었다. 노이스가 페어차일드사에 있었을 때, 이탈리아의 올리베티(Olivetti)사 이전에 페어차일드에서 근무했던 페데리코 패긴(Federico Faggin)을 만났다.[8] 패긴은 노이스를 따라 인텔로 왔고, 상업적으로 성공한 최초의 마이크로프로세서 칩인 Intel 4004의 중앙처리장치(CPU) 설계의 핵심적인 기여자가 되었다. 이 칩은 나중에 IBM의 최초 개인용 컴퓨터에 사용되었던, 여전히 유명한 인텔 x86(예: 8비트 8086) 마이크로프로세서로 이어졌다.[9] 모든 스마트 장치, 컴퓨터, 휴대폰에는 작동을 제어하는 마이크로프로세서가 달려있다. 작게는 전자레인지에도 마이크로프로세서와 단순한 프로그램이 저장된 메모리가 있어서 "해동" 또는 "핵전쟁 수준으로 팝콘 튀기기"

와 같이 원하는 전력 수준을 선택할 수 있다.

진화된 집적회로는 실리콘 칩(chip) 또는 다이(die)의 트랜지스터 수로 정의되었다.[10] 1세대 집적회로는 소규모 집적회로로 알려져 있으며, 칩에 달려있는 수십 개의 트랜지스터를 특징으로 한다. 중간 규모의 집적회로는 칩에 수백 개의 트랜지스터가 달려있는 회로이며, 대규모는 수천, 매우 큰 규모는 수만 개에 달한다. 오늘날 칩의 트랜지스터 수는 수백만 개에 이른다. 이 모든 것은 기술의 발전으로 인해 가능했다. X선 리소그래피(lithography)는 - 리소그래피는 노광장치라고도 하며, 사진을 인화하는 것처럼 빛에 노출시켜 회로를 그리는 장치를 말한다. - 포토 리소그래피를 대체하여 해상도가 훨씬 향상되었고, 트랜지스터 및 연결 부분에 필요한 크기를 줄임으로써 더 많은 트랜지스터를 추가하고, 더 빠른 속도로 회로를 구동할 수 있게 해주었다.[11]

칩에 집어넣을 수 있는 트랜지스터와 회로 층이 많아질수록 칩은 더 많은 일을 할 수 있다. 트랜지스터가 칩에 더 가까이 연결될수록 칩의 클록(clock)[12]이 더 빨라지게 되고, 더 빨리 작동하게 된다. 1980년대에는 VLSI(Very Large Scale Integrated Circuits, 초대형 집적회로) 칩을 개발하려는 노력이 컴퓨터의 성능을 향상시키는 데 매우 중요했다. 동시에 미국 국방부는 VHSIC(Very High Speed Integrated Circuit, 초고속 집적회로) 프로그램을 통해 더 큰 칩의 통합이라는 목표를 달성하기 위해 자체적인 프로그램을 후원했다. VHSIC은 칩 뿐만 아니라 고순도 기판을 생산하기 위한 기계적인 기술개선에는 기여했지만, VHSIC 프로그램은 급격히 확장되는 실리콘밸리의 상용 반도체 산업의 속도를 결코 따라잡지 못했다. 다른 모든 것들과 마찬가지로, 미국 국방부도 결국 무기 시스템 개발에 상용 집적회로에 대한 의존도가 점점 심화되었다.

초기의 집적회로들은 미니트맨(Minuteman) 대륙간탄도미사일(ICBM)에 들어갔다. 이것들은 단순한(지금은 쓸모가 없는) 단일 규모의 집적회로들이었다. 1980년대에는 집적회로 업계에서 더 이상 그러한 부품을 생산하지 않았기 때문에 회로가 고장나면, 어떻게 대체할 것인가가 과제일 정도로 미니트맨 시스템을 유지하는 것이 어려웠다.[13] 1970년에 미니트맨 III에 최초의 MIRV(Multiple Independently targeted Reentry Vehicle, 다탄두 개별목표 재진입체)[14] 탄두가 등장했다는 것을 기억하면 좋을 것이다. MIRV는 컴퓨터화 된 관성유도 패키지의 구성품이었던 집적회로 없이는 개발과 작동이 불가능했다. 1970년대 후반부터 1980년대까지 대부분의 미국 군사장비는 주로 중간 규모의 집적회로를 포함하고 있었다. 이러한 용도로 사용되는 가장 인기 있는 칩 시리즈 중 하나는 텍사스 인스트루먼트에서 만들어졌다.

소련에서도 미국의 "전자 소형화" 개발 기법을 매우 예의주시하며 따라가고 있었다. 이에 보조를 맞추기 위해서는 소련도 군용시스템에 새로운 전자장치를 사용해야 했다. 집적회로는 군용장비를 위해 더 작고 더 빠른 컴퓨터를 제공하였다. 이는 센서가 어떤 정보를 컴퓨터로 피드백하면, 필요한 정보를 운용자에게 재빨리 제공함으로써 목표물에 무기를 보내는 것이 가능하도록 처리하는 것을 의미했다. 유도시스템에서 컴퓨터는 제원을 계산하고, 항공기, 미사일, 그 밖의 무기들의 자동 조종 장치를 프로그래밍하는 데 도움을 주었다.

〈집적회로를 사용한 Minuteman II〉[1]

〈Minuteman III의 MIRV〉[2]

1) https://commons.wikimedia.org/wiki/File:Minuteman_guidance_computer_(1).jpg
2) https://commons.wikimedia.org/wiki/File:Minuteman_III_RVs.jpg

미국에서 신속하게 채택된 응용 프로그램 중 하나는 등고선 지형 지도를 디지털화하여 무인 항공기가 저고도로 비행하고, 레이더 탐지를 회피하며, 적의 대공 방어시스템에 침투할 수 있도록 하는 것이었다. 1970년대 중반부터 추진되어 1983년에 처음 배치된 토마호크(Tomahawk) 순항미사일은 장거리 비행 후에도 정밀하게 표적을 타격할 수 있고, 장애물을 피할 수 있었으며, 레이더로 추적하는 것이 불가능에 가까울 정도로 어려운 혁명적인 무기였다. 토마호크의 핵심은 지형등고대조(TERCOM:

Terrain Contour Matching)라는 디지털화된 지형 지도시스템이었다. 이 시스템은 다음과 같은 방식으로 작동했다. 레이더 고도계[15]를 사용하는 항공기 또는 특수 위성을 사용하여 미리 목표한 지역의 특수한 색상의 지형도가 만들어지면, 지형 지도는 장애물(언덕, 산, 건물)의 위치와 높이를 표시해주고, 이를 피하도록 비행경로를 조정할 수 있게 해준다. 이러한 지도들은 전자지도 디지털 "스트립(strip)"에 저장되었다. 지형등고대조(TERCOM) 시스템은 순항미사일의 비행경로와 위치를 알 수 있도록 순항미사일의 관성 항법시스템에 연결되었다. 또한 토마호크에는 자동표적 인식(ATR: Automatic Target Recognition) 기능이 탑재되어 최종표적의 특성이 토마호크 컴퓨터의 메모리에 저장됐다. ATR이 표적의 위치에 가까워지면, 컴퓨터는 최종 유도에 필요한 정보를 순항미사일로 보냈다.[16]

소련은 토마호크가 자국의 영공 침투에 성공할 것이라는 것을 알고 있었다. 또한 윌리엄스 리서치(Williams Research)가 제작한 독특하고 효율적인 소형엔진 덕분에 미사일의 사거리가 길어질 것이라는 것도 인지하고 있었다. 이는 토마호크가 미국 본토에서 이륙하여 소련의 목표물로 날아갈 수 있다는 것과 소련의 위성이 토마호크의 이륙을 탐지하거나, 자국의 방공망이 이 소형 비행체를 탐색할 가능성이 거의 없다는 것을 의미했다.

원래 토마호크는 핵탄두를 탑재하도록 설계되었다. 토마호크는 공중(ALCM), 함정 및 잠수함(SLCM) 또는 육상(GLCM)에서 발사될 수 있으며, 이륙을 위해 소형 부스터 로켓을 사용(독일 V-1과 마찬가지로)했기 때문에 윌리엄스(Williams) 엔진은 순항을 위한 동력만 공급하면 되는 것이었다. 토마호크는 수년 동안 핵무기를 운반한 것이 아니라 재래식 폭격을 위해 중요한 역할을 해왔다. 대표적인 예로 걸프 전쟁의 사막의 폭풍작전(1991년 1월부터 2월)에서 그 짧은 기간 동안 미국과 영국은 288발의 토마호크를 발사하였고, 2003년 이라크 전쟁에서는 802발 이상을 발사했다. 한편, 2011년 북대서양조약기구(NATO)가 주도한 리비아 전쟁에서 미국과 영국의 전함과 잠수함은 20개 이상의 목표물에 124발의 토마호크를 발사했다.

토마호크의 핵탄두는 전략무기제한협정(SALT: Strategic Arms Limitation Talks)에 따라 제거되었다. 기존의 토마호크에는 BLU-97(A) 복합효과 탄두가 포함되어 있었으며, 자기 누적 발전기 탄두(Magneto Cumulative Generator Warhead)도 있었다. 이것은 자기 펄스장을 통해 소형 핵폭탄과 동등한 수준의 불능화 전자기 펄스(EMP)를 만들어냄으로써 전자장비와 통신장비를 파괴할 수 있는데, 미국은 이 탄두를 이라크에서 사용하였다.

미국의 에너지부 컴퓨터를 대상으로 한 중국의 사이버 침입으로 인해 EMP 탄두의 설계가 도난당했다는 것은 널리 알려져 있으며, 이는 중국이 EMP 무기시험을 가속화하고 있다는 일련의 보도를 뒷받침하는 증거로 활용되고 있다. 중국은 EMP 무기의 주요 목적 중 하나가 미국 항공모함의 전자장비를 파괴하고 이를 무력화시키는 것이라고 선언하였다.[17] 이 책의 후반부에서 논의할 중국의 "항공모함 대응 무기개발"의 움직임은 1996년 미국이 대만방어를 위해 두 척의 항모와 항모전투단(Independence CV-62, 이후 Nimitz CVN-68 등)을 배치한 이후 크게 가속화됐다.[18]

EMP 탄두를 장착한 토마호크를 세르비아 분쟁 중에 사용하는 것을 고려하기도 하였지만, 실제로 사용되었는지 여부는 여전히 불확실하다.[19] 대신 대부분의 언론보도에서는 세르비아 전력의 70% 이상을 앗아간 "탄소섬유 폭탄(Graphite bomb)"의 사용에 대해 이야기한다. 훗날 "블랙아웃 폭탄(Blackout bomb)"으로 알려진 동일한 장비가 이라크에서 사용되어 유사한 효과를 보여주었는데, 이 기술은 자탄을 사용하여 전도성이 높은 작은 탄소섬유를 전달함으로써 변압기와 변전소의 작동을 차단하고, 단락시킨다. 미국 과학자연맹은 이러한 무기를 사용하는 것은 미국과 NATO에서도 고도의 기밀로 다룬다고 밝혔다. 폭탄이 사람을 직접 죽이지 않기 때문에 때때로 "소프트 파워(soft power)"로 설명되는 정전폭탄의 구성 요소들은 여러 위치에 배치(예: 이라크)되었음을 발견할 수 있었다.

이와 관련하여 로스 앨러모스(Los Alamos)의 EMP 설계도도 많은 논란을 불러일으켰다. 클린턴 정부의 승인[20]에 따라 초기의 EMP 설계 작업은 미국과 러시아의 과학자들이 로스 앨러모스에서 공유할 수 있었으며, 이제 러시아인들은 EMP 무기를 보유하게 되었다.[21] 이는 미국이 어떻게 잠재적인 대결 국가들의 첨단무기 개발에 의도적으로 도움을 주었는지를 보여주는 명백하고, 설득력 있는 사례라고 할 수 있다. 아울러 미국 정부 내 "선행자(do-gooders)", 마치 선한 사람들이 추진하는 소위 "협력"이라는 사소한 정치적 이익이 국가 안보에 해를 끼치고, 장기적인 전략 측면에서 중대한 실수를 야기했다는 것을 보여준다. 불행하게도 가해자 자신은 결코 자신의 실수에 대해 책임을 지지 않으며, EMP 무기 사례와 같은 판단의 오류는 앞으로도 반복될 수밖에 없다.

III

마이크로 전자공학과 기술은 얼마나 중요할까? 이에 대한 정답은 아주 중요하다는 것이다. 가장 좋은 사례는 1983년 레바논 전쟁중에 레바논과 시리아 사이에 있는 베카계곡(Bekaa Valley)에서 벌어진 공중전일 것이다. 이스라엘군은 대부분 미국산 장비를 사용했다.[22] 그러나 이스라엘은 자체적으로 설계한 원격조종무인기(RPV: Remotely Piloted Vehicle)를 혼합하여 사용하였고, 전파방해 장비도 만들었다. 특히, 이스라엘 공군은 미국의 첨단 하드웨어와 자체적으로 확보한 기술적 이점을 활용하기 위한 전술을 고안했다. 반면, 시리아군은 소련의 군사전문가들로부터 면밀한 조언을 받았고, 소련의 군사장비를 사용하면서 소련의 전술을 따랐다. 전투는 1982년 6월 9일부터 11일까지 비교적 짧은 기간 동안 벌어졌다. 이 공중작전은 다양한 국면을 거치면서 새로운 형태의 공중전을 보여주었는데, 미국산 F-15와 F-16의 최초의 공대공 전투, 이스라엘이 설계한 드론의 최초 사용, E-2C 공중조기경보통제체제(AWACS: Airborne Warning and Control System)와 이스라엘의 특수전자신호정보(ELINT: Electronic Signals Intelligence)[23] 플랫폼이 탑재된 보잉 707과 미국산 치누크(Chinook) 헬리콥터의 성공적인 사용 등 다양한 기록을 남겼다.

공중전은 이스라엘군이 주도한 두 차례의 공격으로 이루어졌다. 첫 번째는 베카계곡에 있는 시리아의 SAM-6[24] 미사일 기지에 대한 공격이었다.[25] 1973년 10월 전쟁(욤 키푸르 전쟁, Yom Kippur War)에서 이집트 SAM 포대는 ZSU-23-4 실카(Shilka) 자주대공포와 짝을 이루어 이스라엘 항공기에 큰 손실을 입혔는데, 100대 이상의 이스라엘 A-4 근접 항공지원 전투기가 SAM을 파괴하려다 총격을 받았다. 미사일 기지를 공격하려던 A-4는 목표물을 급습하면서 피해를 입거나 파괴되었고, 급상승 하면서 미사일이나 총격을 받았다. 항공기가 급상승 하면서 목표물로부터 멀어질 때, 비행 속도가 느리고 더뎌지면서 지상사격에 노출되었다. 따라서 1982년에 이스라엘은 새로운 전술과 대응책을 개발했다. 스카우트(Scout)와 마스티프(Mastif)라는 무인 항공기를 미끼로 사용하여 SAM 미사일과 ZSU 포대에 혼동을 줌으로써, 이들 포대가 무인 항공기에 발사를 집중하는 동안 F-4와 F-16으로 급습을 할 수 있었다. 이 작전에서 시리아군이 베카지역에 배치한 19개의 SAM-6 포대 중 17개의 포대와 추가적으로 SA-2 및 SA-3 미사일 기지가 파괴되는 데에는 10분이 채 걸리지 않았다.

두 번째 조우는 1982년 6월 9일에 시작된 3일간의 공중전이었다. 이스라엘은 F-15, F-16, F-4, 그리고 자국산 크피르(Kfir) 전투요격기를 사용했다.[26] 시리아군은 MiG-21, MiG-23, MiG-25 항공기로 반격했지만, 85~90대 사이의 항공기가 파괴되었다. 공대공 전투에서 이스라엘 항공기는 타격을 입지 않았지만, 지상사격으로 인해 항공기 1대와 헬리콥터 2대가 피해를 입었다. 3일간의 공중전은 소련에게 큰 좌절을 안겨주었으며, 1년이 넘도록 소련의 군사평론가들은 무슨 일이 일어났는지에 대해 거의 또는 전혀 언급하지 않았다. 그럼에도 그들은 시리아군에게 책임을 돌렸다.

그렇다면 무슨 일이 일어난 것인가? 이스라엘은 1973년에 했던 것과 근본적으로 다른 새로운 전술을 사용했는데, 소련이 시리아 고객들에게 조언한 방공시스템의 운용방법을 역이용한 것이었다. 시리아군은 이스라엘 공군의 비행기와 헬리콥터를 요격하기 위해 지상 레이더와 미그기(MiG)로부터 정보를 종합했다. 중앙방공통제본부는 지상과 공중자산으로부터 정보를 획득하고 종합한 후 이를 통제하는 기법을 활용했다. 이전의 전투를 통해 이를 학습한 이스라엘은 미그기(MiG)와 지상기반 통제체계 간의 통신을 차단하기 위해 노력했다. 마찬가지로 이스라엘은 시리아의 레이더를 파괴하거나 전파방해 장치와 미끼를 사용하여 혼란시키는 방법을 찾았다. 시리아 조종사들은 스스로 싸울 수 있는 훈련을 받지 않았기 때문에 이러한 상황은 시리아 공군의 작전을 매우 혼란스럽게 만들었다. 소련의 교리는 항상 표적에 대해 압도적인 힘을 사용하는 것을 강조했는데, 이를 위해서는 정확한 표적식별과 요격기의 추적 등 긴밀한 협조가 필요했지만, 이는 시리아군이 할 수 없는 일이었다.

이스라엘은 또한 드론이나 원격조종무인기를 사용하여 시리아의 비행장을 감시함으로써[27] 공중전에 참여하기 위해 이륙하는 항공기들의 정보를 획득했다. 이러한 방식으로 이스라엘은 공중 충돌이 빈번한 지역에 공중레이더 자산을 집중할 수 있었으며, 발사된 후 이스라엘 쪽으로 접근하는 표적의 조기경보도 받을 수 있었다. 원격조종무인기는 계속해서 좋은 품질의 비디오를 이스라엘군의 지휘관들에게 보낼 수 있었다. 이들은 시리아의 지상자산에도 사용되었으며, 이동하는 전차, 수송차량, 그리고 트럭들을 추적하고 목표로 삼을 수 있었다.

이스라엘이 배치한 대부분의 항공기는 최신식이었고, 소련이 제공한 장비를 사용하는 시리아 보다 더 나은 무기를 가지고 있었다. 가장 인상적인 것은 미국의 AIM-9L 열 추적 미사일이었다.[28] 양측 모두 적외선 센서 미사일을 보유하고 있었는데, 열 추적 미사일이 목표물을 타격하려면 무기의 센서가 목표물의 열원 중심인 제트엔진 배기 장치를 지향해야 한다. 즉, 공격 항공기가 적을 처치하려면, 표적 항공기의 꼬리 부분에 정렬되어야 했다. AIM-9 "사이드와인더(Sidewinder)" 미사일은 오랫동안 사용되어 왔다. 중국과 러시아는 중국의 MiG-17을 향해 발사되었지만 폭발하지 않은 초기형 모델인 AIM-9B를 손에 넣을 수 있었다. 소련은 AIM-9B 불발탄을 획득한 후 이를 복제하여 재빨리 AA-2 Atoll을 개발했다. 그러나 AIM-9L 모델은 1978년에 출시된 최신식의 무기였다. 이는 전 방향을 커버할 수 있는 최초의 열 추적 미사일이었는데, 미사일을 탑재한 항공기가 반드시 적 항공기 뒤에 있을 필요가 없었으며, 정면으로 다가오는 적 항공기도 공격할 수 있었다. 또한 적외선 시커(seeker)의 감도를 개선하고, 표적을 컴퓨터가 추적하는 공격범위 안에 등록함으로써 미사일을 회피하려는 적 항공기를 지속적으로 추적할 수 있었다.

이스라엘은 시리아가 사용하는 MiG-21, MiG-23, MiG-25,

Su-22[29]에 비해 최신식 미국산 항공기를 보유함으로써 갖게 되는 확실한 이점을 보여주었다. MiG-21은 공중전에서 가장 기동성이 뛰어난 항공기 중 하나이며, 전투 중에도 급격한 급선회할 수 있었던 것은 사실이다. 그러한 급선회의 이점은 대부분의 항공기에 탑재된 기관포(cannon)를 사용할 수 있는 상황에서 발생했는데, F-15와 F-16의 공대공 미사일은 MiG기가 공중전(dogfight)에서 기관포를 사용할 수 있을 만큼 가까이 오기 전에 그들을 격파할 수 있었다.[30] 이 모든 것을 가능하게 한 것은 "룩다운-슛다운(look down-shoot down)" 레이더의 개발이다. 전투기는 적보다 훨씬 높은 위치에 있으면서 레이더로 적을 발견하고, 적이 무엇으로 공격했는지 알기도 전에 격추할 수 있다. 최초의 룩다운 슛다운 프로세서는 F-15에 장착되었다. 시스템의 탁월성은 비행중인 전투기 아래의 상황과 환경을 스캔하고, 이해하는 컴퓨터의 능력에 있었다. 모든 레이더는 하방을 내려다볼 수 있지만 땅(또는 물)이 반사될 경우 레이더의 이미지를 볼 수가 없었다. 이를 "클러터(clutter)"라고 부르는데, 이러한 일이 발생하면 위에서 레이더를 사용하여 목표물을 추적하는 것이 거의 불가능했다.

새로운 컴퓨터 처리장치와 레이더[31]는 지상에서 움직이지 않거나, 자동차나 트럭과 같이 저속 또는 고속으로 이동하는 물체까지 식별하고 분류하는 알고리즘으로 클러터 문제를 해결했다. F-15의 룩다운-슛다운 시스템의 프로세서 박스는 층층이 배열된 12개 이상의 다소 큰 회로기판으로 구성되었다. 이 회로기판에는 5,000개 이상의 중간 규모의 텍사스 인스트루먼트사(Texas

Instruments)의 집적회로가 포함되어 있었는데, 회로기판의 기계적인 연결에 다소 결점사항이 있었기 때문에 상당한 수준의 유지 보수가 필요했지만, 이러한 새로운 시스템은 여전히 매우 효과적이고 합리적이며 신뢰성이 있었다. 이스라엘군은 이러한 F-15의 시스템을 독자적으로 사용하여 적 항공기를 격추하거나 공역을 조사한 후 상대적으로 레이더 성능이 부족한 F-16, F-4, Kfir 조종사에게 위협정보를 제공하는 소형 조기경보기(AWACS) 역할도 할 수 있었다.

1978년에 F-15 룩다운 레이더가 처음 배치되었을 때, 소련군에는 이에 필적할 만한 것이 없었고 그 이후로도 수년간 그럴만한 것이 없었다. 집적회로(마이크로칩)와 탁월한 설계 덕분에 소련이 지원하는 시리아 아랍 공군(Syrian Arab Air Force, 공식 명칭)은 거의 붕괴되었고, 후원자인 소련에게는 큰 굴욕감을 안겨주었다. 소련은 이를 보상할 방법을 찾아야 했다. 미국에서 첨단 마이크로 전자공학 기술이 발전하고 이를 군용시스템에 적용하는 현상의 확산은 모스크바의 군용 하드웨어에 대한 투자행위를 위협하고 영향을 주었다. 미국은 소련과 바르샤바 조약 국가들 보다 더 많은 장비를 갖고 있지 않을 수도 있지만, 미국이 기술적으로 질적인 우위를 점하고 있다면 문제될 것이 없었다. 질적인 우위는 NATO의 전력승수 역할을 했으며, 유럽인들을 위협하고, 유럽과 중동에서 미국의 "패권(hegemony)"을 붕괴시키려는 모스크바의 추진력을 무디게 했다. 이로써 도출된 명료한 결론은 집적회로와 마이크로칩이 냉전에서 승리하는 데 중요한 역할을 했다는 것이다.

제4장

소련의 군사력 증강과 디렉토라트(Directorat) T

제4장

소련의 군사력 증강과 디렉토라트(Directorat) T

"예전에는 소련이라고 불리는 나라가 있었지만
이제는 더 이상 존재하지 않는다.
우리의 기술은 그들의 기술보다 뛰어났다."
- 톰 클랜시(Tom Clancy) -
미국 최고의 군사소설가

1960년대 중후반, 소련의 지도자들은 유럽을 지배하려는 그들의 야망에 문제가 있다는 것을 깨닫기 시작했다. 소련의 문제는 NATO가 아니었다. NATO는 유럽정부들이 재래식 군용시스템에 각국의 GNP를 점점 더 적게 투자하고, 평화적 관계와 경제적 협력을 강조하는 소련의 선전(propaganda)을 점점 더 받아들이기 시작하면서, 억제능력이 뒤처지기 시작했다. 그리고 1970년대에 미국은 리처드 닉슨(Richard Nixon) 대통령과 그의 국가안보보좌관이었던 헨리 키신저(Henry Kissinger)가 추진하였던 데탕트(détente, 긴장완화 또는 휴식)와 동구권 국가들과의 새로운 사업을 착수하기 위한 방법들을 수용하기 시작했다. 닉슨과 키신저는 세계무역에 관심이 많았고, 무역거래를 활성화하고 군비통제협정(arms-control agreements)을 촉진하는 방법으로 데탕트를 이용했다. 두 사람 모두 미국의 힘에 대해 다소 비관적이었기 때문에 소련뿐만 아니라 중국과도 화해를 모색했다. 키신저는 비밀리에 중국을 방문하였고, 닉슨은 중화민국(대만, Taiwan)을 희생시키면서까지 새로운 정치적 관계를 시작하자는 중국의 요구를 충족시켰다. 결국 미국 정부는 중국과의 거래의 대가 중 하나로 대만을 인정하지 않았다.[1]

키신저가 베트남의 수도 하노이(Hanoi)와 협상을 통해 베트남에서 미국의 탈출을 꾀하던 것도 바로 이 시기였다. 키신저의 목표는 미국의 패배와 탈출을 균형적이고, 공정한 협상을 통해 해결된 것처럼 보이게 만드는 것이었다. 베트남전에서 미국은 전술적인 공군력, 대규모 화력, 그리고 신속한 대응능력 등이 반영된 기술을 아낌없이 쏟아 부었다. 그러나 이러한 노력에도 불구하고, 북베트남 군대의 침투와 보급품의 지원을 막지 못했고, 전술적으로 취약한 지역의 마을을 정리하는 "전략촌 계획(strategic hamlet program)"을 - 베트콩과 민간인들을 분리하기 위해 별도의 마을을 만드는 계획 - 추진하려던 노력도 남베트남의 안보문제를 위한 해결책으로 이어지지 않았다. 단지, 미국이 북베트남을 회유하기 위해 노력한 것은 비무장지대(DMZ) 이북에 위치한 북베트남의 인프라, 특히 중국, 소련, 그리고 동유럽에서 물품을 보급하기 위해 사용되던 항구와 철도를 쉴 새 없이 폭격하는 것이었다.

미국 조종사들이 전략 기종이었던 B-52와 F-111를 포함한 많은 미국 항공기를 격추시킨 SA-2등의 소련제 미사일과 조우한 것은 바로 그 포격에서였다.[2] 공군, 해군, 해병대 조종사들은 상당한 손실을 입었다. 1972년 12월 18일부터 29일까지의 라인배커(Linebacker) II라는 대규모 작전은 전투기의 지원을 받는 B-52 폭격기, 전자재밍 능력을 갖춘 F-4 팬텀기(일명 Wild Weasels), 그리고 F-111 폭격기에 의해 수행되었다. B-52는 북베트남을 폭격하기 위해 총 741회 출격하였고, 그 중 729회는 실제로 임무를 완수하였다. 18개의 산업기지와 14개의 군사기지(8개의 SAM 사이트 포함)를 공격 목표로 삼아 15,237톤의 포탄을 투하하였으며, 전투 폭격기는 5,000톤의 폭탄을 추가하여 투하했다. 같은 기간 동안 지상 작전을 지원하기 위해 B-52는 남베트남에서 추가적으로 212회의 비행 임무를 실시하였다. 하지만, 10대의 B-52가 북베트남 상공에서 격추당했고, 나머지 5대는 손상을 입고 라오스나 태국에 추락했다. B-52의 승무원 중 33명이 전투 중 사망 또는 실종되었고, 33명이 전쟁 포로가 되었으며, 26명이 구조되었다. 북베트남 방공군은 이 작전기간 동안 34대의 B-52와 4대의 F-111를 격추했다고 주장했다.[3] B-52 외에도 공군, 해군, 해병대가 새로운 국면에 접어든 라인배커 II 작전에 참여하였으나 역시 손실을 입었다.

1972년, 수도 하노이와 하이퐁 항에 집중된 대규모 폭격은 북베트남과 정치적 타결을 위한 협상의 발판을 마련해 주었으며, 12월 말에 북베트남과 협상을 재개하기 위한 합의가 이루어졌다. 워싱턴은 일방적으로 협상을 진행하겠다고 위협하면서도 이를 꺼려하는 남베트남 대통령에게 협상을 진행하도록 "설득" 했다. 결국 1년 후 파리에서 미국과 북베트남 사이에 협정이 체결되었다. 미국은 북베트남 대표단에게 거의 모든 주요사항을 양보했음에도, 당시 키신저의 보좌관이었던 존 네그로폰테(John Negroponte)는 "우리는 북베트남인들이 우리의 양보를 받아들이도록 폭격을 가했다."라고 말했다.

여기서 가장 중요한 것은 남베트남을 안정시키려던 미국의 노력이 패배하고, 미국이 베트남에서 철수하면서 - 캄보디아와 마찬가지로 남베트남의 친미 정부는 3년 후에 무너졌다. - 베트남, 캄보디아, 라오스에 이르는 동남아 지역에서 팍스아메리카나(Pax-Americana)를 실현하여 공산주의의 거센 흐름을 막으려던 노력이 종식되었다는 점이다. 더욱 중요한 것은 소련은 당시 미국과 유럽에서 유행했던 반전여론을 그들의 선전활동으로 교묘히 이용할 수 있었고, 미국의 억지력의 대부분이 동남아시아에 묶여 있었기 때문에 미국이 NATO를 지원하는 것도 극도로 어렵게 만들었다는 것이다. 같은 시기에 그리고 일부 베트남전의 여파로 유럽 내 미군의 주둔은 유럽 대륙에서 정치적인 공격을 받게 되었다. 결론적으로 1970년대는 미국의 권력과 명성이 크게 퇴보하였고, 소련의 모험주의를 부추긴 시기였다.

그렇다면 소련의 문제는 무엇이었을까? 대체로 소련의 지도부는 상당한 군사적 발전과 막대한 투자에도 불구하고 소련의 경제상황은 좋지 않았고, 점점 더 악화되고 있다는 것을 잘 알고 있었다. 소련의 노멘클라투라(nomenklatura, 구소련의 간부 또는 특권

계급)[4]는 명백하게 어설픈 제도와 민간 경제의 열악한 상황으로 인해 좌절을 겪었다. 소련인들은 최고위층의 관료나 높은 보수를 받는 엔지니어와 예술가들을 만족시킬 만큼 충분한 양과 질의 소비재를 생산하지 못하는 나라에 살고 있었다. 여기에 더하여 수입품은 전반적으로 부족했고, 해외여행을 준비하고 허가를 받는데도 어려움이 많았다.

비효율적이고 비생산적인 국내 경제와 막대한 군사비 지출에 눌린 공산주의체제는 갈 곳을 잃었다. 헝가리(1956), 체코슬로바키아(1968), 이후 폴란드와 동독의 격변으로 인해 모스크바에서 통제하기 어려운 혁명적 상황까지 치닫던 동유럽은 이미 균열이 생기기 시작했다. 모스크바 내부에서도 소란과 불만의 목소리가 커졌으며, 흐루쇼프의 그 유명한 제20차 당대회 연설 이후에는 걷잡을 수 없이 커졌다. 1956년 2월 25일, - 스탈린이 죽은 후 - 비공개 회의에서 행해진 흐루쇼프의 "비밀연설"은 스탈린의 "개인숭배"를 격하하고, 1920년대와 1930년대에 볼셰비키 지도자들의 대숙청과 청산 작업에 대한 공식적인 관심을 불러일으켰다. 흐루쇼프는 숙청과 죽음을 스탈린 탓으로 돌렸다.

이 연설문은 인쇄된 후, 빨간색 가죽으로 제본되어 한정판으로 유통되었다. 바르샤바에 있는 여자 친구를 방문한 폴란드 언론인은 빨간 책 중 하나를 집어 들었다. 그 사람은 빅토르 그라예프스키였으며, 그 책의 사본을 바르샤바 주재 이스라엘 대사관 직원인 야코브 바르모에게 주었다고 한다. 그라예프스키는 이 연설문을 폴란드에서 이스라엘로 가는 편도 티켓으로 사용했다. 그는 유대인이었기 때문에 "귀환권(right of return)"을 행사할 수 있었다. 언론보도에 따르면 바르모는 이스라엘 국내 안전부(Shin Bet)의 비밀 대표이기도 했다.[5]

흐루쇼프는 이 연설문이 공산권에서 회람되기를 분명히 원했기 때문에 연설문의 인쇄본은 다양한 언어로 번역되었다. 흐루쇼프의 목표는 부패와 범죄를 저지른 옛 공산주의 지도자들을 몰아내고, 그들을 "새로운" 지도자들로 교체하는 것이었다. 그의 희망은 소련의 체제를 개혁하는 것이었는데, 나중에 글라스노스트(Glasnost)라는 깃발 아래 미하일 고르바초프(Mikhail Gorbachev)에 의해 재창조되었다. 그러나 그 역시 소련의 내부적인 붕괴를 막을 수는 없었다.

흐루쇼프의 군사적 아이디어는 미사일에 의존하는 방어전략을 추구하면서 군사력과 재래식 무기에 대한 지출을 줄이고, 절약한 예산을 침체된 소련의 경제에 집중시키는 것이었다. 1953년부터 1964년까지 재임했던 흐루쇼프는 비효율적인 경제를 복구하는 데 실패했고, 미국과의 투쟁 - 특히, 쿠바의 미사일 위기 - 으로 인해 국내에서의 신뢰도가 떨어졌으며, 내부적인 쿠데타까지 일어나면서 퇴임하게 되었다. 미국과의 미사일 위기가 결코 발생하지 않았다고 하더라도 군의 수뇌부와 정보기관, 구 볼셰비키 사이에서 흐루쇼프에 대한 반대는 매우 강했다. 그럼에도 11년 동안이나 버틸 수 있었던 것은 그가 영리했고, 뚜렷한 후계자가 없었다는 것을 암시한다. 흐루쇼프 이후 레오니트 브레주네프(Leonid Brezhnev)가 이끌었던 소련은 전례 없는 규모의 군사력 증강을 착수하며 방향을 바꾸었다. 동시에 브레주네프는 불안감과 근심을 단속했다. 흐루쇼프의 해임과 격하 -

그는 "건강악화"로 인해 "은퇴"하고 연금을 받았다. - 이후 탄압을 받은 가장 눈에 띄는 대중의 희생자들은 소련의 유대인들였다.

소련의 유대인 인구의 규모는 정확하게 추정하기 어렵다. 공식적인 통계에 따르면 1959년에는 그 수가 약 87만 5천명이었다(2002년에는 23만 3천명). 소련에서 수많은 유대인들이 나치에 의해 살해당했고, 많은 유대인들은 자신의 종교적 배경을 밝히지 않았거나 결혼을 하지 않았다. 루시 다위도비치(Lucy Dawidowicz)는 그녀의 저서 《The War Against the Jewish(1975)》에서 나치에 의해 살해된 유대인의 수를 다음과 같이 추산했다. 살해된 유대인의 총 수는 593만 3천 명에 달하며, 가장 많은 수는 폴란드(300만 명 또는 유대인 인구의 91% 이상)[6]였으며, 우크라이나(소련의 일부)가 90만 명으로 그 뒤를 이었다. 추가로 러시아 연방은 10만 7천명을 잃었고, 벨로루시(소련의 일부)는 24만 5천명을 잃었다.

이러한 엄청난 수의 사상자에도 불구하고 유대인들은 소련의 기술 분야에 크게 기여했다. 특히 스탈린 치하에서의 유대인에 대한 차별이 브레주네프와 안드로포프(Andropov) 치하에서 크게 부활되었음에도, 학계와 산업계를 포함해 사회에 스며들었던 전통적인 반유대주의는 항상 이들을 가로막는 것처럼 보였을 것이다. 그럼에도 불구하고 유대인들은 붉은 군대에서도 어떻게든 지도부 자리를 꿰찼다. 소련의 정보국은 미국 정보국과 마찬가지로 유대인을 안보상 위험한 존재로 간주하여 그들을 괴롭히거나 주요 직책과 산업분야에서 배제하였다. 그렇더라도 인생에서 많은 일들이 벌어지듯 몇 가지 주목할 만한 예외들이 있다. 소련이 위대한 애국 전쟁이라고 부르는 제2차 세계대전 동안 유대인들은 소련 군대에서 영웅적으로 복무했다. 소련군에는 305명의 유대인 장군이 있었고, 그들 중 약 150명이 소련의 영웅으로 선정되어 훈장을 받았다. 하지만 전쟁이 끝난 후 스탈린은 유대인에 대한 탄압을 다시 시작했다. "의사들의 음모(1952-1953)"라는 사건은 스탈린이 고안한 것으로, 유대인 의사 집단이 소련 지도자의 암살을 모의했다는 혐의로 기소하였고, 수백 명의 의사와 그들과 연관된 사람들을 체포하였다. 1953년 3월 5일, 스탈린이 사망하자 유대인 의사들에 대한 비난 여론은 사그라졌고, 생존한 의사들은 곧 석방되었다.

그러나 생각할 수 있는 모든 슬픔과 장벽에도 불구하고 소련에서 유대인들의 재능에 대한 의존도는 높았다. 특히 소련의 산업이 그랬다. 제2차 세계대전 동안 지속적으로 작동 중이었던 소련의 군수산업의 대부분은 긴급한 전시조치의 일환으로 나치의 손이 닿지 않는 우랄산맥 동쪽으로 이동해야 했다. 소련 군수산업의 이동이라는 놀라운 과업의 대부분은 유대인이었던 보리스 반니코프의 작품이었다. 소련의 무장 또는 장갑 산업은 또 다른 유대인 산업가인 아이삭 잘츠만에 의해 유지되었다.[7]

최고의 유대계 설계 엔지니어들도 소련의 군사력 건설에 기여했다. 그들 중 한 명은 20세기의 가장 중요한 전투기인 MiG 항공기를 발명한 일원으로 등장한다. 그의 이름은 미하일 구레비치였는데, 우크라이나의 유대인 가정에서 태어났으며, 그의 파트너 아르템 미코얀[8]과 함께 기록에 남을만한 MiG-15(MiG는 Mikoyan Gurevich를 나타냄)를 설계했다.

〈아르템 미코얀(아르메니아 우표)〉[1]

〈미국 공군박물관의 MiG-15〉[2]

1) https://commons.wikimedia.org/wiki/File:Stamp_of_Armenia_h331.jpg
2) https://commons.wikimedia.org/wiki/File:MiG-15_USAF.jpg

MiG-15는 전투요격기로서 그 탁월한 성능에 의의가 있다. MiG-15는 한국전쟁에서 미국의 공중 우위를 거의 압도하였으며, 한국전쟁 동안 30명 이상의 소련 MiG-15 조종사(중국 제복을 입은)들이 에이스가 되었다.[9] 주요 인물들의 이름은 니콜라이 수탸긴(21대 격추), 예브게니 페펠랴예프(19대 격추), 레프 슈킨(17대 격추), 세르게이 크라마렌코(13대 격추), 미하일 포노마예프(11대 격추), 드미트리 사모일로프(10대 격추)이다.[10]

MiG 프로그램은 소련이 세계 최고의 전투기 중 하나를 개발하는 데 서구의 기술이 어떻게 도움을 주었는지를 명확하게 보여준다. 제2차 세계대전이 끝나갈 무렵 소련은 나치의 산업 기지를 조직적으로 약탈했다. 소련에 공장들을 재건하기 위하여 건물 벽돌의 숫자까지 따진 후, 공장 전체를 포장 이사하는 수준으로 동쪽으로 수송하였다. 독일의 항공우주 및 로켓 산업의 대부분이 이동하였으며, 공장의 장비 뿐만 아니라 나치의 과학자, 공학자와 기술자들도 함께 이동시켰다.

〈독일의 Junkers Jumo004 엔진〉[1]

〈시험 중인 넨(Nene) 엔진〉[2]

1) https://commons.wikimedia.org/wiki/File:JUMO_004_Jet_Propelled_Engine_GPN-2000-000369.jpg
(위 엔진은 ME-262 제트기에 사용되었으며, 서비스 수명은 10~25시간 이었다. 소련은 이 엔진을 RD-10으로 변경했다.)

2) https://commons.wikimedia.org/wiki/File:Pulqui_engine.jpg

MiG-15 개발을 위해서는 고성능의 제트엔진이 가장 필요했다. 소련은 제2차 세계대전 당시 독일의 저트엔진을 자체적으로 공급했지만, 이 엔진은 해당 역할을 수행할 만큼 충분한 추력이나 출력을 생성하지 못했고 신뢰성도 부족했다. 따라서 소련은 미국과 영국으로부터 좀 더 성능이 좋은 제트엔진을 찾기 위해 노력하였지만, 영국에서 정권교체가 일어나기 전까지는 별다른 행운을 기대할 수 없었다. 1945년 7월, 영국 경제를 회복시키고 전역 군인들에게 일자리를 제공하겠다는 공약으로 압승을 거둔 클레멘트 애틀리(Clement Attlee)가 이끄는 노동당 연합에 의해 윈스턴 처칠 총리가 축출되었다. 애틀리가 거둔 승리의 상당 부분은 일자리를 찾고 있던 군인들의 강력한 지지 덕분이었다. 기독교 사회주의자로 여겨지는 애틀리는 소련과의 관계 개선을 추구했고, 스탈린과의 거래를 모색했다. 스탈린으로 하여금 그의 전문가들이 영국의 롤스로이스 공장을 방문할 기회를 제공한 사람도 애틀리였다. 애틀리에 대해 전혀 확신이 없었던 스탈린은 제트엔진 설계 수석 책임자인 블라디미르 클리모프를 공장으로 보냈다. 그의 임무는 넨(Nene)이라는 이름의 롤스로이스 제트엔진을 확보하는 것이었다.

1944년 롤스(Rolls)가 개발한 넨(Nene) 엔진은 역사적으로 중요한 시기에 개발되었다. 이는 프랫앤휘트니(Pratt and Whitney)에게 라이선싱(licensing)이 부여되어 그루먼 F9F 팬서(Grumman F9F Panther) 항공기에 사용되었다. 그러나 이러한 일이 일어나기 전에 영국은 넨 엔진과 기술을 소련에 제공했고, 소련은 이 엔진을 RD-45로 이름을 붙였다. 엔진과 기술을 소련에 판매하기로 한 영국의 결정에는 논란의 여지가 있었다. 애틀리는 영국 공군과 방위산업 관련 국방기관들이 소련과의 거래를 수락할 수 있는 방법을 모색했다. 애틀리는 당시 무역위원회 의장이자 전시에는 항공기 생산부 장관이었던 스태퍼드 크립스(Stafford Cripps)를 이용하여 의회와 하원의 지원을 촉구했다. 크립스는 넨(Nene) 엔진을 영국의 "비밀" 목록에서 제외하였고, 이를 군용품이 아닌 민간 상용제품으로 변경함으로써 소련과의 상업적인 거래가 기술적으로 가능하게 했다. 이 문제는 다음과 같이 의회에서 열띤 토론을 야기했다.

도너 의원(Mr. Donner)은 생산부 장관에게 롤스로이스의 넨 제트엔진이 비밀 목록에서 제외된 이유와 어떤 근거로 1946년과 1947년에 이 엔진을 소련에 판매하도록 허가하였는지를 물었다.

생산부 합동의회 사무처장 존 프리먼(Mr. John Freeman)

"넨 엔진은 일반적인 방식으로 개발단계에 있는 상태였기 때문에 "개방" 목록에 올려졌고, 그러한 조치는 정당한 것입니다. 허가를 거부하는 것은 당시의 일반적인 수출정책에 반하는 것이었습니다."

도너 의원(Mr. Donner)

"사무처장은 정당함에 대하여 이야기를 하는데, 소련의 재무장을 촉진하는 것이 자신의 의무라고 생각한 것입니까?"[11]

애틀리는 전쟁 후 매우 악화된 영국 경제를 회복하겠다는 자신과의 약속을 이행하고 싶었다. 그러기 위해서는 시장이 필요했다. 처칠은 퇴임하기 전부터 철강 제조기술을 소련에 판매하기로 합의했었고, 애틀리도 당시 침체된 항공우주 산업을 위해 같은 일을 하려고 했다. 그는 넨 엔진 기술을 소련에 판매한 것은 민간 목적만을 위한 것이라고 주장하며 자신의 행적을 숨겼다. 영국의 방위산업 관련 기관들과 공군은 미래에 군용항공기 엔진을 사용할 계획이 없다고 주장하며 이에 동조했다. 롤스로이스는 보다 발전된 축류 제트엔진 설계를 연구 중이었으며, 1946년에는 최초로 엔진 테스트를 실시하였다. 에이본(Avon)이라고 불리는 이 슬림한 디자인의 엔진은 훨씬 더 큰 추력을 낼 수 있었으며, 넨 엔진보다 신뢰성이 더 높다고 판단되었다. 에이본 엔진과 그 변형 모델은 영국군과 민간 항공기 프로그램의 주력 엔진이 되었다. 따라서 넨 엔진이 소련의 제트전투기 개발에 미칠 수 있는 영향성은 전혀 고려하지 않은 것으로 보인다. 영국 정부는 이 거래에 대한 미국의 불만에 관심이 없다는 점을 분명히 했다. 하지만 이 결정으로 인해 많은 미국인들은 목숨을 바쳐야 했다. 첫 번째 엔진이 소련으로 배송되자 클리모프(Klimov)와 그의 팀은 엔진을 역설계하고 자체 제작을 시작했다. 롤스로이스는 소련이 생산을 시작하고 운영할 수 있도록 기술과 엔지니어링을 기꺼이 지원하였다.

제트엔진 성능의 가장 중요한 과제 중 하나는 특히 엔진의 주 연소 부분에서 높은 열과 압력을 견뎌야 하는 엔진 부품의 품질이다. 제트엔진 제조업체에서 "핫 섹션(hot section)"이라고 부르는 이것은 제트엔진 성능에 중요한 기술이며, 업계에서는 종종 "고장 간 평균 시간"(MTBF: Mean Time Between Failures)을 산출하면서 엔진의 신뢰성 정도를 판단한다. 온도가 높을수록 열과 응력(應力)을 견딜 수 있는 더 나은 재료가 필요하며, 샤프트 베어링, 팬 블레이드, 그리고 디스크가 특히 중요하다. 넨 엔진 시대에는 팬 블레이드 부품은 단조(鍛造) 되었지만, 오늘날에는 이러한 부품들은 주조되고 분말 금속을 통해 만들어지며, 특수한 기술을 사용하는 진공 챔버에서 처리된다. 현대적인 예는 프랫앤휘트니(Pratt and Whitney)가 발명한 "게토라이징(Gatorizing)"이라는 공정을 사용하는 "슈퍼 플라스틱 부품 성형" 기법이 있다. MTBF가 그리 좋지 않았음에도 불구하고 넨(Nene) 엔진의 소련형 복제품은 MiG-15에 동력을 공급하는 데 적합했다. 하지만 이 복제 엔진의 신뢰성 문제는 향후 30년 동안 소련 공군을 괴롭힐 것이었다.

스탈린을 달래려던 영국의 시도는 스탈린의 동유럽 장악을 무너뜨리는 데 실패하지는 않았지만, 전 세계적으로 소련의 공산주의적 행동을 완화시키지도 못했다. 이는 우방국인 중국의 뒤에서 일하던 소련이 한국에 있는 미국인들을 거의 능가할 만큼의 기회를 만들어 주었다. 미국은 결정적인 순간에 한국에서 핵무기 사용을 고려했지만 결코 그런 일은 일어나지 않았다. 그 후 전쟁은 교착상태로 끝났는데, 이는 미국의 힘이 감소하는 첫 징후였다.

민감한 기술에 대한 서방의 금수조치를 우회하고, 위반하려는 많은 국가들의 의지는 현실이며, 수년 동안 기술보호를 유지하는 데 있어 끊이지 않는 문제였다. 이는 적대적인 상대방이 "금지된" 기술을 획득하기 위하여 설계한 "정교한 다단계의 시스템"을 갖고 있는 경우에는 특히 더 어려운 문제이다.

디렉토라트(Direktorat) T: T 과학기술정보수집국

소련의 디렉토라트(Direktorat) T는 과학기술정보수집국이었으며, 정보기관인 KGB(국가안보위원회, 현재의 SVR-RF)의 일부였다. 디렉토라트 T는 여러 부서로 구성되었는데, 과학기술을 수집하는 가장 중요한 부서는 "라인(Line) X"라고 불리었다. 디렉토라트 T와 라인 X는 소련의 과학과 산업이 서방에 비해 점점 뒤떨어지고, 기술이 점점 더 필요하게 됨에 따라 서방으로부터 기술을 획득하기 위해 설립한 큰 시스템의 일부였다. 이것이 소련 지도자들의 의도를 내포하고 있다는 것은 여러 경로를 통해 분명히 미국에게 전달되었다. 이 조직에 투입된 막대한 예산과 관련해서는 다양한 추정치가 있는데, 대부분은 소련 국내총생산(GDP)의 15% 이상을 지출했다는 데 이견이 없으며, 또 다른 많은 사람들은 최대 25%까지 증가했다고도 말한다. 어쨌든 소련의 지출은 종종 은밀하게 이루어지고, 때로는 잘못 표기되거나 과소평가되기 때문에 확신하기는 어렵다.[12]

미국 국방부는 소련의 군사력 성장과 점점 더 중요해지는 무기들, 그리고 정교한 지휘통제시스템의 출현에 주목했다. 사실 소련은 모든 유형의 핵무기, 대륙간탄도미사일, 다중 탄두를 갖춘 중거리 및 단거리탄도미사일, 미사일발사 핵 잠수함, 감시정찰 위성, 전투기, 전차, 대전차 무기, 포병, 전술 군용시스템 등에 투자했다. 이를 보고 깊은 경각심을 느낀 미국의 국방부는 CIA와 협력하여 미국 국민에게 위험을 경고하기 위한 연례 간행물을 발행하기 시작했다. 1981년에 발행한 초판 인쇄본인 "소련의 군사력(Soviet Military Power)"이라는 책자는 소련의 군사력 성장이 미국과 NATO에 위협적이라는 공식적인 평가를 미국 대중에게 발표했다.

오늘날 우리가 알고 있듯이, 미국이 주도한 대응정책은 베트남전 이후 쇠퇴한 미국의 군대를 재건하는 것이었다. 미국의 우선순위는 다음과 같았다.

① 소련의 SS-20에 대응하기 위해 퍼싱(Pershing) 단거리 핵미

사일을 유럽에 배치하고, 전략 ICBM과 전술 핵전력을 현대화한다.

② 차세대 전차, 신형 핵잠수함, 새로운 통신기술, 확장된 위성감시, 최신식 통신시스템 등을 위한 전투장비를 개선한다.

③ 새로운 기술로 구형 장비를 업그레이드 한다.

④ 성능이 향상된 센서, 전자장치, 레이더, 공대공-공대지 미사일을 갖춘 차세대 전투기를 준비한다.

〈소련의 군사력을 보고하는 국방장관〉[1]

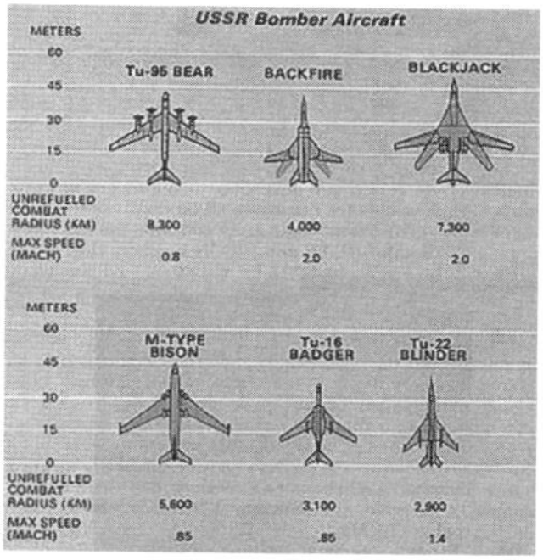

〈책의 내용(소련의 전략폭격기)〉[2]

1) https://commons.wikimedia.org/wiki/File:President_Reagan_receiving_the_first_copy_of_Soviet_Military_Power,_a_Defense_Intelligence_Agency_publication.jpg

2) https://commons.wikimedia.org/wiki/File:Soviet_Bomber.jpg

계획 목록에 있었던 새로운 시스템 중 하나는 결국 구축되지 않았지만, 새로운 모든 플랫폼을 합친 것보다 더 큰 영향력을 미쳤다. 그것은 바로 전략방위구상(SDI: Strategic Defense Initiative)이었다. SDI는 핵전쟁의 계산법을 바꾸리라 예상했다. 그 목적은 상호확증파괴(MAD: Mutually Assured Destruction)라는 "핵 대 핵의 공포의 균형개념"을 미국을 공격하기 위해 날아오는 "핵미사일의 탄두를 파괴하는 방법"으로 대체하는 것이었다. SDI 프로그램 중 하나로 제안된 "브릴리언트 페블(Brilliant Pebbles, 눈부신 조약돌)"은 우주기반의 비 핵무기로 상승(boost) 단계에 있는 상대방의 미사일을 방어하는 시스템이다. 브릴리언트 페블은 지구 저궤도에 4,000개의 위성들을 배치하고, 공격을 위해 진입하는 적의 핵탄두를 텅스텐으로 만든 수박 크기의 발사체로 요격하는 개념이었다. 이는 소련이 로켓을 발사할 때 발생하는 신호를 기초로 작동하는데, 미사일이 이륙하는 과정에서 발사 상태를 감지할 수 있는 정밀한 적외선 위성을 통해 가능했다. 일단 미사일이 발사된 것이 확인된 후에는 두 가지 SDI전략이 있었다. 소련 ICBM이 다탄두 개별목표 재진입체(MIRV)탄두를 동작시키기 전에 요격하거나, 이것이 불가능할 경우 브릴리언트 페블로 MIRV 탄두를 요격하는 것이다.

〈브릴리언트 페블 별자리 개념도〉[1]

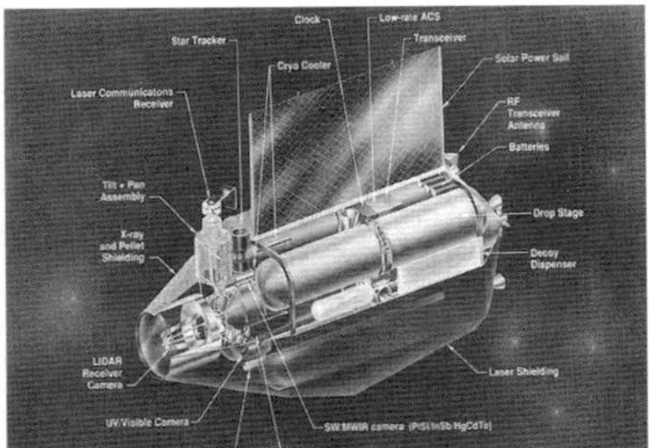

〈브릴리언트 페블 단면도〉[2]

1) https://en.wikipedia.org/wiki/Brilliant_Pebbles#/media/File:Brilliant_Pebbles_Constellation.png

2) https://commons.wikimedia.org/wiki/File:Brilliant_Pebbles_life_jacket_cutaway.jpg

이에 대하여 과학자들 뿐만 아니라 다양한 반대의견도 있었는데, 그 이유는 SDI가 작동하지 않을 것이라고 생각하거나 SDI가 미국에게 효과적인 "선제공격(first strike)" - 핵전략에서는 제1격이라는 용어를 사용 - 능력을 제공할 수도 있음을 두려워하였기 때문이다. 전략무기제한협정(SALT: Strategic Arms Limitation Talks)과 전략무기감축조약(START: Strategic Arms Reduction Treaty) 같은 거의 모든 군비통제의 노력은 어느 쪽도 상대방의 보복 능력을 압도할 만한 선제공격을 시작할 수 없다는 조건에 기초했다. 따라서 군비통제는 항상 상호확증파괴(MAD)의 교리를 지원하는 것을 목표로 삼았으며, 이는 모두가 원하던 결과였다. 많은 사람들이 완전한 핵 군축을 선호하지만, "현실주의자(realists)"들은 어느 쪽도 그렇게까지 할 준비가 되어 있지 않다는 사실을 알고 있었다.

마찬가지로, 소련이 선제공격 시스템을 점점 더 확보하려는 목적을 갖고, 협정을 점차 위반함으로써 군비통제의 한계에서 벗어나려고 한다는 것을 미국의 국방부와 의회는 분명히 인식하고 있었다. 70년대와 80년대 워싱턴에서의 추가적인 군비통제 협상의 걸림돌은 이전의 합의서를 기준으로 발생한 부정행위를 중심으로 전개되었다.

소련에게 선제공격 능력은 소위 "사일로 파괴(silo busting)" 능력이라고 불리는 것으로써, 표적에 대한 정확도를 높이기 위한 압도적인 수의 ICBM(Intercontinental Ballistic Missile, 대륙간탄도미사일)과 잠수함발사 IRBM(Intermediate-Range Ballistic Missile, 중거리탄도미사일)을 의미했다. 적의 사일로를 파괴하는 개체는 깊숙하고 단단한 지하 사일로에 숨겨진 미사일도 파괴할 수 있었다. 지하 깊은 곳으로 발사되는 미사일은 땅에 묻혀 있는 모든 것을 파괴할 수 있을 만큼 충분한 압력을 가함과 동시에 목표물 바로 위에서 폭발할 수 있는 매우 정확한 미사일이다. 소련은 대형 탄두를 개발할 수 있었지만, 항상 직면했던 문제는 ICBM에 맞게 탄두의 크기를 줄이는 것이었다. 게다가 소련의 미사일은 보다 정밀한 정확도가 필요했다. 최첨단 유도시스템의 필요성과 장거리 비행으로 인해 발생할 수 있는 오류를 고려하면, 소련은 노스다코타(North Dakoda)에 배치된 미니트맨(Minuteman) ICBM과 같은 미국의 전략 로켓을 파괴할 수 있는 시스템을 배치하는 데에 많은 어려움이 있었다.[13]

그러나 미국의 SDI는 이러한 모든 노력을 무효화할 것이었기 때문에 소련의 입장에서는 세력균형이 미국에게 유리한 방향으로 흘러가는 것을 느낄 수 있었다. 따라서 소련은 대안을 찾으려고 노력했다. 그 중 하나는 유럽의 목표물을 타격할 수 있는 단거리 로켓의 배치였으며, 그중에 가장 유명한 것은 SS-20이었다. SS-20은 150킬로톤(kiloton)급 핵탄두 3개를 탑재하고, 사거리가 3,400해리(NMs) - 약 6,300km - 인 이동식 중거리 탄도미사일이다. SS-20은 소련에게 NATO군에 대한 선제공격 능력을 부여했고, 유럽 전체를 핵 위협에 빠뜨렸다. SS-20은 유럽의 동맹국, 특히 미국의 핵우산에 의존했던 독일에서 아이러니한 논쟁을 불러일으켰다. 미국 지도자들은 독일로 하여금 퍼싱(Pershing) 미사일을 배치하도록 압력을 가했다. 퍼싱은 SS-20의 발사를 억제하고 대응할 수 있었다. 그러나 독일은 미국이

ICBM과 SLBM(Submarine Launched Ballistic Missiles, 잠수함 발사 탄도미사일)으로 유럽을 충분히 방어할 수 있다는 생각으로 퍼싱의 배치에 저항했다. 그러나 문제는 독일이 소련의 공격을 받을 경우 미국이 인접 지역으로 회피할 수도 있다는 것도 곧 알게 되었다. 즉, 미국이 대응하리라는 보장이 없었던 것이다. 이 명제가 분명해지자 독일은 미국의 압력에 곧 굴복했다. 국가 안보는 결코 희망사항에 기초해서는 안 되는 것이었다.

〈SS-20 미사일〉[1]

〈퍼싱(Pershing) 미사일〉[2]

1) https://commons.wikimedia.org/wiki/File:RSD-10_2009_G1.jpg
2) https://commons.wikimedia.org/wiki/File:Pershing_1_launch_(Feb_16,_1966).png

퍼싱 미사일은 미군과 함께 독일에 배치되었다. 미국은 퍼싱 발사대 24기를 배치했고, 독일군이 이를 수용한 다음에는 16기의 발사대를 추가로 배치했다. 퍼싱 미사일은 생산과정에서 지속적으로 개량된 단일 핵탄두를 가지고 있었다. 1991년 시스템이 중단되기 전에 - 또 다른 군비협정으로 SS-20과 퍼싱의 운용이 취소되었다. - 탄두의 무게는 400킬로톤에 달했다. 퍼싱의 사거리는 SS-20보다 부족했지만, 450마일이 조금 넘었기에 전술적으로 상당한 수준의 억제력을 발휘하기에는 충분했다.

소련의 로켓군을 미군과 비교할 때, 소련은 확실히 수적으로 우위에 있었지만 선제공격 능력이 가능한 수준에는 도달하지 못했다. 유럽에서의 그들의 승부수가 실패한 것은 소련이 유럽을 위협하지 못하게 하려는 미국 워싱턴의 결단 덕분이었으며, SDI구상은 미국이 곧 선제공격 전략과 능력을 갖게 될 수도 있다는 두려움을 불러일으켰다. SDI구상은 결코 완성되지 않았지만 - 1993년 클린턴 대통령에 의해 프로그램이 취소되고, 국방부 예산목록에서 제외되었다. - 사실 정답은 SDI에 있었다. 당시 초기단계에 있긴 하였지만, SDI는 미국과 NATO를 보호하는데 도움을 주었다. SDI는 다수의 비판 여론에도 불구하고, 미사일방어의 중요성을 입증해주었다. 이러한 개념은 이스라엘에도 전달되었다.

이스라엘은 북쪽(Hezbollah, 헤즈볼라)과 Gaza(Hamas, 하마스)에서 발사되는 단거리 로켓에 대응하기 위해 애로우(Arrow) 미사일방어 시스템과 아이언돔(Iron Dome)을 계속 개발했다. 아이언돔은 이스라엘의 라파엘사(Rafael Advanced Defense Systems)가 개발한 이동식 요격체로, 4km에서 70km(43마일) 거리에서 발사되어 그 궤적이 인구밀집 지역으로 이동하는 단거리 로켓과 포탄을 요격하고 파괴하도록 설계되었다. 아이언돔은 정교한 조기경보 시스템, 민방위 대피소와 함께 이스라엘 인구들이 많이 모여 있는 중심지를 보호하는 데 훌륭한 역할을 해왔다.[14] 그럼에도 아이언돔은 일부 지식인들과 학계로부터 비판을 받았는데, 그 이유는 시스템이 효과적이지 않을뿐더러 날아오는 로켓의 탄두를 파괴할 수 없다는 것이었다. 하지만 2014년 7월 하마스의 로켓 공격 당시 인구밀집 지역을 보호하고, 이스라엘의 "프로텍티브 엣지(Protective Edge) 작전" 중 추가적인 대공방어에 성공하는 등 탁월한 성과를 거둠으로써 이러한 비판들을 불식시키는 듯 했다. 그러나 2023년 10월, 이스라엘-하마스 전쟁에서 하마스는 이스라엘의 방공망을 뚫기 위해 엄청난 양 - 하마스 측 주장은 5,000발, 이스라엘 방위군 추정 2,200발 - 의 로켓을 기습 발사했고, 이스라엘은 완벽하게 방어할 수 없었다.

〈아이언돔(Iron Dome)〉[1]

〈애로우(Arrow) 2 미사일〉[2]

1) https://en.m.wikipedia.org/wiki/File:IDF_Iron_Dome_2021.jpg
2) https://commons.wikimedia.org/wiki/File:Arrow_anti-ballistic_missile_launch.jpg

아이언돔과 애로우는 각각 미사일방어의 실질적인 면을 보여주는 단거리와 중거리 전술 무기체계지만, 미사일방어(MD) 반대론자들은 정치적인 반대논리를 제기하기도 하였다. 비평가들은 SDI가 미국에게 선제공격을 수행할 가능성을 제공할 것이라고 주장했다. 아이언돔의 경우도 비평가들의 의견처럼 되려면 이스라엘이 팔레스타인과 평화협정을 협상할 필요가 없을 정도로 철통과 같은 안보가 보장되어야 한다. 선제공격 주장에 대한 레이건의 대답은 소련에 SDI를 제안하는 것이었지만 소련은 결코 이를 받아들이지 않았다. 이스라엘은 아이언돔이 민간인을 보호하고 이스라엘의 핵심 기반시설을 보호하는 데 절대적으로 필요하다는 것을 입증했다. 하지만 이스라엘이 가자지구에 대해 지상군을 제한적으로만 사용하고, 전면전으로 확대하지 않기로 결정한 이유도 아이언돔으로 설명할 수 있을 것이다. 이스라엘의 경우, 특히 가자지구 근처의 도시와 마을에 대한 부수적인 위협이 있었는데, 하마스가 만든 일련의 정교한 지하터널은 테러리스트들을 인구밀집 지역으로 보내겠다고 위협하는 것이었다. 이러한 이유로 이스라엘이 공격에 맞서는 대부분의 방식은 미사일의 발사 원점을 파괴하고, 지하터널의 연결로들을 찾아서 제거하는 것이었다. 아이언돔을 평화를 가로막는 장벽이라며 반대하는 비평가들은 이스라엘이 해결해야 할 보다 광범위하고, 적극적인 위협도 고려해야 한다. 더욱이 하마스로 인해 촉발된 본격적인 지상전이 일어난 현재의 상황은 미사일방어가 평화 구축을 둔화시킨다는 정치이론을 의심스럽게 만든다. 어쨌든 팔레스타인 정착촌이 하마스의 행동과 연관되어 있다는 논리도 근거가 없다. 이스라엘이 영토, 경제, 그리고 정치적으로 양보를 하도록 끈질기게 설득하는 미국조차도 하마스와 용인 가능한 어떠한 거래도 주장한 적이 없었다.

미국은 SDI의 "아들"격인 새로운 미사일방어 프로그램이 필요한 것일까? 중국의 타격능력이 확대되고, 북한과 이란의 핵 위협이 고조되고 있으며, 블라디미르 푸틴 대통령이 이끄는 러시아가 계속해서 공격적으로 변하고 있다. 이로 인해 미국이 미사일방어에 다시 관심을 돌리는 데에는 그리 오랜 시간이 걸리지 않으며, "스타워즈(Star Wars)"는 다시 살아날 수도 있다. 이와 관련하여 이스라엘의 성공적인 미사일방어 시스템은 미국의 주요 방위산업 기업들과 협력하여 개발되었으며, 미국 의회로부터 재정적인 지원을 받았다는 점을 기억하는 것이 중요하다.

오타와(Ottawa) 정상회담의 의의

1981년 7월 20일부터 21일까지 G-7(Group of Seven) 정상회담이 캐나다 오타와(Ottawa)에서 열렸다. G-7 그룹에는 미국, 영국, 프랑스, 독일, 이탈리아, 일본, 캐나다의 지도자들과 추가로 유럽연합 집행위원장이 포함되었다. 이는 "경제적" 목적의 정상회담이었지만 1980년대를 지배할 "국제적" 관계를 시험하는 자리였으며, 미국의 새로운 지도자들에게는 미국의 군사력을 재건하고, 소련의 군사력 증강 문제를 해결하기 위한 계획을 세웠던 시기이기도 했다. 이러한 상황에서 미국과 영국이 가장 자연스럽게 협력할 것이라는 사실은 널리 예상되었으며, 마가렛 대처와 영국정부의 관점은 미국의 새로운 대통령인 로널드 레이건의 관점과 거의 일치했다. 이미 3년간 재임 중이었던 대처는 레이건의 존경을 받았으며, 그가 대서양의 동맹을 재편하는 데 도움을 준 경험이 있었다.

가장 큰 의문점은 프랑스의 새 대통령 프랑수아 미테랑이었다. 미테랑의 내각 선택을 지켜보던 워싱턴에서는 이미 경고음이 울리기 시작했는데, 선택받은 인물 중 4명이 공산주의자였기 때문이다. 이 뿐만 아니라 프랑스 내각에는 극좌 사회주의자들도 있었기 때문에 더욱 큰 우려를 샀다. 미국은 프랑스의 외무장관이 중남미 지역에서 현지 좌파와 혁명가들을 지원하는 프랑스의 정책을 좋아하지 않았다. 더욱이 프랑스는 아르헨티나 문제로 영국과 갈등을 빚었고, 아르헨티나 공군에 엑조세(Exocet) 미사일을 판매했다.[15] 오타와 정상회담이 있은 지 1년이 채 안 되어, 아르헨티나 조종사들은 프랑스산 제트 전투기(Super Etendard)를 조종하여 포클랜드 전쟁위기 동안 파견된 영국의 셰필드(HMS Sheffield) 유도미사일 순양함을 공격했다. 셰필드는 두 개의 미사일에 맞았는데, 그 중 하나가 폭발하면서 함선에 불이 붙어 타버렸다. 6일 후 배를 구조할 수 없다는 결론이 내려지자 배를 견인하려는 노력을 완전히 포기하였으며, 결국 침몰했다.[16] 엑조세 미사일과 아르헨티나-포클랜드(Falklands)-말비나스(Malvinas)의 위기는 오타와 정상회담에서는 다루지 않은 아직 미래의 일이었지만, 영국-미국의 정책과 프랑스 정책 간의 기본적인 차이는 경기에 참여한 선수들에게 분명하게 전달되었다. 그러나 정상회담에서 레이건의 초점은 소련의 위협과 NATO의 대응에 있었으며, 프랑스를 라틴 아메리카 밖으로 밀어낼 생각이 없었다.

G-7 정상회담을 준비하면서 대통령을 지원하기 위한 일련의 문서와 프레젠테이션이 작성되었다. CIA를 포함한 미국의 주요 정부 부처와 기관들은 모두 대통령을 보좌하며 준비했다. 미국 국방부는 서방의 기술이 직면한 위협상황에 대한 브리핑 자료를 작성하여 소련에 유출된 기술과 이러한 기술유출이 NATO를 어떻게 약화시킬 것인지를 자세히 설명했다. 미테랑에게 소련의 위협과 기술의 유출에 대해 말할 내용에 대해서는 미국 정부에서도 약간의 논쟁이 있었다. 레이건의 브리핑에는 국방정보국(Defense Intelligence Agency)과 중앙정보국(Central Intelligence Agency)이 제공한 기밀정보가 포함되어 있었다. DIA는 소련이 복제 장비를 만드는 것을 보았고, 프랑스가 군사기밀을 유출하는 것을 우려했다. CIA는 소련의 스파이들이 미국과 유럽의 방산기업들을 침투함으로써 손실되고 있는 중요한 기술들을 목표로 삼았다. DIA와 CIA는 레이건의 보고서에 포함된 극비정보가 미테랑 대통령에게 전달되면, 미테랑이 해당 정보를 소련에게 전달하거나 파리에서 활동하는 소련과 동유럽의 스파이들이 해당 정보를 훔칠 것을 우려했다. 일부 사람들은 미테랑의 내각 장관들을 신뢰할 수 없거나 부패했다고 생각했다.

그럼에도 불구하고 레이건은 기술유출을 막기 위해서는 프랑스의 협력이 필수라고 생각했고, 그와 국가안보팀은 G-7 참석자들을 대상으로 제공하기로 한 것과 동일한 프레젠테이션을 미테랑 대통령에게도 제공하기로 했다. 그들이 만났을 때 미테랑은 레이건의 말에 귀를 기울였다. 미테랑의 대답은 소련의 간첩활동이 레이건이 알고 있는 것보다 훨씬 더 심각하다는 것이었다. 미테랑은 프랑스가 소련의 정부기관 내부, 특히 디렉토라트(Directorate) T(T 과학기술정보수집국)의 라인 X에 정보요원을 두고 있으며, 이 요원은 프랑스의 첨단기술 방위산업체와의 커넥션을 통해 프랑스에 정보를 제공하고 있다고 설명했다. 미테랑은 레이건에게 KGB 라인 X 요원의 신원이 철저히 보호되고, 함께 활용하는 것이 극비리로 진행될 수 있다면, 프랑스 요원이 제공하는 정보를 미국과 공유할 준비가 되어 있다고 말했다. 이 제안에 따라 레이건은 CIA 국장이었던 윌리엄 케이시(William Casey)에게 즉각 필요한 조치를 취하도록 지시했다.

KGB 내부에 있었던 프랑스 요원은 누구였으며 그는 얼마나 알고 있었을까? 그의 코드명은 "Farewell(작별이라는 의미)"이었으며, 프랑스 정보기관인 DST – Direction de la Surveillance du Territoire, 프랑스 정보기관인 국토감시국(영어: Directorate of Territorial Surveillance) – 에 의해 관리(또는"처리")되었다.[17] DST측의 책임자는 마르셀 샬레(Marcel Chalet)였는데, DST가 프랑스 사회주의 및 공산당 활동에 "침투"했다는 기록에도 불구하고, 1953년 미테랑이 인도차이나 전쟁 비밀을 프랑스 공산당에 넘겼다는 비난을 받았을 때, 미테랑을 곤경에서 구해낸 사람이 샬레였다. 코드명 "Farewell" 요원은 KGB의 디렉토라트 T와 라인 X의 운영과 관련하여 독특하고, 강력한 채널을 제공했다. 페어웰 요원은 유럽, 캐나다, 미국에서 활동하는 라인 X 스파이 222명과 기타 KGB 장교 약 170명을 식별한 후 그 명단을 전달했으며, 소련이 서방으로부터 획득하고자 하는 기술목표 중 일부를 보여주는 약 3,000페이지에 달하는 비밀문서도 전달했다.

코드명 페어웰(Farewell) 요원은 누구였을까?

그의 본명은 블라디미르 이폴리토비치 베트로프(Vladimir Ippolitovich Vetrov)였다. 1932년에 태어나 전기엔지니어 기술을 교육 받았으며, 대학시절에 KGB에 채용되었다. 1965년에는 무역관련 기관원 신분으로 프랑스에 파견되었으며, Thomson-CSF(CSF: Compagnie Générale de Télégraphie Sans Fil, 영어로는 General Wireless Telegraphy Company)에서 일하는 엔지니어인 자크 프레보스트(Jacques Prévost)와 친구가 되었다. Thomson CSF - 2000년부터 Thales Group으로 알려짐. - 는 첨단 전자제품 개발에 중점을 두고, 방위산업, 항공우주산업, 수송산업을 이끄는 그룹이었다. 오늘날 이 회사는 2023년을 기준으로 약 180억 유로의 매출을 올리고 있다. 프레보스트는 Thomson 내부에 배치할 DST의 연락책으로서 베트로프를 채용하기 위해 DST 동료들과 협력하였다. 나중에 공개된 이야기에 따르면 베트로프를 영입하기로 한 작전은 전적으로 DST 자체적으로 내린 결정이었으며, 정치적인 보호와 은폐는 없었다.

베트로프 사건의 간략한 역사는 이 기간 동안 레이건의 국가안전보장회의(National Security Council)에서 근무했던 거스 와이스(Gus Weiss)가 썼다.[18] 와이스는 닉슨 정부부터 레이건 정부까지 NSC 전문가였으며, 카터 정부에서는 국방부 우주정책 차관보로 일했다. 1977년 와이스는 첨단 제트엔진 생산을 위해 제네럴 일렉트릭(General Electric)과 스네크마(Snecma, 현재 SAFRAN 그룹의 자회사) 간의 계약을 체결하려는 노력을 주도하였고, "미국의 기술이전"

과 CSF라는 "제조 컨소시엄 구성"의 길도 열었다. 와이스가 공화당과 민주당 정부에서 모두 일할 수 있었던 것은 그가 잘 훈련된 CIA의 작전요원이었고, 기관을 대표하는 직책을 받았기 때문이다. 하지만 그는 2003년 워터게이트 아파트 건물에서 추락해 자살했다.

와이스(Weiss)는 CIA의 국장이었던 윌리엄 케이시(William Casey)가 베트로프(Vetrov)의 첩보 보고서를 검토하고 평가하기 위해 구성한 팀의 일원이었다. 백악관, 국방부, 정보기관 출신의 전문가들이 모인 이 팀은 "T 과학기술정보수집국(Direktorat T)"이 획득하려는 장비와 기술을 이해하고, 이를 위한 통로를 차단하는 것을 목표로 했다. 와이스에 따르면 소련 요원들이 베트로프가 제공한 정보에 의해 적발 되었을 때, 서방 정보기관에 있던 소련의 "두더지들(moles)" 중 한 명은 베트로프가 제공한 문서에서 베트로프의 필적을 보았고, 이를 본부에 귀띔함으로써 베트로프가 모스크바에서 체포당하도록 하였다. 만약 이것이 사실이라면, 베트로프가 내연녀에게 부상을 입히고, 모스크바 공원 근처에서 비번인 경찰관에게 총격을 가한 후 감옥에 갇혔다는 이야기는 서방에서 활동하던 두더지를 보호하고, 베트로프가 체포되기 전까지 서방에 신뢰할 만한 비밀정보를 제공하고 있었다는 인상을 심어주기 위해 고안된 것일 수도 있다. 베트로프의 전기 작가(biographer)가 제공한 묘사에 따르면, 베트로프는 모스크바의 "플레이보이"였다. 프랑스의 정보장교들은 그가 급여 때문이 아니라 이념에 따라 행동했다고 주장했지만, 프랑스로부터 18년 동안이나 급여를 받았다.

베트로프는 한동안 소련에 의해 이용당하면서 프랑스인들에게 잘못된 정보를 제공하지는 않았을까? 여전히 가능성이 높은 시나리오다. 베트로프가 이중 스파이였으며, 그가 제공하는 정보는 유용하기도 하였지만, 소련이 관심을 갖고 있었던 실제의 고가치 제품과 기술을 생략했을 가능성도 있다. 베트로프의 사례는 책과 영화에서 미화되었고, 그가 제공했던 정보는 기밀로 유지되기 때문에 객관적인 평가를 하거나 시간이 지남에 따라 본질이 변했는지를 확인하는 것은 불가능하다. 베트로프가 반역자로 처형되었다는 것도 확신할 수 없다. 모든 관계자들은 저마다의 이유로 그의 이야기를 바라보고 받아들이지만, 그렇다고 해서 전적으로 사실로 보기는 어렵다.

도시바(Toshiba) 사건

페어웰(Farewell)의 문서가 소련의 기술획득 프로그램을 완전히 대변한다고 보기에 의심스러운 점은 그의 보고서에 전략 핵잠수함 프로그램의 기술과 장비에 대한 내용이 나타나지 않았다는 것이다. 물론 이 프로그램이 KGB가 아니라 GRU(연방군 정보총국)에 의해 실행되었을 가능성도 있지만, 그러한 기술들이 "정상적인" 채널을 통해 구매되었다는 점을 고려하면, 그럴 가능성은 낮아 보인다. 또한 프랑스인들은 그들이 가지고 있는 모든 것을 페어웰에게 넘겨주지 않으면서 자신들에게 문제가 될 만한 자료들은 숨겨두었을 가능성도 있다.[19] 페어웰 역시 모든 보고서에 접근할 수 없었거나, 선택적으로 자료를 유출함으로써 그를 관리하는 사람들에게 자신의 가치를 높이려고 했을 수도 있다.

마지막으로 살펴 볼 사례는 소련의 수중 프로그램 중 잠수함의 소음을 줄이기 위한 기술획득 사례이다. 잠수함 부대는 제1차 세계대전과 제2차 세계대전에서 그랬던 것처럼 바다 밑에 숨어서 함정을 공격할 수 있기 때문에 "침묵의 함대(silent service)"라고 부르기도 한다. 제2차 세계대전이 끝나고, 조금 더 강한 추진력을 위해 원자력 시스템을 도입한 이후에는 장거리 탄도미사일을 발사하기 위한 특수한 잠수함들이 건조되었다. 이에 따라 잠수함은 훨씬 더 전략적인 역할을 맡게 되었는데, 잠수함발사탄도미사일(SLBM)이나 잠수함발사순항미사일(SLCM)은 무섭고 강력한 위협을 주었다. 잠수함을 정확하게 추적하는 것은 매우 어려우며, 잠수함은 자신이 지정한 목표물에 대하여 언제, 어디서든지 발사를 할 수 있다. 따라서 잠수함을 찾아 파괴하거나 발사된 미사일을 격추하는 것은 엄청나게 어려운 일이다. 미사일이 표적에 가까울수록 경고시간이 짧아지므로 이에 대응하는 것은 더더욱 어려워진다.

미국 해군이 "부머(boomers)"라고 부르는 핵 미사일 잠수함(SLBM)은 미국에서 알려진 핵 3종 세트, "3대 핵전력(nuclear triad)"의 중요한 일부이다. 이 3종에는 지상 기반 "ICBM"(내륙으로부터 가능한 멀리 떨어진 깊은 곳의 사일로에 저장되어 보호됨), B-52, F-111, B-1, B-2와 같은 "장거리 전략폭격기", 그리고 부머와 같은 "핵 미사일 잠수함(SLBM)"이 포함된다. 이 3종은 핵 공격의 성공을 보장하고, 반대로 적들이 공격을 시작하더라도 이를 막는 것이 불가능하지 않기 때문에 적들은 매우 복잡함을 느낄 것이다.

잠수함이 가진 주요 취약점은 함정이 작동할 때 발생하는 소음이다. 소음은 엔진과 잠수함의 기계부품(예: 발전기, 펌프), 잠수함이 수중에서 기동할 때 발생하는 물리적 소음, 그리고 프로펠러나 대체 추진시스템에서 발생하는 공동현상(cavitation) 소리 등 세 가지 원인에서 발생한다.[20] 전투모드에 있을 때 전기(배터리) 전원으로만 잠수함을 작동하고, 소나(sonar)를 비활성화 시키고, 소리를 약화시키는 기술(흡음 비반사 물질로 잠수함 선체를 덮는 것 포함)을 사용하면 소음을 줄일 수 있다. 잠수함은 독특한 소리를 만드는데, 이러한 소리 신호를 이용하면 기동 중인 잠수함의 유형을 식별할 수 있다. 이러한 잠수함의 특성은 스마트 무기에 입력되고, 감지된 특정한 소리에 집중하면서 잠수함 표적을 추적하거나 파괴할 수도 있다.

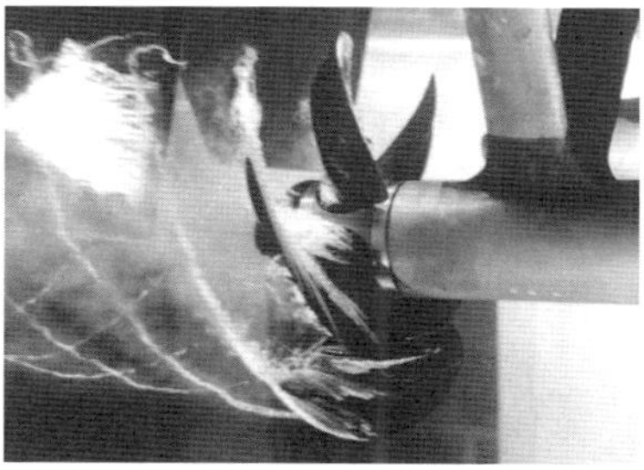

〈프로펠러 공동현상 실험(수로 터널)〉[1)]

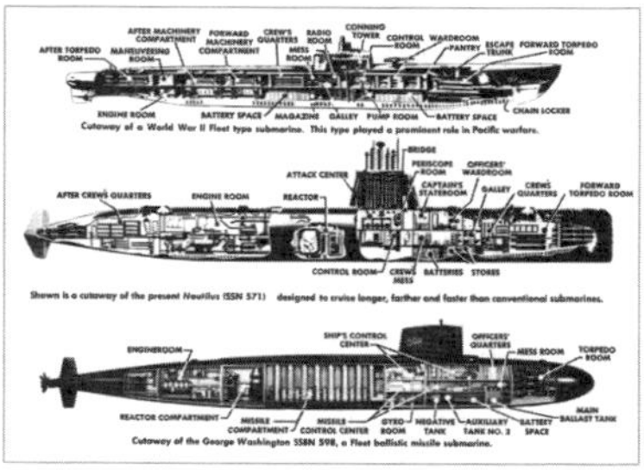

〈노틸러스(Nautilus) 핵잠수함 설계도〉[2)]

1) https://commons.wikimedia.org/wiki/File:Cavitating-prop.jpg
2) https://commons.wikimedia.org/wiki/File:US_Navy_submarine_types_of_1940s_and_1950s_drawing_1967.png

잠수함을 탐지하는 방법에는 능동형 또는 수동형의 방법이 있다. 능동형은 소나가 "핑(ping)" 또는 펄스 신호를 내보내고, 물체를 발견하면 그 소리가 소나로 되돌아오는 방식으로 거리, 방위각 그리고 깊이를 파악할 수 있다. 과거 미국의 잠수함은 소련의 잠수함보다 항상 조용했는데, 1954년 노틸러스(Nautilus) 핵 잠수함이 취역하면서, 항속거리를 증가시킬 수 있었다. 미국의 해군제독 하이먼 리코버(Hyman Rickover)는 최초로 핵잠수함 함대를 이끌었는데, 그를 따르는 모든 사람들과 마찬가지로 재래식 디젤-전기[21] 잠수함이 퇴역한 후, 미국 해군은 핵 잠수함으로만 함대를 구성할 것임을 분명히 했다.

소련의 문제는 미군이 그들의 잠수함을 추적하지 못하도록 개선하는 것이었다.[22] 이를 위한 핵심 과제는 잠수함을 더 조용하게 만드는 것인데, 문제는 소련 잠수함의 프로펠러-스크루(screw)에서 나오는 공동현상(cavitation)의 소음이었다. 소련은 미국의 "부머(boomers)"를 파괴하기 위해 차세대 티타늄 공격 잠수함을 제작하려고 했기 때문에 소음에 대한 해결책을 찾는 것이 시급했다. 그러나 잠수함에서 소음이 발생한다면, 모든 투자는 무용지물이었다. NATO에서는 그 새로운 종류의 잠수함을 "알파(Alfa)"라고 불렀다. 소련에서는 "리라[Lyre(Lira)]"라고 불렀으며, Project 705라는 극비 프로그램에 따라 생산되었다. 알파 잠수함은 매우 빠르고, 북대서양을 가로질러 돌진할 수 있었으며, 이전 잠수함보다 훨씬 더 향상된 전자장비를 갖추고 있었다.

소련의 정보부는 미국이 저소음 프로펠러를 만드는 방법을 찾아냈다는 것을 알게 되었는데, 미국 잠수함의 프로펠러가 다른 함대에서 사용하는 프로펠러와 어떻게 다른지 정확하게 파악했다. 미국 해군은 잠수함이 항구에 정박해 있을 때에도 잠수함의 프로펠러를 덮개로 감싸는 등 누구도 프로펠러를 조사할 수 없도록 하였고, 이를 숨기기 위해 최선을 다했다. 그럼에도 불구하고, 소련의 첩보원들은 미국 잠수함 프로펠러의 독특한 형상을 확인했을 뿐만 아니라, 유사한 프로펠러를 제작하려면 어떠한 장비가 필요한지도 알고 있었다.[23]

함정과 잠수함용 프로펠러(또는 프로펠러-스크루)는 합금으로 만들어지며, 거친 형상으로 주조된다. 대형 선박의 프로펠러에 사용되는 합금은 구리, 알루미늄, 니켈, 철 그리고 망간으로 구성되며, 합금의 선택은 무게, 진동, 내부식성 때문에 중요하다. 모든 프로펠러는 최적의 형상을 얻기 위해 설계 절충안을 수반하는데, 이는 매우 복잡할 수 있다. 예를 들어 프로펠러 설계의 가장 중요한 목표가 고속 잠항일 경우 이것의 절충안으로 인해 최적의 성능이 저하되고, 저속에서 연료가 많이 소모되거나 프로펠러의 동작이 불안정해질 수 있다. 또한 모든 프로펠러는 프로펠러의 앞쪽 가장자리 또는 프로펠러 끝에서 발생할 수 있는 공동현상으로 인해 약간의 소음이 발생한다. 공동현상은 수백만 - 수십억은 아닐지라도 - 의 작은 기포가 생성되는 현상으로, 기포가 형성되고 소멸되면서 프로펠러의 효율성을 감소시키고 소음을 발생시킨다.

전통적인 제조 방식에서 스크루 프로펠러의 최종 형상과 연마 작업은 수작업으로 이루어졌다. 자동화된 도구를 사용하더라도 블레이드의 형태와 블레이드 간의 정확성을 확보하고, 균형을 올바르게 맞추는 것은 매우 어려운 일이다. 오늘날 프로펠러 제작은 복잡한 형상을 안정적이고 반복적으로 정확하게 생산할 수 있는 다축 컴퓨터제어 공작기계를 사용한다. 이러한 공작기계는 진동이 매우 적고 소음이 최소화되는 것이 특징이다. 프로펠러의 성형을 완료하는 과정에서 절삭공구가 마모되기 때문에 공작기계의 컴퓨터 컨트롤러는 지속적으로 조정할 필요가 있다.

소련은 미국 해군이 잠수함용 프로펠러를 제조하는 데 사용했던 다축 수평 공작기계에 깊은 관심을 갖고 있었다. 이 기계가 어디에 있고, 누가 만들었는지를 알아내는 것은 소련의 첩보활동 성공의 척도였다. 1976년경 소련은 4개의 수평 선반기계 - 미국 해군이 사용한 것과 정확히 동일한 기계 - 에 대하여 미국 정부에 수출허가를 신청했다. 그들의 구매는 미국 정부의 데탕트 계획이 정점에 이르렀을 때 이루어졌으며, 미국 정부는 이 공작기계의 수출을 거의 승인할 뻔했다. 그러나 백악관 국가안보회의(NSC)의 한 제독의 개입으로 판매를 저지할 수 있었다.

미국이 수평 공작기계의 수출을 허가하지 않았다는 사실을 알게 된 소련은 대안을 찾기 시작했고, 유럽의 공작기계 제조업체로 눈을 돌렸다. 그리고 프랑스의 Forest Line, 독일의 Schiess, Dorries, Donauwerke, 이탈리아의 Innocenti, 영국의 KTM에서 기계를 구입했다. 이 기계들 중에서 가장 중요한 것은 프랑스의 Forest Line에서 구매한 수직 공작기계였다. 프랑스 정부는 이 거래를 - 소련과의 전략기술 무역을 규제하는 다국적 조정위원회인 - COCOM에 공개하지 않았고, 수출을 승인해 버렸다. Forest Line 기계는 잠수함용 프로펠러를 제조하고 있던 레닌그라드(Leningrad, 현재의 상트페테르부르크)의 발트(Baltic) 조선소로 바로 배달되었다.

공작기계는 컴퓨터에 의해 제어되는 절삭공구의 동시 축 수와 정확도의 수준에 따라 COCOM에 의해 규제되었다. 프랑스는 자신들의 기계가 COCOM 규정에서 요구되는 정확도를 갖추지 못했고, 군사적인 용도로 사용되지 않을 것이었기 때문에 수출을 허가하였다고 주장했다. 프랑스는 오랫동안 Forest Line에 대한 이야기를 은폐했지만, 이 이야기는 레닌그라드 조선소에서 근무하던 일본 무역회사의 관계자에 의해 처음으로 폭로되었고, 나중에는 노르웨이의 현장조사에 의해 알려지게 되었다.[24] 하지만 Forest Line 공작기계는 소련에게 필요했던 등각 프로펠러를 생산할 수 있도록 쉽게 프로그래밍 되어 있지 않아 큰 실망감을 안겨주었다. 소련 사용자들은 기계의 사용법을 제대로 이해하지 못했고, 기계적인 오류와 기대에 못 미치는 성능을 경험했다.

따라서 소련은 Forest Line 공작기계보다 프로그래밍하기 쉽고, 성능이 뛰어난 기계가 필요했다. 이에 소련은 노르웨이의 Kongsberg Vapenfabrik(Kongsberg Weapons Manufacturer)과 일본의 Toshiba로 향했다. Kongsberg Vapenfabrik은 1814년에 설립된 오래된 회사로 수년에 걸쳐 사업을 현대화했으며, 공작기계용 컴퓨터 컨트롤러 분야의 권위있는 공급업체가 되었다. Kongsberg와 일본의 Toshiba는 상호 제휴하였으며, Kongsberg가 제작한 컴퓨터 컨트롤러는 Toshiba의 정교한 공작기계에 사용되었다.

공작기계용 컴퓨터 컨트롤러는 기계의 절삭공구를 컨트롤하기 위해 정보를 변환해야 한다. 단일 축의 경우 절삭의 정도를 조절하는 것이 그리 어렵지 않지만, 여러 개의 절삭공구들이 동시에 동작하고, 한 공구의 동작이 다른 공구의 동작과 연결되는 경우에는 수학적으로 문제가 복잡해진다. 특히 표면이 구부러져 있으면 더욱 어렵다. 넓은 표면적에 대한 정확성과 공구의 마모를 고려하고, 진동과 재료들의 불규칙성을 피하려면, 절삭공구들의 동작을 추적하는 정확한 센서와 적시적인 명령을 내릴 수 있는 빠른 컴퓨터가 필요하다.

조용한 프로펠러를 만들기 위해서는 올바른 설계가 매우 중요하다. 일본의 소식통에 따르면 일본의 저소음 잠수함 프로펠러 제조공법이 Kongsberg 컨트롤러-Toshiba기계와 함께 레닌그라드로 이전되었고, 소련이 가진 문제를 해결할 수 있었다고 한다. 도시바 사건으로 알려진 이 사례는 미국 해군에게 큰 재난이었는데, 기계가 레닌그라드에 배달되고, 충분한 기술적인 지원이 제공됨으로써 소련은 훨씬 더 정숙한 잠수함 프로펠러를 생산할 수 있었기 때문이다. 따라서 미국 해군이 소련의 잠수함을 추적하는 것은 훨씬 더 어려워졌고, 동시에 북대서양에서 자유롭게 잠항하는 소련의 위협 또한 매우 커졌다.

미국은 일본 무역회사 와코 코에키의 한 관계자로부터 소련의 저소음 잠수함 프로펠러 기술개발의 실상에 대해 듣게 되었다. 와코 코에키는 Toshiba-Kongsberg 프로젝트를 지원하고 있었고, 그 회사의 직원인 쿠마가이 히토리(Hitori Kumagai)를 레닌그라드 조선소로 파견 보냈다. 레닌그라드를 떠나 일본으로 돌아온 쿠마가이는 COCOM의 의장(이탈리아)에게 레닌그라드 공장의 실상과 일본 도시바의 기술이전 이야기를 담은 편지를 보냈다. COCOM 의장은 이 사실을 프랑스 정부(COCOM 개최 주최국)에 보고했지만 아무 일도 일어나지 않았다. 1년이 지난 후 쿠마가이는 이를 다시 시도했고, 이번에는 그 정보가 파리에 있는 CIA 주재원에게 직접 전달되었다. 쿠마가이는 나중에 "Goodbye, Moscow: The background of the Toshiba-Kongsberg Scandal"라는 소책자(일본어로만)를 출판했다. 쿠마가이는 자신의 관점에서 사건을 기술했는데, 소련이 조선소에서 일하는 외국인을 통제하기 위해 매춘부들을 어떻게 이용하고 결혼을 준비했는지, 외국인들이 그 시설에서 일어나는 일을 모르도록 어떤 방책을 세웠는지를 보여주었다. 쿠마가이는 서방의 기업들이 이 거래를 숨기기 위해 유령회사를 어떻게 설립했는지를 설명했고, 내부고발자로서 암살을 당할 수도 있는 자신의 두려움도 표현했다.

일본 정부도 도시바 스캔들에 연루된 사실을 은폐하기 위해 최선을 다했는데, 먼저 발트 조선소에는 그런 기계가 없다고 주장한 뒤, 조선소 건물에 있다는 기계의 사진을 - 마치 미국 국방부나 CIA가 제공할 수 있는 것처럼 - 증거로 제출할 것을 요구했다. 그러다가 미국 국방장관의 강력한 압박에 못 이겨 일본은 마지못해 협력하게 되었고, 책임의 대부분을 도시바에 전가했다. 그러나 일본 당국도 책임으로부터 자유로울 수 없었는데, 그 이유는 기계가 수출될 수 있도록 수출허가(export licenses) 서류를 수정하는 데 기꺼이 동조하였고, 쿠마가이가 일본경찰에 신고한 불법 활동을 감추기 위해 적극적으로 노력했으며, 일본 해군의 민감한 소프트웨어가 기계와 함께 무허가로 수출되도록 눈을 감아줬다.

연관된 문제들

레이건 정부가 미국의 재무장 프로그램을 시행함에 따라 소련의 공세적인 외국기술 획득 프로그램은 더욱 심화되었다. 소련의 지도자들은 레이건이 "통제불능" 상태임을 깨닫기 시작했고, 미국과 유럽에서 활동하는 좌파들과 지식인들을 동원하여 미국의 재무장 프로그램을 비판하고 반대하도록 하였다. CIA의 비공개 자료에 따르면, 1981년에 소련은 집적회로 생산에서 미국과의 격차를 거의 좁힌 것처럼 보였지만 지휘통제시스템, 자체유도화기 시스템, 항공레이더와 유도시스템 등에 필요한 컴퓨터 기술은 뒤처져 있었다. 미국 해군이 특수작전을 통해 확보한 소련의 해군장비를 미국 메릴랜드 주 채서피크(Chesapeake) 해변의 소규모 시설에서 조사한 적이 있었는데, 이미 구식이 되어버린 미국산 집적회로를 복제하여 사용하고 있었다. 1981년부터 1987년까지 미국의 전자산업은 성장하였고, 더욱 새롭고 강력한 집적회로와 마이크로프로세서 기술이 등장했지만 소련의 노력은 정체되었다. 소련이 첨단기술, 특히 전자제품 분야에서 실패한 이유는 다음과 같다.

---

1. 소련과 모든 바르샤바 조약 동맹국들은 미국, 일본, 정도

는 덜하지만 서유럽처럼 진정한 상용 전자산업 기반을 갖고 있지 않았다.

2. 서구권의 상용분야에서 마이크로 전자공학과 컴퓨터 기술이 발전했던 것과 달리, 소련은 주로 군사, 정보, 그리고 정부의 특수한 요구사항에 초점을 맞추었다.

3. 서구권에서 마이크로 전자공학 기술의 발전은 역동적이었고, 그에 대한 보상을 받았지만 소련은 그렇지 않았다.

4. 소련의 마이크로 전자공학 제품은 "폐쇄된" 도시인 젤레노그라드(Zelenograd)에서 제작되었다. 1970년대 말이나 1980년대 초에는 미국의 군용장비를 복제하려는 소련 군부의 고객들이 젤레노그라드에 미국산 집적회로를 복제하도록 명령했다. Texas Instruments(TI)의 집적회로 시리즈가 미국의 여러 군용장비에서 사용되었기 때문에 젤레노그라드는 자체적인 설계 작업을 중단하고, TI 회로 복제에 집중하라는 요청을 받았다. 젤레노그라드가 TI 부품 복제에 필요한 기술과 정보를 획득할 수 있도록 소련은 서방에서 대대적인 정보수집 활동을 하였다. 소련의 스파이 활동을 통해 거둔 중요한 성과 중 하나는 TI 집적회로의 "마스크(mask)" 세트를 확보한 것이다. 마스크는 집적회로를 구성하는 다양한 층들의 석판 이미지(lithographic images)들이며, 집적회로의 특징적인 부분들을 새기기 위해 필요한 것이다. 소련의 칩에서 발견된 TI 석판 이미지들에서는 훔친 마스크에서

옮겨온 "TI의 로고"도 포함되어 있었다. 그들은 로고를 제거하지 않은 것이다. 젤레노그라드는 제2차 세계대전 당시 북미 지역의 군수공장에서 일했고, 소련에 군사비밀을 제공했던 엔지니어인 요엘 바르(Joel Barr, 일명 Joseph Berg)라는 미국 스파이의 아이디어였다. 조셉 버그는 당시 유명했던 로젠버그(Rosenberg) 부부를 비롯한 스파이들이 체포될 시점에 미국에서 소련으로 망명했다. 버그와 그의 팀은 처음에 레닌그라드에서 활동했지만 나중에는 젤레노그라드에서 소련군에게 필수적인 군용 컴퓨터와 전자 장비를 생산했다. 버그의 천재성을 보여준 업적 중 하나는 최고의 항공 과학자와 엔지니어를 영입하는 일이었는데, 그들 대부분은 버그와 마찬가지로 유대인이었다. 그러나 브레주네프와 유리 안드로포프가 집권하자 흐루쇼프가 몰락하게 되었고, 젤레노그라드의 유대인 대부분은 "안보위협"으로 간주되어 숙청되었다. 안드로포프는 "정상적인" KGB 임무와 더불어 소련에서 입지를 굳히고 있던 반체제 운동을 진압하는 데 앞장섰다. 소련의 반체제 인사들과 유대인을 추방하려던 노력은 서로 연결되어 있었다. 하지만 불행하게도 유대인 엔지니어들을 젤레노그라드에서 몰아내는 것은 소련에게는 뼈아픈 실책이었다. 이는 전자제품의 설계부터 제조까지의 과정을 중단시켰고, 정치적, 사회적으로 유행하는 전염병을 주입함으로써 군사전략 프로젝트에 전념했던 폐쇄된 도시를 병들게 하였다.

5. 반체제 인사와 유대인 탄압이라는 문제 외에도 소련은 비효율적인 제조시스템과 열악하고 동기부여가 없는 노동력으로

어려움을 겪었다. 그 당시 소련에서 가장 유행했던 농담은 "우리는 일하는 척하고, 그들은 우리에게 돈을 주는 척한다."는 것이었다. 노동력뿐만 아니라 열악한 의료서비스, 높은 유아 사망률[25], 이혼율, 이미 포화된 상태에서 무너져가는 주택들, 낮은 품질의 식품, 의류, 소비재 문제들도 무시할 수 없었다. 또한 인구의 기대수명이 크게 감소했고, 약물과 알코올 중독이라는 큰 문제가 발생했으며, 항생제와 의약품들도 부족했다. 이 모든 문제들은 최신 장비나 정보에 접근할 수 없고, 여행하는 것조차 어려웠던 과학기술인, 그리고 지식인 전문가들의 좌절로 인해 더욱 악화되었으며, 사회적 전 계층의 부패와 비밀경찰의 끊임없는 감시와 탄압에 민중들의 분노는 점점 더 커져만 갔다. 이러한 사회적 기류는 생산성에 영향을 미쳤고, 소련의 루블 화는 어느새 부패한 관료들의 손으로 빨려 들어갔다.

6. 1982년 6월, 베카계곡의 칠면조 사냥(Bekaa Valley Turkey Shoot)으로 널리 알려진 이스라엘의 "Mole Cricket(땅강아지) 19" 작전은 소련 군에게 엄청난 패배를 안겨주었다. 소련은 다양한 종류의 대공방어 미사일, 첨단 지휘통제체계, 최고의 레이더를 결합한 다층 대공방어시스템을 시리아에 배치했다. 이스라엘군은 시리아의 방공시스템, 특히 베카 전방에 배치한 방공무기의 90% 이상을 파괴하는데 성공했다. 게다가 이스라엘 조종사들은 소련이 제작한 최신예 전투기 90대를 격추했다. 소련의 군부가 민간인 지도자들에게 더 많은 국방비 지출을 지속적으로 요구하며, 압력을 가하는 동안 중동에서는 소련의 재래식 전투시

스템의 취약성이 심각하게 노출되고 있었다. 미국이 군비의 질적 우위를 되찾는 동안 소련은 빠르게 우위를 잃어갔다. 소련의 약점은 전자컴퓨터 분야에서 두드러졌으며, 명백하게 실패하는 길로 들어서고 있었다.

결론

디렉토라트(Direktorat) T(T 과학기술정보수집국)와 GRU(연방군 정보총국)는 서구의 기술을 획득하는 데 어느 정도는 성공했다. 그들은 훌륭한 네트워크를 구축했고, 미국의 공장에서 사용되는 다양한 고급 장비들을 손에 넣었다. 그러나 소련은 속도를 따라잡지 못했다. 아마도 소련의 가장 큰 문제점은 그들의 시스템에 있었을 텐데, 대체로 폐쇄적인 군대식 경제시스템을 운영하면서 해결이 불가능한 산업적인 문제들을 만나게 된 것이다.

한 우아한 여성이 레이건 정부의 고위 관료에게 다음과 같이 질문했다. "이해가 안돼요. 모스크바에 가보니 엘리베이터가 고장이 났고 택시도 고장이 나더군요. 이런데 어떻게 소련이 기술적으로 발전했다고 할 수 있을까요?" 이에 대한 대답은 소련에는 시장경제가 없었고, 상업분야의 자유로운 성장이 제한되었으며, 외부로부터 투자를 받거나 세계시장과 경쟁할 수 없었다는 것이다.

소련제국이 붕괴한 이유가 단지 기술 때문만은 아니겠지만, 기술은 큰 역할을 했다. 그 이유는 소련의 지출은 계속해서 심화되었지만, 지출보다도 더 빨리 기반을 잃었기 때문이다. 특히 잠수함이나 탄도미사일과 같은 특수한 분야에서 큰 성공을 거둔 것은 사실이지만, 군대에 적용된 소련식 모델이 성공하기에는 유연성이 너무 떨어졌고, 서구의 기술에 대한 의존도는 너무 심했다.

제5장

확산

Proliferation

제5장

확산
(Proliferation)

"사실, 확산에도 공리(axiom)가 있다.
어떤 국가가 핵무기를 보유하는 한, 다른 국가들도 핵무기를
획득하려고 한다는 것이다."
- 리처드 버틀러(Richard Butler) -
前 주 UN 오스트레일리아 대사
前 UN 이라크 무기사찰 특별위원회 위원장

두라 에우로포스(Dura-Europos)는 기원전 301년, 셀레우코스 1세 니카토르가 세운 셀레우코스 왕조의 도시였다. 니카토르는 자신이 태어난 마케도니아 지역 - 에우로포스 - 을 기리기 위하여 도시 이름을 지었다. 현재 시리아의 유프라테스 강과 가까운 알살리야 근처에 위치하고 있으며, 대상(隊商, caravan)무역의 경로가 유프라테스 강을 통해 연결되는 성공적인 교역의 중심지였다. 서기 165년 로마인들은 두라 에우로포스를 점령했는데,

서기 256~257년 사산 왕조(Sassanianian)의 공격을 받아 쫓겨날 때까지 그곳을 점령했다.[1] 두라 에우로포스에는 초기 기독교 교회와 로마 사원 - 로마 군인들이 좋아하는 미트라(Mithras) 여신을 기리는 미트라움(Mithraeum) - 과 유대교 회당(synagogue)이 있었다. 회당에는 성서적 장면이 그려진 벽화가 있는데, 그 중 하나는 에스겔 37장과 "마른 뼈(dry bones)"의 부활을 상징하는 것이다. 이는 당시 대부분의 종교들에서 나타났던 매우 강한 종교적 경향을 보여주는 사례이다.

〈미트라움의 유물〉1)

〈마른 뼈(Dry Bones)의 부활〉2)

1) https://commons.wikimedia.org/wiki/File:Ag-obj-6891-001-pub-large.jpg(Yale University Art Gallery Collection)

2) Nzeako, O., Tahmassebi, R., John-Lewis, J. and Baggott, J. (2024) The Truth about the Hand of Benediction. Open Access Library Journal, 11 : e11424
https://www.researchgate.net/figure/Dura-Europos-Synagogue-The-Enlivenement-of-the-Dry-Bones-Fresco-Damascus-National_fig2_380423164
(Unknown Artist (244AD) Dura Europos Synagogue: The Enlivenment of the Dry Bones Fresco. National Museum of Syria, Damascus.)

두라 에우로포스는 각종 유물로 유명하긴 하지만 눈여겨 볼 유물이 하나 더 있다. 이것은 본질적으로 군사적인 것인데, 두라 에우로포스는 고고학적으로 확인된 최초의 화학무기(chemical weapon) 사용 장소였다. 탐사 현장에서는 서로 적대적이었던 로마와 페르시아가 도시의 성벽 아래에 터널을 팠다는 것을 알게 되었다. 페르시아인들은 마을에 침입하기 위해 그렇게 했고, 로마인들은 약탈하는 페르시아인들을 기습 공격할 수 있도록 터널을 판 것이다. 이 터널 유적지에서 고고학자들은 여전히 방탄복을 입고 있는 페르시아 군인의 유해를 발견했다. 그 근처에는 19명의 로마 군인의 유해가 있었다. 고고학자들은 페르시아인들이 로마인들을 질식시키기 위해 역청(bitumen)과 유황(sulfur)을 사용하여 화학적으로 화재를 만들었다고 보고 있다. 그러나 불행하게도 그 연기로 페르시아인도 죽었다. 두라 에우로포스는 고대시대의 화학전을 보여주는 확실한 증거이다.[2]

〈페르시아 군인의 유해(서기 256~257년)〉[1)]

〈두라 에우로포스의 터널〉[2)]

1) Courtesy of Yale University Art Gallery, Dura-Europos Collection, neg. G-908
2) Marsyas - Own work, CC BY-SA 3.0, "Tunnels made by the Sasanians" (https://commons.wikimedia.org/wiki/File:Doura_Europos_tunnel.jpg)

페르시아 군인은 손으로 작동하는 풀무(bellows)를 사용하여 역청-유황 연기를 로마인들이 있던 터널의 상부로 밀어냈다. 성공은 했지만 결국 자신의 목숨도 희생했다. 두라 에우로포스에서 페르시아가 일으킨 화학적인 화재는 대량살상무기는 아니었다. 화학무기가 대량살상 용도로 변화되는 움직임은 1,659년 후에 나타나게 된다.

1915년 12월 19일, 이프르 살리언트(Ypres Salient)에서 독일군은 염소와 혼합된 포스겐(phosgene)으로 채워진 4,000개의 실린더를 방출했다. 이게파벤(I.G. Farben)에서 제조한 실린더는 제2차 세계대전 당시 악명 높았던 나치의 취클론 베(Zyklon B) 독가스를 생산한 회사이다. 이것은 전투에서 화학 독성무기로 사용되었으며, 현대적인 군사적 사용의 첫 사례였다.[3] 독일군은 포스겐(phosgene)을 사용함으로써 "조약을 맺은 국가들은 질식성 또는 유해한 가스의 확산을 목표로 하는 발사체의 사용을 삼가는데 동의한다."라고 명시한 1899년과 1907년의 헤이그 협약을 위반하였다. 서명국들은 1907년 협약 제23조에서 특별협약으로써 규정한 금지항목 외에도 다음의 사항은 특히 금지해야 한다.

(a) 독 또는 독을 첨가한 무기의 사용
(b) 적국 또는 적군에 속하는 개인을 신뢰에 반하는 행위로써 살상하는 것

……

(e) 불필요한 고통을 주는 무기, 발사체, 기타 물질의 사용

독일은 프랑스가 최초로 화학무기를 사용한 것을 비난하는 헤이그 협약(Hague Convention)[4]을 무시하기로 결정했고, 동맹국들도 이를 따랐다. 독일군은 포스겐과 염소를 사용한 후 겨자가스(mustard gas) - 수포성 작용제 - 를 사용하여 공격했다. 겨자가스(또는 황 겨자)는 1822년에 발명되었지만, 최초의 산업적 생산은 두 명의 독일 과학자인 빌헬름 롬멜과 빌헬름 슈타인코프의 연구 성과였다. 1916년 독일군이 처음 사용한 겨자가스는 포스겐과 염소보다 우수한 것으로 간주되었지만, 이 모든 물질들을 혼합할 수도 있었으며, 주요 군사적 용도는 전장에서 연합군의 참호를 포위하는 것이었다. 겨자는 피부, 눈, 폐를 공격하는 수포성 물질인데, 겨자가스에 노출된 사람은 오염된 후 몇 시간 동안 이로 인한 외상을 경험하지 못하는 경우가 많다.

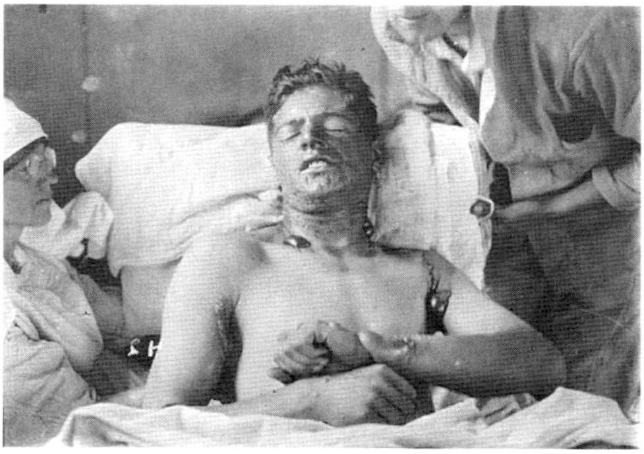

〈겨자가스로 인한 수포로 고통받는 군인〉[1]

〈겨자가스 홍보포스터(미 육군)〉[2]

1) https://commons.wikimedia.org/wiki/File:Mustard_gas_burns.jpg
2) https://commons.wikimedia.org/wiki/File:Mustard_gas_ww2_poster.jpg

독일이 화학무기 사용을 시작한 이후 미국과 영국은 둘 다

화학무기 사업에 본격적으로 뛰어들었다. 영국의 제2군단장 찰스 퍼거슨 중장은 가스전(gas warfare)에 대해 다음과 같이 말했다. "가스전은 본인을 비롯한 영국군이 칭찬받지 못할 비겁한 형태의 전쟁이다. 하지만 우리가 더 많은 적들을 죽이거나 무력화시키지 않는 한, 우리는 이 전쟁에서 승리할 수 없다. 만약 우리가 승리를 쟁취하기 위해 적과 동일한 무기를 사용해야 한다면, 이를 거부해서는 안 된다." 미국에서 화학전쟁의 주요 후원자는 아모스 알프레드 프라이스 장군이었다. 프라이스 소장은 1917년 프랑스에 주둔한 미국 원정군의 일원으로 미군 최초로 화학전 부대를 창설했으며, 1918년에는 다수의 화학전 작전을 지휘하였다. 1919년에는 준장 계급으로 해외원정 화학전 사단을 이끌었으며, 1920년 7월 1일, 화학전 부대(현재의 화학전 군단)가 정착되자 최초로 지휘관으로 보임하여 1929년에 은퇴할 때까지 그 보직을 유지했다. 프라이스 장군은 다수의 저서 - 반 공산주의자와 관련된 서적 - 를 남겼으며, 화학전의 옹호자였다.

독일에서 가스전을 가장 강력하게 추진했던 사람 중 한 명은 프리츠 하버 박사[5]였다. 그의 선구적인 연구는 철 촉매 위에 질소와 수소를 순환시켜 얻은 암모니아를 합성한 것인데, 나중에 이를 하버 효과(Haber Effect)라고 불렀다. 이 과정을 통해 독일은 남아프리카로부터 천연 암모니아 공급이 차단된 후에도 합성 암모니아로 폭발물을 계속 생산할 수 있었다. 비록 암모니아 합성에 대한 연구 업적이 제1차 세계대전을 연장시키는 데 기여하였지만, 1919년에 노벨 화학상을 받게 된다. 화학무기와 화학전에 대한 하버의 깊은 헌신은 독일 정치에 도움이 되었을지 모르지만, 그것이 초래한 죽음과 파괴는 그의 가족, 특히 아내 클라라 이머와르에게 큰 상처를 주었다. 그녀는 남편에게 죽음의 무기에 대한 연구를 중단하라고 강력하게 요구했다. 1915년, 그들은 유난히 심한 논쟁을 벌였고, 그녀는 가족정원에 들어가 총으로 생을 마감했다.

〈프리츠 하버 박사(1868-1934)〉[1)]

〈클라라 이머와르(1870-1915)〉[2)]

1) https://commons.wikimedia.org/wiki/File:Portret_van_Professor_Fritz_Haber._een_chemicus_uit_Duitsland_(foto_1918-_1934)._SFA002023057.jpg)
2) https://commons.wikimedia.org/wiki/File:Clara_Immerwahr.jpg)

1920년대에 카이저 빌헬름(Kaiser Wilhelm) 물리 및 전기화학 연구소 - 현재 막스 플랑크 협회(Max Planck Society)의 Fritz Haber 연구소 - 에서 근무하던 하버의 연구팀은 살충제 용도의 Zyklon A를 개발했다. Zyklon A의 변형인 Zyklon B는 나치가 가스실 살상 임무에 사용했던 화학 물질이었다. 1933년 하버는 유대인 배경을 가지고 있다는 이유로 연구소를 그만둬야 했고, 연구팀 대부분의 유대인 과학자와 기술자들도 마찬가지로 해고되었다. 그러나 나치는 하버가 연구를 계속할 수 있도록 특별한 거래를 제안했으나 하버는 이를 거절했다. 유대인 혈통을 가진 이들의 여건이 악화되자 하버는 독일을 떠나 영국 케임브리지에 정착했다. 케임브리지에 도착한 직후 하버는 심장마비를 겪었다. 어느 정도 회복되자 하임 바이츠만[6]은 그에게 팔레스타인(현재 이스라엘) 레호보트(Rehovot)에 있는 시에프 연구소((Sieff Research Institute)[7]를 책임지는 소장 자리를 제안했다. 이를 수락하였지만, 팔레스타인으로 가는 도중에 두 번째 심장마비를 겪으며 사망했다. 하버 자신은 비록 개종자(루터교)였지만 이 사실이 그의 가족들을 보호하지는 못했다. 그들 대부분은 하버의 연구팀이 발명에 기여했던 Zyklon B를 사용하는 나치의 강제수용소에서 목숨을 잃었다.

신경가스

"신경가스(nerve gas)"는 다양한 종류가 있는데, 모두 신경계를 마비시키는 물질이다. 이것은 피해자들의 호흡을 멈추고, 질식하게 한다. 대부분 인(Phosphorus)으로 만들어졌으며, 유기화학 물질을 포함하고 있다. 이러한 무기는 1991년 UN결의안 687호에 의해 금지되었으며, 1993년 화학무기금지협약(Chemical Weapons Convention(1997년에 완전 발효))에서 무기비축 또한 불법화되었다. 잘 알려진 신경작용제는 사린(Sarin), 타분(Tabun), 소만(Soman), VX 등이 있다. 사린(Sarin)은 1939년 나치 독일에 의해 개발되었는데, 원래 T-144라고 불렸던 이 가스는 나중에 슈레이더(Schrader), 암브로스(Ambros), 뤼드리거(Rudriger), 반데르린데(van der Linde) 등의 발명가들의 이름의 앞 글자를 따서 명명되었다. 전쟁 후 연합군은 타분과 소만[8] 등의 신경작용제 뿐만 아니라 사린에 대해서도 알게 되었다. 소련은 전쟁 직후 이게파벤(I.G. Farben) 지하공장을 해방시킨 후 사린을 생산하고, 산업화하였으며, 1946년에 사린 생산시설 구축에 기여한 공적에 따라 M.I.카바치니크(M.I.Kabachnik)가 스탈린상 1등급을 수상하였다. 사린은 오래 지속되지 않는 작용제이며, 비축량은 상당히 빠르게 악화될 수 있다. 사담(Saddam)의 이라크는 상당한 양의 사린과 독성 물질을 생산했으며, 이란과 쿠르드족을 상대로 사용했다. 이라크는 소련의 관행에 따라 신경가스를 다른 화학물질과 혼합하여 살상효과를 극대화하고 부상자의 현장치료를 더욱 어렵게 만들었다.[9]

이라크-이란 전쟁의 알 포 반도 전투에서는 사린을 포함한 화학물질이 매우 많이 사용되었다.[10] 반도는 샤트 알-아랍을 따라 이라크-이란 국경지대에 위치하고 있으며, 페르시아 만과 맞닿은 늪지대이다. 이곳은 강의 수로 통제가 가능했기 때문에 전략적 요충지였다. 이란에는 겨자가스가 있었지만 당시 전투에 사용할만한 신경작용제는 없었다. 그러나 이라크는 사린을 보유하고 있었고, 이를 알 포 전투에서 사용했다. 당시 미국은 사담 후세인의 이라크군에게 핵심 위성정보와 군사자문을 제공했으며, 미군이 전투의 최전선에 있었다는 사실은 널리 알려져 있다. 그러나 미국이 이라크에게 군사용 아트로핀(atropine) 주사기를 제공했다는 사실을 아는 사람은 별로 없다. 아트로핀은 사람이 신경가스에 오염된 경우 즉시 사용하는 해독제이다.

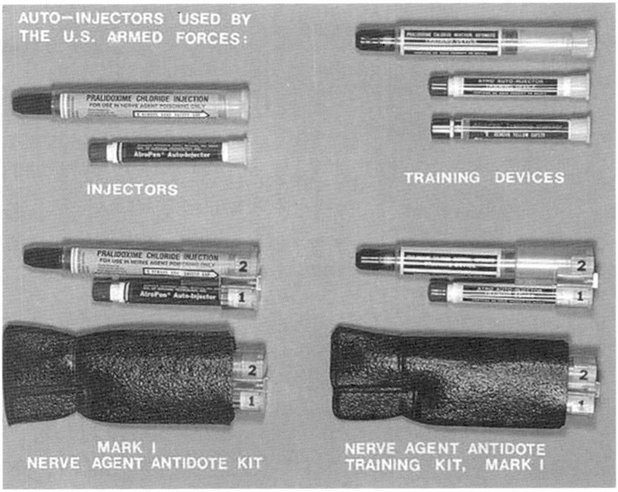

〈미군의 MARK I 신경작용제 해독제 키트(우측은 훈련용)〉
https://commons.wikimedia.org/wiki/File:AutoinjectorMarkI.jpg

미국 국무부는 이라크 군대에 제공하기 위한 120만 개의 "아트로펜(AtroPen)" 주사기를 수출할 수 있도록 허가했다. 아트로펜은 미군도 사용하였으며, 2차 걸프전 당시 미군에게 지급된 물품이다. 하지만 미국 국무부의 지원에도 불구하고 아트로펜의 이라크 선적은 이루어지지 않았다. 미국의 도움으로 아트로펜을 대체할 보급품이 "발견"된 것으로 추정되는데, 전투 후 활영된 사진에는 스위스 제약회사에서 생산된 수천 개의 주사기와 알약들이 버려져 있는 것이 고스란히 찍혀 있었다.[11] 아트로핀(atropine)은 신경작용제로 인해 발생한 폐의 수축을 풀어주기 때문에 신경가스에 대한 일종의 해독제 역할을 하며, 제때 바로 사용하면 군인과 민간인의 생명을 구할 수 있다. 이라크는 아트로핀을 원했고, 이를 사용했다. 왜냐하면 화학무기를 사용하는 과정에서 누출위험, 보관 또는 운송 중 폭발, 발사체의 오류, 그리고 바람의 역류 등의 위험성이 있었기 때문이다. 이란을 상대로 신경가스를 사용하려는 이라크는 아트로핀이 매우 필요했다.

제2차 세계대전의 독일

제2차 세계대전 당시 독일군이 화학무기를 사용하지 않은 이유는 연합군의 보복을 두려워했기 때문이다. 미국과 연합군(특히 영국)은 화학전 병력, 폭격기와 장사정포를 통한 화학무기 공격 능력을 보유하고 있었고, 독일은 계속해서 신경가스를 개발했다. 나치는 이게파벤(I.G. Farben) - 1925년 설립되고, 1953년에 해체된 독일 최대의 종합화학공업 회사 - 이 관리하는 비밀 제조시설을 설립했고, 파벤과 독일 정부의 유착을 숨기기 위해 여러 위장 회사들을 전면에 내세웠다. 나치는 이 작전을 "Grün 3(Green 3)"라고 불렀다. 독일군은 사린과 타분(Tabun A, Tabun B)[12]을 대량으로 생산한 후 공중폭탄과 포탄에 투입하였다. 여기서 궁금한 것은 독일군이 화학무기를 사용하지 않은 이유가 또 다른 "결정적인 순간"을 대비하려고 했는지 이다. 연합군이 장거리 폭격기로 우위를 점하고, 독일 도시에 대한 공격이 빈번했음을 감안할 때, 독일군은 연합군의 화학무기 공격에 대해 정당성을 부여할까봐 두려움을 느꼈을 가능성이 크다.[13]

미국은 독일에 접근하기 시작하면서 유럽에 화학무기를 배치했다. 1943년 후반에는 연합군이 이탈리아 반도를 공격하자, 독일군은 화학무기에 의존할 것이라는 보고가 올라왔다. 독일군이 타분(Tabun)을 보유하고 있었으며, 이를 겨자가스(Mustard gas)와 혼합했다는 사실은 이미 미국과 영국의 정보부는 알고 있었다. 이탈리아가 항복하자 미국 정보부는 이탈리아에서 제조된 가스폭탄과 포탄을 확보했다. 최초 분석에서 그것들은 겨자가스로 밝혀졌는데, 루즈벨트 대통령은 추축국(Axis powers)의 화학물질 사용을 용납 할 수 없었다. 루즈벨트의 우려는 생각보다 매우 컸고, 만약 화학물질이 사용된다면, 연합국들도 독일의 도시들을 대상으로 탄저균을 방출하는 조치를 취할 것이라며 날카로운 경고를 날렸다. 이를 근거로 백악관은 전선(war front)에 화학무기의 수송을 승인한 것으로 알려져 있다.

1943년 12월 2일, 이탈리아 남부의 항구인 바리(Bari)에서 다수의 선박이 독일의 공군폭격기(Luftwaffe bomber)로부터 공격을 받았다. 그 중 하나인 존 하비(John Harvey)함은 수천 발의 겨자가스 포탄을 싣고 있었는데, 배가 공격을 받으면서 가스가 누출되었다. 이로 인해 약 628명의 군인 사상자가 발생하였고 결국 83명이 사망했으며, 게다가 수천 명의 민간인들이 병에 걸려 도움이 필요했다. 병에 걸린 민간인이나 사망자의 숫자는 집계되지 않았다. 미국은 전쟁지역에 독가스를 반입하는 것은 국제법 위반이라는 사실을 알고 있었기 때문에 서둘러 사건을 은폐했다. 1944년 2월, 재난상황이 확산되고 있음을 알게 된 미국은 존 하비함이 '겨자가스를 운반하고 있었다는 사실은 공식적으로 인정했지만, 화학무기를 사용할 의도는 없었다고 밝혔다.[14]

이게파벤(I.G. Farben)사가 설립한 타분 공장은 디헤안포어트(Dyhernfurth)에 - 폴란드 남서부의 도시, 폴란드 명 프레제그 돌니(Brzeg Dolny) - 있었고 전쟁기간 동안 완전하게 가동되었다. 또 다른 공장은 브레슬라우(Breslau)에 - 폴란드 명으로는 보르츠와프(Wrocław) - 있었으며, 이들은 모두 지하시설이었다. 전쟁이 끝나자 두 공장은 완전히 해체된 후 소련으로 옮겨졌다.[15] 한편, 나치의 신경가스 포탄 수천 발이 1958년에 침몰한 독일선박 두 척에서 회수되었으나 신경가스의 누출을 우려하여 1960년 대서양에 폐기한 사례도 있다.[16]

VX는 영국과 스웨덴에서 발명되어 미국의 화학전 프로그램에 사용된 또 다른 변종 신경가스이다. 1953~1954년에 개발되었으며, 미국은 1961년을 시작으로 1968년까지 계속 생산하였다. 미국 시설에서는 포탄, 미사일, 그리고 지뢰용 VX 4,400톤을 생산했는데,[17] 화학무기금지협약(CWC)이 비준되고, 이행 의무가 발생함에 따라 미국은 2005년에 VX 비축분 폐기를 시작하여 2008년 8월 1일에 완료하였다.

수십 년 동안 미국 의회는 육군의 화학무기 프로그램을 지지했으며, 이를 금지하려는 국제적인 시도에는 반대했다. 그 이유는 미국이 화학공격 대한 억제력이 약화되는 것을 원하지 않았기 때문이었다. 미국 육군의 화학무기 프로그램을 가장 강력하게 옹호한 정치인 중 한 명은 공화당의 뉴욕 주 상원의원이었던 제이콥 재비츠(Jacob Javits, 1904~1986)였다. 제2차 세계대전이 시작되자 재비츠는 입대를 시도했지만 너무 나이가 많아 복무할 수가 없었다. 1942년 미국의 인력 부족이 심각해지자 재비츠의 입대는 허용되었으며, 미국 육군의 화학전 부서에 배속되어 부서장의 보좌관이 되었다. 재비츠는 열대(예: 정글) 전쟁에서의 화학무기 사용에 대한 육군의 연구에 깊숙이 관여하였으며, 화학무기로 인해 발생한 연기로 벙커, 동굴, 여우 구멍에 숨어 있는 일본군을 물리칠 수 있는지 확인하였다. 재비츠는 미국 상원에 있을 때에도 계속해서 화학전을 지지했으며, 미국의 화학 프로그램을 중단시키는 어떠한 협약의 비준에도 반대하도록 압력을 가했다.[18]

제1차 세계대전에서 가스전의 활용이 결정적인 것은 아니었지만, 1930년대 이탈리아군은 에티오피아(Abyssinia)에서 벌인 세 번의 전투에서 겨자가스를 사용했다. 이 전쟁에서 이탈리아군은 에티오피아군보다 훨씬 더 나은 무장을 갖추고 있었지만, 배치된 이탈리아군은 약 10만 명 수준으로, 80만 명의 에티오피아 군에 비해 수적으로 열세였다. 하지만 에티오피아 군이 반격을 시작하자 이탈리아 군은 겨자가스를 사용하여 그들을 물리쳤다. 에티오피아 군은 맨발과 가벼운 옷차림으로 전투에 나서는 등 준비가 전혀 되어 있지 않았다. 공격에 나선 에티오피아인들의 정신력을 무너뜨린 것은 이탈리아의 가스공격이었다.

〈진군하는 이탈리아 군인들〉[1)]

〈공격하는 에티오피아 군인들〉[2)]

1) https://commons.wikimedia.org/wiki/File:Military_Parade_of_Italian_Troops_in_Addis_Ababa_(1936).jpg
2) https://commons.wikimedia.org/wiki/File:Ethiopian_Warriors_on_their_way_to_the_Northern_Front.jpg

이탈리아가 에티오피아 전역에서 겨자가스를 사용한 사실은 숨겨지지 않았다. 세계는 이탈리아의 에티오피아 침공을 있는 그대로 보았고, 미국 대중은 국제연맹(League of Nations)에서 호소하는 에티오피아 제국의 마지막 황제인 하일레 셀라시에의 모습을 용감하다고 생각했다. 그렇지만 진정한 교훈은 아무런 준비가 되어 있지 않는 상태에서 화학무기가 어떻게 효과적으로 작동했는지를 중동의 독재자들이 기억했다는 것이다.[19]

할라브자(Halabja) 마을

1988년 3월 16일, 사담 후세인 이라크 대통령의 공군이 쿠르디스탄(Kurdistan)의 - 튀르키예, 이란, 이라크에 걸친 지역으로 주민은 주로 쿠르드족이다. - 할라브자(Halabja) 마을을 공격했다. 수요일 오전 10시 45분, 이라크의 MiG와 미라주 전투기가 5시간의 임무시간 동안 마을 상공으로 출격하여 겨자가스와 타분, 사린, VX 신경가스가 혼합된 화학폭탄을 투하했다. 스프레이 노즐과 저장탱크를 갖춘 헬리콥터도 마을 주민들을 상대로 화학물질을 뿌렸다. 노인, 여성, 어린이 등 약 5,000명의 민간인이 사망하였고 더 많은 수의 사람들이 병에 걸렸다. 나중에는 살아남은 것처럼 보이던 사람들도 암과 같은 질병에 걸린 것으로 드러났고, 아이들은 기형으로 태어났다.[20]

이라크의 화학무기 기술은 자체적으로 개발한 것이 아니라 소련의 노하우와 서방기업들의 제조 인프라 덕분이었다. UN이 제공한 정보에 따르면 독일(85개), 프랑스(19개), 영국(18개), 미국(18개)의 공급업체[21]가 이라크의 화학무기 생산을 위한 장비와 물자(전구체, precursor)를 제공했다. 이는 그리 놀랄 일이 아니다. 대량살상무기 제조를 지원하는 서방기업들의 공모 수준은 비참할 정도이다. 많은 공급업체가 자국 정부로부터 은밀한 지원을 받았기 때문에 이를 이전하는 것은 훨씬 더 악성화 되었다. 기업들은 때때로 자신들이 제공한 장비와 판매한 화학 전구체(precursors)가 살충제와 같은 민간 용도로 사용될 것이라고 홍보하였다. 서방의 정보기관은 후세인의 화학무기 프로그램을 인지한 후, 제조 장비와 전구체 화학물질의 구매 경로를 추적했다. 판매국의 정부 부처들은 이라크에서 무슨 일이 있어나고 있는지를 알고자 했다면 충분히 알 수 있었다. 그러나 중요한 정보의 대부분은 배포를 제한하거나 정책 입안자들로부터 숨겨졌다. 확실한 것은 기업들 역시 자신들이 무슨 짓을 하고 있는지 정확히 알고 있었다는 사실이다.

왜 서방 정부, 특히 미국 정부는 유럽과 미국 기업들이 이러한 화학무기 기술과 치명적인 제품들을 이전하는 것을 허용하고 그대로 두었을까? 1980년대 초에 이르러 이라크에 대한 미국의 태도는 이란에 대한 보루로서 사담 후세인을 돕는 쪽으로 기울었고, 이라크와 비밀회의를 통해 협력할 수 있는 방법을 찾기 위해 노력했다. 사담 후세인을 도울 수 있는 방법은 이라크가 필요한 장비와 기술을 비밀리에 이전하고 첩보를 공유하는 것이었다. 이러한 상황에서 후세인의 대량살상무기 프로그램이나 이것을 운반하는 시스템을 지원하는 것은 미국의 체제에서 처리하기에는 쉽지 않은 일이었다. 결국 불편한 사항들은 미국의 수출통제를 담당하는 분석가들의 책상서랍 안으로 들어가 버렸다. 무슨 일이 있어나고 있는지 "알았던" 정책입안자들은 이 사실을 동료들과 공유하지 않았다. 결국 수출통제의 문은 활짝 열렸고, 미국과 동맹국들은 모두 기존의 법률, 규정, 국제협약을 위반했다. 해당지역의 주요 동맹국인 이집트, 요르단, 이스라엘도 미국이 무엇을 하고 있는지 알지 못했다.

따라서 이라크는 화학무기 제조장비와 물자를 확보하는 데에 아무런 문제가 없었다. 이제 독가스를 제조할 수 있게 되었고, 이를 운반할 무기를 만드는 데 관심을 돌렸으며, 미사일이 이란의 테헤란을 공격할 수 있도록 스커드 미사일의 사거리를 개량했다.[22] 알 후세인(Al-Hussein)이라고 불리는 새로운 미사일은 기존의 스커드 유도시스템을 사용했지만, 다른 부품들은 대부분은 유럽과 미국에서 조달하였으며, 특히 독일 회사인 인와코

(Inwako)와 티센(Thyssen)은 로켓엔진을 위한 제조장비와 터보펌프와 같은 핵심 미사일 부품들을 공급하였다. 또한 미사일용 자이로스코프(gyroscopes)는 소련에서 생산된 것이었다.[23] 나중에 이라크는 이 자이로스코프를 방수 가방에 넣은 후 티그리스 강에 숨겼다.[24] 이라크는 이란을 향해 500발 이상의 알 후세인 미사일을 발사했으며, 생산된 미사일 중 약 85발은 화학무기를 탑재할 수 있도록 특별하게 개조하였다.

이라크는 또한 이집트 그리고 아르헨티나와 함께 대규모 미사일 프로젝트에 착수했다. 아르헨티나는 이미 콘도르 Ⅰ으로 알려진 로켓의 1단계 추진체를 자체적으로 개발했다. 세 파트너는 콘도르 Ⅰ의 사거리를 확장하여 BADR-2000이라고도 불리는 콘도르 Ⅱ를 이라크에서 만들려고 했다. BADR-2000은 미국의 퍼싱 미사일의 복제품으로 액체 연료가 아닌 고체 연료를 사용했으며, 핵 또는 화학 탄두를 장착할 수 있었다. BADR-2000와 관련된 전말은 자세히 알려지지 않았지만, Condor II에 필요한 기술을 얻기 위해 스위스에서 16개의 유럽 회사로 구성된 컨소시엄이 구성되었다. CONSEN이라고 불리는 이 회사는 이라크의 "프로젝트 395"를 지원했다. 이라크가 아닌 이집트[25]를 지원하는 쪽으로 참여한 회사 중에는 독일의 MBB, MAN, Wegmann, 프랑스의 Sagem, 이탈리아의 SNIA-BPD, 스웨덴의 Bofors가 있었다. 콘도르 프로그램에는 가장 민감한 기술을 획득하기 위한 스파이 활동도 포함되었다. 미국의 항공우주 방위산업 기업인 Aerojet Solid Propulsion Corporation에서 근무했던 압델 카더 헬미는 미국의 무기 목록에 따라 통제되는 기술을 수출하였거나 수출을 시도했다. 헬미의 작업에는 다음과 같은 것들이 포함되었다.

① 완전히 계측된 로켓 모터 테스트 스탠드
② 로켓 탄두용 연료-공기 폭발 기술
③ 콘도르(Condor) 노즈 콘(nose cone) 용 탄소-탄소 복합재료와 세라믹 복합재료
④ 18,000파운드의 군사용 알루미늄 강을 포함한 고체 로켓연료 화학물질, HTPB라고 불리는 특수 합성고무 11,000파운드, 복합직물을 표면에 접착하는 데 사용되는 Miller-Stephenson Company의 EPON 500파운드, Hemkel Corporation의 에폭시 경화제, Arsynco가 제조한 고체 추진제 첨가제인 MAPO 40파운드, HMDI라고 불리는 HTBP용 경화제, 1단계 로켓 발사체의 로켓모터 케이싱을 위한 21,200파운드의 마레이징 강철, 콘도르 페이로드 커버 보호를 위한 HITCO 회사의 열 차폐용 레이온기반 융제탄소 직물 185야드, 435파운드의 MX-4926(Fiberite Corporation의 융착성 탄소 페놀 직물) 등 미사일 엔진의 유연한 노즐 제작에 필수적인 구성품
⑤ 베가정밀연구소(Vega Precision Laboratories)의 마이크로파 로켓 원격측정 안테나

헬미의 로켓기술 획득과 이전은 1988년 6월, 미국 세관에 의해 체포되기까지 수년에 걸쳐 수행되었으며, 헬미는 결국 1989년

유죄판결을 받고 46개월의 징역형을 선고 받았다.[26] 이집트의 국방장관을 비롯한 최고위 관료들이 간첩활동에 직접적으로 관여한 정황이 있었음에도 불구하고, 미국은 이집트 정부에 어떠한 조치나 요구도 하지 않았다.[27] 헬미의 절도사건에 대한 기사가 신문에 오르자 미국은 콘도르 프로그램에서 손을 떼도록 아르헨티나를 설득하였다.

사린(Sarin)을 사용한 시리아

2012년 8월 21일 오전 2시 30분, 시리아 육군 특수전 부대가 다마스쿠스 인근 12곳에 화학무기 공격을 가했다. 이란에서 제조된 팔라크(Falaq)-2, 직경 333mm 다연장로켓에 화학물질을 가득 채운 후 발사한 것이다. 화학물질을 채운 더 작은 로켓들도 있었는데,[28] UN은 화학물질로 사용된 가스가 정제된 사린(Sarin)이라고 보고했으며, 품질은 이전에 이라크에서 발견된 것보다 훨씬 더 좋았다.[29] 사린은 시리아에서 제조되었고, 발사장비는 이란과 러시아로부터 도입되었다. 사망자 수에 대한 추정치는 다양하지만, 8월 21일 다마스쿠스에서 발생한 신경가스 공격으로 민간인 1,700명이 사망하고, 3,000명이 부상을 입었다는 데이터는 대체로 일치한다. 이 작전은 과학연구부 산하의 군사화학무기 프로그램을 운영하는 시리아의 정예 육군부대, 450부대에 의해 기획되었다. 해당 무기는 메제(Mezzeh) 군공항 내부나 주변의 은폐된 장소에서 발사된 것으로 추정된다. 미국을 비롯한 서방의 정보기관은 450부대의 무선통신과 전화통화를 감청하였고, 화학무기 공격의 책임이 시리아에게 있음을 확인해 주었다.

사린(Sarin)은 타분(Tabun)이나 VX와 마찬가지로 휘발성이 높고 부식성이 강한 혼합물이다. 따라서 신경작용제의 변질을 방지하고, 사고발생 가능성을 최소화하기 위해서는 사용시점이 최대한 임박 했을 때 혼합해야 한다.

〈미군 어니스트 존 미사일 탄두〉1)

〈미군 155mm 포탄〉2)

1) https://commons.wikimedia.org/wiki/File:Demonstration_cluster_bomb.jpg(소형 사린(Sarin) 폭발물이 포함된 전시물)

2) https://commons.wikimedia.org/wiki/File:155mmMustardGasShells.jpg(미국 푸에블로 무기고의 비축물자, 현재는 폐기된 것으로 알려짐)

시리아에는 이원화 화학무기가 없다. 이원화무기(binary weapon)는 장치가 폭발하기 직전까지 화학물질이 혼합되지 않고 분리된 상태로 유지되는 폭탄 또는 발사체이다. 미국은 수년간 155mm M-687 이원화 사린 포탄을 생산했으나 화학무기금지협약(CWC)을 이행하기 위해 이를 폐기하였다. 미국의 이

원화 기술은 비밀로 유지되어 공개된 정보가 거의 없었는데, 1980년 6월 버지니아 주 월롭스(Wallops) 섬에서 수행된 시험에서 M-687 이원화 탄의 일부에 회전 비정상 현상이 발생하였고, 이를 조사한 시험결과 보고서가 공개됨에 따라 M-687의 세부 성능이 공개되었다.[30]

시리아의 사린 사건은 대중들의 광범위한 비난을 불러일으켰고, 미국은 UN이 필요한 조치를 취하도록 강하게 압박했다. 결국 시리아는 UN의 감독 하에 화학무기를 해체하고 제거하기로 합의했다. 공신력이 있는 소식통에 따르면 대부분의 화학무기는 폐기를 위해 시리아 밖으로 반출되었다고 하는데, 시리아가 이를 얼마나 완전히 준수했는지에 대해서는 여전히 의문스럽다. 한편, 시리아는 도시와 마을에 염소가스를 사용해왔고, 여전히 사용하고 있다. 염소가스의 소지와 사용은 화학무기금지협약의 제한을 받지 않는다. 시리아의 군사공격 이후 발견된 염소가스로 채워진 캐니스터(canister) 통에는 중국 회사인 노린코(Norinco)의 상표가 붙어있었다.[31]

시리아의 화학부대, 특히 450부대는 계속해서 작전을 벌이고 있다. 특히, 러시아와 이란의 군사적 지원을 받을 수 있기 때문에 화학물질이 필요하다면 몇 시간 안에 재공급을 받을 수 있다.[32] 또한 팔라크-2와 같은 발사시스템을 포기하거나 방독면, 보호복, 신경가스 의료키트 등을 반납할 필요가 없었기 때문에 그대로 보유하고 있다. 상황이 이렇다 보니 신경가스를 제거하고, 시리아의 생산 공장을 폐쇄한 것은 임시방편에 불과했다.

에이전트 오렌지(Agent Orange)

〈랜치 핸드 작전 중인 C-123 수송기〉[1]

〈고엽제를 살포하는 헬리콥터〉[2]

1) https://commons.wikimedia.org/wiki/File:Agent_Orange_Cropdusting.jpg
2) https://commons.wikimedia.org/wiki/File:VA002930_Spraying_Agent_Orange_in_Mekong_Delta_near_Can_Tho.jpg

에이전트 오렌지는 베트남에서 사용된 고엽제이다. 다우케미컬 컴퍼니에서 생산되었으며, 미군의 항공기와 헬리콥터가 북베트남군과 베트콩 군대를 쉽게 찾아낼 수 있도록 정글지역을 정리하기 위해 사용되었다. 정글이 마치 두꺼운 캐노피처럼 북베트남군과 베트콩 군대를 보호해주었기 때문에 이 캐노피를 벗기기 위해서는 고엽제가 필요했다. 랜치 핸드(Ranch Hand) 작전 - 목장노동자라는 뜻이 있으며, 미군 속어로 고엽제를 살포하는 C-123 수송기를 호칭 - 이라고 불리는 에이전트 오렌지 프로그램은 1962년부터 1971년까지 실행되었는데, 1950년대에 영국이 말레이 게릴라에 대한 지역거부용 무기로 에이전트 오렌지를 사용했던 경험을 바탕으로 만들어졌다. 미군의 C-123 수송기에는 1,000갤런 탱크와 분무기가 장착되어 있었고, 특수 헬리콥터에는 고엽제를 살포하기 위한 팔 형태의 분무기와 충전탱크를 장착했다.[33] 이 목적을 위해 헌신한 C-123은 "하데스"라는 별명을 얻었다.

에이전트 오렌지는 화학적으로 다이옥신을 함유하고 있는데, 다이옥신은 자연적으로 발생하거나 제조할 수 있다. 1979년에 미국의 환경보호국은 다이옥신이 함유된 폴리염화비페닐(PCB)로 만들어진 제품의 제조를 금지했으며, 다른 국가들도 다이옥신의 사용과 제조를 금지하고 있다. 그러나 화학무기를 통제하는 어느 협약에서도 다이옥신이나 고엽제의 사용을 금지하는 조항은 없다. 미국의 법원에서는 에이전트 오렌지의 사용이 불법이었음을 입증하려는 수많은 사례가 있었지만, 법원 중 어느 곳도 미군의 고엽제 사용을 불법이라고 주장하는 원고의 의견에 동의하지 않았다. 그러나 웨스트버지니아 주 니트로(Nitro)에 거주하는 고엽제 피해자들은 1949년부터 1972년까지, 23년간 공장 근로자들의 건강에 피해를 입혔다는 이유로 손해배상을 청구하였고, 몬산토 화학회사는 9,300만 달러를 들여 이 사건을 법정 밖에서 해결하였다. 다수의 퇴역 미군들이 고엽제로 인해 암이 발병하는 등 건강상의 피해를 입었다고 주장하며, 소송을 제기한 사례도 있다. 다우케미컬(Dow Chemical)을 상대로 한 소송 중 한 건이 타결되었는데, 피해자들은 3억 3천만 달러의 보상금을 받았다. 미국 뉴욕 지방법원의 잭 와인스타인 판사는 고엽제 사용이 위법한 행위로 볼 수 있는 지에 대해 의문을 갖고 있었으며, 결국 "1975년 4월 초까지 미국이 베트남에서 제초제(herbicides)[34]를 사용한 것은 명시적이든 묵시적이든, 전쟁법이나 국제법을 위반하는 행위로 볼 수 없고, 이와 관련된 어떠한 조약이나 협정도 없다."라고 판결하였다. 와인스타인의 판결은 나중에 항소법원과 대법원의 판결에도 인용되었다. 따라서 제조시설의 근로자와 일부 퇴역 군인들은 업체로부터 보상을 받을 수 있었지만, 미국 정부는 자국민이든 외국인이든 피해자들에게 손해 배상을 한 적이 없었다.

화학무기에 대한 소결론

화학무기의 위협에 대처하는 데에는 두 가지 정반대의 접근법이 있다. 첫 번째는 이미 언급한 바와 같이 국제적인 협정이나 조약을 통해 사용을 금지시키거나, 국제기구의 결의를 통해 사용을 금지하도록 하는 것이다. 두 번째는 화학무기 사용을 억제하는 것이다. 국제법, 협정, 조약, 그리고 규칙을 평가하자면, 이것을 감독하고 집행하기가 사실상 어렵다는 것을 역사가 보여주고 있다. 본질적으로는 화학무기 제조장비와 화학물질 전구체(precursor)를 사용하려는 목적과 의도가 불분명하고, 의심스러운 최종사용자에게 기꺼이 제공하려는 공급국가의 의지에 문제가 있다. 예를 들어, 데일리 메일(Daily Mail) 신문은 2004년 7월부터 2010년 5월 사이에 두개의 영국회사가 불화나트륨(sodium fluoride)을 시리아에 수출할 수 있도록 영국 정부가 5종의 허가서류를 발급해줬다고 보도했다. 불화나트륨은 사린의 전구체인

데, 출하량이 지나치게 많았음에도 불구하고, 영국 정부는 이 전구체 물질이 화장품을 만들기 위한 재료라는 정부 부처의 의견에 따라 허가서를 발급한 것이라고 주장했다.[35] 영국 정부는 중동의 넓은 정보망과 CIA, NSA와의 긴밀한 협조 관계를 통해 시리아가 공격적인 화학무기 프로그램을 계획하고, 불화나트륨을 찾고 있었다는 사실을 이미 알고 있었을 것이다. 러시아와 인도를 포함한 다른 국가들도 시리아의 화학무기 프로그램에 일정 부분 기여했으며,[36] 이러한 화학무기의 이전을 막기 위한 조치는 거의 또는 전혀 이루어지지 않았다. 이란, 러시아, 중국은 화학무기를 투발하기 위한 포탄과 로켓도 공급했다. 시리아는 당시 화학무기금지협약(CWC)에 서명하지 않았기 때문에 화학무기를 제조하고 배치할 수 있다고 주장할 수 있다. 그러나 시리아에 화학무기와 관련된 것들을 공급한 국가들은 모두 화학무기금지협약에 서명한 서명국으로서, 그들이 이행하지 않은 것에 대해서는 책임이 발생한다. 화학전구체, 제조장비, 보호장비, 해독제, 그리고 발사체의 광범위한 가용성은 조약, 협약, 결의안, 협정들이 화학무기의 사용을 중단시키지 못했음을 보여준다.

한편, 화학무기가 억지력을 가진 무기라는 재비츠(Javits) 의원의 생각은 일부 국가들의 화학무기 사용을 막을 수 있는 것으로 증명되었다. 만약 우리가 신경가스 위협을 받고 있는 상황이라면, 우리도 동일하게 적절한 방식으로 대응할 수 있어야 한다는 것이다. 제1차 세계대전에서 양측의 대결 진영은 모두 화학무기를 보유하고 사용했다. 그 전쟁에서 화학무기는 적을 참호밖으로 끌어낸 후, 개방된 전장으로 밀어내기 위해 사용되었다.

하지만 겨자가스, 포스겐, 염소와 같은 화학 물질이 많은 사망자과 부상자를 초래했음에도, 그 효과는 전선의 교착상태를 반전시키고자 하는 양측이 기대와는 거리가 멀었다. 따라서 화학무기는 군사적 효과를 거의 발휘하지 못했다. 유일하게 미친 영향은 앞으로 수십 년 동안 고국에 부담이 될 수천 명의 병든 군인들뿐이었다.[37] 불행하게도 전쟁에 참여한 양측 모두가 화학무기의 사용을 열망하는 상황에서 화학무기를 보유하고, 이를 사용하겠다는 위협은 별 의미가 없었다. 따라서 제1차 세계대전에서는 억제효과가 거의 없었다고 볼 수 있다.

그러나 제2차 세계대전에서는 상황이 달라졌다. 나치에게는 화학무기가 있었고, 이를 대량으로 생산할 수 있는 비밀부대가 있었다. 연합군도 마찬가지였다. 그러나 어느 쪽도 전투에서 이를 사용하지 않은 것으로 알려져 있다. 제2차 세계대전의 차이점을 어떻게 설명할 수 있을까? 한 가지 이유는 아돌프 히틀러가 겪은 본인의 경험 때문이었다. 1918년 10월 14일, 히틀러는 벨기에 이프르 살리언트(Ypres Salient)에서 가스탄에 맞아 일시적으로 눈이 멀었고, 화학전을 두려워하게 되었다. 그러나 좀 더 설득력 있는 이유는 연합군이 독일의 도시를 폭격하는 데 유리했기 때문이다. 독일군은 V-1 버즈폭탄과 V-2 로켓을 보유하고 있었지만, 탄두에 화학물질이 가득 차 있으면 큰 피해를 입힐 수 없었다. 독일군은 V-1과 V-2 로켓에 화학 탄두를 장착한 실험을 해봤고, 그 결과 값을 알고 있었다. 만약 연합국에게 화학공격의 구실을 제공했다면, 독일의 도심지와 군대는 겨자가스와 기타 화학물질, 심지어 탄저균(Anthrax) - 탄저균에 대한 내용은 다음에 다룰 것이다. - 을 투하하는 폭격기에 노출되었을 것이다.

〈방독면을 착용한 영국군과 노새〉1)

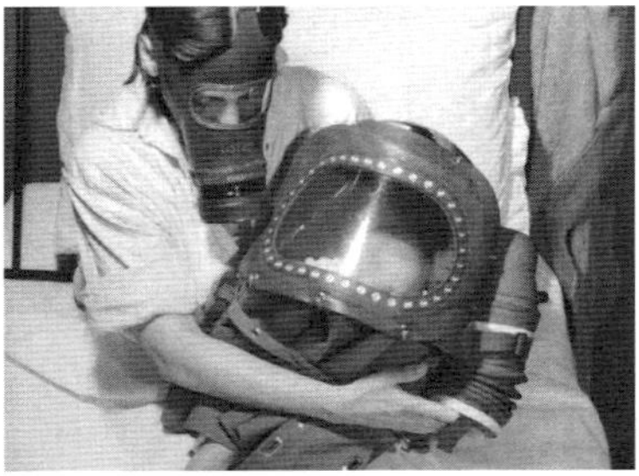

〈방독면을 착용한 영국 산모와 아기〉2)

1) https://commons.wikimedia.org/wiki/File:The_British_Army_in_France_1940_F2676.jpg
2) https://commons.wikimedia.org/wiki/File:A_mother_and_baby_both_in_gas-masks_during_1941._D3918.jpg

연합군과 추축군 부대는 방독면을 구비하고 있었다. 영국은 시민들에게 방독면을 제공하였지만, 독일은 그렇게 하지 않았다. 연합군의 폭격이 거세지자 독일의 민방위 체제인 국가방공연맹과 방공 시스템은 도시들을 선별하여 벙커를 건설하고, 공습 대피소를 제공했으며, 특별 방공-총통 지침에 따라 민방위를 강화했으나 방독면은 사용하지 않았다.[38] 독일군은 신경가스를 보유하고 있었기 때문에 잠재적인 이점을 가지고 있었다. 그러나 신경가스는 다루기가 어려웠고, 개조된 포탄이나 심지어 V-1과 V-2 로켓도 신경가스를 효율적으로 전달하기 어려웠다. 그 무기들은 사고발생에 대한 우려, 적절한 해독제와 방호복의 부족, 사고발생시 대처 방법에 대한 지식부족 등의 이유로 공격용 무기로서는 큰 부담이 되었다. 얼마나 많은 강제수용소 노동자들이 신경가스를 제조하고 무기에 가스를 충전하는 작업에 동원되었으며, 그 중 얼마나 많은 사람들이 신경가스 누출로 사망했는지는 알 수 없다. 왜냐하면 살아남은 사람이 거의 없었기 때문이다. 하지만 독일군은 이 무기가 가져다주는 극도의 위험성을 확실하게 알고 있었다.

1942년 4월, 윈스턴 처칠은 스탈린에게 겨자가스를 제안했다. 스탈린은 이 제안을 거절하였지만, 염소 - 겨자가스의 전구체인 염소 에탄올을 의미 - 를 요구했다. 처칠은 영국이 침략당할 경우를 대비해 화학무기의 사용을 원했고, 독일의 도시들을 공격하는 아이디어를 장려했다. 1942년 5월 10일, 처칠은 라디오 연설에서 "독일이 소련에서 약진하는 이유는 그들이 화학무기를 사용했기 때문이다."라고 주장했다. 또한 다음과 같이 말했다. "우리가 화학무기 창고를 늘리는 이유는 훈(Huns)족의 속성을 잘 알고 있기 때문이다. 독일이 더 많은 화학무기로 우리의 동맹국인 소련을 다시 공격한다면, 우리도 가스로 독일의 도시와 마을을 공격할 것이다."[39] 1988년 10월 24일, 슈피겔(Der Spiegel)은 워싱턴에서 공개된 문서에 대해 보도했는데, 그 내용은 미국이 독일을 상대로 겨자가스와 염화카르보닐(포스겐)을 사용하는 15일 간의 공중전을 계획했다는 것이었다. 공격은 영국과 이탈리아의 포지아에서 착수하려고 했다. 이 보도 내용은 독일이 유럽의 연합군을 상대로 화학무기 공격을 감행할 수 있었기 때문에, 이에 대한 억제수단으로서 미국이 독일의 도시를 공격할 준비를 했다는 사실을 뒷받침해준다. 또한 내용 중에는 독일을 상대로 사용할 엄청난 수의 화학폭탄 - 2억 8천만 파운드 - 에 대한 것도 기술되어 있었다. 한편, 독일 공군의 바리(Bari) 공습과 존 하비(John Harvey)함의 폭발은 독일에 대한 가스공격이 실행 가능하다는 연합군의 믿음을 무너뜨리기에 충분했다. 독일군이 앞으로 일어날 일을 미리 알고 이를 막기 위해 바리 공습을 감행했다는 가정은 설득력이 있다. 대부분의 사람들은 미국이 바리(Bari)항에서 발생한 겨자가스 폭발을 은폐하려 했다는 사실을 지적한다. 그러나 이야기를 감추기에는 병들고 죽어가는 민간인, 부상당하고 사망한 군인과 수병이 너무 많았다.[40] 화학무기로 억제태세를 유지하는 것은 쉬운 일도 아니고, 결과를 확신할 수도 없다. 제2차 세계대전 당시 미국, 영국, 독일은 모두 공개적으로 화학전을 벌일 뻔했다. 문제의 본질은 미국과 영국의 폭격이 화학무기 사용의 필요성을 대체했다는 것이다. 연합군의 의도는 독일의 전쟁장비와 기반시설을 최대한 파괴하는 것뿐만 아니라 전쟁을 계속하는 독일군을 처벌하는 것이었는데, 이는 독일의 도시와 마을을 평탄하게 만드는 것을 의미했다.

사막의 폭풍(Desert Storm) 작전에서 미군 장병 모두가 방독면, 보호의, 신경가스 해독제를 지급받았다는 사실은 주목할 만하다. 미군은 개인별로 화학적 공격이 있을 경우 어떻게 행동해야 하는지 훈련을 받았다. 오염제거 제독장비도 제공받았으며, 의료진들도 신속한 처치가 가능하도록 훈련을 받았다. 그러나 미국은 군인들을 최대한 보호하기 위해 기동성에 의존하고 있었고, 억지 수단으로써 사용할만한 화학무기가 없었다. 대부분의 미국 동맹국들도 마찬가지이며 가스공격으로부터 군인과 민간인을 보호하기 위해 많은 노력을 기울인 이스라엘도 마찬가지이다. 이스라엘은 이라크로부터 스커드 공격을 받았지만, 사담 후세인은 화학 탄두를 사용하지는 않았다. 이스라엘이 자체적으로 화학무기를 보유하고 있었는지, 그러한 위협이 사담에게 전달되었는지는 아무도 모르지만, 사담과 대부분의 아랍 국가들은 이스라엘이 핵무기를 보유하고 있다고 믿고 있었다. 후세인은 자신이 화학무기를 사용했을 때, 이스라엘이 핵 공격으로 보복할까봐 두려웠던 것일까? 이스라엘은 사담에게 어떻게 대응할지 경고했을까? 이스라엘의 사례는 미국이 이스라엘에게 전쟁에 참여하지 말라고 압박을 가했다는 사실로 인해 복잡해진다. 미군은 후세인의 화학 미사일, 항공기, 로켓포로부터 공격을 받은 적이 없었으며, 화학 탄두를 장착한 스커드 미사일도 이스라엘의 영토에 떨어지지 않았다.[41]

생물무기(Biological Weapons)

질병과 파괴를 일으키는 생물무기의 사용은 고대로 거슬러 올라간다. 그러나 현대의 생물 작용제는 매우 높은 위험성을 안고 있으며, 심지어 전 세계의 생존을 위협할 수도 있다. 생물무기는 적을 죽이거나 무력화시키려는 의도로 박테리아, 바이러스, 곰팡이와 같은 생물학적 독소나 감염성 물질을 의도적으로 사용하는 것이다. 따라서 생물무기는 대량살상무기(WMD)로 간주된다. 그러한 물질 중 하나가 진균독(Mycotoxin, 곰팡이 독)이다. 진균독은 자연적으로 썩거나 부패한 음식 또는 곡물에서 발생할 수 있다. 진균독의 일종인 T-2는 "아테네 역병(Plague of Athens, 기원전 430년)"의 발병 원인으로 거론되어 왔다. 아테네에서 역병에 감염되었으나 운 좋게 살아남은 투키디데스(Thucydides)는 다음과 같은 글을 썼다.

"원래 건강하던 사람들이 갑자기 머리에서 고열이 나고, 눈이 빨갛게 되면서 아무 이유 없이 입과 목, 혀가 갑자기 검붉게 변하고 호흡이 거칠어지며, 불쾌한 냄새를 풍겼다. 그 때부터 재채기와 쉰 목소리가 나기 시작하고, 얼마 지나지 않아 심한 기침을 동반하며, 통증이 가슴까지 내려온 후 위장에 자리 잡으면서, 위장을 뒤흔들고 담즙을 분비하게 했다. 의사들이 알고 있었던 모든 종류의 질병 중에서 이 병은 극도로 고통스러웠다. 대부분의 사람들은 강한 경련을 경험했는데, 이는 사람에 따라 오랫동안 지속되기도 하고 빨리 사라지기도 하였으며, 마른 딸꾹질로 고통을 받았다. 괴로워하는 사람의 겉모습은 유난히 뜨겁지도 창백하지도 않았으며, 불그스름하고 검붉은 색을 띠는 작은 물집과 궤양이 생겼다. 반면에 그들의 속은 너무 심하게 타서 가장 가벼운 옷이나 담요조차 덮을 수 없었기 때문에 찬물에 몸을 던지고 싶을 만큼 알몸으로 돌아다니는 것을 선호했다. 실제로 눈에 띄지 않던 많은 사람들이 갈증을 이겨내지 못하고 물탱크에 뛰어들기도 했다. 그러나 물을 많이 마시거나 조금 마셔도 결과는 같았다. 그들은 쉴 수 있는 방법을 찾지 못했고, 끊임없는 불면증에 시달렸다. 질병이 극에 달했을 때도 그들의 몸은 완전히 쇠약해지지 않았고, 놀라울 정도로 비참함을 견뎌내고 있었다. 그리고 대부분의 사람들처럼 내부 화상으로 인해 일곱째 날이나 아홉째 날에 죽으면서도 여전히 약간의 힘은 남아 있었다. 그러나 이 병에서 살아남았더라도 질병은 장까지 진행되어 강력한 궤양과 설사를 일으키고, 허약함을 느끼게 하였다. 대부분이 이로 인한 피로 때문에 사망했다. 이 질병은 처음에는 머리에서 시작하여 몸 전체에 퍼졌고, 만약 누군가가 최악의 상태에서 살아남았더라도 사지에 병마의 흔적이 남았다. 살아남은 많은 사람들의 성기, 손, 발에도 심각한 후유증이 있었는데, 결국 그것들을 온전히 지키지 못했다. 어떤 사람들은 눈을 잃었고, 어떤 사람들은 갑자기 깨어나 자신도 가족도 알아보지 못하는 기억상실증에 걸렸다."[42]

아테네의 적들이 아테네로 들어오는 곡물에 독소가 함유된 곡물을 일부러 섞은 것일까? 이를 탐정처럼 조사하기에는 너무 늦은 것 같다. 그러나 아테네의 인구가 과밀한 상태였고, 식량을 공급하기 위해 외부의 공급선이 필요했다는 것은 확실한 사실이다. 전쟁 중에 불량 곡물을 섞었을 경우도 배제할 수 없다. 투키디데스는 이런 가능성까지 고려하긴 했지만 가능성이 낮다고 일축하였고, 이집트, 에티오피아, 페르시아에서도 비슷한 재앙이 일어났다고 지적했다.

군인이자 의사였던 스탠리 와이너(Stanley L. Weiner)[43]는 1974년부터 1981년까지 "Yellow Rain(노란 비, 황우)"으로 알려진 진균독(Mycotoxin, 곰팡이 독)의 일종이 캄보디아, 라오스, 아프가니스탄에서 사용되었다고 말한다. Yellow Rain은 항공기, 포탄, 부비 트랩, DH-10으로 알려진 휴대용 무기를 통해서 방출되었다. 라오스의 희생자들은 소련과 중국의 지원을 받는 공산주의자들과 싸우던 몽족(Hmong) 부족민이었다. 몽족은 자신들을 상대로 사용되는 다양한 유형의 작용제를 "케미(Chemie)"라고 불렀고, 다음과 같은 유형들을 식별했다.

- Yellow Rain(노란 비)는 노란 물방울을 남기며, 상부의 호흡곤란을 일으키고 일부 노인, 허약자, 어린이의 사망을 초래한다.

- Blue Chemie(블루케미)는 Yellow Rain과 일부 동일한 특성을 가지고 있지만, 구토를 유발하기도 한다. 블루케미는 건장한 사람을 공격하고, 진행속도가 더 빠르며, Yellow Rain보다 두 배나 많은 사망자를 발생시킨다.

- Red Chemie(레드케미)는 최악의 것으로 진균독(Mycotoxin)과 접촉하는 거의 모든 사람을 죽인다. 심각한 호흡곤란과 분출성 구토를 하는 사망자가 발생한다.[44]

몽족의 사망자 수는 상당했다. Yellow Rain의 공격에서 살아남았지만 병에 걸린 사람들의 숫자는 훨씬 더 많았다. 중국의 전문가인 청수이팅과 시즈옌은 약 2만 명이 사망한 것으로 추산했다.[45]

과거 소련이 생산한 Yellow Rain외에도 이라크에서는 위험한 형태의 진균독(Mycotoxin)인 아플라톡신(Aflatoxin)을 생산했으며, 이를 무기화하였다. 1995년 UN사찰단은 이라크가 개조한 알 후세인(Al-Hussein) 미사일용 탄두 25개와 R-400 공중투하 폭탄 157개에 아플라톡신이 탑재되어 있었다고 밝혔다. 1988년에 이라크는 아플라톡신에 대한 연구를 시작했고, 1989년에 알 사파에서 생산을 시작하여 1990년 4월과 12월 사이에 1,850리터의 아플라톡신 작용제를 생산했다. 그 후 생산 시설은 알 하캄으로 이전되었지만, 그곳에서 생산된 양은 알려지지 않았다.

이라크는 아플라톡신(Aflatoxin)을 보툴리눔(botulinum)과 같은 다른 제제와도 혼합했을 수도 있다. 아플라톡신은 그 자체로 발암성분이 있지만, 제대로 된 효과를 얻으려면 상당한 노출이 필요했다. 이라크는 이스라엘을 상대로 이 생물학 작용제를 사용하고자 하는 유혹이 있었을지도 모르지만, 미사일 탄두에서 이를 분산시킬 수 있는 효과적인 메커니즘이 부족했다. 미국은 이스라엘에 이라크의 스커드 미사일을 요격할 수 있는 패트리어트 미사일을 제공했다. 패트리어트가 100% 효과적이지는 않지만, 화학 또는 생물학 작용제로 가득 찬 미사일의 탄두는 미사일 로켓 자체가 패트리어트에 의해 직접 요격을 당했을 때, 충분한 손상을 입을 수 있다. 그렇게 되면, 아플라톡신으로 채워진 탄두의 비행은 실패하고, 지상에 거의 피해를 주지 않을 것이다.

이라크는 생물학전과 화학전을 위한 다양한 종류의 프로그램을 갖고 있었다. 생물학적 제제보다 훨씬 더 많은 화학물질을 생산하면서도 탄저균(anthrax), 보툴리누스 중독(botulism), 리신(ricin), 아플라톡신(aflatoxin)과 전염병 제제등을 생산하는 프로그램을 운영했다. 정보소식통들은 특히 1980년대에, 이라크와 소련의 생물학전 부대들 간에 상당한 협력이 있었다고 보고 있으며, 일부 보도에서는 이라크의 배후에 소련의 조직인 바이오프레파라트(Biopreparat)가 있음을 지목했다. 소련제 무기의 "지문"과도 같은 특징 중 하나는 많은 물질을 혼합하는 것이다. 화학무기 "칵테일"에 진균독(Mycotoxin)을 추가하는 것은 이라크가 모방한 소련/러시아 무기 프로그램의 고유한 특징이다. 이라크에서 화학물질과 결합한 진균독(Mycotoxin)을 사용했다는 사실은 UN을 대표해서 일하던 벨기에 과학자들에 의해 확인되었다. 또한, 이란-이라크 전쟁 중 이라크의 화학-생물학전 공격으로 부상을 당했던 이란 군인 - 당시 벨기에에서 회복치료를 받고 있었다. - 들로부터 채취한 조직 샘플에서도 두 물질을 모두 확인할 수 있었다.[46]

탄저균(Anthrax)

2001년 9월 11일 미국에서 발생한 테러 공격 직후, 고위공직자, 뉴스 진행자 등 사회적으로 영향력이 있는 사람들에게 배달된 편지와 소포에서 탄저균(anthrax) 가루(이하 "탄저균")가 나타나기 시작했다. 이들은 낮은 등급과 전문가 등급의 탄저균, 두 가지 형태로 식별되었다. 둘 다 이라크가 원산지일 수도 있지만, 미국의 상원의원이자 원내대표인 톰 대슐, NBC방송의 톰 브로코(Tom Brokaw)와 같은 저명한 인사 - 최우선 공격 대상자 - 를 위해 준비된 소포는 분명 전문가 등급의 탄저균이었다. 뉴욕의 쌍둥이 타워(세계무역센터) 공격으로 사망한 9·11 테러 주동자 모하메드 아타는 2001년 4월 프라하에서 이라크 영사관의 아마드 사미르 알 아니를 만났고, 이때 탄저균 가루를 받았다고 한다.[47]

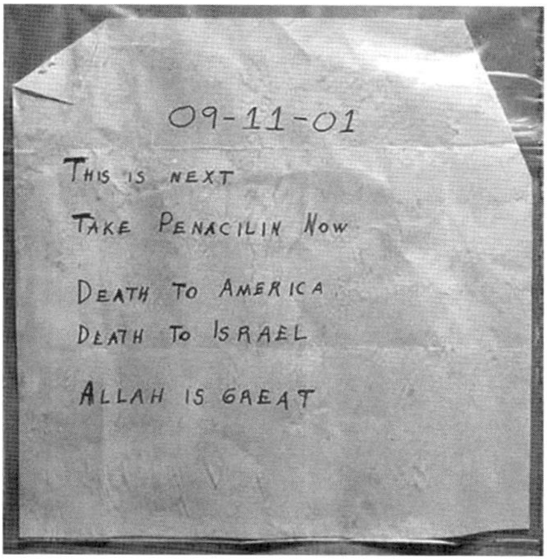
09-11-01
THIS IS NEXT
TAKE PENACILIN NOW
DEATH TO AMERICA
DEATH TO ISRAEL
ALLAH IS GREAT

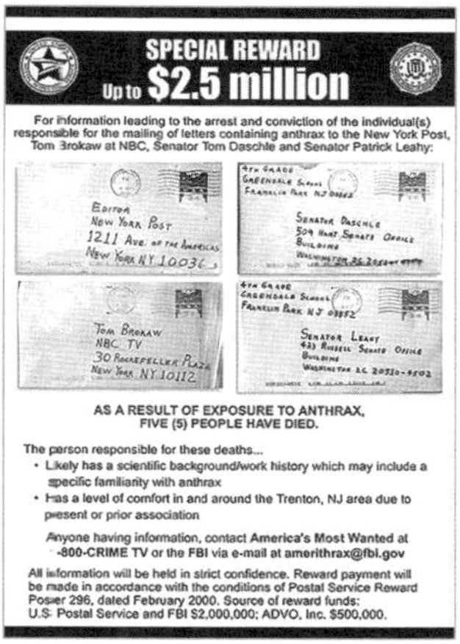

〈탄저균 편지의 내용(Tom Brokaw)〉[1] 〈탄저균 관련 신고 홍보포스터〉[2]

1) https://commons.wikimedia.org/wiki/File:Amerithrax-letter-a.jpg
2) https://commons.wikimedia.org/wiki/File:Anthraxreward.jpg

조사관들이 "전문가 수준"의 탄저균이라고 칭하는 것은 군사용으로 만들어졌다는 의미이며, 미국, 영국, 러시아, 이라크 등 소수의 국가만이 군용 등급의 탄저균을 생산하거나 과거에 생산한 이력이 있었다. 군용 탄저균은 무기를 통해 효율적으로 퍼뜨리고, 목표지역을 효과적으로 황폐화시킬 수 있도록 특별히 설계되어야 한다. 생물무기의 사용법에 대한 현장 중심의 전술교리는 그리 많지 않다. 실제로 걸프전 말기에 노획된 이라크의 훈련 자료에는 사린과 같은 화학무기의 사용법에 대한 지침들은 포함되어 있었지만, 탄저균과 같은 생물무기를 다루는 정보는 거의 없었다. 소련은 이라크가 화학무기 부대를 창설할 수 있도록 도움을 주었고, 생물무기를 확실히 보유하고 있었지만 그 효과에 대해서는 의구심을 갖고 있었다. 이미 언급했듯이 소련은 캄보디아 전역에 진균독을 살포하여 사람들과 동물들을 무작위로 죽였으나, 일관적이고 유용한 군사적 효용성은 얻지 못했다. 소련의 군사 및 정치 지도자들은 캄보디아에서 생물무기를 사용했다는 이유로 엄청난 비난과 공격을 받았다. 이에 소련은 꿀벌의 배설물에 진균독이 있다는 허위정보 캠페인을 시작했고, 일부 미국의 과학자들은 소련의 주장을 지지했다.[48] 만약 그것이 사실이라면, 진균독의 피해자가 몽족 부족들뿐이고, 헬리콥터로 세 가지 종류의 진균 독소 "패키지"를 살포하였다는 사실을 어떻게 항변할 수 있을까?

1979년 소련의 스베르들롭스크에서 공기 중으로 누출된 - 35마일의 경로를 따라 사람과 동물을 죽인 - 군용 탄저균에 대한 병리학 연구를 수행한 로스앨러모스 연구소의 과학자들은 누출된 탄저균이 최소 4가지의 서로 다른 변종으로 구성되어 있음을 발견했다.[49] 소련이 다양한 탄저균 변종을 혼합한 것은 그럴 만한 이유가 있다. 탄저균이 군용 무기로 사용될 경우, 사람들을 아프게 할 가능성이 가장 높은 독감에 맞춤형 백신이 생산되는 것처럼 적군들도 특정 유형의 탄저균에 대하여 예방 접종을 받을 가능성이 있기 때문이다. 따라서 탄저균 패키지가 다양한 탄저균 변종으로 조합될 경우 효과적인 백신을 개발하기가 훨씬 어려워진다.[50] 스베르들롭스크에서 발견된 이 탄저균 혼합물은 2001년 미국에서 발견된 봉투속의 탄저균과는 확실히 달랐다.

이라크는 1991년까지 탄저균을 대량(약 2,000갤런)으로 생산했다. 이때 생산된 탄저균은 액체 형태였는데, 최소 2개 이상의 SCUD 미사일 탄두가 액체 탄저균으로 채워졌고, 일부 단거리 무기와 항공기도 마찬가지였다. 이라크의 계획 중 하나는 이스라엘에 탄저균을 살포하는 것이었다. 비확산연구센터(Center for Non-Proliferation Studies)에 따르면, 1990년 11월과 12월 사이에 이라크는 제트 전투기에 사용하는 새로운 무기 - 분무 장치 - 를 개발했다. 1990년 11월 이라크의 지도부는 이스라엘 신문에서 흥미로운 기사를 읽었는데, 이스라엘에 탄저균을 뿌리면 인구의 90%가 전멸할 수 있다는 내용이었다. 이라크의 핵, 화학, 생물학전 프로그램을 이끌었던 후세인 카말은 항공기의 연료탱크를 개조하여 탄저균을 살포하기로 결심했다. 이를 위해 Mirage 제트기에서 가져온 연료탱크를 MiG-21 항공기에 추가로 장착할 수 있도록 개조하였고, 모의 탄저균 용액을 채운 후 시험을 수행하였다. 이라크의 아이디어는 조종사가 탑승하지 않고도 원격으로 작동할 수 있도록 MiG기를 개조 - MiG-21을 무인 항공기화 - 하는 것이었다. 조종석을 제거함으로써 항공기는 2,000리터의 탄저균을 운반할 수 있었다. 이라크는 MiG-21에 맞는 12개의 탄저균 탱크를 생산할 계획이었지만, 결국은 4개의 탱크만 개조했다. 전쟁 후 이라크 관계자와 인터뷰한 내용에 따르면, 1991년 3월, 항공기가 폭격을 받고 탱크들이 파괴되면서 프로젝트가 중단되었다고 한다.

그러나 이라크 과학자들은 액체 탄저균을 뿌리는 것이 그리 효과적이지 않을 수도 있다는 것도 알고 있었다. 탄저균은 폐로 흡입할 때 가장 위험하며, 공기 중에 살포된 액체 형태보다 미세한 분말이 훨씬 효과가 좋다. 1991년 이라크는 탄저균 분말을 만들기 위해 건조 장비를 구입했다. UN은 이라크 바그다드에서 멀지 않은 알 하캄의 생물무기 시설에서 사라진 대형 건조기 중 하나를 찾지 못했다. 흥미로운 번외 뉴스는 비록 시설의 대부분은 걸프전 당시 폭격을 당했고, UN무기사찰단(UNSCOM: United Nations Special Commission)에 의해 화학 및 생물 물질이 폐기되었지만, 또 다른 생물무기 시설인 살만 박(Salman Pak)에서 빈 라덴의 전사들이 훈련을 받았다는 것이다.[51]

사담의 이라크에는 화학 및 생물무기를 연구하는 과학자가 3,000명이 넘었다. 이 무기를 시험할 때 이라크인들은 동물뿐만 아니라 실험용 인간 기니피그(guinea pig)도 사용한다. 이 "실험"에서 300명 이상의 죄수들과 최소 20명의 이라크 군인들이 사망했다. 그리고 생물무기 프로그램을 위한 제조 장비를 확보하기 위해 30개의 위장회사를 설립했다. 1980년대에 이라크는 미국 정부가 승인한 병원성 물질 70여 개를 이송하는 과정에서 21종 이상의 탄저균을 미국으로부터 공급받았다. 이러한 병원성 시료에 대한 라이선스는 미국 상무부에 의해 일상적으로 승인되었다.

미국의 생물학전 전문가들의 주요 관심사이자 우려사항 중 하나는 탄저균을 비롯한 군사화된 병원성 물질을 "분진물질(dusty agent)" 형태로 제조하는 것이다. 분진물질(타분, 打粉)은 탄저균 포자로 구성되며, 의류에 침투하고 심지어 방독면을 통과할 수 있도록 매우 미세하게 만들어진다. 이라크는 탄저균과 함께 VX를 분진 버전으로 생산하려고 시도했고, 분진 버전의 겨자가스를 개발한 것으로 의심받기도 했다.[52] 일부 분석가들은 또한 이라크가 미국의 감시를 피하기 위해 분진물질을 생산하는 시설을 시리아로 옮겼다고 보고 있다. 과거에 UN무기사찰단(UNSCOM)과 이라크 조사단에서 활동했던 생물무기 전문가인 리처드 스페르첼은 다음과 같이 말했다.

우선, 나는 이라크 정보기관이 이 사건에 더러운 손을 댔다고 생각한다. 1994년, 이라크는 생물무기의 생산은 시도하지 않되, 오히려 생물무기의 "발병(break-out)" 능력을 강화하기 위한 연구만 하기로 결정했다. 이 사실은 이라크와 시리아의 정보기관이 "상호 이익을 위한 화학 및 생물무기 개발"이라는 목적으로 동맹을 맺었다는 이라크조사단(ISG)의 조사결과가 이를 뒷받침한다. 이제 시리아가 이라크 정보기관의 도움을 받아 탄저균 제품을 만든 것이 아닌가라는 합리적인 의심을 하게 되었다. 그 협력에는 시리아를 돕는 이라크 과학자들도 포함되어 있었다.

나는 조사단이 작성한 보고서의 대부분을 검증할 수 있다. 이라크는 생산자가 원하는 대로 입자의 크기를 산출하고, 조정할 수 있는 Niro 분무 건조기[53] 2대를 바그다드로 공수해왔다. 이 중 하나는 알 하캄(Al Hakam)에 있었으나 1996년 5월~6월경 UN의 감독 하에 파괴되었다. 또 다른 하나는 1998년 봄까지 찾을 수 없었는데, 이라크도 그 소재를 알지 못했다. 나는 2주의 조사기간 동안 두 번째 건조기의 샘플을 철저하게 샘플링하기 위해서 팀을 구성했다. 안타깝게도 이라크가 갑자기 건조기가 필요하다고 하여 철저하게 분해, 세척, 살균된 구성품들을 재조립 하게 되었다. 우리는 그것을 다시 파괴하기 위한 허가를 받을 수 없었고, 계속 감시를 했다. 그러나 유엔 감시검증사찰위원회(UNMOVIC: UN monitoring, verification, and inspection commission)는 이를 확인하지 않았으며, 미국도 전쟁 후에 이를 확인하지 않았을 것이다. 이것은 시리아로 옮겨졌을 수도 있다.

이라크는 1988년에 독일로부터 200톤의 에어로졸을 수입했다. 실리카(silica, 규산질)는 화학/생물무기 그룹을 위한 것이었다. 우리 UN무기사찰단은 실리카가 분진 화학물질을 만들기 위한 것이라고 생각했지만, 생물무기에도 사용될 수도 있었다. 이라크는 모든 공중생물학(aerobiology) - 또는 대기생물학 - 기술도 보유하고 있었다. 2002년에는 UN 식량농업기구도 이라크의 "의약품 산업"을 지원하기 위해 25톤을 획득한 것으로 보인다. 물론 이것은 탄저균 편지 이후였다. 그러나 이 물질들 역시 유엔 감시검증사찰위원회에 의해 확인되지 않았다.

파리에 있는 파스퇴르(Pasteur) 연구소는 에임스(Ames) 균주를 갖고 있었다. 우리는 이라크가 파스퇴르 연구소로부터 여러 종류의 탄저균을 얻었다는 것을 알고 있었지만, 단지 한 종류의 탄저균의 정체만 - 내 생각에 그것은 파스퇴르 A15였으며, 확인이 가능했다. - 확인할 수 있었다. 따라서 조사관들이 인용했던 두 가지의 출처에서 보여준 것처럼 다른 균주 중 하나는 에임스 균주였을 수 있다.

따라서 조사관들은 FBI가 했어야 할 분석을 좀 더 철저하게 한 것으로 보인다. 데이터에 일부 사소한 결함은 있었지만, 나는 그들이 인용했던 출처를 검증하지는 않았다. 아메리칸 미디어사(AMI: American Media Inc.) 건물뿐만 아니라 미국 상원의원인 대슐(Daschle)과 리히(Leahy)의 편지에 들어있던 물질이 친수성 실리카를 포함하고 있었다는 사실은 의심의 여지가 없다. 폴리글래스(polyglass) 분말은 FBI가 자체적으로 가져온 것이다. 나는 내부 수사정보를 포함한 여러 자료에서 약한 유사 전하가 추가되었다는 것을 알게 되었다. 제약 업계가 유사 전하에 관심을 갖는 이유는 조사관들이 언급한 것처럼 이것이 폐에 작은 입자들의 체류를 증가시키기 때문이다. 일반적인 보유율은 약 40%이지만, 유사 전하를 사용하면 이 값이 100%에 가까워진다. 나는 이것이 유사 전하를 사용했던 사람의 의도였다고 생각한다."[54]

1990년대의 연구용 시체 표본들은 1979년의 스베르들롭스크 "사고" 또는 일종의 사보타주의 결과로 얻을 수 있었다.[55] 정부의 의도와 반대로 소련의 의사들은 이 표본들을 수 년 동안 냉동고에 은밀하게 보존하였다. 스베르들롭스크 탄저균 누출사고 이후 소련은 사건을 은폐하기 위해 할 수 있는 모든 조치를 취했다. 피해자들은 균이 누출되지 않는 납관에 묻혔고, 탄저균 확산을 방지하기 위해 공공건물과 아파트 단지에 코팅 물질을 덮었으며, 도로는 다시 포장되었다. 하지만 의사들은 향후에 사건 전말에 대한 설명이 필요할 수도 있겠다는 점을 인식하고, 당국의 승인 없이 사실상 임의로 증거를 보존하는 사보타주(태업)

행동을 한 것이다. 따라서 1990년에 연구가 승인되었을 때 증거를 분석할 수 있었으며, 보존된 조직 샘플에서 발견된 소련군용 탄저균을 러시아와 미국 둘 다 처음으로 관찰할 수 있었다.

스베르들롭스크 희생자들의 조직에서 발견된 탄저균 균주 중 하나는 탄저균 병원체의 에임스(Ames) 균주였다. 탄저균의 에임스 균주는 일반적인 자연환경에서는 소에서 발생하며, 미국에서만 발견되었다. 2001년에 개봉한 탄저균 봉투를 과학적으로 분석한 결과 에임스 균주가 다시 발견되었다. FBI가 이끄는 미국의 사법당국은 포트 디트릭(Ft. Detrick)을 탄저균의 근원지로 지목하였다. 하지만 포트 디트릭이 에임스 균주를 보유하고 있었던 것은 명백한 사실이나 에임스를 갖고 어떤 작업을 했는지는 알려져 있지 않았다. 만약 이라크가 군사화된 탄저균의 발원지였다면, 에임스를 보유했거나 사용했을 가능성이 높다. 하지만 에임스 균주가 발견되고 나서는 모든 후속 조사가 미국을 근원지로 생각하는 방향으로 기울어졌다. 테러리스트들은 과연 탄저균의 발원지를 숨기기를 원했던 것일까?

9·11 테러는 미국을 "참수"하는 것이 목표였다. 이는 미국 자본주의와 경제요람의 상징인 쌍둥이 무역 타워를 파괴함으로써 이루어졌다.[56] 두 번째 목표는 미국 군사신경의 중심인 국방부였다. 그들의 희망은 군 최고위층 대부분을 포함해 대략 24,000명의 군인과 민간인이 근무하는 건물 전체를 파괴하는 것이었다. 세 번째 목표는 미국 민주주의의 가시적인 상징인 미국의 국회의사당이었다. 알카에다(Al-Qaeda)가 의회를 공격하는 것을 실패할 경우를 대비해서 예비 계획을 세웠으리라는 것은

누구나 예상할 수 있다. 고위급 정치 지도자들을 추적하여 탄저균 소포와 편지를 보내는 것은 첫 번째 공격이 마지막 공격이 아님을 보여주는 것이다. 편지 폭탄에서 발견된 탄저균은 이라크와 시리아가 생산하는 것으로 알려진 "분진" 종류였다. 백색의 분말은 미국 국회의사당을 비롯한 정부청사 건물에 큰 문제를 일으켰다. FBI는 범인을 찾으려고 노력했지만 대부분의 수사의 초점은 외국이 근원지가 아니라 미국에 맞춰져 있었다. 결국 탄저균 봉투 수사 해프닝은 쓸데없는 일에 지나지 않는 것으로 판명되었다.

그렇더라도 많은 국가와 테러조직들은 계속해서 생물무기를 추구하고 있다. 1979년 스베르들롭스크에서 탄저균이 유출된 이후에도 러시아인들은 생물무기 프로그램을 중단하지 않았으며, 이러한 물질을 군대에서 사용해야 하는 것은 아닌지 의문을 가졌다. 러시아인들은 생물학 작용제의 연구개발과 생산을 강화했다.[57] 탄저균과 관련된 9·11 테러 사건은 테러조직들이 생물학적 제제를 찾고 있으며, 이 제제들을 사용하는 데 아무런 문제가 없다는 점을 분명히 하고 있다. 알카에다(Al-Qaeda)는 리신과 그 밖의 독극물로 개들을 죽이는 실험 동영상을 공개했다. 이스라엘은 알카에다의 생물무기 전문가인 사마르 알-바르크(Samar Al-Barq)를 체포했다.[58] 그 밖에 알카에다의 생물무기 사용을 가능하도록 도왔던 중요한 인물 중 한 명인 야지드 수파트도 2013년 말레이시아에서 체포된 바 있다.[59] 사마르 알-바르크와 야지드 수파트의 사례는 생물무기 노하우의 확산을 보여준다. 두 사람 모두 생물학 및 미생물학 분야에서 정규 대학원 수준의 교육을 받은 - 한명은 미국 대학에서 다른 한 명은 파키스탄 대학에서 - 전문가들이다. 이 두 사람은 체포되었지만, 얼마나 많은 사람들이 다른 불량국가나 테러조직에서 일하고 있는지는 확인하기가 매우 어렵다.

일본의 731부대

일본은 중국의 도시들과 군인 등 전쟁포로들을 대상으로 화학 및 생물학 작용제를 사용한 일종의 "실험"을 했다. 일본이 자행한 수십만 건의 잔학 행위를 설명하지 않고는 생물무기에 대한 논의는 완성되지 않을 것이다. 일본이 화학 및 생물무기를 사용했던 사실은 점령군 사령관이었던 더글러스 맥아더 장군이 주도한 비밀협상의 일환으로 미국에 의해 은폐되었다. 맥아더의 미국은 일본이 중국에서 행한 - 이러한 비재래식 무기를 사용하는 작전과 관련된 - 모든 문서를 제공받는 대가로 일본의 프로그램을 비밀로 유지하기로 합의했다. 또한 맥아더는 전후 일본에서 어느 누구도 이에 대하여 발설하지 못하도록 검열제도를 도입했다.[60] 대부분의 경우 맥아더는 성공했지만, 은폐에 관여한 자신이나 미국의 정책 입안자들 모두는 소련이 다른 의도를 갖고 이 문제에 접근할 것이라는 것을 예상하지 못했다.

소련은 일본의 대표적인 생물학전 부대인 731부대에 연루된 다수의 일본군 장교들을 포로로 잡았다. 그 중에는 전 관동군 총사령관이었던 야마다 오토조 장군도 포함되어 있었다. 1949년 12월 25일부터 31일까지 소련의 극동 도시인 하바롭스크에서 소련군은 731부대 지휘관들을 체포하였고, 이들을 전쟁범죄 혐의로 재판에 회부했다.[61] 수석 검사는 레오 N. 스미르노프 대령이었다. 스미르노프는 뉘른베르크 재판에도 참여했던 소련의 수석 검사이기도 했는데, 증거를 제시하고 증인들을 교차심문하는 경험이 풍부했으며, 매우 신중한 사람이었다. 하바롭스크 재판 기록은 영어와 다른 언어로도 인쇄되었다.

〈731부대 전경〉[1)]

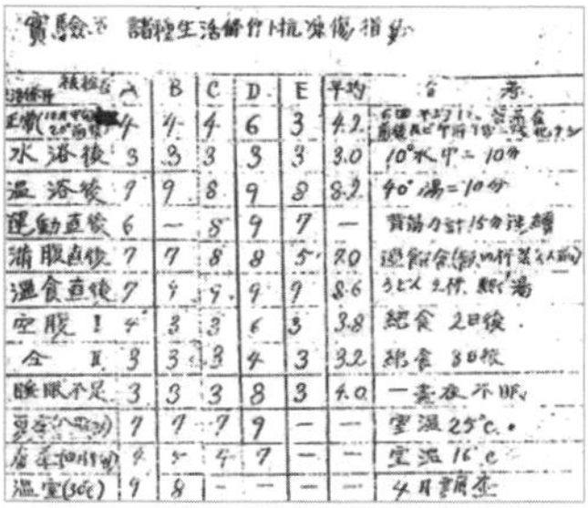

實驗 諸種生活條件ト抗凍傷指数

[illegible]	A	B	C	D	E	平均	備考
正常([illegible])	4	4	4	6	3	4.2	[illegible]
水浴後	3	3	3	3	3	3.0	10°水中＝10分
温浴後	9	9	8	9	8	8.2	40°湯＝10分
運動直後	6	—	8	9	7	—	[illegible]
満腹直後	7	7	8	8	5	7.0	[illegible]
温食直後	7	9	9	9	9	8.6	[illegible]
空腹 I	4	3	3	6	3	3.8	絶食 2日後
仝 II	3	3	3	4	3	3.2	絶食 3日後
睡眠不足	3	3	3	8	3	4.0	一晝夜不眠
夏季([illegible])	7	7	7	9	—	—	室温 25°C
冬季([illegible])	4	5	4	7	—	—	室温 16°C
温室(30°C)	9	8	—	—	—	—	4月調查

〈동상 실험 데이터〉[2)]

1) https://commons.wikimedia.org/wiki/File:Unit_731_-_Complex.jpg
2) https://commons.wikimedia.org/wiki/File:Scan_Of_Yoshimura_Hisato%27s_Frostbite_Research_Data.png

731부대의 범죄는 인체실험부터 도시 전체를 감염시키는 것에 이르기까지 다양했다. 이들이 중국인들을 상대로 사용한 시험 물질은 다음과 같은 것들이었다. 탄저균, 보툴리눔, 브루셀라증, 일산화탄소중독, 콜레라, 이질, 마비저균, 뇌수막염, 겨자가스, 흑사병, 역병[신쿄(Shinkyo) 또는 장춘(Changchun) 전염병], 독극물, 살모넬라, 송오병[Songo(옛 만주지역의 송화강을 의미하는 것으로 추정), 유행성 출혈열], 천연두, 연쇄구균, 파상풍, 진드기성 뇌염, 츠츠가무시증, 결핵, 장티푸스, 발진티푸스 등이다. 장춘이라는 도시의 일본식 이름을 딴 신쿄(Shinkyo, 新京) 전염병은 역병에 감염된 수백만 마리의 벼룩을 그 도시에 살포하는 것이었다. 이것은 특별히 고안된 최초의 공중투하 생물학적 작용제로서, 벼룩을 도자기로 만든 전염병 폭탄에 가두어 둔 것이었다.

하바롭스크에서 열린 재판은 12명의 피고인에게 25년에서 2년의 징역형을 선고했다. 그들이 저지른 범죄의 심각성과 규모를 고려하면, 너무 짧은 형량이 선고된 것으로 보인다. 하지만 한 가지 가능한 추측은 일본의 피고인들이 소련의 생물학전 프로그램을 위한 전문 지식을 제공하겠다고 제안함으로써 소련과 모종의 거래를 했을 수도 있다는 것이다. 대표적인 결과 중 하나는 일본의 생물학전 기술이 스베르들롭스크로 이전된 것이다. 맥아더가 미국의 생물학전 프로그램을 일본이 도울 수 있도록 주선한 것처럼, 소련도 일본의 지원을 받았다. 사실 도쿄에서 늘 앙심을 품고 있던 소련은 미국이 무엇을 하고 있는지를 유심히 파악하고, 신속하게 전범재판을 마무리하면서 일본의 전범들과 거래를 했을 수도 있다. 도덕적 분노는 일시적이고, 이내 사라지는 것이 세상의 이치인 것 같다.

핵무기

미국 최초의 원자폭탄은 나치 독일과의 경쟁에서 탄생했다.

폭탄을 만들기 위해 결성된 맨해튼 프로젝트의 많은 과학자들은 독일, 오스트리아, 헝가리, 폴란드, 이탈리아 출신의 유럽인들이었다. 그리고 이들 외국인 과학자와 엔지니어 중 상당수는 독일과 독일이 점령했던 지역에서 탈출한 유대인들이었다. 맨해튼 프로젝트 팀의 유대인, 그리고 유대인과 관련이 있었던 구성원(미국인 포함)들은 다음과 같다. 한스 베테*(독일), 펠릭스 블로흐(스위스), 그레고리 브라이트(러시아), 멜빈 캘빈(미국), 샘 코헨(미국), 마틴 도이치(오스트리아), 알버트 아인슈타인(독일), 엔리코 페르미*(이탈리아), 제임스 프랭크(독일), 오토 로베르트 프리슈(오스트리아), 로버트 오펜하이머(미국), 프랭크 오펜하이머(미국), 루돌프 파이얼스(독일), 프레더릭 라이네스(미국), 브루노 로시(이탈리아), 조지프 로트블랫(폴란드), 줄리언 슈윙거(미국), 로버트 서버(미국), 에밀리오 세그레(이탈리아), 모리스 샤피로(이스라엘), 루이스 슬로틴(캐나다), 레오 실라르드(헝가리), 에드워드 텔러(헝가리), 빅토어 바이스코프(오스트리아), 유진 위그너(헝가리) 등이다.[62]

1920년대와 1930년대에는 핵 과학에 집중했던 물리학자와 화학자 그룹이 있었다. 그 중에 핵분열의 원리를 발견한 사람은 오스트리아 유대인인 리제 마이트너(Lise Meitner)였다. "그녀는 우라늄 핵이 분열되면서 형성된 두 개의 핵의 양성자 질량이 원래의 우라늄 핵보다 약 1/5 만큼 가벼워질 것이라는 사실을 알아냈다… 이제 질량이 사라질 때마다 아인슈타인의 '질량-에너지공식 $E=mc^2$'에 따라 - 생산된 에너지는 질량 곱하기 빛의 속도의 제곱과 같다. - 에너지가 생성된다… 빛의 속도는 초당 186,000마일이므로 이는 450,000,000,000,000,000:1의 비율로

질량을 에너지로 변환하는 것을 의미한다. 원자폭탄은 이렇게 탄생했다."[63] 하지만, 다른 유대인들처럼 그녀는 독일을 떠날 수밖에 없었다.[64] 1944년에 이미 스웨덴에 살고 있던 마이트너는 노벨상을 뺏기는데, 독일의 원자폭탄 연구를 위해 마이트너의 식견과 통찰력에 의존했던 그녀의 파트너, 오토 한(Otto Hahn)이 노벨상을 받게 된 것이다. 마이트너는 독일을 탈출한 후 한동안 스톡홀름에서 살았고, 나중에는 영국 케임브리지로 이주했다.

〈베를린의 물리학자와 화학자들〉

https://commons.wikimedia.org/wiki/File:Berliner_Physiker_u_Chemiker_1920.jpg

(앞줄) 헤르타 스포너, 알베르트 아인슈타인, 잉그리드 프랑크, 제임스 프랑크, 리즈 마이트너, 프리츠 하버, 오토 한

(뒷줄) 헤르타 스포너 그로트리안, 빌헬름 베스트팔, 오토 폰 바이어, 피터 프링스하임, 구스타프 헤르츠

독일의 원자폭탄 프로그램의 주역은 뛰어난 물리학자이자 양자역학 전문가이며, 노벨상 수상자인 베르너 하이젠베르크(Werner Heisenberg)였다. 하이젠베르크는 독일을 선도하는 몇몇의

물리학자들과 함께 성장했는데, 그들 대다수는 유대인이었다. 독일은 반유대주의 정책의 일환으로 대학과 연구소의 구성원들을 숙청했을 뿐만 아니라, 과학과 물리학의 정치화도 달성했다. 이로 인해 양자역학의 창시자이자, 독일 최고의 과학적 지성으로 일컬어지는 막스 플랑크(Max Planck)는 아돌프 히틀러의 정치화에 대해 불평하면서 이러한 행동이 독일의 과학을 파괴할 것이라고 말했다. 그러나 이에 대한 히틀러의 응답은 "반유대주의적" 호언장담뿐이었다. 플랑크는 히틀러를 변화시키지 못했다. 설상가상으로 나치는 양자역학과 상대성 이론을 유대인 과학으로 낙인찍는 독일 물리학회[65]를 창설했다. 독일 물리학회의 사상가들은 이러한 "유대인" 이론을 학생들에게 계속 가르치고, 유대인 과학자들과의 관계를 소중히 여겼던 베르너 하이젠베르크를 "백인 유대인"이라고 부르기까지 했다. 그러나 독일인들은 이 백인 유대인이 필요했기 때문에 하이젠베르크는 많은 비난 속에서도 나치 무장 친위대로부터 어쨌든 살아남았고, 독일의 원자폭탄 개발을 이끌었던 여러 선도자 중 한 사람이 되었다.

하이젠베르크와 친분이 있고, 과학적 연구와 개발에 정통했던 앨버트 아인슈타인과 다른 미국의 과학자들은 독일이 원자폭탄을 만들려는 의도와 능력이 있다고 우려했다. 1939년 8월 2일, 아인슈타인은 루즈벨트 대통령에게 보낸 유명한 편지에서 독일의 위험성을 설명했다.[66] 독일이 우라늄 채굴을 통제하려고 하고 있으며, 미국과 유사한 실험을 하고 있다고 강조한 것이다. 사실 1939년에 미국은 독일과 전쟁을 하고 있지 않았으며, 미국의 고립주의는 정치적으로 극에 달한 상태였다. 그렇지만, 아인슈타인의 편지는 독일이 원자폭탄을 연구하고 있다는 사실을 미국 정부에게 알리는 일종의 경고성 메시지였다. 이제 미국은 나치 독일과의 원자폭탄 경쟁에서 승리해야 했다.

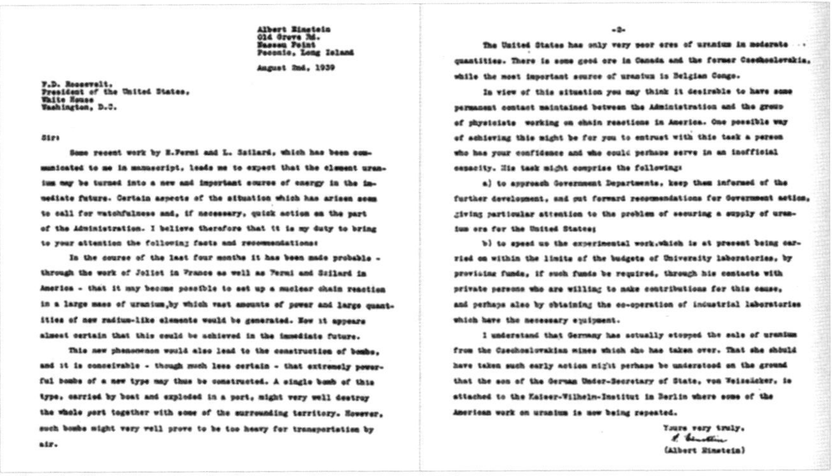

Albert Einstein
Old Grove Rd.
Nassau Point
Peconic, Long Island

August 2nd, 1939

F.D. Roosevelt,
President of the United States,
White House
Washington, D.C.

Sir:

Some recent work by E.Fermi and L. Szilard, which has been communicated to me in manuscript, leads me to expect that the element uranium may be turned into a new and important source of energy in the immediate future. Certain aspects of the situation which has arisen seem to call for watchfulness and, if necessary, quick action on the part of the Administration. I believe therefore that it is my duty to bring to your attention the following facts and recommendations:

In the course of the last four months it has been made probable - through the work of Joliot in France as well as Fermi and Szilard in America - that it may become possible to set up a nuclear chain reaction in a large mass of uranium,by which vast amounts of power and large quantities of new radium-like elements would be generated. Now it appears almost certain that this could be achieved in the immediate future.

This new phenomenon would also lead to the construction of bombs, and it is conceivable - though much less certain - that extremely powerful bombs of a new type may thus be constructed. A single bomb of this type, carried by boat and exploded in a port, might very well destroy the whole port together with some of the surrounding territory. However, such bombs might very well prove to be too heavy for transportation by air.

-2-

The United States has only very poor ores of uranium in moderate quantities. There is some good ore in Canada and the former Czechoslovakia, while the most important source of uranium is Belgian Congo.

In view of this situation you may think it desirable to have some permanent contact maintained between the Administration and the group of physicists working on chain reactions in America. One possible way of achieving this might be for you to entrust with this task a person who has your confidence and who could perhaps serve in an inofficial capacity. His task might comprise the following:

a) to approach Government Departments, keep them informed of the further development, and put forward recommendations for Government action, giving particular attention to the problem of securing a supply of uranium ore for the United States;

b) to speed up the experimental work,which is at present being carried on within the limits of the budgets of University laboratories, by providing funds, if such funds be required, through his contacts with private persons who are willing to make contributions for this cause, and perhaps also by obtaining the co-operation of industrial laboratories which have the necessary equipment.

I understand that Germany has actually stopped the sale of uranium from the Czechoslovakian mines which she has taken over. That she should have taken such early action might perhaps be understood on the ground that the son of the German Under-Secretary of State, von Weizsäcker, is attached to the Kaiser-Wilhelm-Institut in Berlin where some of the American work on uranium is now being repeated.

Yours very truly,

(Albert Einstein)

〈아인슈타인이 루즈벨트 대통령에게 보낸 편지(1939년 8월 2일)〉

https://commons.wikimedia.org/wiki/File:Einstein-Roosevelt-letter.png

대통령 각하,

저에게 원고로 전달된 페르미(E. Fermi)와 실라르드(L. Szilard)의 최근 연구에 따르면 가까운 미래에 우라늄 원소가 새롭고 중요한 에너지원으로 전환될 수 있을 것으로 예상됩니다. 현재의 상황은 정부의 경각심과 경우에 따라서는 신속한 조치도 필요합니다. 따라서 다음의 사실과 권고 사항을 대통령께 알리는 것이 제 의무라고 생각합니다. 지난 4개월 동안 프랑스의 프레데릭 졸리오 퀴리(Frederic Joliot-Curie)와 미국의 페르미와 실라르드의 연구를 통해 대량의 우라듐에서 핵 연쇄 반응을 일으켜 막대한 양의 전력과 대량의 라듐 유사 원소를 생성할 수 있는 가능성이 제기되었습니다. 가까운 미래에 이것이 실현될 가능성은 거의 확실해 보입니다. 이 새로운 현상은 또한 폭탄의 제작으로 이어질 것이며, - 확실하지는 않지만 - 새로운 유형의 매우 강력한 폭탄이 제작될 가능성이 높습니다. 이런 종류의 폭탄 하나를 배로 운반하여 항구에서 터뜨리면 주변 지역과 함께 항구 전체를 파괴할 수 있습니다. 그러나 이 폭탄은 항공기로 운송하기에는 매우 무거울 수 있습니다.

미국은 적당한 양이지만, 매우 열악한 우라늄 광석만을 보유하고 있습니다. 캐나다와 구 체코슬로바키아에는 좋은 광석이 있긴 하지만, 가장 중요한 우라늄 공급원은 벨기에 령 콩고입니다. 이러한 상황을 감안할 때, 미국에서는 연쇄 반응을 연구하는 물리학자 그룹과 정부 간에 영구적인 관계를 정착하는 것이 바람직하다고 할 수 있습니다. 이를 위한 한 가지 방법은 대통령님이 신뢰하고 비공식적인 자격으로 일할 수 있는 사람에게 이 과업을 맡기는 것입니다. 그의 임무는 다음과 같습니다.

a) 정부부처에 접촉하여 추가적인 개발사항을 알리고 정부가 대처해야 할 권고사항을 제시하며, 특히 미국의 우라늄광석 확보 문제에 주의를 기울여야 합니다.

b) 현재 대학 연구실의 예산범위 내에서 진행 중인 실험 작업을 가속화하기 위해, 필요한 경우 이러한 목적에 기여할 의향이 있는 개인과의 접촉을 통해 자금을 지원하고, 필요한 장비를 갖춘 산

업연구실을 협조하는 것이 필요합니다.

저는 독일이 인수한 체코슬로바키아 광산에서 우라늄 판매를 실제로 중단했다는 사실을 알고 있습니다. 독일이 그러한 조치를 취한 이유는 아마도 독일 국무부 차관보의 아들인 폰 바이스차커(von Weiszäcker)가 현재 미국과 동일한 우라늄 연구를 수행 중인 베를린의 카이저 빌헬름 연구소에 소속되어 있기 때문일 것입니다.

진심으로,

A. 아인슈타인

하이젠베르크를 포함한 독일 과학자들의 전후 보고서와 영국의 조사관(심문관)들이 팜 홀(Farm Hall)에서 비밀리에 녹음한 자료에 따르면,[67] 독일군은 연합군이 추정한 것보다 훨씬 더 미군에 뒤처져 있었음을 알 수 있다. 설명에 따르면, 독일의 프로그램은 자금이 충분하지 않았고, 실제로 원자폭탄을 개발하기까지 추가적으로 5년[68]이 더 필요했다고 한다.[69] 이것은 제2차 세계대전 이후에도 지속된 중요한 논쟁이기 때문에 나중에 이 문제를 다시 다룰 것이다. 정황상 나치가 그렇게까지 뒤처졌다는 주장을 약화시키는 사실적인 증거들이 점점 늘어나고 있다.

한편, 소련도 원자폭탄 개발을 시도하고 있었다. 미국보다 뒤처지긴 했지만 기껏해야 그 차이는 몇 년에 지나지 않았다. 소련은 자체적인 과학기술과 맨해튼 프로젝트 내부의 스파이들의 도움으로 원자폭탄 제조에 소요되는 시간과 실패의 위험을 줄일 수 있었다. 특히 원자분야의 스파이 클라우스 푹스(Klaus Fuchs)와 로젠버그(Rosenberg)부부 일당은 원자폭탄 메커니즘에 대한 공학적 설계 도표를 소련에게 제공했다.

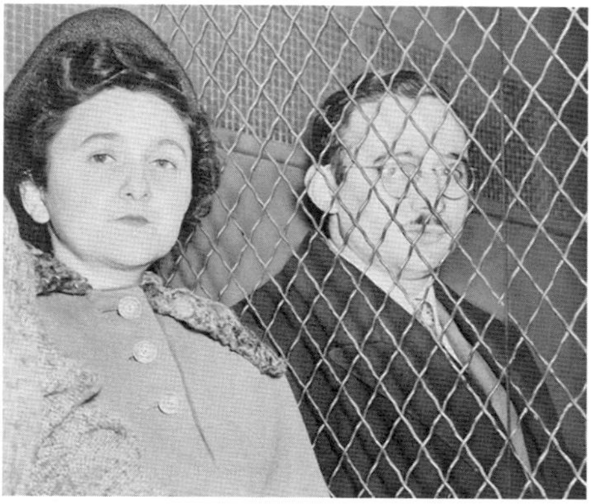

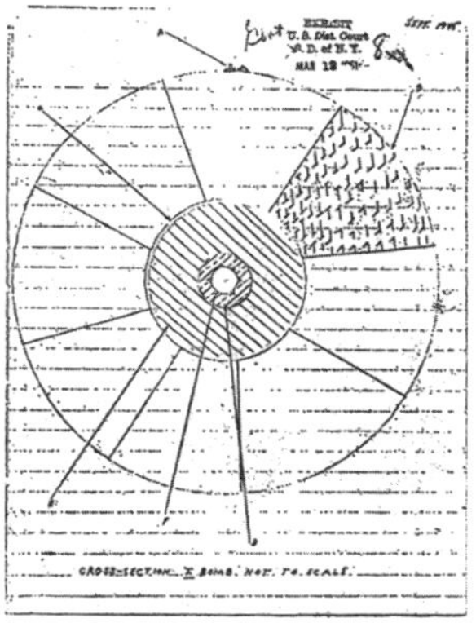

〈유죄를 인정받은 로젠버그 부부〉1)　〈로젠버그 부부에게 넘겨진 설계도〉2)

1) https://commons.wikimedia.org/wiki/File:Julius_and_Ethel_Rosenberg_NYWTS.jpg
2) https://commons.wikimedia.org/wiki/File:Greenglass_bomb_diagram.png

맨해튼 프로젝트를 통해 두 종류의 원자폭탄이 만들어졌다. 이 두 가지 디자인은 “Thin Man”과 “Fat Man”으로 알려졌다. Thin Man은 초기의 포신형태(gun-type)의 핵분열을 이용하는 플루토늄 연료 폭탄이었다. Thin Man 테스트는 당시에 사용 가능했던 플루토늄이 포신형태의 단일한 메커니즘에서는 안전하게 작동되지 않았기 때문에 실패했다. 이후 포신형 메커니즘 설계방식을 유지하되, 플루토늄을 우라늄으로 대체함으로써 Little Boy(일명 Thin Man의 아들)가 탄생하였다. 리틀 보이는 1945년 8월

6일, 일본의 히로시마를 강타한 원자폭탄이다.

〈Thin Man〉[1]　〈Fat Man〉[2]　〈Little Boy〉[3]

1) https://commons.wikimedia.org/wiki/File:Thin_Man_plutonium_gun_bomb_casings.jpg
2) https://commons.wikimedia.org/wiki/File:Fat_man.jpg
3) https://commons.wikimedia.org/wiki/File:Little_boy.jpg

로스앨러모스에서 개발된 두 번째 폭탄은 "플루토늄 239 내폭형(implosion) 무기"였다. 개발 당시 "가젯(Gadget)"으로 알려진 이 폭탄의 이름은 "Fat Man"이었다. Fat Man의 폭발력은 - Little Boy의 16KT과 비교하여 - 약 18KT이었으며, 원자분열 무기가 나중에 수소융합 폭탄으로 대체될 때까지 미국과 소련 무기의 기초를 이루었다.[70] 미국이 최초로 원자폭탄 실험에 성공한 것은 1945년 7월 16일 뉴 멕시코 주의 화이트 샌드에서 실시된 "트리니티 실험(Trinity Test)"이었다.[71] 화이트 샌드 테스트는 플루토늄 폭탄이 작동되는 것을 확인해주었다. 소련이 복제한 폭탄은 바로 이 것이며, 코드명 "첫 번째 번개(First Lightning)"라는 첫 번째 원자 실험이 1949년 8월 19일 카자흐스탄의 세미팔라틴스크(Semipalatinsk)에서 이루어졌다. 첫 번째 번개의 폭발력은 20KT이었으며, 트리니티 실험과 거의 같은 크기였다.

〈트리니티 실험의 가젯이 설치되는 모습〉[1]

〈트리니티 실험 후 오펜하이머와 그로브스 장군〉[2]

1) https://commons.wikimedia.org/wiki/File:Trinity_device_readied.jpg
2) https://commons.wikimedia.org/wiki/File:Trinity_Test_-_Oppenheimer_and_Groves_at_Ground_Zero_001.jpg

소련의 원자폭탄 개발팀은 이고르 쿠르차토프가 이끌었으며, 안드레이 사하로프와 비탈리 긴즈부르크와 같은 과학자들이 지원하였다. 소련의 과학자들에게 미국의 실험정보가 전달되면서 플루토늄 연쇄반응에서 임계질량(critical mass)을 달성하기 위한 메커니즘을 개발하는 데 필요한 노력과 시간을 절약할 수 있었다. 또한 소련이 체포한 나치의 전직 과학자들과 노획한 장비들은 작업 속도를 높이는 데 상당한 도움을 주었다.

1943년 미국은 워싱턴주 핸포드에 최초의 "B-원자로"를 설치하였으며, 플루토늄 제조를 시작하였다. 엔리코 페르미가 제안한 설계에 따라 시카고 대학 MET연구소(Metallurgical Laboratory)의 지원하에 일급비밀 프로젝트가 진행되었다. 미국 육군 공병부대가 자금을 지원하였으며, 듀폰이 공장을 건설했다. B-원자로는 흑연감속 수냉식 원자로이며, 컬럼비아 강에서 끌어온 물을 냉각시키는 냉각장치가 포함되어 있었다. 이 연구실에서는 플루토늄 239를 생산하는 과정에서 우라늄-238을 우라늄-239로 정제했다. 최종 플루토늄은 여전히 다량의 우라늄이 포함된 결과물에서 추출되어야 했다. 핸포드의 시설은 이러한 작업을 수행하기 위해 로봇 도구를 개발했다. 그 이유는 이러한 물질들을 취급하는 작업자에게 우라늄 또는 플루토늄 중독의 위험이 있기 때문이다. 핸포드에서는 원자로 장비의 대부분이 빠르게 방사능을 띠게 되었다.

핸포드 시설에서는 16.2kg의 아임계(subcritical) 플루토늄 덩어리를 생산하여 폭탄 프로젝트의 본거지인 로스앨러모스에 전달했다. 일명 플루토늄 핵이라고 불렸던 플루토늄은 곧 "Demon Core(악마 코어)"로 알려지게 되었다. 폭탄 설계자들의 주요 임무 중 하나는 플루토늄의 아임계 덩어리가 언제 임계화될 것인지를 결정하는 것이었다. 이를 알아내기 위해서는 여러 번의 시행착오가 필요했는데, 마치 "용꼬리 간지럽히기 이야기"와 흡사했다.

〈다글리안 주니어가 실험하던 장치〉[1]

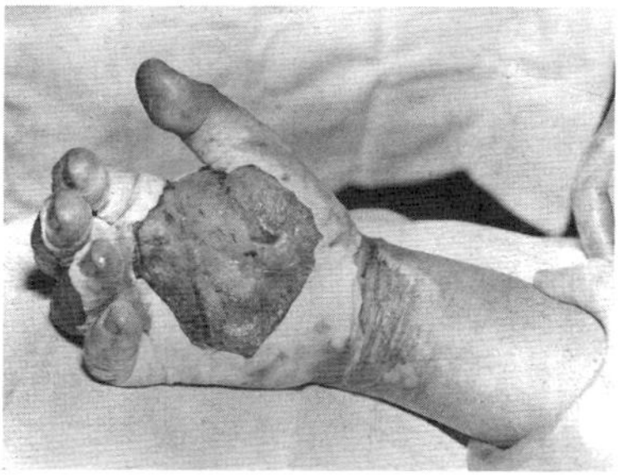
〈부상당한 다글리안 주니어의 손〉[2]

1) Los Alamos National Laboratory, https://commons.wikimedia.org/wiki/File:Partially-reflected-plutonium-sphere.jpeg
2) https://commons.wikimedia.org/wiki/File:Daghlian-hand.jpg

실험과정에서 두 번의 치명적인 사고가 발생했다. 첫 번째는 1945년 8월 21일, 미국의 물리학자 해리 다글리안 주니어가 플루토늄 핵 주위에 텅스텐 카바이드 “벽돌”을 쌓아 중성자 반사판을 만들려고 시도하던 중에 일어났다. 그의 실험이 초임계 상태에 도달하기 시작했을 때, 가이거 계수기는 “위험”을 경고했고, 다글리안은 실수로 벽돌 중 하나를 플루토늄 핵에 떨어뜨렸다. 강렬한 방사선에도 불구하고 직접 “벽돌”을 제거하고 해당지역을 청소한 결과, 방사선 중독으로 25일 후에 사망했다.

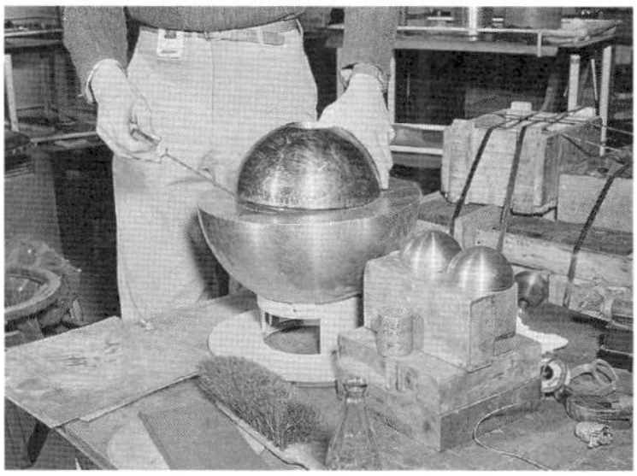

〈루이스 슬로틴이 실험하던 장치〉[1)]

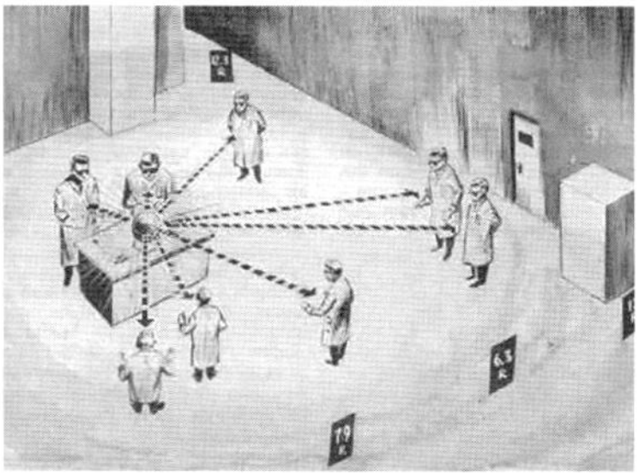

〈사고현장 묘사도〉[2)]

1) https://commons.wikimedia.org/wiki/File:Tickling_the_Dragons_Tail.jpg
2) https://commons.wikimedia.org/wiki/File:Slotin_criticality_drawing.jpg

두 번째 사고는 1946년 5월 21일 - 히로시마와 나가사키에 폭탄이 투하된 지 약 1년 후 - 에 물리학자 루이스 슬로틴(Louis Slotin)에게 발생했다. 슬로틴은 플루토늄 핵 주위에 두 개의 베릴륨(beryllium) 반구를 배치하고 엄지손가락만 한 구멍을 통해 상단의 반사판을 낮췄다. 슬로틴은 적절한 이격과 분리를 유지하기 위해 드라이버를 사용하고 있었는데, 실수를 하거나 미끄러진 것으로 보인다. 그 결과 방사선이 누출되는 대형사고가 발생하였으며, 슬로틴과 주변에서 일하던 많은 사람들이 화상을 입었다. 슬로틴은 방사선을 정면에서 온 몸으로 흡수했고, 9일 후 급성 방사선 중독으로 사망했다. 그럼에도 불구하고 여러 차례에 걸쳐 실시된 실험 - 슬로틴은 사고발생 전에 직접 구상한 실험방법으로 12번 이상의 성공을 거두었다. - 을 통해 핵 주위에 구성품들을 적절하게 배치하는 형상들과 방법들이 정립되었다. 이 정보는 소련에게 매우 중요했는데, 일부는 공개적으로 출판된 자료에서 얻었고, 나머지는 스파이들로부터 얻을 수 있었다.

두 명의 소련 원자 과학자들은 독특한 이력을 가지고 있다. 이들은 소련의 수소("융합") 폭탄의 아버지 중 한 명으로 추앙받는 유명한 과학자 안드레이 사하로프와 이에 버금가는 비탈리 긴즈부르크이다. 사하로프(1975)와 긴즈부르크(2003)는 모두 노벨상 수상자였다. 사하로프는 "권력남용"에 반대하고 인권활동을 펼친 공로로 노벨상을 수상했고, 긴즈부르크는 초전도(superconductivity)와 초유동성(superfluidity)에 대한 연구로 노벨상을 수상했다. 사하로프는 표현의 자유에 대한 공산당의 통제에 반대하면서 세계적으로 유명해졌다. 체포된 후, 국내 유배에 처해진 그와 운동가 아내 엘레나 보너(Yelena Bonner)는 투쟁을 계속하였고, 그의 불만을 잠재우려는 소련의 노력을 좌절시켰다. 소련의 지도부는 유난히도 복잡한 상황에 처해 있었다. 사하로프는 세계적으로 유명했고, 국제적으로 광범위한 지지와 옹호를 받았다. 내부적으로도 사하로프는 변화를 촉진하는 피뢰침이었고, 그를 억압하려는 모스크바는 큰 노력의 대가를 치러야 했다. 국내 강제유배 조치에 대한 쏟아지는 불만과 항의로 인해 소련 정권은 결국 1985년에 그를 모스크바로 돌려보냈다. 사하로프는 공산주의 개혁을 위한 생각에 동조하는 소련 지도부 중 일부 인원들과도 동맹을 맺기도 하였다. 그와 동맹을 맺은 사람들 중에는 단명한 두 명의 소련 지도자인 유리 안드로포프와 콘스탄틴 체렌코의 뒤를 이어 권력을 잡은 미하일 고르바초프가 있었다. 고르바초프의 페레스트로이카(개혁)와 글라스노스트(개방) 정책은 소련 제국을 구하기에는 충분하지 않았다.

비탈리 긴즈부르크는 흥미로운 캐릭터였으며, 사하로프와 여러 면에서 달랐다. 긴츠부르크는 본인을 무신론자라고 주장하였지만, 유대인 출신이라는 사실을 대단히 자랑스러워했고, 이스라엘 건국의 공개적인 지지자였으며, 소련 지도부가 이스라엘이 아닌 아랍의 국가들을 정치적으로 지지하기로 선언 했을 때에도 변함없는 입장을 유지했다.[72] 긴즈부르크는 스탈린의 숙청과 유대인들에 대한 탄압을 어떻게든 피할 수 있었고, 소련 핵 프로그램의 주요 공헌자로 이름을 올렸다. 이 사실은 그가 체포되기에는 너무 중요한 인물임을 암시한다.

1945년에서 1948년 사이에 소련은 플루토늄을 생산하기 위해 그들만의 비밀 원자로를 건설했다. 마야크, 즉 "등대(Lighthouse)" 원자로라고 불리는 이 단지는 졸속으로 건설되어 가동상 많은 문제점이 있었으며, 방사선 누출사고 가능성이 매우 높은 상황이었다. 최악의 "사고"는 1957년 9월 27일에 폭발한 - 키시팀에 위치한 저장탱크 지역의 이름을 따서 - "키시팀 사고"로 알려져 있다. 다른 종류의 사건들과 마찬가지로 키시팀 폭발은 소련 당국에 의해 은폐되었고, 1979년까지 외부에 알려지지 않았으며, 전체적인 재난의 규모를 인정한 적이 없었다.

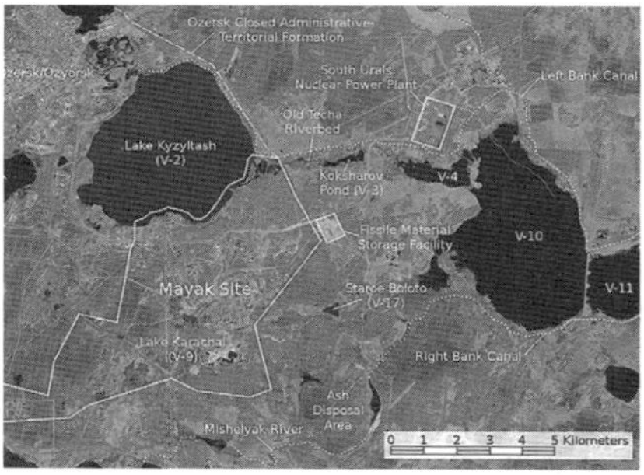

〈마야크(Mayak) 시설 위성지도〉1)

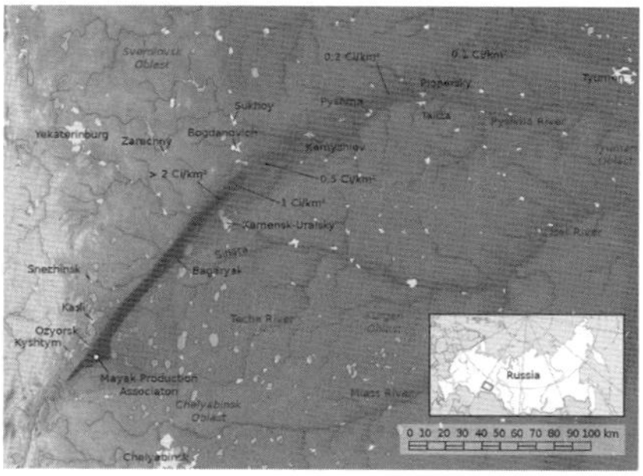

〈키시팀(Kyshtym) 사고 오염 지역(검은색)〉2)

1) https://commons.wikimedia.org/wiki/File:Satellite_image_map_of_Mayak.jpg

2) Goran tek-en (following request by Kintetsubuffalo), Original Map: Jan Rieke, maps-for-free.com; Minimap: NordNordWest, Historicair, Bourrichon, Insider, Kneiphof, CC BY-SA 4.0, "Map of the East Urals Radioactive Trace" (https://commons.wikimedia.org/wiki/File:Map_of_the_East_Urals_Radioactive_Trace.png)

이 폭발로 인해 24개 이상의 마을이 파괴되고, 광활한 지역이 오염되었다. 폭발과 낙진 경로로 인해 이르티시 호수와 테카 강을 사용할 수 없게 되었고, 약 47만 명의 사람들이 방사선에 노출되었다. 약 45명에서 55명의 사람들이 즉사했고, 그 밖의 많은 사람들은 시간이 흐른 후 방사선 중독, 암, 기타 방사선 관련 질병으로 사망했다.[73] 이 재난은 소련이 강력한 핵 능력을 추구하고자 하는 것을 막지 못했다. 스탈린과 후계자들에게 소련의 최우선 과제는 미국의 핵 독점을 깨뜨리는 것이었다. 미하일 고르바초프가 1985년 파리를 방문했을 때 프랑스 대담자들에게 말했듯이, 소련은 핵무기를 보유한 저개발 후진국이었다.

산업이 발달한 국가인 영국 - 일부는 미국과 공동 추진 - 과 프랑스는 곧 핵무기를 보유하게 되었다. 프랑스의 과학자 베르트랑 골드슈미트는 미국의 맨해튼 프로젝트에 참여하였으며, 프랑스 핵무기 프로그램의 아버지가 되었다. 프랑스는 G-1이라는 플루토늄 생산 원자로와 우라늄 재처리 센터인 UP-1을 마르쿨에 건설했다. 1970년대와 1980년대에 미국은 프랑스 핵무기 프로그램을 위해 중요한 기여를 했는데, 이는 양국 간의 협력이 발전되고 있음을 보여주는 상징과도 같았다. 프랑스는 또한 독일과 이탈리아와 함께 EURATOM(European Atomic Energy Community, 유럽원자력공동체)에 참가했다. EURATOM은 원래 독일과 이탈리아에[74] 핵무기를 공급할 목적으로 만들어졌지만, 기대했던 결과는 결코 일어나지 않았다. 유럽이 소련에 대한 방어를 미국에 의존하고 있는 상황에서 아마도 독일과 이탈리아는 미국의 의견을 고려하여 핵무기를 만들려고 했던 노력을 포기하였던 것 같다.

그럼에도 불구하고 유럽에는 무기개발 기술과 우라늄 처리 능력이 있었다. 파키스탄의 원자력 프로그램에 크게 기여한 유럽의 조직 중 하나는 - "평화로운" 원자력 에너지의 사용을 목적으로 독일, 네덜란드, 영국, 미국이 결성한 단체 - "유렌코(Urenco)"였다. 파키스탄 사람인 압둘 카뎀 칸(Abdul Qadeem Khan)은 유렌코에서 일했으며, 유렌코에서 "훔친" 원심분리기 설계 기술을 파키스탄에 제공한 것으로 알려져 있다.[75] 칸 박사는 파키스탄에서의 성공적인 폭탄 프로그램을 토대로 핵무기 기술을 팔기 위한 세계적인 네트워크를 구축했다.[76] 핵 노하우를 얻게 된 수혜국들은 중국, 북한, 이란, 시리아, 리비아를 비롯한 많은 국가들이 포함된 것으로 보인다.[77] 파키스탄 핵 프로그램의 목적은 원래 인도의 핵무기 프로그램에 대응하기 위한 것이었다.

다른 국가들은 핵무기를 보유하고 있거나 핵무기 제작이 가능한 노하우와 인프라를 보유하고 있을 수도 있다. 스웨덴의 기밀문서에 따르면, 스웨덴도 핵무기 프로그램을 보유하고 있었다.[78] 남아프리카도 프로그램을 갖고 있었지만, 현재는 포기했다고 주장한다. 아르헨티나와 브라질은 모두 핵무기 개발을 위해 노력하였으며, 이스라엘, 한국(70년대), 스위스, 리비아, 대만, 알제리, 우크라이나, 카자흐스탄, 이집트, 이라크, 이란, 벨로루시도 마찬가지이다. 북한은 지하에서 핵무기를 실험했으며, 시리아 역시, 북한과 이란의 도움으로 개발된 핵무기 프로그램을 보유하고 있었다. 2007년 9월, 이스라엘은 시리아의 핵심 핵시설을 파괴했다. 이라크는 사담 후세인 치하에서 야심차게 핵 프로그램을 추진했는데, 이라크의 오시라크 원자로는 1981년 6월 7일 이스라엘에 의해 파괴되었다.[79]

핵탄두가 제3국에 판매되었다는 이야기가 많이 들린다. 이 중 일부는 구소련의 비축물자에서 나온 것으로 추정된다. 하지만 현재까지 확인된 바에 따르면, 실제로 구매를 희망하는 자들에게 배송된 사실은 없다. 예를 들어 리비아의 경우, 외국으로부터 핵무기를 구입하려고 여러 차례 시도했지만 성공하지 못했다. 이란의 핵무기 획득을 우려한 사우디아라비아는 중국으로부터 확보한 DF-3(Dongfeng-3, 東風-3) 중거리 미사일에 탑재 가능한 핵탄두를 구하는 방법을 알아본 것으로 알려졌다.[80] 사우디아라비아는 1987년에 처음으로 중국으로부터 DF-3A 미사일을 도입했는데, 미국의 소식통에 따르면, 현재 운용 가능한 17발의 미사일과 10기의 발사대를 보유하고 있다고 하나, 다른 소식통은 중국이 36~60발의 미사일을 공급했다고 주장한다. 하지만 모든 보고서는 공통적으로 DF-3A는 재래식 탄두가 장착된 미사일로 제한된 군사적 용도로만 사용이 가능하며, 아마도 심리적인 영향을 주기 위한 목적이 클 것이라고 말한다. 중국은 핵무기와 관련된 노하우를 해외로 이전했지만, 어떤 나라에도 핵무기를 공급한 적은 없는 것으로 알려져 있다. 만약 중국이 사우디아라비아에게 핵무기를 공급하면, 중국의 주요 석유 공급국 중 하나인 이란과 심각한 균열이 발생할 것이고, 미국이 이를 적대적인 행위로 간주할 것이라는 점을 알기 때문에 핵무기를 공급할 가능성은 낮다고 본다. 마찬가지르 파키스탄도 내부적인 정치 상황이 불안정하고, 미국의 군사행동을 촉발할 위험이 크기 때문에 그 가능성은 낮을 것이다. 그러나 파키스탄은 사우디에 공군 조종사를 포함한 군사적 원조를 제공한 적이 있기 때문에 그러한 가능성을 완전히 배제할 수는 없다.

히로시마와 나가사키에 투하된 원자폭탄은 지상 580미터 높이에서 폭발을 일으킬 수 있는 안전장치와 전자장치를 갖추고 있었다. Little Boy가 B-29에서 미끄러지면서 빠져 나갈 때, 세 개의 결속선이 장치에 있는 안전핀을 뽑았다. 그리고 폭탄이 자유 낙하한 후 약 15초를 계산하는 타이밍 장치가 작동을 시작했다. 15초가 지나면 기압장치가 작동하고, 이를 사용하여 폭탄의 대략적인 고도를 알아냈다. 마지막 단계에서 폭탄은 이중화된 레이더 고도계에 의해 제어되었는데, 목표물 위에 있는 폭탄의 상대적인 고도를 매우 정확하게 측정해 주었다.

항공기로 운반되는 폭탄은 미사일을 통해 발사되는 핵탄두보다 더 간단하게 제작할 수 있다. 다만, 항공기 사용이 갖는 문제점은 적대 지역에서의 생존성이다. 하지만 B-29가 히로시마와 나가사키를 공격했을 때, 일본의 대공 방어력은 심하게 저하된 상태였고, 전투기의 호위를 받았던 B-29는 어떠한 위협도 받지 않았다. 미국은 1955년부터 폭격기 기반의 핵 능력을 유지해왔다. 오늘날에도 구형 B-52는 B-1과 B-2 폭격기와 마찬가지로 여전히 운용되고 있다. B-52는 1960년대에 현대화되었으며, AGM-69라고 불리는 SRAM(Short-Range Attack Missile) 단거리 원격 핵미사일을 장착했다. 원격 미사일 방식은 B-52가 소련 영공을 침투할 때, 소련의 고고도 방공 시스템으로 인해 목적을 달성하기가 어려울 것이라는 가정에 착안한 것이다. 1970년대 후반에 미국은 지구표면 가까이, "레이더 아래"에서 비행할 수 있는 순항 미사일도 개발했다. 순항 미사일은 원래 핵탄두를 탑재할 목적으로 만들어졌다.

한편, 어떠한 핵무기도 완벽한 안전을 보장할 수는 없다. 미국은 처음부터 핵폭탄의 안전을 위해 막대한 투자를 했는데, 공군의 폭탄 중 일부가 인구 밀집지역 근처에 떨어지는 등, 항공기에서 핵탄두를 "잃어버린" 사고를 겪은 후 안전에 대한 노력을 강화했다. 항공기에서 떨어지거나 분리된 폭탄의 정확한 숫자는 기밀이다. 그러나 슈피겔은 분실된 핵무기의 숫자가 최대 50개에 달할 수 있다고 보도했다.[81] 게다가 손상된 핵탄두로 인한

"지상"사고도 발생했다. 1980년 9월 15일, 미국 노스다코타 주 그랜드 포크스기지에서 SRAM 미사일을 장착한 B-52H가 불에 붙어 타버렸다.[82] 사고의 원인이자 증거로 SRAM의 자체적인 결함이 지적되었다. 1990년에 안전조사가 진행되는 동안 딕 체니(부통령 역임) 미국 국방장관은 SRAM 시스템의 사용을 중단시켰다. 놀랍게도 위험요소를 제거하는 데 10년이나 걸렸고, SRAM은 1993년에 공식적으로 폐기되었다.

러시아(구소련) 원자력 장비의 안전성은 오랫동안 워싱턴의 관심사였다.[83] 1986년 4월 26일, 체르노빌에서 발생한 사고와 전반적으로 열악한 원자력 발전소의 안전조치는 마치 사고가 일어나기를 바라는 것이 아닌가라는 생각이 들 정도로 경각심을 불러일으켰다. 만일 러시아의 상황이 이정도로 열악하다면, 다른 핵보유국들은 어떨까? 파키스탄, 중국, 북한의 안전성에 대해서는 알려진 바가 거의 없으며, 최근 이란과의 협상에서 이란인들에게 핵 안전 모범사례를 교육하겠다고 "제안"한 것도 사실상 이란을 핵보유국으로 인정하는 것이나 다름이 없다.

핵탄두 미사일의 과제는 미사일에 맞게 핵탄두의 크기를 소형화 하면서 사거리와 정확도를 높이도록 제작하는 것이다. 또한 발사오류로 인해 자멸하는 상황이 발생하지 않도록 충분한 안전을 보장하는 안전장치도 필요하다. 파키스탄과 이란은 탄두 설계에 있어 외부의 도움을 받았음에 틀림없다. 리비아가 핵무기를 "포기"했을 때 리비아의 장비와 문서를 평가하는 핵무기 기술사찰관들이 소형 핵 장치의 설계 도면을 발견했다. 출처는 중국일 가능성이 높았다. 그러나 칸 밀수 네트워크에 연루되었던 스위스 사업가 소유의 컴퓨터에 있던 소형 핵 장치의 정교한 설계도가 공개되면서 훨씬 큰 파장을 불러 일으켰다.[84] 이 설계 디자인은 W-88로 알려진 미국의 탄두를 모방한 것으로 보인다. W-88은 로스앨러모스에서 개발되었으며, 1980년대 중반에 중국에 의해 도난당한 것으로 추정된다. 1995년에 중국은 탈취한 것으로 추정되는 정보를 바탕으로 소형 장치를 테스트하고 있었다.[85] 스위스 사업가의 컴퓨터에서 발견된 설계도가 실제 W-88 인지는 정확하게 확인하기가 어려웠다. 그 이유는 발견된 무기 설계도와 핵무기 자료 등 모든 정보를 스위스 정부와 IAEA(국제원자력기구)가 불태웠기 때문이다.

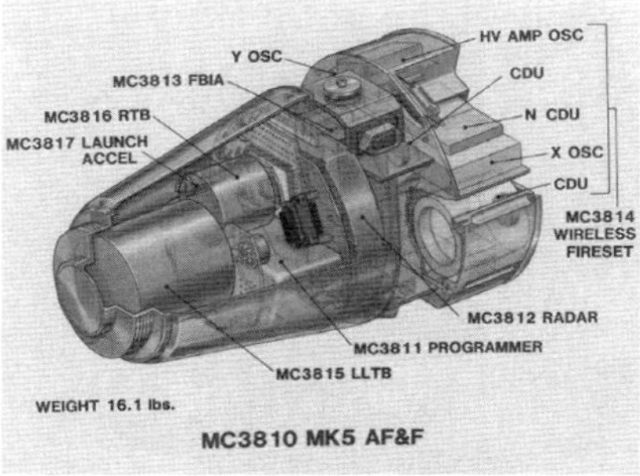

〈W-88 탄두의 단면도 일부〉[1)]

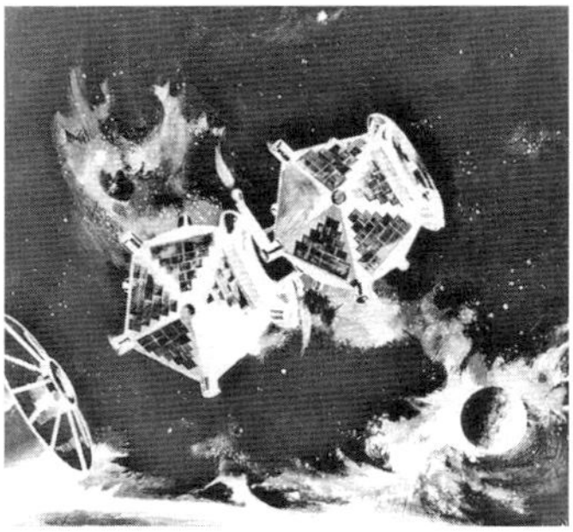

〈벨라 호텔 위성의 모습〉[2)]

1) https://commons.wikimedia.org/wiki/File:MC3810_Mk5_AF%26F.jpg
2) https://commons.wikimedia.org/wiki/File:HD.6D.929_(10405786955).jpg

핵무기는 철저하고 완벽한 테스트를 거쳐야 하며, 100%에 가까운 신뢰성을 확보하도록 인간이 할 수 있는 최선의 노력을 다해야 한다. 그 이유는 재래식 무기와는 달리 어떤 작은 약점이라도 큰 재앙을 초래할 수 있기 때문이다. 파키스탄과 인도는 프랑스와 영국과 마찬가지로 여러 차례에 걸쳐 핵무기와 이를 투발하는 시스템을 테스트했다. 이스라엘은 남아프리카공화국과 협력하여 남대서양에서 핵무기 실험을 한 것으로 알려졌는데, 이는 미국의 벨라 호텔 위성에 의해 포착되었다. 벨라 호텔은 "이중 섬광"현상이 발생한 것을 보고했지만, 미국 정부가 의뢰한 후속 조사에서는 폭발의혹 이후 낙진의 증거가 전혀 발견되지 않아서 핵실험의 회의적인 결과에 무게가 실렸다.[86] 북한은 2006년, 2009년, 2013년, 2016(2회), 2017년에 총 6번의 핵폭탄 실험을 했다. 북한이 이란, 그리고 시리아와 협력을 한다는 사실은 이들을 대신하여 북한이 실험을 한다는 것을 의미할 수도 있다. 북한의 핵무기는 플루토늄을 기반으로 하고 있지만 최근 보도에 따르면 고농축 우라늄과 수소탄 실험을 했던 것으로 보이며, 언제든지 7차 핵실험을 감행할 준비가 된것으로 분석된다.[87]

항공기, 미사일, 드론 외에도 핵포탄, 핵지뢰, 여행용 가방 등 특수작전을 위한 핵무기까지 존재하는 세상이 왔다. 러시아는 스페츠나츠 특수부대를 위해 여행용 가방 폭탄을 생산했다는 주장이 제기되었다. 일각에서는 소련이 붕괴된 후 군용 비축물들이 제대로 관리되지 않는 상황에서 러시아 무기거래상들이 약탈한 여행용 가방 폭탄을 판매하려고 한다고 경고했다.[88] 그들 중 일부는 "러시아군에 의한 분실"로 보고되었다.[89]

핵무기는 선박에 설치된 후 폭탄을 터뜨리고자 하는 항구로 이동할 수 있다. 이에 대한 우려는 1939년 앨버트 아인슈타인이 루즈벨트 대통령에게 보낸 편지에서 처음으로 제기되었다. 최근 몇 년간 미국의 교통안전국(Transportation Security Administration)이 집중하고 있는 주요 관심사는 핵 장치 또는 "더러운 폭탄(dirty bomb)" - 방사능 물질을 포함한 재래식 폭탄 - 을 컨테이너에 담아 운반하려는 위협적인 행위이다.[90] 핵 장치를 운반하는 차폐되지 않은 컨테이너와 선박의 폭탄은 방사선 센서로 탐지할 수 있지만, 만약 차폐조치가 이루어졌다면 찾기가 매우 어렵다. 오늘날에는 건초 더미에서 "핵 바늘"을 찾기 위해 강력한 엑스레이와 밀리미터파 기계 등 다양한 시스템이 사용되고 있는데, 컨테이너를 스캔하기도 하며 특정 지역으로 진입하는 대형 트럭들도 조사할 수 있다.[91] 그럼에도 불구하고 이러한 핵 장치가 주요 대도시로 들어올 가능성이 있다는 위험성이야말로 실질적인 위협이다.

모스크바는 1985년 11월 이즈마일로프스키 공원에서 체첸인들이 대전복을 일으키려는 시도를 경험했다. 공원에 설치된 장치는 체첸인들이 방사능 폭탄을 보유하고 있고, 모스크바가 체첸과의 협상에 응하지 않을 경우 이를 사용할 것임을 경고하기 위한 것이었다. 체첸이 "더러운 폭탄"을 사용하려는 정황과 여러 가지 장치들이 포착되자, 소련의 사법기관과 정보요원들은 이를 사용하려는 사람들을 체포하고, 차단하기 위해 노력했다.[92] 방사성 폭탄은 방사성 물질과 이와 결합된 폭발물로 구성되는데, 가끔 암시장에서 판매되거나 폐기물 처리장에서 도난을 당하기도 한다.[93] 방사성 폭탄은 기술적으로 간단한데, 방사성 물질을 찾아서 넣을 수만 있다면 손쉽게 제작이 가능하다.[94] "더러운 폭탄"은 군사적 유용성에는 한계가 있지만, 의료적인 응급상황을 유발하는 공황상태를 조성하는 데 사용될 수 있다. 체첸의 폭탄 테러 이후, 워싱턴의 안보관련 공직자들은 이 위협에 대해 많은 걱정을 하고 있다.[95]

일본의 원자폭탄

1946년 7월, 데이비드 스넬은 한국의 미군정 시기에 제24범죄수사대에 배치되었다. 애틀랜타 컨스티튜션(Atlanta Constitution) 신문의 기자였던 스넬(Snell)은 1945년에 미국 육군에 입대했다. 한국에서 그의 임무는 미국을 상대로 다양한 범죄 행위를 조사하는 것이었다. 한편, 스넬은 군대의 사전 승인을 받은 경우 자신이 몸담았던 신문사에 기사를 제공하는 것이 허용되었다. 그러다가 일생일대의 기회가 찾아왔는데, 일본군 전쟁 포로였던 와카바야시 츠츠오(가명) 대위와 인터뷰를 하도록 지시를 받은 것이다. 와카바야시 대위는 조선질소비료공장에서 복무하다가 한국에서 체포된 일본군 방첩장교였으며, 일본으로의 송환을 기다리고 있었다.[96]

와카바야시가 스넬에게 들려준 이야기는 주목할 만한 이야기였다. 육군이 스넬에게 와카바야시를 인터뷰하도록 한 이유가 무엇인지 정확히 알고 있는 사람은 없었지만, 한국에 있는 미국 육군 중 누군가는 와카바야시의 이야기가 기록에서 삭제되거나 양탄자 아래에 숨겨지는 것을 원하지 않았다고 추측할 수 있다. 맥아더는 이미 일본의 생화학 전쟁범죄를 은폐하고 있었으나,

한국에 있는 미국 육군 관리들은 그들이 확인한 정보가 같은 방식으로 마무리되는 것을 두려워했을 가능성이 컸다. 스넬의 보도로 인해 미국, 일본, 소련을 가릴 것 없이 세상의 모든 사람들이 비난을 퍼부었다. 전적으로 신뢰할 만하고, 뛰어난 기자였던 스넬은 자신의 기사 중 한 글자도 수정하거나 철회하지 않았으며, 보도된 내용은 북한에서 탈출한 나츠메 오토고로(Otogoro Natsume)라는 화학자에 의해 확인되었다.[97] 그럼에도 증거가 더 필요하다면, 1950년에 미국이 이 지역을 소련의 핵 공급지로 지목하며, 폭격한 사실로 충분히 설명이 가능하다.

와카바야시와 인터뷰를 하게 된 배경은 매우 중요하다. 제2차 세계대전이 끝나자 일본의 한국 점령은 소련과 미국의 점령으로 대체되었다. 한반도 북부 지역은 소련의 통제를 받았고, 남쪽 지역은 미군의 감독 하에 있었다. 1905년 일본이 러시아에 승리한 후, 일본과 한국 사이의 협정 - 을사늑약(乙巳勒約), 일본에서는 일한(日韓)협약, 한국보호조약이라고 부른다. - 에 따라 한국은 일본의 보호국이 되었는데, 같은 해에 미국은 일본과 "한국에 대한 일본의 정치적 통제에 간섭하지 않겠다."라고 명시한 밀약(가쓰라-태프트 밀약)을 맺었다.

1910년 일본은 공식적으로 한국을 병합했다. 제2차 세계대전이 끝나갈 무렵 소련과 연합군이 진격할 때까지 일본은 주로 전쟁 물자를 공급하기 위해 한국을 생산기지로 이용했다. 일본은 현대화된 기반시설, 철, 석탄 등 광물채굴 산업, 무기와 탄약을 생산하는 군수산업 기지를 구축함으로써 경제 동력원을 만들었다. 1940년대 초까지 한국은 일본 산업에 의해 지배되었고,

대부분의 투자는 일본에서 이루어졌으며, 한국 현지로부터 나온 투자 비중은 2% 미만으로 극히 일부에 불과했다. 일본은 한국을 최대한 착취하기 위해 징집과 강제노동 등의 방법을 사용했다. 많은 조선인 노동자들이 일본으로 끌려갔고, 그들 중 다수는 히로시마와 나가사키에서 일하다가 원자폭탄 공격으로 사망했다. 오랜 시간이 흐른 후 일본 정부는 강제 동원된 후 원폭피해를 입은 노동자들에게 원호수당 - 끝나지 않은 고통에 대하여 여전히 피해 보상 논의가 진행 중이며, "일본 원폭피해자 지원 문제"와 관련하여 많은 논란이 있지만 - 을 지불하기 시작했다.

한국의 대부분의 산업과 그 공산품을 운송하는 중요한 항구는 한반도의 북쪽, 오늘날의 북한에 있었다.[98] 와카바야시에 따르면, 겐자이 바쿠탄 - "가장 위대한 전사(Greatest Fighter)" - 이라고 불리는 원자폭탄이 실험된 곳은 북한의 코난(Konan)이라고 불리는 곳이었다. 코난은 오늘날의 함흥(당시에는 "흥남")으로 북한의 동쪽에 위치하고 있다. 소련이 이곳을 점령했을 때, 항구 근처에 있는 - NZ 플랜트로 알려진 - 코난의 산업단지에 특별한 관심을 기울였다.[99] 소련과 마찬가지로 미국도 NZ 플랜트에 큰 관심을 갖고 있었다. B-29 3대는 일본군이 억류했던 미군 전쟁포로들에게 구호품을 전달하는 임무를 띠고 해당 지역으로 보내졌다. 구호 목적으로 알려진 것과 달리 3대의 B-29 중 하나는 화물수송 임무만 수행한 것이 아니다. K20 고해상도 카메라와 레이더를 탑재한 특수 개량형 B-29는 구호품을 투하하는 대신 NZ 플랜트와 인근 항구를 조사하였다. 소련군은 구호품을 투하하지 않고, NZ 상공을 선회하고 있는 B-29를 수상하게 여겼고, 야크 전투기를 출동시켰다. 야크 전투기는 B-29를 인근 공항에 강제로 착륙시키려 했지만 B-29는 동해 상공으로 달아났고, 다시 대치했을 때에는 기관포를 발사했다. 기관포를 맞은 B-29는 타격을 입었고, 엔진에 불이 붙었다. 동체에 Hog Wild(몹시 흥분한)라는 이름이 붙은 B-29는 해안에 추락했으며, 항공기에 남아있던 승무원들은 체포되었다.[100] 소련은 18일 후 이들을 석방하였다. 스넬은 B-29가 격추되었다는 이야기를 듣긴 했지만, 비행기와 승무원들이 송환되었다는 사실은 전혀 몰랐다. 미국 육군은 소련이 이제 NZ 플랜트를 장악하고 있으며, 일본 최고의 핵 과학자들을 포로로 잡고 있다는 이야기가 보도되기를 원했다. 스넬은 일본이 실제로 핵 능력을 보유하고 있었으며, 실험용이지만 소형 원자폭탄(겐자이 바쿠단)을 폭발시켰고, 소련이 이제 폭탄을 생산하는 방법 - 전부는 아니더라도 일부의 비밀 - 과 이를 위한 산업장비를 보유하고 있다는 것을 보도하였다.

NZ 플랜트 프로그램은 일본 해군의 통제 하에 있었다. 미군과 연합군의 진군을 막고, 일본의 패전을 피하기 위해 필사적으로 노력하던 일본 해군은 본토 침공을 막기 위한 방법으로 원자폭탄 개발 경쟁에 뛰어들었다. 당시 일본의 상황은 심각했다. 공군은 거의 파괴되었고, 가미카제 공격으로 미군과 연합군의 해군을 파괴하는 것도 한계에 달했으며, 자원도 점점 줄어들었다. 일본 해군은 가동이 거의 불가능한 상황이었다. 대부분의 잠수함은 파괴되었고,[101] 더 이상 기동이 가능한 항공모함도 없었으며,[102] 미군과 연합군을 막기 위해 할 수 있는 일이 거의 없었다. 일본은 천황의 생존을 걱정해야 했다.

NZ 플랜트의 원자폭탄 프로그램은 일본에서 추진하던 두 개의 원자폭탄 프로그램 중 하나였다. 제2차 세계대전이 끝난 후 수년 동안 일본의 전시 관료들과 과학자들은 원자폭탄을 제조하려던 노력을 경시해 왔다. 주된 이유는 일본이 원자폭탄을 보유하기에는 아직 멀었다는 것이었다. 따라서 프로젝트에 충분한 투자를 하지 않았으며, 최우선 과제가 아니라고 생각했다. 그렇지만 겐자이 바쿠단 이야기는 전혀 다른 국면을 보여주었다. 일본은 제2차 세계대전을 앞두고, 그리고 전쟁기간 중 원자폭탄 프로그램을 적극적으로 추진하고 있었으며, 일본이 보유한 일부 기술은 미국과 비슷한 수준이었다. 적어도 가스 원심분리기 기술 하나는 미국보다 앞서 있었다. 전쟁 중 일본을 가장 방해한 것은 연구개발 시설에 대한 폭격으로 인해 일본의 과학자와 엔지니어들이 열악한 조건에서 일할 수밖에 없었다는 것이다.[103] 일본은 적어도 2개의 원자폭탄 프로그램 갖고 있었는데, 하나는 육군이 운영하고 다른 하나는 해군이 운영했다. 해군의 프로젝트는 우라늄 폭탄 설계를 지원하는 것이었지만, 삼중수소와 플루토늄에 대해서도 연구하고 있었다. 교토 제국 대학의 아라카츠 분사쿠(Bunsaku Arakatsu) 교수가 이 프로젝트를 이끌었으며, "F-Go"라고 불렀다. 프로젝트의 대부분은 일본의 산업계로부터 지원을 받았는데, 우라늄 추출, 중수생산(원자로의 감속재), 원심분리기와 사이클로트론 제조, 열확산 장비 등 기타 장비 제조 등에 참여했다.

일본 육군이 운영하는 프로그램은 도쿄를 중심으로 니시나 요시오(Yoshio Nishina) 박사가 맡았는데, 실력있는 과학자들이 많이 참여하였다. 니시나의 학문적 근원과 과학적 배경은 유럽까지 거슬러 올라가는데, 전쟁 전 원자분열에 대한 연구 정보를 공유한 최고의 과학자 중 한 명이었다. 또한 니시나는 세계적으로 유명한 덴마크 핵물리학자인 닐스 보어(Niels Bohr)와 함께 일했던 동료였다.

〈니시나 박사의 첫 번째 사이클로트론(1937)〉[1] 〈니시나 박사의 두 번째 사이클로트론(1943)〉[2]

1) https://commons.wikimedia.org/wiki/File:RIKENFirstCyclotron.jpg
2) https://commons.wikimedia.org/wiki/File:RIKENSecondCyclotron.jpg

니시나의 연구는 리카가쿠 켄큐쇼 물리화학연구소에서 진행되었으며, 우라늄 농축의 책임을 맡았다. 그의 사이클로트론은 미국 오크리지(Oak Ridge)의 S-50 플랜트에 있는 칼루트론과 발터 보테와 볼프강 겐트너가 건설하여 1943년부터 가동된 독일 나치의 하이델베르그 사이클로트론 공장과 유사했다. 일반적으로 독일은 원자폭탄과는 거리가 멀었고, 일본은 원자폭탄을 전혀 보유하지 않았다고 주장했지만, 제시된 증거들은 이를 반박한다. 1930년대 후반에 핵폭발을 일으키는 방법에 대한 과학적인 방법이 소개된 후 미국은 본격적인 경쟁에 나섰다. 하지만 부족한 부분이 있었는데, 무기를 공학적으로 설계하고, 농축우라늄과 플루토늄 같은 필수 물질을 생산한 후 충분히 비축해두는 것이었다. 히로시마에 투하된 폭탄이 오크리지에서 생산되지 않은 농축 또는 부분 농축우라늄을 사용했다는 가능성을 보여주는 많은 증거들이 제시되기도 했다.

독일과 일본의 과학자들은 원자폭탄을 제조할 자원이 부족했다고 지속적으로 주장해 왔지만, 이들의 주장과 다른 면을 보여주는 설득력 있는 증거가 있다. 1941년 9월, 하이젠베르크는 덴마크의 코펜하겐을 방문하여 그의 오랜 친구이자 동료인 닐스 보어를 만났다. 하이젠베르크는 보어를 만난 목적이 독일의 폭탄 제조에 대해 경고하기 위한 것이라고 주장했다. 그의 말에 따르면, 전 세계가 멸망으로 가는 길에서 세상을 구하기 위한 방법은 세계의 과학자들이 단결하여 원자폭탄 개발을 늦추는 것이라고 제안했다고 한다. 그러나 보어가 들은 것을 주변의 동료들에게 전한 바에 따르면, 하이젠베르크가 실제로 보어에게 독일의 원자폭탄 연구에 대해 말한 것은 사실이나, 이것이 독일에게 다가오는 승리를 보장할 것이라고 했다는 것이다. 하이젠베르크는 독일의 프로그램에 보어의 참여를 요청했다. 상황을 유추해 보면 보어의 입장에서 본 이야기가 더 신빙성이 있어 보인다. 관련 자료를 모두 종합해 보면 그들의 만남은 분명 씁쓸한 만남이었다. 그때까지 보어는 원자폭탄 제조가 가능하다고 믿지 않았으나 하이젠베르크의 방문 이후 더 이상의 설명과 설득이 필요하지 않았다. 이후 보어는 덴마크를 떠나 영국으로 가서 원자폭탄 비밀 프로그램의 일종인 튜브 합금 프로젝트에 참여했고, 얼마 지나지 않아 맨해튼 프로젝트에 협력했다. 한편, 하이젠베르크는 독일이 원자폭탄 연구에 충분한 투자나 지원을 제공하지 않았다고 주장한 사람 중 하나였다. 그러나 이 주장은 하이젠베르크의 왕성한 활동이나 제3국에서 진행된 다양한 프로젝트 사례를 미루어보면 납득하기 어려우며, 나치와 일본 과학자들 사이의 매우 긴밀하고 중요한 협력관계를 설명하지도 못한다. 일본은 독일로부터 우라늄 등 필요한 물질들을 공급받았고 중요한 기술도 지원받았다.

당시에는 일본, 이탈리아, 독일의 잠수함을 이용하여 우라늄을 독일에서 일본으로 밀반출하려는 시도가 많이 있었다. 다수의 일본 잠수함과 다른 추축국, 특히 이탈리아의 잠수함은 일본의 원자폭탄 프로그램에 사용될 우라늄을 수송하였다. 마지막으로 사용된 일본의 잠수함은 I-52였다. 미쓰비시가 C-4급 수송 잠수함으로 제작한 I-52는 일본 함대에서 가장 현대적인 잠수함 중 하나였다. 특히, 이 잠수함의 무게는 약 2,564톤으로 - 제2차 세계대전에서 운용한 호위함 크기와 맞먹는 - 제2차 세계대전 중에 제작된 가장 큰 잠수함이었을 것이다. 1944년 6월 23일, 카보베르데 제도에서 서쪽으로 850마일 떨어진 곳에서 일본의 I-52가 독일의 잠수함과 조우했다. 만남의 목적은 프랑스가 점령한 로리앙 인근의 노르망디 해안 주변에 배치된 연합군의 기뢰원을 통과할 수 있도록 일본 잠수함에 센서를 신속하게 장착하는 것이었다. I-52는 화물을 수송하고, 독일군으로부터 우라늄을 수거한 후 일본으로 돌아갔다. I-52는 특수금속, 천연 고무, 대량의 주석 주괴, 그리고 독일군이 진통제로 사용할 아편을 실었다. 또한 일본이 독일로부터 구매하는 우라늄에 대한 대가로 지불할 2톤의 금괴도 있었다.

연합군의 "매직"이라는 도청 프로그램은 일본과 독일의 잠수함을 지속적으로 추적하였다. 매직은 미국 육군과 해군의 암호학 프로그램을 "연구국"형태의 조직으로 통합한 것이며, 육군과 해군이 같이 근무했다. 연합군의 관심은 독일의 U-530이 아닌 일본 잠수함에 쏠려 있었다. 그들이 조우한지 얼마 지나지 않아 연합군의 그루먼 감시정찰기가 I-52를 식별했다. I-52는 수중 폭뢰와 MK-24 "Fido" 음향추적 어뢰라고 불리는 새로운 유도 어뢰에 맞았다. I-52는 침몰했고 94명의 일본 선원과 15명의 민간인, 그 외에도 3명의 독일인을 잃었다. 독일인들은 아마도 일본인 함장의 최종 항해 절차를 돕기 위해 탑승한 것으로 추정된다. I-52 복원 프로그램은 지난 수년간 진행되었다.[104] I-52의 데크에는 주석 막대들이 실려 있었고, 그 중 일부는 지상으로 옮겨졌다. 하지만 함정 내부에 보관되어 있을 것으로 예상되었던 금괴는 발견되지 않았다. I-52는 약 17,000피트 아래의 깊은 물속에 있어서 복원 작업이 극도로 어려웠다. 참고로 타이타닉은 수심 12,500피트에 있다.[105]

다른 세 척의 일본 잠수함은 말라카 해협에서 파괴된 것으로 알려져 있다. 일본의 과학자들은 사라진 잠수함들이 독일에서 우라늄을 운반하고 있었다고 말한다. 우라늄을 일본으로 수송하는 데 사용된 독일의 잠수함들도 여럿 있었다. U-859는 우라늄 등 보급품을 운반하고 있었는데, 1944년 9월 23일 말라카 해협에서 요격되어 침몰했다. 2톤의 산화우라늄을 탑재한 것으로 알려진 또 다른 잠수함 U-864는 1945년 2월 9일 노르웨이 해안에서 침몰했다. U-864는 제2차 세계대전에서 잠함 중인 잠수함들 간의 교전으로 침몰한 유일한 사례이다.

전쟁이 끝났을 때, U-873은 우라늄을 운반하였을 것이라는 강한 의심을 받았다. 그 잠수함은 검은색(항복) 깃발을 게양하고, 1945년 5월 17일 미국 뉴햄프셔 주 포츠머스 군항에 도착했다. 포츠머스로 끌려온 U-873의 승조원들은 포츠머스 해군 교도소로 이송되어 간단한 심문을 받았다. 그런 다음 보스턴으로 이송되어 서퍽 카운티의 찰스 스트리트 감옥으로 이감되었다. 선원들은 감옥으로 가는 길에 마을을 행진해야 했는데, 마을 사람들로부터 노골적인 모욕과 학대를 당했다.[106] 적대적인 군중들은 독일의 선원들에게 돌과 쓰레기를 던졌고, 해군교도소에 수감되어 있었을 때도, 해병 간수들이 U-873 함장인 프리드리히 슈타인호프를 비롯한 수많은 수감자들을 구타한 것으로 알려졌다. 슈타인호프는 심하게 학대를 당했고, 얼굴에 큰 상처를 입었다. 찰스 스트리트감옥으로 이감된 다음날 아침, 그는 손목이 베인 채 죽은 채로 발견되었으며, 자살로 기록되었다. 그럼에도 함장의 죽음을 둘러싼 논란은 이후로도 계속됐다. U-873은 항복할 때 우라늄을 보유하고 있지 않았다.

프리드리히 슈타인호프는 평범한 U-Boat 함장이 아니었다. 그의 형인 에른스트(Ernst)는 페네뮌데 육군연구소의 폰 브라운 로켓 연구그룹 소속의 과학자였다. 독일이 항복한 후 그는 "페이퍼클립 작전(Operation Paperclip)"107 - 제2차 세계대전 이후 패전한 나치 독일의 과학자들을 미국으로 데려와서 독일의 최첨단 과학기술을 연구하기 위한 작전 - 을 통해 미국으로 온 독일 최고의 로켓 과학자 중 한 명이었다. 에른스트는 1958년에 미국 국방부로부터 특별 공로훈장을 받았으며, 1979년에는 뉴멕시코의 국제우주 명예의 전당에 헌액되었다. 프리드리히는 1942년에 다른 소형 U-보트의 함장으로서 그의 형인 에른스트의 로켓 실험을 지원했다.

〈U-873의 항복(1945년 5월)〉[1)]

〈U-234의 항복(1945년 5월)〉[2)]

1) https://commons.wikimedia.org/wiki/File:German_submarine_U-873_being_escorted_to_Portsmouth_Navy_Yard_in_May_1945.jpg

2) https://commons.wikimedia.org/wiki/File:U234_KptLt_Fehler_USS_Sutton.jpg

U-873 선원들에 대한 심문과 관련된 정보는 비밀에 부쳐졌지만, 미국은 잠수함에 선적된 것으로 추정되는 우라늄의 행방을 확인하고 싶었을 것이다. U-873이 항복하기 전에 우라늄을 잠수함 밖으로 버리지 않았다면, 아마도 다른 함정 또는 잠수함으로 옮겨졌거나, U-873이 이동한 경로 중 어느 해변가에 옮겼을 것이다. U-873에는 우라늄이 없었지만, U-234는 상황이 달

랐다. 우라늄을 일본으로 운반한 것으로 의심되는 다른 U-보트와 마찬가지로 U-234도 연합군에 의해 추적되었다. U-234가 대서양을 건너는 동안 미국 해군은 이를 포획하거나 격침시키려고 여러 번 시도했으나 성공하지 못했다. 전쟁이 끝나자 U-234는 수면 위로 떠올라 미국 함대에 무전을 전송하고, 검은 깃발을 게양하였으며, 1945년 5월 14일 노바스코샤 해안에서 항복했다. 이것은 그대로 포츠머스로 옮겨졌다. U-234에는 일반적으로 알려진 산화우라늄이 아닌 560kg의 농축우라늄이 실려 있었다. 해당 물질을 촬영한 사진을 보면 분말이 아닌 금속 형태임을 알 수 있으며, 이를 담는 용기도 납으로 만들어졌을 가능성이 있었다. U-보트의 적재물을 목격한 U-234의 수석 무선통신사 볼프강 히르쉬펠트는 다음과 같이 말했다.

1945년 2월 어느 날 아침, 가장 비밀스러운 화물이자 방사능이 매우 강하리라 생각했던 산화우라늄은 수직 강철관에 담긴채로 적재되었다. 그리고 두 명의 일본 장교도 U-234를 타고 도쿄로 항해할 예정이었는데, 항공 공학자인 쇼시 겐조(Genzo Shosi) 공군대령과 잠수함 설계가인 토모나 히데오(Hideo Tomonoga)가 해군대령이었다. 이들은 약 18개월 전에 베를린 일본대사관으로 가기 위해 금을 실은 U-180을 타고 프랑스에 도착했었다. 나는 이 두 명의 장교가 상자 위에 앉아… 각각 균일한 크기의 컨테이너가 고무질로 덮여 있었으며, 이를 감싸는 갈색 종이에 검은 글자로 뭔가를 묘사하고, 그리는 것을 보았다. 당시에는 컨테이너가 몇 개였는지 볼 수는 없었지만 선적명세서에는 10개라고 표시되어 있었다. 각 케이스는 강철과 납으로 만들어진 정육면체로 각 측면의 길이는 9인치였으며, 엄청나게 무거웠다. U-235라는 문구를 패키지 포장에 적으면, 파프 중위와 갑판장인 페터 쏠쉬의 감독하에 승조원들에게 전달되었으며, 6개의 수직기뢰 축 중 하나에 집어넣어 보관하였다. [이 잠수함은 이전에 기뢰를 부설하던 잠수함이었다. - 저자].

우라늄은 포츠머스에서 검사를 마친 후 워싱턴 DC로 옮겨진 다음, 또 다시 오크리지로 보내졌다. 히로시마 원자폭탄에 사용된 우라늄 중 일부가 이 화물에서 나온 것이라고 믿을 만한 이유가 있다.[108] 우라늄 화물은 로버트 오펜하이머가 포츠머스로 날아가 이를 확인하고, 오크리지로 보내도록 주선했을 정도로 중요하게 관리되었다.[109] 독일의 승조원 중 한 명은 오펜하이머의 얼굴을 알아보았다. 화물을 조사한 미국인들과 잠수함의 승조원들은 잠수함에 중수(heavy water), 산화 중수소(deuterium oxide) 컨테이너도 실려 있었다고 보고했다. 중수는 무기급 플루토늄을 생산하기 위한 플루토늄 증식 원자로의 중성자 감속재로 사용된다. 나치는 노르웨이에 있는 노르스크 하이드로(Norsk Hydro) 플랜트에서 중수를 생산했다. 노르스크 하이드로는 전략시설로 간주되었으며,[110] 연합군은 이곳에 최소 3번 이상의 공격을 가했고, 독일로의 중수 수송도 폭격을 받았다. 하지만 이러한 공격에도 불구하고 노르스크 플랜트는 완전히 파괴되지 않았다. 전쟁 후에도 노르스크는 중수를 계속 제조하였으며 해외에 판매했다. 또한 U-234에서는 흰색의 입상 열가소성 물질인

벤질 셀룰로오스가 발견되었다. 벤질 셀룰로오스는 증식형 원자로(Hanford의 것과 같은)에서 방사선 차폐 및 중성자 모니터로 사용되었다. U-234에 이러한 물질이 있었다는 것은 일본이 미국의 맨해튼 프로젝트, 그리고 독일과 소련이 추진했던 프로젝트와 동일하게 우라늄과 플루토늄 원자폭탄을 개발하고 있었다는 증거이다.[111] 주목할 점은 미국 정부가 냉전이 끝날 때까지 이 잠수함에 우라늄을 비롯한 민감한 물질들이 실려 있었다는 사실을 밝히지 않았다는 것이다. 이러한 내용이 공식적으로 확인된 이후에도 해당 물질은 농축우라늄이 아닌 산화우라늄으로 기재됐다.[112]

U-234에는 고가치의 군용장비들과 더불어 귀빈들이 탑승하고 있었다. 두 명의 일본군 장교 - 쇼시 겐조 공군대령, 토모나가 히데오 해군대령 - 외에도 독일 공군의 울리히 케슬러 장군, 도쿄에서 활동하던 소련의 스파이 조직을 정리하기 위해 파견된 해군 법무관 카이 니슐링, 레이더와 적외선 그리고 이에 대한 대응방책을 개발하는 전문가인 하인츠 쉴리케(Heinz Schlicke) 박사, 메서슈미트에서 Me 262 제트전투기 생산을 담당했던 아우구스트 브링에발데들이 그 승객이었다. 브링에발데는 훗날 미국에서 제트전투기 개발에 종사하게 된다.[113]

두 일본인 승객의 운명에 대해서는 상충되는 이야기가 전해진다. U-234가 독일로부터 항복 명령을 받았을 때, 일본의 전쟁은 아직 끝나지 않은 상황이었기 때문에 일본인 탑승객을 처리하는 방법에 대하여 결정을 내려야 했다. 두 일본인은 항복 결정을 통보받고, 일본군의 관례적인 형태로 자살을 하려고 했지만 할복이 아닌 수면제를 복용했다는 이야기가 있다. 그들은 독일어로 작성한 유서를 남겼다. 또 다른 이야기는 그들의 자살 시도는 성공하지 못했고, 잠을 자고 있던 두 명을 독일의 승조원들이 살해하고 바다에 던졌다는 것이다. 하지만 어느 이야기도 옳은 것 같지는 않다. 일반적으로 수면제를 과다 복용한 사람을 발견한 경우 해야 할일은 그들을 구하려고 노력하는 것이다. 독일인들이 그렇게 하지 않았을 것이라는 근거는 없다. 워싱턴은 U-234를 포츠머스로 호송하던 USS 서튼함에 다음과 같은 메시지를 보냈다. "U-234의 포로들을 통신이 불가능한 독방에 가두고, 해군성 대표의 감독 하에 워싱턴의 심문 장소로 보낼 것." 그러나 서튼함은 이 절차를 따르지 않았다. 독일군 고위 장교들과 서튼호 함장을 포함한 승조원들 사이에는 많은 상호 교류가 있었다.[114]

〈주한미공군(USAFIK)의 북한 흥남 지도(1947)〉[115]

주목할 점은 토륨(Thorium) 처리 시설은 이미 확인되었으며, 이는 미국 정부가 NZ 플랜트의 원자력 운용을 완전히 파악하고 있었다는 것을 의미한다. 미국은 1950년 한국전쟁 중에 그 공장을 폭격하고, 파괴했다. (미국 정부)

현재까지도 일본의 핵 프로그램과 관련된 대부분의 정보는 기밀로 남아 있다. 하지만 우리는 일본의 원자폭탄 프로그램을 위한 우라늄과 그 밖의 전략물자를 운반하던 것으로 추정되는 일본의 잠수함을 포획하거나 침몰시키는 것이 미국의 최우선 과제였다는 사실을 알 수 있다.

히로시마에 원자폭탄이 투하된 직후, 니시나 교수는 리켄 물리화학연구소의 고위급 직원들에게 서신을 썼다. 그 서신에는 일본이 핵무기 경쟁에서 미국한테 패했고, 패배감과 굴욕감은 감당하기 어려울 정도라고 적혀 있었다. 편지를 받은 직원들은 아마도 의례적으로 자살을 고민했을 것이다. 그러나 니시나는 자신이 히로시마 상공으로 가기 위한 특별 비행편을 준비하는 동안 할복자살에 대한 논의는 잠시 중단할 것이라고 말했다. 왜 그와 같은 고위급 과학자가 히로시마에 직접 가야만 했을까? 니시나는 히로시마에서 무엇을 찾고 있었을까? 정찰사진만 보더라도 히로시마의 파괴 수준을 충분히 이해할 수 있었음에도 불구하고 니시나는 일본의 원자폭탄 프로그램에 중요한 무언가, 즉 철저히 보호되어 온 깊은 비밀을 확인하고 싶었던 것 같다. 히로시마는 플루토늄 증식 원자로가 있던 곳이었을까? 아니면 일본이 원자폭탄을 제조하던 곳이었을까?

히로시마는 일본이 꼭 필요로 했던 농축우라늄을 운반하던 잠수함들이 미국 해군에 항복한 지 거의 4개월 만에 폭격을 받았다. 잠수함에 선적된 물질들이 무엇이었는지는 대중들에게 공개되지 않았지만, 항복한 사실은 미국의 신문과 라디오를 통해 보도되면서 널리 알려졌다. 이로써 일본인들은 잠수함이 미국의 손에 있다는 것을 알았을 것이다. 한편, 두 명의 일본 장교가 포츠머스의 포로들 중에서 보이지 않았다는 사실도 알았을 것이다.[116]

이는 일본이 긴급하게 필요했던 우라늄을 확보하지 못했다는 것을 의미한다. 유럽에서의 전쟁은 끝났고, 독일은 더 이상 일본에 우라늄을 공급할 수 없었다. 따라서 일본의 천황을 구하면서 미국의 침략을 막을 수 있는 유일한 희망은 우라늄이 아닌 플루토늄을 사용하는 원자폭탄뿐이었다. 니시나가 히로시마 상공을 비행하고자 했다면, 비밀 원자로의 생존 여부를 확인하려고 했을지도 모른다. 자원이 심하게 고갈되고, 극도로 위험한 상황에 처해있는 국가에서 최고의 과학자가 군용 비행기에 탑승하려고 했다는 사실은 그의 임무가 최우선적으로 시급한 과제였을 경우에만 가능한 이야기이다. 그렇지 않았다면, 일본정부가 니시나에게 비행기를 제공하고, 히로시마 상공을 비행할 수 있도록 허가증을 발행할 리 만무하다.

미국이 히로시마를 최초의 원폭 공격 대상으로 선택한 이유에 대해서는 오랫동안 논쟁이 지속되었다. 히로시마의 파괴는 미국의 원자력 수준을 과시하기 위함이었다는 과거의 이야기는 불충분한 주장이다. 오늘날 우리가 알고 있는 것처럼, 맨해튼 프로젝트의 과학자들 다수는 트루먼에게 폭탄을 사용하지 말거나 인구밀집 지역에서 멀리 이격된 곳에 떨어뜨릴 것을 촉구했다. 그러나 트루먼은 그 조언을 따르지 않았다. 왜 그랬을까? 히로시마가 원자폭탄 공격을 당하기 전에 일본은 항복을 준비하려했지만, 항복의 노력이 거부되었다는 신빙성 있는 정보가 있다.

B-29의 도쿄 폭격으로 인한 사망자 수가 히로시마의 사망자 수와 유사하다는 점은 주목할 만한 가치가 있다. 도쿄 대공습으로 약 10만 명의 일본인이 사망했고, 산업공장의 약 55%가 파괴되었다. 한편, 히로시마의 사망자는 9만 명에서 16만 6천명 사이로 집계되며, 도시의 대부분은 잿더미가 되었다. 또한 히로시마 폭격은 주로 민간인을 겨냥함으로써 논란을 야기했던 미국과 영국의 드레스덴 폭격과도 비교할 수 있다. 드레스덴 폭격은 1945년 2월 13일부터 15일까지 이루어졌으며, 도시를 황폐화시키고, 2만 2천명에서 2만 5천명의 사망자를 냈다. 독일군은 연합군의 비인도적인 공격을 부각시키고, 이를 최대한 이용하기 위해서 연합군의 폭격으로 20만 명이 사망했다는 선전 활동을 했다. 어쨌든 드레스덴 공습은 전쟁의 결과와는 거의 무관했는데, 결국 전쟁을 끝낸 것은 연합군의 진격과 소련의 베를린 포위였다.[117] 드레스덴과 도쿄 공습의 경험은 히로시마 공격이 일본을 항복시키려는 목적에만 초점을 맞춘 것이 아니라는 - 물론 항복도 하나의 목적이기는 하였지만 - 의혹을 불러일으켰다. 미국이 일본의 핵 프로그램에 대한 첩보를 바탕으로 행동했다면, 이는 "군사적 필요성"에 따라 표적 선택을 결정한 것일 수도 있다.

그렇다면, 군사적 필요성은 무엇이었을까? 일본 본토 침공을 앞둔 미군에 대해 일본이 가미카제 원자폭탄 공격을 계획하고 있다는 사실이 알려진 것일까? 아니면 일부 보도에서 말하는 것과 같이 선박에 원자폭탄을 선적한 후 주요 항구로 향하게 함으로써 미국의 서해안 도시를 위협하려고 했던 것일까? 일본이 만들려고 했던 원자폭탄은 천황을 보호하기 위한 것이었기 때문에 이 프로젝트는 철저히 비밀에 부쳐졌다. 하지만 그 비밀은 스파이의 손에 넘어갔을 가능성도 있다. 제2차 세계대전 중 일본에서 활동했던 가장 영향력이 컸던 스파이 조직은 - 소련의 비밀공작의 일부인 - 조르게 간첩단으로 알려져 있다. 조직의 우두머리인 리하르트 조르게는 1941년 일본군에게 체포되었다. 그가 투옥된 후 일본군은 소련에 항의했고 - 그들은 아직 전쟁 중이 아니었기 때문에 - 소련은 조르게가 자신들의 요원이 아니라며 부인했다. 조르게는 감옥에 갇혔고, 결국 자백하여 1944년에 교수형을 당했다. 그러나 그의 조직 자체는 크고 긴밀하게 연결되어 있었다. 이것이 바로 카이 니슐링(Kai Nieschling)이 U-234에 탑승한 이유이다. 그는 일본이 소련의 스파이 조직을 소탕하는 것을 돕기 위해 일본에 파견된 나치 최고의 판사였다.[118]

소련은 일본의 활동에 대해 꽤 많이 알고 있었고, 독일의 유사한 작업에 대해서도 많이 알고 있었던 것이 분명해 보인다. 트루먼이 스탈린에게 미국의 원자폭탄과 관련된 활동에 대해 언급했을 때 스탈린은 관심을 거의 보이지 않았다. 트루먼은 포츠담에서의 만남을 다음과 같이 회고했다. "1945년 7월 24일, 나는 무심코 스탈린에게 우리가 특이한 파괴력을 지닌 새로운 무기를 가지고 있다고 언급했다. 소련의 서기장은 특별한 관심을 보이지 않았다. 약간 기뻐하는 모습을 보이며, 우리 미국이 '일본에 맞서 그것을 잘 활용하기를' 희망한다는 것뿐이었다."[119]

미국인들은 트루먼이 말한 내용의 의미를 스탈린이 이해하지 못했다고 생각했다. 그러나 당시 회담에 참석했던 대담자들은 소련 역시 원자폭탄을 개발하고 있었으며, 미국의 프로그램에 대해서도 알고 있었다고 말한다. 물론 스탈린은 잘 알고 있었다. 일본을 상대로 그 무기를 사용하라는 스탈린의 제안은 미국이 일본의 원자폭탄 프로그램을 표적으로 삼았을 수도 있다는 사실과 미국의 무기화 계획에 대해 이미 알고 있었음을 보여준 것일 수도 있다. 따라서 미국이 군사적인 이유로 히로시마를 선택했다면, 미국은 그 도시에 있었던 중요한 원자폭탄 시설에 대한 정보를 갖고 있었다는 의미이다. 만약 그렇지 않았다면, 미국의 상륙작전을 용이하게 해주는 다른 중요한 군사적 목표물에 폭탄을 투하했을 것이다.[120] 미국은 오랫동안 일본침공을 피했던 이유가 미국인 사상자를 최소화하기 위한 것이라고 말해 왔다. 따라서 원자폭탄으로 일본의 군사시설을 공격하는 것이 히로시마에 원자폭탄을 투하하는 것보다 훨씬 더 설득력이 있었을 것이다. 어쩌면, 원자폭탄으로 도쿄와 황궁을 휩쓸었을 수도 있었을 것이다. 히로시마가 그저 무력시위에 불과했다는 주장은 설득력이 부족해 보인다.[121]

이라크의 핵 프로그램

1979년 4월 7일 한 쌍의 원자로 노심이 이라크로 선적되기 이틀 전, 7명의 남자가 툴롱(Toulon) 근처 라센쉬르메르 항구의 창고에 침입하여 그것들을 폭파했다. 익명의 제보자는 이 폭발이 "프랑스 생태그룹"의 소행이라고 말했지만, 프랑스의 정보기관인 DST(Direction de la Surveillance du Territoire)는 이스라엘의 CIA인 모사드(Mossad)를 지목했다. 1980년 6월 13일, 사용후핵연료(spent nuclear fuel) 재처리 작업을 위해 이라크가 고용한 이집트인 화학자 야하 알 메샤드 박사는 파리에 머물면서 바그다드로 핵연료를 옮기는 작업을 준비하고 있었다. 그러나 그는 호텔 방에서 살해당했고, 범인을 목격한 매춘부는 다음날 뺑소니 사고로 사망했다. 누구도 체포되지 않았다.

그리고 한 달여가 지난 1980년 8월 7일, 이라크인 들에게 플루토늄 재처리 기술을 제공했던 이탈리아 회사 SNIA-Techint의 사무실이 폭파되었다. 그 다음 달인 1980년 9월 30일, 이란의 F-4 팬텀 전폭기 두 대가 이라크의 오시라크(Osirak) 원자로를 공격했고, 통제센터와 주 원자로에 인접한 건물의 원심분리기에 타격을 입혔다. 캐나다에 거주하는 이란 태생의 이스라엘 시민인 아리 벤 메나체는 이번 공격이 이란과 이스라엘의 상호협력을 통해 이루어졌다고 말했다. 이란은 공격의 결과를 확인하기 위해 세 번째에 걸쳐 팬텀정찰기로 사진촬영을 했으며, 촬영된 사진은 이스라엘과 공유하였다. 사진의 정보는 매우 중요했다. 당시 CIA는 이스라엘과 위성정보를 공유하지 않았고, 이스라엘에는 아직 자체적인 정찰위성도 없었다. 바그다드 상공에 사진촬영이 가능한 정찰기를 보내는 것은 이라크의 대응을 촉발할 것이 분명했다. 오시라크(Osirak)는 바그다드에서 멀지 않은 이라크의 영토 깊숙한 곳에 위치해 있었다.

아리 벤 메나체가 이스라엘과 이란의 협력을 주장한 것은, 1980년 초 이스라엘이 이란에게 이라크의 원자로를 파괴하라고 공개적으로 촉구한 것을 보면 어느 정도 타당해 보인다. 그 당시 이스라엘과 이란의 관계는 별로 좋을 것이 없었지만, 둘 다 동일한 위협에 직면했었다. 마침내 1981년 6월 7일, 이스라엘의 F-16과 F-15가 에일라트 근처의 이스라엘 비밀 공군기지에서 떠올라 요르단과 사우디의 공역을 횡단한 후, 이라크의 오시라크에 다수의 MK-84 폭탄을 투하하여 원자로의 핵심부를 파괴했다. 이후 작성된 1983년 CIA의 보고서에 따르면, 이스라엘의 공격으로 인해 이라크의 핵무기 프로그램이 상당히 지연되었다고 평가했다.

오시라크 원자로는 이라크 핵 프로그램의 일부에 지나지 않았다. 이라크의 최우선 과제는 프랑스, 이탈리아 등 다른 유럽국가들로부터 도움을 받아 플루토늄 폭탄을 만드는 것이었다. 오시라크가 거의 완성 단계에 이르자, 이라크인들은 폭탄의 생산 속도를 높이는 데 필요한 플루토늄을 생산할 수 있는 훨씬 더 큰 원자로를 공급받기 위해 이탈리아인들과 전략적인 논의를 이미 진행하고 있었다. 이라크와의 협력에 선두에 섰던 SNIA-Techint사 외에 다른 이탈리아 단체 및 기업으로는 CNEN(원자력에너지국가위원회), 아에림피안티(공조, 난방 및 냉각시스템 전문회사), 국영 IRI 그룹의 일부였던 안살도 메카니코 누클리아레(원자력 관련 기계 장비 회사)가 있었다.

핵무기 개발을 시도하는 다른 나라들과 마찬가지로 이라크도 단일한 해결책을 지양하면서 가능한 모든 옵션을 추구했다.

CIA가 주로 제3세계 국가들의 플루토늄 폭탄 제조의 위험에 초점을 맞춘 반면, 이라크는 우라늄 폭탄을 비롯한 다른 방법들도 시도하고 있었다. 이후 몇몇의 이라크 핵 전문가들은 이라크가 미사일용 핵탄두를 만들기 위한 다른 방법을 찾도록 한 것은 이스라엘의 오시라크 공격 때문이었다고 주장하려고 했다. 하지만 이는 두 가지 이유 때문에 사실이 아니다. 오시라크는 이스라엘이 아니라 이란으로부터 첫 번째 공격을 받았고, 이라크는 이미 다른 유형의 폭탄 제조에 착수했었다. 가장 흥미로운 점은 이라크가 칼루트론(Calutron) - 전자방식을 통한 동위 원소 분리 장치 - 기술을 얻기 위해 노력했다는 것이다.

칼루트론은 캘리포니아 공과대학의 어니스트 로렌스가 발명한 질량 분석계의 이름이다. 칼루트론이라는 이름은 캘리포니아의 "Cal", 우라늄의 "U", 사이클로트론의 "트론"을 합쳐서 만든 것이다. 칼루트론은 특별히 설계된 사이클로트론인데, 이러한 유형의 사이클로트론 중 최소 5개는 제2차 세계대전이 끝난 후 미군이 일본을 점령했을 때 파괴되었다. 하지만 발견되지 않은 것이 더 많았을 수도 있다. 칼루트론은 미국에서 사용되었으며 Y-12로 알려진 오크리지의 비밀 시설에 설치되었다. 농축우라늄 중 일부는 U-234 선적분에서 나온 것일 수도 있지만, "리틀 보이(Little Boy)"를 위한 폭탄급 농축우라늄을 생산하는 데 도움을 준 것은 바로 이 칼루트론이었다. 알소스와 연합국은 독일의 핵관련 비밀정보를 수집하고, 핵 과학자들을 붙잡으려고 노력하였으며, 아울러 노획한 우라늄은 미국으로 보냈다.

칼루트론은 거대한 특수 자석, 우라늄 동위원소를 가열하는 방출기, 농축우라늄을 수집하는 채집기로 구성된다. 칼루트론을 사용한다는 것은 엄청난 규모의 작업을 의미한다. 농축의 첫 번째 단계에서는 거대한 칼루트론으로 작업해야 한다. 오크리지(Oak Ridge)에서 농축 재료를 충분히 생산하고, 재료를 절약하기 위해 앞서 언급한 구성품들을 조립하여 "racetrack(경기장)" 모양의 칼루트론을 만들었다. "경기장" 또는 "경주용 트랙" 형상의 이 거대한 기계는 "Alpha machine"으로 알려졌으며, 우라늄을 7~15%까지 농축할 수 있었다. "베타 칼루트론"이라고 불리는 두 번째 칼루트론 세트는 알파 우라늄을 채취한 후 핵분열 원자폭탄에 적합한 수준인 약 90%까지 농축한다. 베타 칼루트론은 알파 칼루트론보다 크기가 작으며, 더 작은 자석을 사용하였다.

〈Y-12 오크리지 시설〉[1]

〈알파 칼루트론〉[2]

〈베타 칼루트론〉[3]

1) https://commons.wikimedia.org/wiki/File:HD.4A.145_(10406006195).jpg
2) https://commons.wikimedia.org/wiki/File:Y-12_Calutron_Alpha_racetrack.jpg
3) https://commons.wikimedia.org/wiki/File:Beta_calutron.jpg

여기서 필요한 핵심 기술은 방출속 - 방출기의 흐름 - 에 집중하고, 채집기를 가동하고 관리함으로써 농축우라늄 물질을 추출하는 것이었다. 작동 중에 우라늄의 다양한 동위원소는 원자량에 따라 자석에 의해 각각 다른 각도로 "구부러져" 채집기에서 이를 잡아낼 수 있었다. 거대한 자석은 기술적으로 정교했다. 제2차 세계대전 중 Y-12용 자석을 제작할 때, 고급 강철을 덜 사용할 수 있는 경기장 디자인이 채택되었다. 그리고 전시에 전자석 코일 권선에 들어가는 구리가 부족해지자 맨해튼 프로젝트 책임자인 레슬리 그로브스 장군은 구리 대신에 미국 재무부로부터 순은을 빌리기로 합의했다. 오크리지의 프로그램이 종료되고 수년이 지난 후 빌렸던 은을 반환하였다.

1983년 CIA가 이라크의 폭탄 프로그램을 검토했을 당시, CIA는 이라크에 칼루트론 프로그램이 있는지 전혀 몰랐다. 이라크는 전자석 용 대형 코일 권선기를 포함하여 칼루트론 제조 장비를 적극적으로 찾았고, 이를 확보할 수 있었다. 1979년 이라크의 과학자와 엔지니어들은 CERN(Conseil Europeean Pour La Researehe Nucleaire, 유럽원자핵공동연구소)을 방문하여 칼루트론 자석의 설계 정보를 얻었다. 또한 칼루트론 기술에 쉽고 공개적으로 접근할 수 있었다. 왜냐하면 1946년에는 이를 구축하는 방법에 대한 대부분의 정보가 공공 영역에 개방되어 있었기 때문이다. 사실, 최소 2명 이상의 CERN 과학자들이 이라크의 프로그램에 관한 논문을 썼지만 워싱턴의 어느 누구도 관심을 기울이지 않았다. CERN의 과학자 중 일부는 워싱턴이 침묵한 이유가 이라크의 사담 후세인을 지원하기로 결정했기 때문이라고 생각했다.[122] 이 점에서는 이라크가 원하는 것이 무엇인지를 이해한 CERN의 과학자, 안드레 그스포너가 옳았다. 미국 정부는 알고 싶어 하지 않았다.

미국이 침묵을 지키면서까지 핵 확산을 허용한 현대의 두 가지 핵확산 사례는 파키스탄과 이라크이다. 이라크의 원자로 프로그램의 경우 워싱턴은 침묵을 지켰다. 워싱턴의 정보 분석가들은 프랑스가 원자로에 어떤 종류의 농축 연료를 사용해야 하는지를 놓고 프랑스와 이라크가 다투고 있다는 것을 알고 있었다. 프랑스는 이라크에게 "캐러멜"이라는 핵연료를 받아들이도록 설득했었는데, 캐러멜 연료는 약간만 농축되어 있어 추가 농축을 위해 전용될 수 없었다. 그래서 이라크는 프랑스의 제안에 동의하지 않았고, 원자로 연료봉에 사용할 수 있는 농축 연료만을 요구했다.[123] 1982년이나 1983년에 미국은 비밀리에 이라크에 유리한 정책으로 전환했다. 당시 CIA는 이라크가 이란-이라크[124] 전쟁에서 승리할 수 있도록 이라크 측에 중요한 정보를 제공하기 시작했다. 여기에는 이란 군대의 배치와 관련된 위성사진과 이라크 군대를 위한 특수한 장비들이 포함되었다. 미국은 또한 이라크에 민감한 기술을 판매하는 것을 묵인했다. 이스라엘이 오시라크 원자로를 폭격했을 때 정책변화의 기류는 누구나 쉽게 감지할 수 있었다. 캐스퍼 와인버거 국방장관을 비롯한 미국의 관리들은 분노를 터뜨리며 이스라엘의 행동에 대해 규탄했으며, 이스라엘은 이를 실존적인 위협으로 간주하고 대응했다. 미국의 관점에서 보면, 이라크의 눈에는 이스라엘은 미국의 고객이었고, 이스라엘의 원자로 공격은 미국이 지원하는 정책처럼 보였을 것이다.

억제이론

핵 균형에 대한 고전적인 냉전이론을 상호확증파괴(Mutually Assured Destruction)를 뜻하는 “MAD”라고 부른다. MAD는 핵보유국은 합리적인 행위자이며, 핵무기를 규제하기 위한 군비통제협정을 체결할 만큼 서로를 충분히 “신뢰(trust)”할 수 있는 방법을 찾을 수 있다고 가정한다. 로널드 레이건 대통령은 “신뢰하되 검증하라.(Trust, but verify.)”는 유명한 말을 남겼다. MAD 이론의 핵심은 냉전 강대국(미국과 소련) 중 어느 쪽도 상대방이 대응 또는 반격이 불가능한 무력한 상태가 아닌 이상 선제공격 - 먼저 핵공격을 가하는 제1격의 형태 - 을 할 수 없다는 것이다. 이러한 선제공격(제1격)을 막기 위해 미국과 소련은 로켓 전력을 사일로에 묻어 강화하고, 핵미사일을 탑재한 핵추진 잠수함을 더 많이 건조했다. 또한 양측은 정부운영과 주요 핵심 지도자들의 생존 가능성을 보장하기 위한 절차를 준비하였고, 국가적 참상을 방지하기 위한 특별 지하대피소 구축, 통신라인 유지, 각종 보안조치 등을 취했다. 워싱턴과 모스크바는 대피 시나리오를 연습했으며, 모스크바의 군사지휘센터는 지하철보다도 더 깊은 지하터널에 있었다. 워싱턴 DC의 지하철에는 백악관과 국방부를 위한 특수한 벙커가 존재한다는 주장이 종종 제기되었다.[125]

MAD의 교리는 비록 양측이 계속해서 상대방을 희생시키면서 이점을 얻으려고 노력했지만, 어느 쪽도 상대방을 상대로 핵무기를 사용하지 않았다는 점에서 “효과”가 있었다고 한다. MAD의 전성기 시절, 핵무기와 관련된 두 가지의 가장 큰 위기는 1962년 쿠바 미사일 위기와 1973년 욤 키푸르 전쟁이었다. 미국은 또한 1991년 사막의 폭풍 작전 중에 데프콘(DEFCON) 경보를 발령했다.

1962년 니키타 흐루쇼프는 주변 지역(특히 튀르키예)에 미국이 IRBM 핵미사일을 배치하고 영공을 정찰기로 비행(U-2 사건)하는 것에 대응하기 위하여 중거리 탄도 미사일(IRBM)을 쿠바로 수송하기 시작했다. 이것이 핵미사일이었다는 점에는 의심의 여지가 없었으며, 미국을 상대로 큰 압력을 행사하려는 것이었다. 만약 탄도 미사일의 공격이 있을 경우 미국의 조기경보 전파시간은 상당히 부족할 것이며, 미사일이 명백하게 가까워졌기 때문에 쿠바의 IRBM은 수천 마일 떨어진 곳에서 발사된 미사일보다 더 정확하게 떨어질 것이었다. 쿠바에 있는 이 미사일은 소련의 선제공격 능력을 강화할 것이기 때문에 미국의 긴급한 군사적 대응을 야기했다. 즉, 미사일이 운용 상태에 도달하기 전에 미사일을 파괴하거나, 소련과 쿠바가 미사일을 철수시키지 않을 경우 미국이 공격을 시작할 것이라는 확신을 심어주는 것이었다. 이러한 심각성을 알리기 위해 미국은 쿠바 섬 주변에 “해상봉쇄조치”를 발표하고, 미사일을 운반하기 위하여 쿠바로 향하던 선박들을 차단했다. 미국은 또한 군대를 동원하고 예비군을 소집했으며, 소련으로 하여금 미국이 의도한 것을 따르는 것 외에는 대안이 없음을 보여주었다. 결국 소련은 쿠바의 항의에도 불구하고 미사일을 철수하였다. 얼마간의 시간이 흐른 후, 미국과 소련은 튀르키예에 배치한 미국의 미사일을 철수하기로 비밀리에 합의했다.

1973년 욤 키푸르 전쟁은 핵 대결의 또 다른 위험을 수반했다. 그 전쟁에서 이스라엘은 공격을 받아 막대한 손실을 입은 후, 다시 우위를 점하여 시리아군을 골란고원의 진지에서 몰아냈고, 이집트의 제3군단을 포위함으로써 이들을 전멸시키겠다고 위협했다. 소련은 군대를 동원했고 미국은 1973년 10월 25일 데프콘(DEFCON) 3 경보를 발령했다. DEFCON은 Defense Readiness Condition(방어준비태세)의 약자이다. 이 경보는 레벨 1(가장 높음)부터 레벨 5까지 구성되어 있다. 쿠바 미사일 위기에서 미국은 데프콘 2를 발령했다. 1991년 미국은 이라크의 쿠웨이트 점령과 사우디아라비아에서의 작전에 대응하여 데프콘 2 경보를 발령했다. 이는 사담 후세인이 미국과 연합군에 대해 비재래식 무기(화학, 생물학 또는 핵)를 사용하면 미국의 핵 공격을 받게 될 것이라는 메시지를 분명하게 전달하기 위한 것으로 보인다.

결론

대량살상무기는 가까운 미래에도 피할 수 없는 현실로 남을 것이다. 억제는 항상 합리성을 전제로 하지만, 핵무기를 보유한 일부 국가들의 행동은 예측하기가 어렵다. 급진적인 이슬람의 부상과 다른 한편으로는 북한과 같은 변덕스러운 행위자들의 등장은 핵무기의 사용 가능성을 높인다. 상황을 더욱 복잡하게 만드는 것은 핵무기가 테러리스트들의 손에 넘어갈 경우 어떤 일이 벌어질 것인가이다. 이라크와 시리아의 일부를 점령했던 - 현재는 대부분을 잃었지만 - 급진 "이슬람 국가", ISIS가 당시 리비아를 장악하려던 시도는 크게 위험한 상황이었다.[126] 핵보유국이 되기 직전으로, 이스라엘에게 뭔가 보여주길 원하는 이란은 잘못된 계산을 할 수도 있다.

대량살상무기의 확산을 더욱 복잡하게 만드는 공급국들의 행태에도 문제가 있다. 산업분야의 수출은 항상 국가의 기치를 따라간다. 대부분의 미국 기업들은 미국 법률의 정신과 내용을 따르며, 유럽, 러시아, 중국도 마찬가지이다. 어떠한 종류의 위험도 감수하려는 중소기업들도 항상 존재하기는 하지만, 대부분의 대량살상무기 이전은 명시적이거나 암묵적으로 정부의 승인을 받아 이루어졌다.

파키스탄은 유럽과 미국으로부터 막대한 양의 핵 기술을 획득한 대표적인 국가이다. 대량살상무기를 확산시킴으로써 상당한 피해를 입힌 지 한참이 지났지만, 전 세계에서 운영되고 있는 칸(Khan) 네트워크를 무너뜨리는 작업은 거의 이루어지지 않았다. 최근 몇 년 동안 서방의 분석가들은 파키스탄의 장기적인 안정성에 대해 우려를 해왔다. 파키스탄 정부는 정보기관과 긴밀히 협력하면서 탈레반과 다른 급진세력을 이용해 자체적인 지정학적 목표를 추구해 왔다. 미국과 NATO군이 철수하고, 아프가니스탄의 불안정성이 심화되는 상황에서 파키스탄은 탈레반 정부에 대한 영향력을 강화하는 것을 목표로 하고 있다. 이러한 지역적 변화가 일어나는 동안 파키스탄 내부의 정치적인 줄다리기는 파키스탄 정부의 균형성을 해치고, 급진주의자들은 미사일과 핵무기 카드를 꺼내들 수도 있다. 이러한 위험은 미국의 정보기관과 국방 분야 내부에 빨간색 경고등이 켜지게 하였다. 그렇다면 파키스탄의 급진화에 어떻게 대응할 것인가? 파키스탄의 핵 시스템에 대한 비상계획이 있는가?[127] 설사 계획이 존재한다고 하더라도, 재난이 닥치기 전에 파키스탄의 핵무기를 안전하게 안정화 할 수 있는 충분한 계획과 객관적인 정보가 있는가? 파키스탄의 문제는 크기가 더 작고, 확보하기가 더욱 어려운 "전술용(tactical)" 또는 "전장용" 핵무기의 등장으로 인해 더욱 위험해졌다.[128] 미국과 러시아는 모두 전술 핵무기를 보유하고 있으며, 파키스탄도 이미 보유하고 있거나 획득을 추진하고 있는 것으로 보인다.

미래의 파키스탄이 불확실한 것처럼 이란도 역내 안정에 점점 더 큰 위험 요소가 되고 있다. 이란은 현재 널리 알려진 것처럼, 미사일과 미사일 기술을 헤즈볼라와 - 현재 레바논과 시리아에서 활동하고 있음. - 가자(Gaza) 지구의 하마스[129]에 공급했으며, 이는 시리아에서 수니파 반군에 대항하고, 이스라엘을 공격하는 데 사용되었다. 우리는 이란이 시리아의 화학 및 생물무기 프로그램에 어느 정도 개입했는지 알지 못한다. 그러나 이란이 해당 무기들을 투발하기 위한 시스템을 제공했고, 시리아인들의 무기생산을 지원했을 것이라는 사실은 확실히 알고 있다. 시리아가 이란과의 협력 없이 사린과 기타 화학물질을 사용했을 가능성은 거의 없다.

이란은 시리아에 상당한 수준의 군사적 지원을 제공하고 있다. 시리아의 육군과 공군에 협력하는 최고 혁명수비대 고문단을 지원하고 있으며, 시리아 정부와 이란이 배후에 있는 테러리스트 민병대인 헤즈볼라에 전술적, 전략적 정보도 제공하고 있다.[130] 이란은 하마스나 헤즈볼라와 같은 테러조직들에게 화학 또는 생물무기는 제공하지 않는 것으로 보이지만, 상황은 언제든지 바뀔 수 있다. 이란이 핵무기를 개발하는 동안에는 다른 지역으로 공급하는 물자에 신중을 기할 가능성이 높다. 하지만 일단 핵무기를 보유하게 되면, 그들의 행동은 훨씬 더 공격적으로 변할 것이고, 이스라엘, 심지어 미국의 공격도 견뎌낼 수 있다고 믿게 됨으로써 위험하고 통제하기 어려운 상황을 초래할 수 있다. 오늘날의 원자력 기술은 국력의 핵심 요소이다. 불행하게도 이 야수(beast)를 통제하려는 노력은 실패했으며, 해결책이 손에 잡히지 않는다. 핵 프로그램을 위한 유일한 대응 수단은 동일한 방식으로 대응하는 것이다. 이 역시 언젠가는 실패할 것이다.

핵무기에 관한 마지막 메모

제2차 세계대전을 통한 원자폭탄의 경험이 오늘날 우리에게 미친 영향에 대해서 논의하지 않고서는 이 장은 완성되지 않을 것이다. 지난 70년 동안 미국인들은 미국은 원자폭탄을 발명했지만, 독일은 원자폭탄을 보유할 기회조차 없었다는 생각을 갖고 자랐다. 일본의 원자폭탄 연구에 대해서도 거의 언급되지 않았다. 소련은 맨해튼 프로젝트에 참여한 스파이들 덕분에 원자폭탄을 갖게 됐다고 한다. 제2차 세계대전이 끝날 무렵, 독일이나 일본은 운용이 가능한 원자폭탄을 갖고 있지 않았다. 미국의 원자 독점기간이 현저하게 짧았음에도 소련은 하나도 준비하지 못했다.

전쟁이 끝날 무렵에는 나치와 일본의 기술을 확보하기 위한 두 가지 방법, 어쩌면 세 가지 방법으로 경쟁이 벌어졌다. 알소스 프로그램 자체는 단순한 포위작전이 아니라 나치 과학자들을 체포하거나 없애는 것이 목적이었다. 가장 유명한 작전은 모리스 모 버그(Morris "Moe" Berg)가 수행한 것이었는데, 그는 미국 육군에 입대하기 전까지 메이저리그에서 활약하던 포수였다. "야구계에서 가장 똑똑한 사람"으로 알려진 버그를 두고, 야구계의 전설적인 인물인 케이시 스텡걸은 "야구를 한 사람 중 가장 이상한 사람"이라고 평하기도 했다. 미국 태생의 유대인인 버그(Berg)는 뉴욕시의 할렘 지역에서 자랐고, 아마도 메이저리그에서 뛰어난 야구선수는 아니었던 것 같다. 버그는 1943년에 CIA의 전신인 OSS(Office of Strategic Services, 미국 전략첩보국)의 특수 임무부서에서 근무하게 되었다. OSS에서 다채로운 경력을 쌓은 후 이탈리아 물리학자들을[131] 인터뷰하기 위해 이탈리아로 파견되었는데, 사실 인터뷰의 목적은 독일 원자 프로그램의 실상과 베르너 하이젠베르크를 알아보기 위한 것이었다. 얼마 후 권총과 청산가리 캡슐을 준비한 채, 스위스 취리히[132]에서 열린 하이젠베르크의 강연에 참석했는데, 만약 하이젠베르크가 독일의 원자폭탄 프로그램과 연관이 있을 경우 그를 제거할 계획이었다. 하지만 명백한 증거가 보이지 않자 권총을 사용하지는 않았다. 어쨌든 버그는 하이젠베르크가 위험하다고 판단하지 않은 것이다. 한편 하이젠베르크는 연합군의 심문관들 앞에서 본인 스스로 좋은 사람, 무해한 교수, 자유주의자, 서방의 친구라는 인상을 심어주는 데 아주 능숙했다.

미국과 마찬가지로 독일에도 원자폭탄을 연구하는 팀이 여럿 있었다. 이러한 팀들은 이게파벤과 같은 독일의 기업들과도 긴밀하게 연결되어 있었다. 일부 사람들은 원자폭탄 실험처럼 보이는 두 번의 대폭발을 목격했다고 주장하는데, 이는 아마도 수 년 전 북한에서 일어났던 것과 비슷한 "실패한 폭탄"이었을 것이다. 독일의 폭탄 개발의 대부분은 여러 곳의 지하시설에서 진행되었다. 독일에는 사이클로트론, 원자로 더미, 우라늄 분리 장치가 있었고, 플루토늄을 생산할 수 있는 원자로용 농축우라늄과 장비, 화학물질을 일본에 공급하고 있었다. 어떻게든 살아남은 유효한 증거들을 살펴보면 독일이 미국보다는 뒤처졌지만, 미국과 영국의 말처럼 그 격차는 그렇게 크지 않았음을 보여준다.

이제 진짜 경쟁은 독일의 과학자들을 포섭하는 것이었다. 이 점에서는 소련이 훨씬 더 성공적이었다. 1944년 10월 핵 연구에 관한 회의가 끝난 후 헤르만 괴링은 발터 게를라흐에게 독일 원자폭탄 개발 경과와 관련된 보고서를 요청하는 편지를 보냈다. 편지에 대한 답장은 다음과 같았다. "초원심분리기의 개발이 완료되었으며, 필요한 U-235 동위원소 농축우라늄 생산을 위한 계획을 작성 중이다. 플랜트의 시설들을 더 단순하게 하면서도, 같은 결과물을 얻을 수 있도록 다른 공정들도 개발 중이다. 또한 필요한 우라늄 화합물을 생산하고 있으며, 적당한 화합물을 얻을 수 있는 방법을 실험중이다." 이 모든 것은 1945년 후반에 나치 독일이 원자폭탄을 갖기 위한 과정으로 인도하였을 것이다. 그러나 그때쯤에는 나치가 통제하던 지역을 장악한 소련이 원심분리기 개발자와 폭탄 설계자를 포함한 독일 핵 과학자들을 이미 체포하고 있었다. 이 독일 과학자들은 소련의 원자폭탄 프로그램에서 중요한 역할을 하게 되며, 이 중 일부는 공로와 업적을 인정받아 스탈린상을 수상했다. 소련이 한국으로 들어온 태평양 전역에서도 같은 일이 일어났는데, 일본이 통제하던 NZ 플랜트를 장악한 것이다.

국가는 핵무기를 개발하고자 할 때, 단 하나의 해결책에만 투자하지 않는다. 이 교훈은 모두에게 중요하다. 오늘날 이란이 폭탄제조를 위해 오직 한 가지 길만 달리고 있다고 믿는 사람은 순진한 사람이다. 이란의 증가하는 핵 능력에 노출된 어떤 국가도 이란이 외부로부터 부과된 제한사항을 성실하게 준수할 것이라고 장담할 수 없을 것이다.

제6장

사이버전
Cyber Warfare

제6장

사이버전
(Cyber Warfare)

"현존하는 가장 큰 위협은 사이버이다."
- 마이클 멀린(Michael Mullen) -
前 미국 합참의장(예비역 해군대장)

원심분리기(centrifuge)는 제한된 수의 공급원으로부터만 얻을 수 있는 특수한 재료가 필요한 복잡한 기계이다. 원심분리기는 우라늄 농축에 쓰이는데, 농축우라늄(U-235 90% 이상)은 핵무기의 핵분열 연쇄반응을 일으키는데 필요한 농축 수준이다. 기존에 P-5+1[1] 국가로 구성된 협상가들의 목표는 원심분리기 기술이 이란의 손에 들어가지 않도록 하는 것이었다. 현재 이란에는 19,000개 이상의 원심분리기가 작동 또는 회전하고 있으며, 계속해서 더 많은 원심분리기가 가동될 것이다.

파키스탄은 원심분리기 기술을 유럽으로부터 얻었으며, 설계는 Ultra-Centrifuge Nederland NV(Netherlands 정부),

Uranit GmbH(독일 에너지 기업 E.ON과 RWE가 공동 소유), Enrichment Holdings Ltd.(영국 정부가 소유하고, 주주 임원이 관리)가 동등하게 지분을 보유한 Urenco에서 지원을 받았다. Urenco의 원심분리기 설계는 모두 오스트리아 태생의 독일 기계공학자인 게르노 지페(Gernot Zippe)의 작업을 기반으로 한다. 지페는 1945년 독일에서 박사 학위를 받았으며, 나치의 원자폭탄 프로그램에도 참여했다. 이후 소련에 체포되어 소쿠미 물리학 연구소(Sokhumi Institute of Physics)[2]에서 독일인 동료였던 만프레드 폰 아르덴과 막스 스틴벡[3]과 함께 일했으며, 이들의 아이디어는 "Zippe 디자인"의 기초를 형성했다.

〈리비아에서 회수한 원심분리기〉[1)]

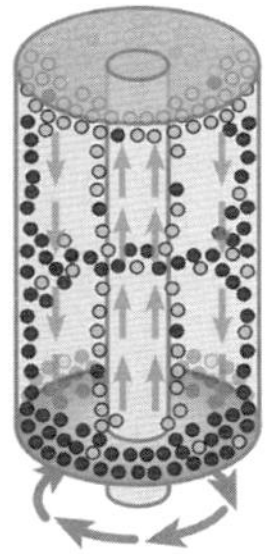

〈지페 가스 원심분리기 원리 개념도〉[2)]

1) https://commons.wikimedia.org/wiki/File:Gas-ultra_centrifuges_from_Libya.jpg (파키스탄의 칸 박사가 개발한 것으로 보이는 원심분리기로 이란의 원심분리기와 동일한 것으로 간주됨.)

2) https://commons.wikimedia.org/wiki/File:Zippe-type_gas_centrifuge.svg (U-238 진한색, U-235 연한색)

지페는 1956년이 되어서야 소련을 떠나는 것이 허용되었는데, 포로로 잡혔던 독일인 과학자들이 개발한 소련의 원심분리기 설계를 미국의 버지니아 대학교에서 재현할 수 있었다. 이후 지페는 유럽으로 돌아왔고, 그곳에서 수행했던 원심분리기 작업은 "Urenco 디자인"에 반영되었다. 지페 원심분리기는 시간이 지남에 따라 변경되고 개선되었으며, 이란은 이러한 개선사항을 큰 이점으로 활용했다. 이렇게 개선된 것들이 어떻게 이란에 도달했는지는 알려지지 않았지만, 유럽의 기술이 지속적으로 유출되는 것은 유럽의 원자력 기술이 계속해서 광범위하게 확산되고 있음을 보여준다.

이란에게 가장 중요한 원심분리기의 업그레이드를 위해서는 탄소섬유 튜브, 복합재, 마레이징 강철[4], 가스 베어링 등 특수한 재료들이 필요했다. 원심분리기의 회전자를 구성하는 마레이징 강철과 탄소섬유 튜브는 매우 빠른 속도로 회전하며 오랜 시간 작동한다. 따라서 속도의 안정성이 매우 중요하며, 원심분리기 캐스케이드(cascades: 연속 농축을 위해 다수의 원심분리기를 연결한 설비)는 안정적이어야 하고, 여과된 동력, 컨트롤러, 정교한 전자장치 등이 필요하다. 현대식 원심분리기 회전자 설계는 복합재료를 기반으로 하고 있으며, 1965년 뉴욕 브루클린의 존 T. 펠트먼(John T. Feltman)과 윌리엄 피에몬테(William Piemonte)는 보다 정교한 버전의 지페(Zippe) 설계를 특허 출원하였다.[5]

모델 S7-300으로 알려진 원심 분리기용 전자 컨트롤러와 컨트롤러 소프트웨어는 소프트웨어 패키지인 SIMATIC STEP 7과 마찬가지로 독일 엔지니어링 회사인 지멘스에서 설계했다. S7-300과 함께 작동하는 주파수 변환기 드라이브는 핀란드의 바콘(Vacon)사에서 가져온 설계를 기반으로 한다. 한편,

Pcsromo[6]라는 회사는 이란에 Siemens S7-300를 유통했다. 조사관들은 Pcsromo가 최종 조립만 하고 있으며 회로기판, 소프트웨어 등 기타 구성품은 독일로부터 수입한 것으로 보고 있다. Pcsromo는 웹에서 "우리는 S7-200, S7-300, S7-400에 이르는 Siemens S7 시리즈 PLC(Programmable Logic Controller)와 I/O 모듈에 대해 매우 매력적인 가격을 제공하고 있고, Siemens S5와 S7 부품을 미국, 유럽, 동남아시아, 인도, 파키스탄, 중동 등에도 공급하고 있습니다. 자세한 내용은 당사로 문의하십시오."라며 Siemens와의 관계를 홍보하고 있다. Pcsromo 웹사이트에는 Pcsromo가 PCS Automation, Allen Bradley, 미쓰비시, 도시바 등 여러 회사들과 연결되어 있다고 나와 있다.

이란의 핵 프로그램에 사용된 주파수 변환기 중 일부는 이란의 소규모 회사인 파라로 파야(Fararo Paya)에서 공급했다.[7] 컨트롤러의 경우와 마찬가지로 이란에서 제조되었는지는 확실하지 않다. 하지만 과학국제안보연구소(Institute for Science and International Security)에서는 "Fararo Paya가 이란의 농축 플랜트를 위해 주파수 변환기를 처음부터 제작했을 가능성은 거의 없다. 해외에서 확보한 주요 부품들로 제작했거나, 해외 공급업체로부터 완제품을 구매했을 가능성이 높다. 하지만 600-2,000Hz 범위의 주파수 변환기는 핵공급국그룹(NSG) 지침에 의해 수출이 통제되는 원자력 관련 이중용도(dual-use) 제품이므로 후자는 현실적으로 성공하기가 쉽지 않다."[8] 라는 분석을 내놓았다. 이란에 대한 국제적인 금수조치는 효과가 있을 것으로 예상되지만, 이란이 더 많은 원심분리기를 가동함에 따라 이란의 핵 프로그

램은 계속 확대되고 있다. 이는 서방 국가에서 이란으로 부품 공급이 계속되고 있음을 의미한다.[9]

스턱스넷(Stuxnet)[10]

지멘스(Siemens) 컨트롤러 또는 컨트롤러 소프트웨어, 바콘(Vacon) 또는 파라로 파야(Fararo Paya) 주파수 변환기들은 모두 스턱스넷(Stuxnet) 웜의 직접적인 표적이 되었다. 웜은 한 컴퓨터에 일단 유입되면 스스로 복제하여 다른 컴퓨터를 공격하는 일종의 악성코드이다. 이러한 웜에는 컴퓨터의 작동 또는 컴퓨터와 컴퓨터 네트워크에 연결된 메커니즘에 영향을 주도록 설계된 "페이로드(payload)"가 포함되어 있다. 스턱스넷 웜의 목적은 이란의 원심분리기를 손상시키는 것이었다. 웜은 육불화(hexafluoride) 우라늄 가스에서 U-235를 분리하는 능력에 영향을 미치도록 원심분리기의 회전 속도를 변경했다. 이 웜을 개발한 사람들은 이란이 우라늄 농축 프로그램에 사용하고 있는 장비와 컨트롤러의 모델에 대한 정보를 확보한 후, 그 정보를 기반으로 만들었다.[11]

스턱스넷 웜을 실제로 개발한 사람이 누구인지는 알 수 없지만, 아마도 미국이 이스라엘과 협력하여 이 웜을 제작한 것으로 알려져 있다. 원래 스턱스넷 코드에는 강력한 "힌트"들이 내포되어 있었다. 여기에는 무엇보다도 MYRTUS, 즉, 도금양나무(myrtle tree)가 포함되어 있는데, 히브리어로 번역하면 유명한 부림절(Purim) 이야기에 등장하는 에스더(Esther) 왕비의 본명인 하닷사(Hadassah)를 뜻한다. 그 이야기에서 에스더 왕비는 왕의 하렘(harem)에서 지내면서 페르시아의 모든 유대인을 죽이려는 수상, 하만의 의도를 좌절시키기 위해 왕 아하수에로를 설득한다. 부림절에는 학가다(Haggadah)라는 책에 기록된 이야기를 큰 소리로 읽으며 기념하며, 하만 수상의 이름이 언급되는 부분에서는 큰 소리를 지르거나 야유하는 것이 관례이다. 이때에는 특별한 패스트리 - 하만타셴(hamantaschen) - 를 먹고 공유하는데, 그 모양은 삼각형으로 하만의 모자를 상징한다.

〈하만(Haman)을 비난하는 에스더〉1)

〈하만 모자 모형의 패스트리〉2)

1) https://commons.wikimedia.org/wiki/File:Esther_Denouncing_Haman.jpg(Ernest Normand 作, 1888년)
2) Dr. Bernd Gross, Own work, CC BY-SA 4.0, "Hamantaschen zum Purim-Fest 2016 in Dresden" (https://commons.wikimedia.org/wiki/File:Hamantaschen_Purim_Dresden_(1).JPG)

스턱스넷의 코드에는 "1979년 5월 9일"이라는 날짜도 포함되어 있다. 이는 페르시아의 유대인 사업가이자 테헤란 유대인 공동체의 비공식 수장이었던 하비브 엘가니안[12]이 "시오니즘 스파이"라는 이유로 테헤란에서 처형된 날짜이다.

스턱스넷의 성공 여부에 대해서는 의견이 분분하지만, 보도에 따르면 이란의 원심분리기 중 20~40%가 작동하지 않거나 파괴된 것으로 나타났다. 스턱스넷은 원심분리기의 제어시스템과 이를 관리하는 컴퓨터가 인터넷에 연결되어 있지 않았음에도 불구하고, 원심분리기의 컨트롤러에 접근할 수 있었다. 스턱스넷이 어떻게 원심분리기 컴퓨터시스템과 컨트롤러까지 이동할 수 있었는지는 명확하지 않다.[13] 이에 대해 플래시메모리 스틱을 사용하여 폐쇄된 네트워크에 침투했을 것이라는 가설이 제기되었으며, 또는 공장에서 제작된 지멘스 컨트롤러나 그것을 감시하는 소프트웨어를 통해 웜이 유입되었을 가능성도 있었다.[14] 스턱스넷 웜은 산업 제어시스템을 대상으로 실행된 공격 중 가장 복잡하고 정교한 공격으로 간주된다. 사람들은 일종의 새로운 실험이라고 생각할 수 있겠지만, 심각한 조짐을 보여주기도 한다. 원자력 발전소와 정유소 같은 "핵심 기반시설 시스템"[15]에 대한 공격은 해당 시스템들이 대부분 SCADA(Supervisory Control and Data Acquisition, 감시제어 및 데이터수집) 시스템으로 알려진 산업용 컨트롤러에 의존하기 때문에 가능하다.

스턱스넷은 많은 국가에서 연구되었다. 러시아의 카스퍼스키(Kaspersky) 연구소는 스턱스넷 코드의 작동 방식에 대하여 다양한 연구자료를 작성했다. 이란의 핵 프로그램을 공격한 스턱스넷을 공개하면 다른 사람들이 해당 기술을 복제하거나 개선시킬 위험이 있다. 그렇기 때문에 개발자들은 웜의 "페이로드"의 일부를 암호화하여 이를 어렵게 만들려고 노력한다. 스턱스넷에 대해 풀리지 않은 흥미로운 질문은 어떻게 제한적이고, 선별적으로만 퍼졌느냐는 것이다. 스턱스넷으로 인해 이란 다음으로 서비스 중단이 발생한 국가는 인도네시아였으며, 인도가 그 뒤를 따랐다. 한편, 스턱스넷 웜으로 인해 다수의 석유회사가 피해를 입었지만 심각하지는 않았다. 스턱스넷은 지멘스의 컨트롤러와 원심분리기에 연결된 Vacon/Fararo Paya의 주파수 변환기에만 영향이 미치도록 계산되었다. 게다가 스턱스넷의 개발자들은 첫 번째 공격이 명백하게 성공적이지 못했다고 우려하면서 두 번째 버전을 출시하였지만 그 수명은 21일로 한정되어 있었다. 이렇듯 스턱스넷이 고르지 않게 확산되었다는 사실, 일부 특정 시스템을 위해 개발된 것처럼 보이는 것은 미스터리로 남아 있다. 한 가지 가능한 추측은 웜이 특정 범위의 일련번호에 해당하는 컨트롤러에 대해서만 작동하도록 프로그래밍이 되었다는 것이다. 이는 인도네시아와 인도에서 사용하는 컨트롤러가 이란과 동일한 로트(lot) 번호의 제품일 수도 있음을 시사한다. 또 다른 추측은 이란에만 전달될 예정이었던 컨트롤러 소프트웨어 업데이트가 다른 목적지에서도 배포되었다는 것이다. 그러나 스턱스넷의 페이로드는 원심분리기의 속도를 변경하도록 설계되었기 때문에 20,000rpm으로 회전하는 원심분리기가 없는 발전소 같은 산업시스템에는 거의 영향을 미치지 않았다.[16]

스턱스넷은 이미 알려진 두 가지 유형의 다른 악성코드와 관련이 있다. 첫 번째는 인터넷을 통해 전파되는 대신 휴대전화 또는 USB 스틱을 통해 확산되는 플레임 웜이다. 두 번째는 스턱스넷과 밀접하게 연결되어 있고, 비표준 컴퓨터 언어로 작성된 정보수집 도구인 듀큐(Duqu) 웜이다. 듀큐는 스턱스넷의 눈과 귀가

되고, 듀큐가 수집하는 정보에 따라 스턱스넷의 목표가 결정될 수 있다. 미국의 고위급 사이버 전문가들은 "스턱스넷은 본질적으로 세계에 실존하는 최고의 표적 하나를 찾아 파괴하기 위해 배치된 매우 정밀한 군사용 사이버 미사일이다."라고 말한 보안 전문가인 브루스 슈나이어의 말을 인용하면서 스턱스넷의 모든 것을 함축하여 표현하였다.[17]

스턱스넷은 감시제어 및 데이터수집(SCADA) 시스템을 악용했다. SCADA는 정유공장, 원자력 또는 재래식 발전소, 제조 시스템을 운영하고 관리하는 데 사용된다. 보안 기능이 거의 없는 시스템에서 "구멍(holes)"을 찾는 것은 그리 어렵지 않다. 예를 들어 산업제어시스템(ICS: Industrial Control System)과 SCADA는 전 세계적으로 사용되고 있기 때문에 미국 정유소의 취약점을 찾은 후 동일한 ICS/SCADA를 사용하는 외국의 시스템을 대상으로 공격을 설계하는 것이 가능하다. 보통 산업제어시스템이 "독립형"이고, 외부 공격으로부터 면역이 보장되는 것처럼 보였던 시기에 SCADA를 만들었기 때문에 SCADA는 최소한의 단순한 액세스 제어 기능만을 가지고 있다. 원격으로 작업을 감시하는 것이 편리해짐에 따라, SCADA는 이러한 트랜잭션을 처리하기 위해 모뎀과 전화 연결을 사용하기 시작했으며, 일단 사용이 가능하고 신뢰성이 있다고 판단되면, 인터넷에 연결했다. 일부 유틸리티는 인터넷을 통해 전송되는 정보를 암호화하지만, 이는 해커나 침입자가 유틸리티 기계를 제어하기 위한 방법으로 통신 "파이프"를 사용하는 것을 막지는 못한다. 스턱스넷은 한 단계 더 나아갔다. 즉, 인터넷에 연결되지 않은 "폐쇄된" 네트워크에 진입하는 방법을 찾았고, 플레임은 분명히 이 트릭을 뛰어넘었다. 사용자가 와이파이 또는 블루투스를 끄더라도 - 와이파이 또는 블루투스를 통해 컴퓨터를 감염시킬 수 있는 - 스마트폰에 웜을 자체적으로 설치할 수 있었다.

2014년에는 핵심 인프라 시스템에 대한 조직적이고 지속적인 글로벌 공격이 대규모로 일어나고 있다는 첩보가 입수되었다. 이러한 공격은 전력 및 수자원 시설의 ICS/SCADA[18] 시스템을 겨냥했으며, 미래를 대비한 사이버 전쟁의 출정을 계획하기 위해 수행된 것으로 보인다. 조사관들은 이러한 공격이 "잠자리 갱단(Dragonfly Gang)"이라는 그룹의 활동이라고 말했다. 보안업체 시만텍(Symantec)은 공격에 대해 다음과 같이 설명했다.

주로 에너지 분야를 중심으로 다양한 대상에 대하여 진행 중인 사이버 스파이 활동은 피해자를 상대로 방해 공작을 수행할 수 있는 능력을 향상시켜 주었다. 시만텍에 잠자리갱단으로 알려진 공격자는 스파이 활동을 목적으로 전략적으로 중요한 여러 조직에 침투하는 것을 관리하였으며, 만약 그들이 공개적으로 방해 공작을 했다면, 그 영향을 받는 국가들은 에너지 공급에 피해를 입거나 혼란을 경험했을 수도 있다. 잠자리갱단의 표적 중에는 에너지 그리드 기업, 전력생산 회사, 석유 파이프라인 기업, 그리고 에너지 산업장비 공급업체 등이 있었다. 피해자들의 대부분은 미국, 스페인, 프랑스, 이탈리아, 독일, 튀르키예, 폴란드에 있었다.[19]

공격자는 먼저 여러 에너지 회사의 임원들을 대상으로 네트워크를 감염시키는 코드가 담긴 가짜 "PDF"[20]를 이메일로 보냄으로써 컴퓨터에 침투하려고 했다. 이후 공격자들은 "워터링홀 공격(watering hole attack)"이라는 두 번째 방법으로 전환했다. 이로 인해 회사 직원들이 웹사이트에서 평소와 같이 마우스를 클릭하더라도, 사용자의 컴퓨터에 다운로드 되는 악성코드가 포함된 새로운 사이트로 리디렉션 되었다. 시만텍에 따르면, "공격자가 마지막으로 사용한 것은 Hello exploit kit 이라는 것이다. 이 킷의 랜딩 페이지에는 시스템의 지문을 절취하고, 설치된 브라우저의 플러그인을 식별할 수 있는 JavaScript가 포함되어 있다. 그런 다음 피해자는 URL로 리디렉션 되는데, 결론적으로 수집된 정보를 기반으로 최대로 악용할 수 있는 방법을 결정하게 해준다."라고 하였다.

잠자리 갱단이 적용한 기술 중 하나는 프로그램가능 논리 제어기(PLC: Programmable Logic Controllers)를 생산하는 유럽 회사의 "업그레이드 펌웨어(upgrade firmware)"[21]를 손상시키는 것이었다. 이는 사용자가 PLC시스템에 업데이트를 다운로드할 때 SCADA 시스템과 네트워크에서 실행이 가능한 트로이 목마 프로그램도 동일한 패키지 안에 들어 있다는 의미이다.[22] 이 시점부터 PLC 펌웨어에 숨겨진 악성코드는 에너지 회사의 입력과 출력 장치를 제어할 수 있다. 시만텍에 따르면, 감염된 PLC 업그레이드 펌웨어의 약 200개 또는 그 이상의 복사본이 에너지 회사에서 다운로드 되었다고 한다. 문제의 핵심은 이러한 공격이 에너지 기업을 직접적으로 공격하는 것만큼 에너지 기업의 협력업체를 공격하는 데 집중되어 있다는 점이다. 이는 정교한 정보수집 노력과 정밀한 타겟팅이 이루어지고 있음을 보여준다. 확인된 바에 따르면, 2011년부터 2017년까지 공격이 발생했으며, 잠복기를 거친 후 다양한 공격 방식에 대한 시험과 평가의 일환으로 여전히 공격이 진행되고 있다.

여기서 두 가지 질문이 떠오르는데 공격의 배후는 누구이며, 그들은 공격을 통해 얻고자하는 것이 무엇일까? 대부분의 추측은 이러한 공격이 러시아에서 시작되었고, 에너지 자원에 대한 글로벌 경쟁에서 승리하는 것을 목적으로 설계되었다는 것이다. 블라디미르 푸틴 대통령과 밀접하게 연결된 러시아의 가스프롬 에너지 기업은 서유럽으로의 에너지 공급을 장악하면서 유럽으로의 에너지 조달은 가스프롬 외에는 대안이 없다는 사실을 이용하려고 노력하고 있다.[23] 러시아인들은 북대서양조약기구(NATO)가 약하고 우유부단하며, 분열되어 있다고 생각하면서 NATO 국가들을 저울질하고 손쉽게 이용해 왔다. 러시아는 유럽국가들 주변에 TU-95(Bear-H) 핵폭격기를 배치하고(영국, 스웨덴, 핀란드에서 보고된 사건),[24] 폴란드 등 NATO 회원국에 대한 가스 공급을 차단하겠다고 위협하면서 군사 활동을 강화했다. 러시아가 사이버 공격을 통해 정유소, 석유, 그리고 가스 운송 인프라를 폐쇄할 수 있다면, 유럽을 선택의 위기 - 미국의 요구를 들어줄 것인지, 러시아에게 양보할 것인지 - 에 빠뜨리고, 대치 상황에서도 엄청난 영향력을 갖게 되는 것이다. 과거 유럽이 우크라이나 위기에 "소프트 파워"로만 대응한 이유 중 하나는 유럽의 가진 취약성과 미국이 유럽에 실질적인 지원을 제공하기가 어려웠다는 점에서 찾을 수 있다. 따라서 기술의 세계화와 더불어 취약한 산업보안 덕분에 러시아인들은 서구의 에너지 인프라[25]에 대하여 "폭격 연습"을 하고, 침입 및 서비스 거부 도구를 테스트함으로써 어느 것이 가장 효과적인지 가늠할 수 있게 하였다.

지금까지 살펴 본 잠자리 갱단의 도구는 스턱스넷만큼 정교해 보이지는 않는다. 그러나 공격이 조직화되고 집중화되어 있으며, 다양한 진입수단이 테스트 중이기 때문에, 더욱 강력하고 파괴적인 도구가 아직 배포되지 않았을 수도 있다. 이 의미는 "실제" 사이버 무기가 비축되어 있을 가능성도 있다는 것이다.[26] 단 하나의 예외인 국가 - 세르비아 - 를 제외하고, 잠자리 갱단이 목표로 삼는 모든 인프라는 NATO 회원국에 있다는 점에 주목해야 한다.

사이버테러와 사이버전

정보전은 일반적으로 세 가지 그룹으로 분류된다.

1급 (Class I) 개인 정보전

2급 (Class II) 기업 정보전

3급 (Class III) 글로벌 정보전

3급 글로벌 정보전은 산업영역, 정치적인 영향력이 미치는

영역, 글로벌경제 영역 또는 국가들 전체를 대상으로 수행되는 전쟁이며, 그 유형은 다음과 같다.

① 기술에 대한 기술의 사용
② 비밀과 비밀의 도용
③ 정보의 소유자를 상대로 정보를 전환하는 행위
④ 적이 기술과 정보 모두를 사용하는 능력을 거부하는 것
⑤ 기반시설 표적을 점점 더 겨냥하는 핵 공격과 유사한 수준의 사이버영역의 공격[27]

글로벌 정보전은 그 특성상 상당한 자원을 필요로 하며, 이는 자금이 충분한 조직에 의해 운영된다는 것을 의미한다. 대부분의 경우는 정부의 후원을 의미하지만, 자금이 풍부한 테러리스트 집단이나 마피아 또는 마약 카르텔과 같은 범죄 조직도 이러한 종류의 전쟁을 수행할 수 있다. 미국에서 금지령이 해제된 후 마피아가 다양한 사업으로 진출한 것처럼 오늘날에도 많은 테러리스트와 범죄 조직이 유사한 활동을 하는 것을 볼 수 있다. 그들에게 사이버 전쟁은 돈을 훔치고, 은행 계좌를 세탁하면서 상대에게 피해를 입히는 불법 수단으로 활용될 수 있다.

사이버 공격에는 시스템 또는 데이터의 수정, 시스템 또는 데이터의 파괴, 데이터의 무단 열람 또는 복사, 시스템 리소스의 무단 사용, 승인된 사용자에 대한 서비스 거부 - 일반적으로 DOS 공격이라고 함 - 에 이르기까지 다양한 형태가 있다. 사이버테러 작전은 주로 중요한 핵심 자산에 초점을 맞춘다. 2001년

10월, 9·11테러 직후 제정된 애국자법 - Patriot Act of 2001(P.L. 107-56) - 에는 연방정부가 정의한 "핵심 기반시설"에 대한 내용이 포함되어 있었다. 핵심 기반시설은 물리적이든 가상이든 상관없이 미국의 중요한 자산 및 시스템으로 정의하며, 이것들의 불가동과 파괴는 국가안보, 국가경제, 국가 공중보건과 안전, 또는 이러한 것들의 조합에 심각한 영향을 미친다는 것이다(1016(e)항). 대통령은 국가전략을 설정하고, 핵심 인프라가 다음과 같다는 것을 확인했다. 여기에는 농업, 식품, 식수, 공중보건, 응급서비스, 정부, 국방산업기지, 정보통신, 에너지, 운송, 은행 및 금융, 화학산업, 우편 및 배송 자산 등이 포함된다.[28]

물리적인 공격은 컴퓨터와 컴퓨터 장비에 개조 또는 변화를 주는 것을 의미하며, 이는 제조, 운송, 또는 시설에 설치되는 시점의 물리적인 접근도 의미한다. 장비를 개조하는 것은 테러리스트들도 사용할 수 있고, 그들을 상대로도 사용할 수 있다. 최근의 예로는 하마스 테러단체의 최고의 폭탄 제조자이자 "엔지니어"로 알려진 야야 압-알-라티프 아야시의 암살 사건이다. 아야시는 그에게 건네진 휴대폰에 의해 사망했다. 휴대전화에는 15그램의 고폭성 폭약인 RDX(Research Department Explosive)[29]가 들어 있었다. 아야시는 1996년 1월 5일 수신된 전화를 받았을 때, 원격제어로 RDX가 폭발하면서 즉시 사망했다. 휴대폰은 또한 "IED"로 알려진 급조폭발물을 터뜨리기 위한 "트리거(trigger)"로도 사용되었다.

미국 국방부가 차고의 문을 여는 장치가 오작동 하는 것을 방지하는 기술을 공개하자 휴대폰이 차고 문 개폐 장치를 대체했다. 휴대폰 폭탄은 미국과 연합군을 상대로 중동에서 광범위하게 사용된 것과 별개로 마드리드(2004)와 런던(2005)에서 지하철과 버스를 공격하는데 사용되었다. 그리고 북한에서는 룡천역 폭발사고(2004)로 열차에 탑승하여 특수 고폭탄을 운반하던 시리아 과학자와 기술자들 다수가 사망했다. 폭탄테러범들은 자신들이 운반하고 있던 폭탄이 원격으로 작동될 것이라는 것과 그들이 제공한 서비스의 대가를 목숨으로 치르게 될 것이라는 사실을 알지 못하는 경우가 많다. 휴대전화 폭탄은 2006년 뭄바이 열차 폭탄 테러, 2010년 스톡홀름 폭탄 테러(폭발 실패), 2010년 타임스퀘어 차량 폭탄 테러 시도(폭발 실패), 압력밥솥 안에 폭발물질을 넣어 사용했던 2013년 보스턴 마라톤 폭탄 테러에도 사용되어 큰 피해를 입혔다.[30]

사이버 전쟁의 공격 사례들

사이버 전쟁은 이제 점점 일반화되고 있으며, 종종 정치와 군사적 사건들과 연결된다. 이것을 보여주는 것이 에스토니아 탈린의 "청동 군인상(Bronze Soldier of Tallinn)"으로 알려진 정치적 논란이다. 청동 군인상은 1944년 9월에 당시 소련이 통제했던 에스토니아 정부 당국이 나치 추방을 기념하여 수도 탈린에 세운 기념물이다. 그러나 1946년 5월 8일 밤, 두 명의 에스토니아 10대 소녀 - 아게다 파벨, 아일리 위르겐손 - 들이 이를 폭파했고, 소련의 비밀경찰에 의해 체포된 후 목조 기념물로 교체되었다. 에스토니아 민족주의자들은 목조 기념물과 그 후속 기념물을 소련 점령의 불편한 상징처럼 여겼다. 민족주의자들은 에스토니아 저항군의 공적을 배제한 채, 나치로부터 에스토니아 해방에 기여한 붉은 군대만 기념하는 이 기념물의 치중에 반대했다.

〈탈린의 청동 군인상(像)〉
에세이작가 타이준님의 브런치 스토리 "에스토니아 탈린 국립묘지"에서 참조
(https://brunch.co.kr/@8df8de6d85c74a3/27)

1991년에 독립한 에스토니아 정부는 2007년에 이 기념물을 이전하기로 결정했다. 기념비 부지에는 나치에 맞서 싸우다가 목숨을 잃은 소련군의 유해가 묻혀 있었는데, 이들을 모두 제거하였다. 신원을 확인할 수 없는 일부 시신들은 에스토니아 묘지에 다시 묻었고, 신원이 확인된 다른 시신들은 러시아에 있는 가족들에게 돌려보냈다. 동상과 무덤의 이전으로 인해 에스토

니아에서는 러시아인들과 격렬한 싸움이 벌어졌다. 모스크바는 이에 분노하며 에스토니아의 러시아인들을 지지했는데, 이는 러시아인들이 조지아나 우크라이나 지방 정부로부터 독립이나 자치권을 요구하던 것과 동일한 양상이었다.

2007년 4월 27일, 에스토니아의 의회, 은행, 정부부처, 신문사, 방송사등 주요 기관들의 웹사이트가 러시아로부터 사이버 공격을 받았다. 에스토니아의 사이버 공격에는 예상치 못한 새로운 일이 많이 있었다. 은행과 금융 등 민감한 업무를 위해 에스토니아 정부가 숨겨놓은 특정 네트워크의 위치와 비밀통신 노드가 표적이 되었으며, 에스토니아의 보안 분야 종사자들을 크게 놀라게 했다. 에스토니아에 대한 공격과 그로 인한 피해는 에스토니아의 행동에 대한 러시아의 분노를 보여주었고, 러시아가 물리적인 군사력 없이도 대혼란을 일으킬 수 있다는 것을 에스토니아 지도자들에게 과시하였다.

에스토니아의 사이버 공격사건이 발생한 지 1년 후, 2008년 7월 20일부터 8월 10일까지 조지아 정부 웹사이트와 인프라 기관들은 러시아로부터 사이버 공격을 받았다. 또한 러시아는 조지아 정부를 지원하던 아제르바이잔의 언론기관을 포함한 외부의 목표 대상에도 공격을 가했다. 조지아에 대한 사이버 공격은 실제 전시상황에 준하는 것이었다. 러시아는 조지아의 휴대전화 네트워크와 전화 교환소를 표적으로 삼았고, 공군기지, 레이더 기지, 군사기지와 공장을 공격했다. 러시아의 조지아 공격은 대부분 징벌성이었고, 핵심 기반시설을 겨냥했으며, 러시아가 주도한 남오세티야와 압하지야의 점령과도 관련이 있었다. 러시아의 목표는 조지아인들에게 뼈아픈 교훈을 주면서 이 두 지역의 상실을 받아들이도록 강요하는 것이었다.

러시아가 주도한 비슷한 패턴의 사건 양상이 우크라이나에서 발생하였는데, 러시아가 일방적으로 크리미아를 합병하였고, 돈바스 지역에서는 반란이 일어났다. 러시아는 모든 인터넷 연결과 휴대폰 서비스에 영향을 줄 수 있는 서비스 거부 공격을 준비하고 정부의 웹사이트를 공격했으며, 우크라이나의 은행과 금융시스템을 교란시키려고 했다. 휴대전화 감청을 통해 생산된 문서들은 러시아 군의 의사결정권자와 러시아 내부의 정보기관, 그리고 우크라이나 정부에 맞서 활동하는 분리주의 단체 사이의 긴밀한 연결 관계를 보여주었다. 사이버 전쟁은 러시아의 관행으로만 국한되지 않는다. 시리아 정부의 중심에 있는 전자군(Syrian Electronic Army)[31]의 작전과 이와 유사한 이란의 사이버 작전은 주로 이스라엘 정부와 군대의 웹페이지를 공격하는 데 중점을 두고 있으며, 이는 사이버전이 어떻게 확산되고 있는지를 보여주는 사례이다.[32]

미국 국방부와 사이버 전쟁

미국 국방부는 사이버전을 수행하기 위한 작전시스템과 "교전규칙"을 개발했다. "플랜 X"라고 불리는 이 프로젝트는 미국 국방고등연구계획국(DARPA: Defense Advanced Research Projects Agency)에 의해 개발되었으며, 자체 웹사이트도 있었다.[33] 미국 국방부의 사이버전 교전규칙은 비밀이고, 대중에게 공개되지 않기 때문에 플랜 X가 어떻게 실행되는지에 대해서는 많은 것을 알 수는 없다. 그러나 미국의 정부조달시스템인 "GovBizOps"의 견적의뢰서 또는 제안요청서에 명시된 Plan X의 목표에 대한 일부 내용을 다음과 같이 확인할 수 있다.

"사이버 전투영역에서의 Plan X는 ① 네트워크 지도(map), ② 작전부대, ③ 능력의 집합 등 세 가지 주요 개념으로 정의된다. Plan X 프로그램은 우리 군이 대규모 동적 네트워크 환경에서 실시간으로 사이버전을 이해하고, 계획하며, 관리할 수 있는 단대단 시스템(end-to-end system)을 구축하는 것이다. 구체적으로 Plan X 프로그램은 군 사이버 작전의 계획, 실행, 측정 단계에서 설정된 네트워크 맵, 작전부대, 능력의 집합 개념을 사이버 전투영역에서 통합할 수 있다. 이 목표를 달성하기 위해 Plan X 시스템은 정부와 산업계의 기술과 통합하기 위해 개방형 플랫폼 아키텍처로 개발될 것이다."

플랜 X는 전쟁인가?

전쟁은 간단히 말해서 전쟁에 맞서 싸우는 활동으로 정의된다. 옥스퍼드 사전은 전쟁을 "다른 국가나 주, 국가 또는 주 내의 다른 집단 간의 무력충돌이 일어나는 상태"라고 정의하고 있다. 전쟁은 치명적인 활동을 야기하는데, 이것은 무력충돌을 의

미하는 것이다. “소모전(War of Attrition)”이나 “냉전(Cold War)”과 같은 개념은 실제 분쟁이 한계에 도달했거나, 직접적인 현장 전투가 일어나지 않는다는 것을 나타낸다. 그러나 냉전에는 대리전(proxy war)도 포함되었다는 사실을 기억할 필요가 있다. 그 예로 한국, 베트남, 캄보디아, 라오스 등이 있다. 소련이 그들의 고객들을 지원했던 중동 전쟁에서는 미군 부대가 직접적으로 전투에 관여하지는 않았다. 하지만, 욤 키푸르 전쟁에서는 이집트인들을 구호하기 위해 소련이 대규모의 병력을 투입하자 미군이 동원되었다. 소련은 대리 활동으로 첩보와 보급품을 제공했으며, 그들을 대신하여 MiG-25(Foxbat) 항공기를 비행했을 수도 있다. 또한 대리전의 다른 형태로 간주될 수 있는 많은 테러 조직과 테러 작전들을 지원했다.

미국의 헌법에 따르면, 공식적인 선전포고는 오직 의회만이 승인할 수 있다. 그러나 의회는 선전포고되지 않은 분쟁을 처리할 수 있는데, 의회에서 승인하지 않은 분쟁에 당국이 개입하는 것을 제한하기 위한 공동 결의안을 전쟁 권한법(War Powers Act)에 반영하여 시행하고 있다. 전쟁 권한법은 선전포고, 의회의 명확한 법적 승인 또는 미국이 공격을 받음으로써 발생할 수 있는 국가 비상사태에만 대통령의 무력 사용이 가능하도록 규정한다(50 USC Sec. 1541). 이 법은 적대행위를 개시하기 전에 의회와 협의가 필요하며, 의회의 승인을 얻기 전에 무력사용이 필요한 경우 최고 사령관에게 60일을 부여하되, 기간이 종료되기 전에 의회의 승인을 득하거나 무력사용을 종료하여야 한다. 전쟁 권한법은 의회에서 승인하지 않은 미국의 캄보디아 폭격에 대한 대립이 발생하자 의회에서 통과되었다. 닉슨 정부는 자신들이 폭격 작전에 가담했다는 사실을 부인했으며, 이 사건으로 당시 국무장관이었던 윌리엄 로저스를 의회로 보내 허위진술을 하게 했다.[34] 사실상 닉슨 이후 모든 대통령들은 어떤 방식으로든지 전쟁 권한법을 위반했다. 여러 측면에서 봤을 때, 전쟁 권한법은 의회가 법안을 시행하거나 시행하려고 시도할 때만 유용한 것처럼 보인다.[35]

1973년에 제정된 전쟁 권한법은 사이버 전쟁을 기술하지 않았으며, 먼 미래의 일이었다. 하지만 사이버 전쟁은 언제든지 실제 전쟁이 될 수 있다. 교통과 통신에 대한 공격은 항공교통 통제를 방해하고, 비행기의 추락을 야기할 수 있다. 도시의 전력을 차단하면, 깨끗한 물을 공급하는 문제, 혹한기의 난방, 의료 시스템의 위기 등 여러 가지 비상사태가 발생할 수 있다. 댐 시설을 제어하는 메커니즘에 대한 공격은 마을과 농지에 홍수를 일으킬 수도 있다. 통신이 중단되면 중요한 서비스들이 중단된다. 심지어 은행과 금융기관에 대한 공격은 시장경제를 약화시키고, 통화 가치의 붕괴로 이어져 마치 사이버-바이마르(Weimar) 통화 붕괴와 같은 사태를 일으킬 수 있다. 통화 위기는 식량부족, 기아, 질병확산을 초래할 수 있다. 물론 군사 및 정보 자산에 대한 사이버 공격은 실제 전쟁이므로 물리적 공격으로 간주하여 처리해야 하지만 불행하게도 오늘날은 그렇지 않다. 따라서 사이버 전쟁은 치명적이고, 심각한 영향을 미치면서 급속히 확산될 가능성이 높다. 어떤 경우에는 표적이 군대일 수도 있고, 정부를 겨냥할 수도 있다. 다른 경우에는 기반시설이나 정치적인 목표를 대상으로 할 수도 있다. 조지아와 우크라이나의 사례에서 알 수 있듯이 이러한 공격은 심각한 문제를 야기하고 지역적인 불안정을 초래하기도 한다.

사이버 공격의 배후에서 각 국가들이 개입했다는 사실을 부정하는 것은 매우 흔한 일이다. 중국은 일상적으로 – 종종 분노하는 모습을 보이며 – 미국의 핵심 기반시설과 자산 공격에 관여했다는 사실을 부인한다. 미국의 상원 군사위원회가 중국의 성공적인 사이버 공격과 미국 방산업체의 정보가 탈취된 사례를 보고했을 때, 중국은 해당 혐의에 대해 터무니없이 "날조된 것"이라며 반박하였다.[36] 중국과 러시아는 종종 사이버 공격에서 자신들의 역할을 부정하지만, 중동에서는 다르다. 예를 들어, 시리아와 이란이 이스라엘의 웹사이트를 공격한 사건은 해당 국가의 언론으로부터 환영을 받으며, 양국의 정치 지도자들은 이를 공적으로 악용하기도 한다. 웹사이트를 파괴하거나 손상을 입히는 것 외에도 이란, 시리아, 팔레스타인, 그리고 ISIS를 포함한 많은 나라의 사람들은 소셜 미디어를 이용하고, 이러한 정보원으로부터 수집한 정보를 토대로 목표 대상을 식별한 후 그 사람들을 괴롭히거나 심지어는 물리적인 공격까지 가하고 있다. 이스라엘 회사인 WebintPro는 HIWIRE 시스템[37]을 사용하여 테러리스트들이 소셜 미디어를 어떻게 악용되고 있는지를 보여주었다. HIWIRE는 프랑스의 유대인 활동가들을 표적으로 삼고, 그들의 사진을 수집하였으며, 때로는 – 이슬람 극단주의자들에 의해 – 비밀번호와 기타 개인정보들을 해킹한 사례들을 보여주었다. 7시간 동안의 신속한 조사를 통해 HIWIRE 시스템은 다음의 것들을 발견했다.

① 유대인 타겟 대상자 명단: 프랑스 유대인의 신원은 그들의 사진과 개인정보와 함께 어디서 그들을 찾을 수 있는지 온라인에 게시된다.
② 프랑스의 폭력적인 반유대주의자: 공개적으로 유대인 학살을 요구하는 사람들
③ 문제의 소지가 있는 Facebook 그룹 또는 페이지: 반유대주의 댓글이 많은 수천 명의 회원이 있는 페이지 및 그룹

이 연구자료는 2014년 7월 프랑스 정부에 제출되었지만, 정부는 이에 대해 아무런 조치도 취하지 않은 것으로 보이며, 유대인 공동체조차도 수수방관했다. 유대인 공동체의 취약성을 보완하기 위한 조치가 취해졌더라면 많은 생명을 구할 수 있었을 것이다. 오늘날 가장 큰 위협 요소 중 하나는 테러리스트 그룹이나 정보기관이 방대한 양의 정보 - 개인정보, 위치정보, 가족과 지인 등 인맥 정보, 정치적인 성향 등 - 에 관심을 갖고 이를 수집한 후 테러리스트들에게 제공할 가능성이 있다는 것이다.

민주주의 사회에서는 공격에 대응하기 위하여 언제, 어떻게, 어떤 명분으로 사이버 전쟁에 참여하는 것이 합법적인지를 결정하는 문제가 여전히 남아 있는 것 같다. 미국의 정보기관과 법 집행 기관은 정부, 방산업체, 은행 등 금융기관, 그리고 가장 최근에는 공공시설까지 대상으로 하는 수많은 사이버 공격을 보고해 왔다. 하지만 현재까지 이에 대한 어떠한 대응도 알

려진 것이 없다. 해커를 후원하는 외국 정부의 공격이 적대적이고, 잠재적으로 매우 위험한 상황임에도 불구하고, 미국은 이에 손을 대지 않았다.[38] 정보 커뮤니티에서는 지능형 지속공격 APT(Advanced Persistent Threat)에 주목해야 한다고 말한다. 미군이 적과 싸울 때, 미국 국방부가 사이버공격 능력을 활용해야 한다는 사실은 모두가 인정하지만, 이를 현존하는 지능형 지속공격(APT)에 맞서기 위한 준비상태는 어느정도 수준일까? APT는 기술의 발전, 네트워크 아키텍처의 변경, 운영체제의 교체, 보안 프로그램의 패치 등 다양한 상황 변화에 맞는 프로필을 사용하는 24시간 일상적인 공격 현상이다. 최상위 수준의 APT 공격은 발견하기 어려우며, 더군다나 침입자를 추적하는 것은 더더욱 어렵고 때로는 불가능에 가깝다. 하지만 침입자를 상대로 설정된 다양한 기술과 함정이 때로는 성과를 거두기도 한다. 그러나 APT를 다루는 것은 기본적으로 쥐와 고양이 게임이며, 쥐가 분명히 유리한 점을 가지고 있다. 미국은 APT에 대응하기 위해 많은 노력을 기울였으나 이러한 공격을 원천적으로 차단하거나 방지하지는 못했다. APT 기습공격이 너무 많은 비용과 예기치 못한 위험을 초래한다면, 이를 타개하기 위한 전환점이 필요하지 않을까? 미국의 적들은 진짜 새로운 전쟁을 준비하는 것이 아닐까?

세계화의 영향

컴퓨터 기술은 전 세계적으로 확산되었다. 실제로 이는 기술의 세계화에 가장 좋은 사례 중 하나이다. 하지만 미국이 기술 노하우를 전 세계에 전파함으로써 어쩌면 자신을 치명적으로 노출시킨 사례이기도 하다. 미국 기술의 확산은 의도치 않게 많은 결과를 가져왔다. 미국의 마이크로 전자회사들은 주로 높은 인건비, 환경법과 같은 자국의 규제, 그리고 경제성 등을 이유로 집적회로를 해외에서 생산했다.[39] 초기 수혜자 중에는 일본과 싱가포르가 있었고 나중에는 말레이시아, 한국, 대만이 생산에 참여하게 되었다. 하지만 가장 대표적인 국가는 중국이다. 중국은 막대한 노동력을 동원하고 이를 관리할 수 있음을 보여주었다. 또한 점점 더 많은 기술과 엔지니어링 인재들을 공급하고, 공장을 건설하거나 제조업을 아웃소싱하기에도 매력적인 나라이다. 심지어는 대만도 중국에 투자했는데, 자국 제조업의 상당 부분을 중국 본토에 두고 있다. 중국에서 가장 성공적인 대만기업 중 하나는 Apple용 태블릿과 스마트폰을 생산하는 Foxconn(Hon Hai Precision Industry Co., Ltd)이다.

아시아에서의 전자제품 생산은 마이크로 칩, 센서, 회로기판의 제조와 조립 공정과 관련된 지속적인 기술이전이 포함된다. 미국이 수출통제를 하더라도, 이러한 통제의 메커니즘에 의해 보호되는 기술은 거의 없다. 미국은 해외에서 집적회로를 생산할 때, 허용 가능한 크기 등 일부 스펙을 제한하려고 시도한 적이 있었지만 대부분 전략적으로 의미가 없었다. 중국이 자국의 국방 및 항공우주산업을 주도할 수 있었던 이유는 첨단 전자산업 기술에 대한 접근이 가능했기 때문이다.

널리 개방된 세계

미국 국방부는 다른 큰 조직들과 마찬가지로 많은 문제점과 이슈들을 갖고 있다. 컴퓨터 네트워크와 민감한 정보를 보호하기 위해 대부분의 민간기업보다 더 많은 노력을 기울이고 있지만, 네트워크 침입과 정보의 탈취는 여전히 위험요소로 남아 있다. 국방부는 높은 수준의 지휘와 관리 활동뿐만 아니라 군부대의 작전, 내부 정보수집 활동, 광범위한 조달계약 커뮤니티와 연결, 미국과 동맹국의 군사작전을 위한 해외 접속, 다른 정부부처 및 기관 - 백악관, 국가안보회의(NSC), 국무부, 국토안보부, CIA, 국가안보국(NSA) 등 - 과 전자적으로 연결된 거대한 조직이다. 이렇게 수많은 인터페이스와 연결성, 통신에 대한 의존성으로 인해 해커와 침입자가 들어갈 수 있는 다양한 재난의 출입문이 생성된다. 더욱이 이들은 모두 예외 없이 상용(COTS)의 컴퓨터 네트워크, 운영체제, 플랫폼을 사용하고 있기 때문에 해킹에 노출되어 있다. 과거에는 보안문제가 거의 외국정부에서만 발생했다. 일부는 미국에서도 발생하기도 했는데, 미국의 비밀정보를 탈취하기 위한 충분한 자금과 어떠한 위험도 기꺼이 감내하겠다는 적극적인 욕구와 의지를 가진 "유능한" 외국정부만이 가능했다. 그러나 동서양을 가리지 않는 세계화로 인해, 정부와 "지하"의 해커들에게 해킹 툴을 판매하는 수많은 회사들도 동반 성장하였다. 이들 중 일부는 "딥 웹"이라고 불리는 곳에서 활동한다. 딥 웹은 일반 검색 엔진에서는 검색 목록이 생성되지 않는 인터넷의 일부로, 신원을 숨기기 위해 다양한 도구를 사용하며, 인터넷 범죄행위의 주요 근원지로 간주된다. 딥 웹은 다양한 형태의 악성코드를 교환하고, 컴퓨터 시스템과 네트워크를 해킹하는데 사용할 수 있는 공격방법을 공유하는 "기술자" 또는 "범죄자"에 의해 운영된다.[40]

또한 전 세계적으로 해킹 툴을 판매하는 소규모 기업들도 있었다. 가장 유명한 것 중 하나는 "해킹 팀"(2019년부터 메멘토 랩스)이며, 이탈리아 밀라노에 본사를 두었다. 해킹 팀은 6개 대륙의 법집행기관들에게 "공격적인" 기능을 제공할 수 있다고 소개했다. 이 회사는 밀라노에 약 40명의 직원을 고용했는데, 미국 메릴랜드 주 아나폴리스와 싱가포르에도 사무실이 있었다. 회사는 "우리는 해킹 팀이며, 범죄와의 전쟁은 단순해야 한다고 생각한다. 따라서 전 세계의 법 집행 기관과 정보 커뮤니티의 사람들이 사용하기 쉽고, 효과적인 공격이 가능한 기술을 제공한다. 기술은 방해하는 것이 아니라 힘을 실어주는 도구여야 한다."라고 주장했다. 해킹 팀은 캐나다에 본부를 둔 비영리 친 인권 단체인 시티즌 랩(Citizen Lab)과 지속적인 논쟁을 벌여왔다. 시티즌 랩은 해킹 팀의 제품이 억압적인 성향의 정부에 의해 사용된다고 지적하였으며 해킹 팀의 원격통제시스템(RCS: Remote Control Systems) 장비에 대해 다음과 같이 쓰고 있다.

해킹 팀은 타겟이 되는 대상이 인터넷을 통해 정보를 전송하지 않더라도, RCS가 타겟의 컴퓨터에 저장된 데이터를 캡처할 수 있다는 점을 강조하며, 기존의 감시 솔루션(예: 도청)들과 차별화한다. 또한 정부가 도청할 수 없는 네트워크에 타겟이 연결되어 있더라도, RCS를 사용하면 타겟의 암호화된 인터넷 통신을 정부가 감시할 수 있다. RCS에는 컴퓨터의 하드디스크 파일, Skype 통화녹음, 이메일, 인스턴트 메시지, 웹 브라우저에 입력한 비밀번호 등을 복사하는 기능도 있다. 또한 장치의 웹캠과 마이크를 켜서 타겟을 감시할 수도 있다. 해킹 팀은 잠재적인 고객들에게 RCS가 "수십만 개의 표적"을 대상으로 대량의 감시활동에 사용될 수 있다고 주장하지만, 공개된 설명서에서는 RCS가 범죄 및 테러 행위를 퇴치하기 위한 목적을 가진 도구로 사용될 수 있음을 강조한다.

언론에 공개된 해킹 팀의 유출자료에 따르면[41], RCS는 수많은 정부에 판매되었다. 고객들로는 알바니아등 40개국(알바니아, 아제르바이잔, 바레인, 브라질, 칠레, 콜롬비아, 키프로스, 체코, 덴마크, 에콰도르, 이집트, 에티오피아, 온두라스, 헝가리, 이탈리아, 카자흐스탄, 레바논, 룩셈부르크, 말레이시아, 멕시코, 몽골, 나이지리아, 오만, 파나마, 폴란드, 루마니아, 러시아, 한국, 사우디아라비아, 싱가포르, 스페인, 수단, 스위스, 태국, 튀르키예, UAE, 우간다, 미국, 우즈베키스탄, 베트남), 72개 기관이다. 여러 가지 주요 사례에서 해킹 팀의 RCS 제품은 언론인에 대한 공격뿐만 아니라 인권 및 정치 활동가의 체포와도 관련이 있었다. 해킹 팀의 제품은 미국의 NSA에서도 사용 중이고, 아마도 미국의 다른 정부기관에서도 사용 중일 것이다. 해킹 팀의 시스템은 전 세계에 퍼져있는 비밀서버를 통해서 작동되며, 가장 큰 "집합체"는 미국에 있다.

해킹 팀과 유사한 제품을 가진 회사는 영국의 감마 인터내셔널[42]이며, "FinFisher(FinSpy)"라는 이름으로 생산한다.

FinFisher도 해외 여러 나라에 판매되었다.[43] 현재까지 파악한 바로는 이탈리아(Hacking Team)나 영국(Gamma Group) 모두 이러한 제품의 수출을 완벽하게 통제하지 않는 것으로 - 유럽 국가군의 수출은 허가 불필요 - 보이며, 수출 통제에 대한 언급은 찾아보기 힘들다. 이것은 영국, 이탈리아 그리고 다른 정보기관들이 이 제품들이 어떻게 사용되고 있는지에 대해 "조사(look)"할 수 있도록 해주는 수많은 "backdoor"들이 이 제품 안에 들어 있음을 암시한다.

적어도 한 나라, 이란은 자국민들을 대상으로 - 특히, 컴퓨터와 휴대전화 네트워크에 초점을 맞추어 - 광범위한 감시를 하고 있다. 이들은 유럽의 해킹제품을 구매하고, 중국의 통신업체인 화웨이와도 계약을 맺은 후 모든 컴퓨터와 전화사용을 추적하는데 도움을 받고 있다. 오늘날까지 미국에서는 화웨이 전화교환시스템을 들여오는 것을 막는 등 화웨이 제품은 언제나 논란의 대상이 되어 왔다. 하원의 정보 상임위원회는 2012년 10월 화웨이와 다른 중국 기업 ZTE에 대하여 매우 강한 기조의 보고서를 발표했다.[44] 이 보고서는 화웨이와 ZTE를 미국 국가 안보에 대한 위협으로 지정하고, 미국정부가 해야 할 일을 권고하였으며, 민간 기업들에게는 위의 두 회사와 거래할 때 발생할 수 있는 위험성에 대해 경고했다. 그렇더라도 화웨이는 빠르게 성장하는 회사이며, 공격적인 가격 정책과 마케팅 덕분에 많은 고객들을 확보하고 있다. 미국에게는 당혹스럽겠지만, 화웨이는 영국에서 빠르게 사업 영역을 확장 - 2020년에 이르러 미국의 외압이든 아니든 영국도 화웨이를 퇴출 하지만 - 하였다. 화웨이의 CEO이자 창립자인 런 정페이는 2012년 데이빗 카메론 총리와의 회담에서 영국에 대한 13억 파운드의 투자와 조달 계획을 발표하였고, 영국의 보다폰과 전략적 파트너십을 구축했다. 보다폰은 알바니아, 체코, 이집트, 독일, 가나, 그리스, 헝가리, 인도, 아일랜드, 이탈리아, 몰타, 네덜란드, 뉴질랜드, 포르투갈, 카타르, 루마니아, 남아프리카, 스페인, 튀르키예 등 다양한 국가에서 운영되고 있다. 영국의 보다폰과 화웨이의 관계는 중국의 잠재적인 정보 침투를 위하여 모든 국가의 출입문을 열어주는 것과 마찬가지이다. 영국과 달리 호주는 실제로 화웨이를 금지했지만, 화웨이는 이 금지 조치를 뒤집기 위해 로비 활동을 벌였다.[45]

아직 화웨이 장비가 미국에 진출한 것은 아니지만, 미국의 기업들이 화웨이 장비나 ZTE에서 제조한 휴대전화를 구매하는 데 직접적인 법적 장벽은 없다. 화웨이는 지속적으로 성장하고 있으며, 미국의 통신시스템이 노출되는 캐나다 인근을 포함하여 세계 상위 50대 통신회사 중 약 80%가 화웨이와 협력하고 있다. 화웨이는 미국 등 전 세계에 연구기관을 보유하고 있다. 화웨이가 소유한 미국의 연구센터는 자유롭게 운영되고 있다.

결론

사이버 전쟁은 현실이지만 한계가 없는 전쟁이기 때문에 사이버 공격에 어떻게 대응해야 할지는 아무도 모른다. 미국 국방부는 분명히 몇 가지 “교전규칙(rules of engagement)”을 마련했지만, 이를 비밀로 유지하고 있다. 미국의 플랜 X는 국방부가 무기고에 사이버 전쟁을 담을 수 있는 도구 상자를 만들기로 한 프로그램이다. 플랜 X를 평가하는 것은 불가능하지만 누구나 알 수 있는 것은 사이버 공격에 대응하는 능력을 확보하기 위하여 상당한 자원을 투입하고 있다는 것이다.

많은 국가들이 강한 정치적 충돌이나 실제 군사작전 중에 사이버전을 경험했다. 조지아와 우크라이나는 둘 다 통신, 은행, 금융, 일부 설비들을 무력화시키려는 대규모 사이버전 공격을 받았다. 국제적으로 가장 큰 파장을 불러일으킨 공격 중 하나는 이란의 원심분리기 캐스케이드(cascades)에 대한 스턱스넷(Stuxnet) 공격으로, 이로 인해 이란의 원심분리기 용량이 최대 25% 손실되었고, 우라늄 농축 프로그램도 수년이 지연되었다. 스턱스넷은 미국과 이스라엘의 공동 프로젝트로 여겨지지만, 각 협력자들은 스턱스넷의 목적에 대해 서로 다른 생각을 가지고 있었다. 스턱스넷이 공개되었을 시점에는 미국은 이미 이란과 비밀협상을 시작하였고, 스턱스넷을 협상을 위한 지렛대로 활용하였을 것이다. 이스라엘은 이란의 핵 프로그램에 대한 군사적 해결책을 고심하고 있었지만, 스턱스넷이 물리적인 군사력 없이 그들을 구제할 수 있는지 알아보고자 했다. 스턱스넷은 실질적인 피해를 입혔지만, 이란은 계속해서 핵무기를 보유하고자 하는 목표를 추구하였다. 이후 이스라엘은 이란에 대해 군사적 행동으로 전환하지 않았으며, 미국 정부의 지원도 받지 못했다.

미국의 안보가 직면한 주요 문제 중 하나는 전자기술과 컴퓨터, 그리고 휴대전화가 완전히 세계화 되었으며, 미국은 더 이상 이와 관련된 기술의 확산을 통제할 수 없다는 것이다. 제조 생산시설의 대부분은 해외에 있으며, 그 마저도 중국에 많이 있다. 또한 거의 모든 컴퓨터시스템과 네트워크, 통신 프로토콜은 상업적 고려 사항에 따라 구동되는 오픈소스 시스템이다. 따라서 화웨이와 같은 기업은 영국, 캐나다 등 미국의 주요 동맹국을 포함해 무려 50개국에 통신시스템 기술을 판매하고 관리해왔다. 게다가 미국 국방부는 대부분의 정보시스템을 상용기술(COTS)로 전환했다. 이는 국방부가 엄청난 취약점에 직면해 있고 또는 직면할 수도 있으며, 확실한 것은 현재도 침입자와 해커들의 공격을 받고 있다는 것이다. 이러한 공격은 루비콘 강을 건넜으며, 이에 대한 군사적 대응이 필요한지 여부는 아직은 알 수 없다.

핵심 인프라를 사이버 공격에 노출시키는 또 다른 요인은 전 세계의 의심스러운 고객들에게 침입 및 감시 기술을 판매하는 민간 기업들이다. 최악의 독재 정권과 잔혹한 기관에게 기술을 파는 것을 막는 미국 정부의 지침은 없다. 영국, 독일, 프랑스, 이탈리아의 기업들이 국제 스파이 활동을 위해 사용되는 민감한 모니터링 및 감시 장비에 대한 판매 반대 여론을 진압하면서까지 수출을 시도하는 유럽도 마찬가지이다. 결론적으로 현재로서는 각국의 정부와 인프라에 대한 반복적인 사이버 공격을 억제할 수 있는 방법은 없다. 사이버는 상대가 공격을 중단할 만큼의 대가를 치르게 할 대응책을 마련하기 어려운 몇 안 되는 분야 중 하나이다. 경제적인 상호의존성, 때로는 에너지와 관련된 외부의 정치문제, 일부 미국 동맹국들의 취약성을 고려할 때, 중국이나 러시아와 같은 국가 행위자들로부터 미국이 받는 제약은 심각한 수준이다. 현재까지 사이버 선동가들은 미국의 의사 결정권자들이 강력한 결단을 내리도록 동원할 만큼 충분한 전환점에 도달하지 못했거나 어떤 조치도 전혀 취하지 않았다. 미국은 여전히 먹음직스러운 치즈이다. 점점 더 뚱뚱해지는 쥐들이 많이 있다.

제7장

코드, 암호, 암호화 그리고 기술보호

Codes, Ciphers, Encryption and Technology Security

제7장

코드, 암호, 암호화 그리고 기술보호

(Codes, Ciphers, Encryption and Technology Security)

"암호화에는 두 가지 유형이 있다.
하나는 여동생이 여러분의 일기장을 읽지 못하게 하는 것이고,
다른 하나는 정부가 읽지 못하게 하는 것이다."
- 브루스 슈나이어(Bruce Schneier) -
미국의 암호학자, 컴퓨터 보안 전문가

코드(code)와 암호(cipher)는 정보통신을 보호하기 위해 3,000년 이상 동안 사용되어 왔다. 정보보증과 정보보호는 국력에 필수적인 기술들이다. 불행하게도 이러한 자원의 관리는 기술이 적절하게 보호되고 있는지에 대해 많은 의문을 제기한다. 과거에 이러한 기술이 어떻게 작동되었고, 현대의 구현 방식을 간략하게 설명한 후에 앞으로 기술보호가 나아갈 방향에 대하여 살펴보겠다.

수세기에 걸쳐 메시지를 감추는 다양한 기술이 사용되었다.

오늘날에도 알카에다 테러리스트들은 자신의 목표와 계획을 숨기기 위해 암호를 사용하여 "대화"해 왔다. 우리는 정부, 범죄자, 테러리스트 그리고 일반 대중이 함께 사용할 수 있는 다양한 기술이 존재하는 시대에 살고 있다. 이로 인해 국가안보국(NSA), FBI, CIA 등 전 세계의 첩보를 수집하고, 스파이 조직에 대응하는 기관들은 국가 안보를 위해 암호화된 메시지를 해독하는 방법을 찾으려고 노력하고 있다.

일부 용어에 대한 정의를 순서대로 설명하면, 코드는 단어나 문구를 다른 단어, 숫자, 기호와 같이 은폐된 정보로 바꾸는 방법이다. 코드는 단어 전체 또는 A = 워싱턴 D.C., B = 바이든 대통령과 같은 개념으로 대체할 수 있다. 이에 비해 암호(cipher)는 모든 알파벳 문자 또는 숫자를 하나 이상의 숫자, 문자 또는 문자와 숫자의 쌍으로 대체하여 메시지를 숨기는 수단이다. 암호조립 또는 암호기술(cryptography)은 메시지를 비밀로 만드는 방법이고, 암호화(encryption)는 - 그리고 아날로그 복호화(decryption, 암호해독)를 포함 - 메시지를 암호화(ciphering)하는 과정이다. 전자적으로 전송되는 암호화된 메시지는 정부와 군대에 신속하고, 안전한 통신을 제공한다. 전신이 실용화되면서 유선을 통해 전달되는 정보를 보호해야 한다는 요구가 커졌다.

전신(Telegraph)의 부상과 활용

전신(telegraph)으로 인해 현대적이고 빠른 통신이 가능해졌지만, 전송 인프라에 적 또는 스파이가 접근할 수 있다면, 송수신 되는 메시지를 가로챌 수 있었다. 전신주나 건물의 통신 배선함에 수도꼭지를 설치하는 것은 이상한 일이다. 하지만 전신이 대서양을 횡단하게 되면서 그것은 흔한 일이 되었고, 침입자들도 그렇게 하였다.

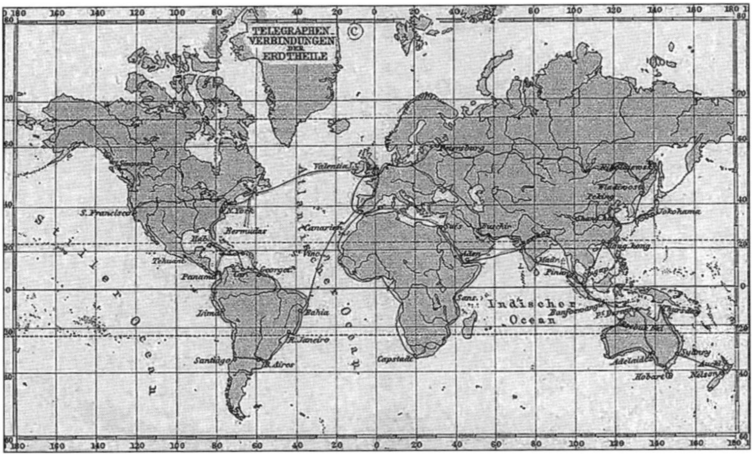

〈세계의 전신 라인(1891년)〉

https://commons.wikimedia.org/wiki/Category:Maps_of_telegraph_lines#/media/File:1891_Telegraph_Lines.jpg

제1차 세계대전에서 영국과 독일은 전쟁에서 차지하는 전신의 중요성을 인식했다. 영국군은 독일의 송전선을 파괴하려 했고, 독일군도 영국군에 똑같은 행위를 하려 했다. 전반적으로 영국은 독일의 통신을 차단하고, 전신 연결을 파괴하는 데 더 성공적이었으며, 적의 통신시스템 전체를 파괴할 필요가 없다는 것도 알고 있었다. 왜냐하면, 일부 독일의 송전선을 "개방" 상태로 유지하면서 독일의 활동을 추적하고, 암호 해독이 가능한 곳에서는 통신 내용을 읽을 수 있었기 때문이다. 예를 들어, 영국은 "올 레드 라인"이라고 불리는 영국 해협의 송전선을 계속 개통하였다.

독일은 영국의 케이블 라인을 끊기 위한 적극적인 계획을 갖고 있었다. 그러나 라인의 저항값을 측정하는 시험 장비를 활용하면, 케이블이 절단된 지점을 찾을 수 있었다. 이 방법을 사용하여 영국과 독일은 케이블이 절단된 위치에 잠수부(해협에 있는 경우)를 보내어 수리할 수 있었다. 이 위치파악 기술을 우회하기 위해 독일군은 절단된 위치에 블랙박스를 설치하기 시작했다. "신비한 장치"라고 불리는 이 기기는 사실, 설정 방법에 따라 케이블을 더 길게, 또는 짧게 보이게 만드는 가변저항기였다. 단선을 찾는 방법은 케이블을 작동시켰을 때 양 끝에서 저항을 측정하는 것이다. 그러나 가변저항기는 정확한 측정값을 제공하지 않도록 설계되었기 때문에 끊어진 케이블 라인을 찾기가 매우 어려웠다.

독일인들은 또한 자신들이 절단한 케이블 부분에 "메모"를 남기는 것을 즐겼다. 그러한 메모 중 하나에는 "더 이상 로이터(Reuter, 독일 태생의 영국의 통신 사업가) 통신은 이 케이블을 사용해서 거짓말을 전파할 수 없을 것이다. 안부를 전한다. - 훈족과 바다 해적이 보냄"[1]이라고 적혀 있었다. 관례적으로 독일의 메모는 영어로 작성되었다.

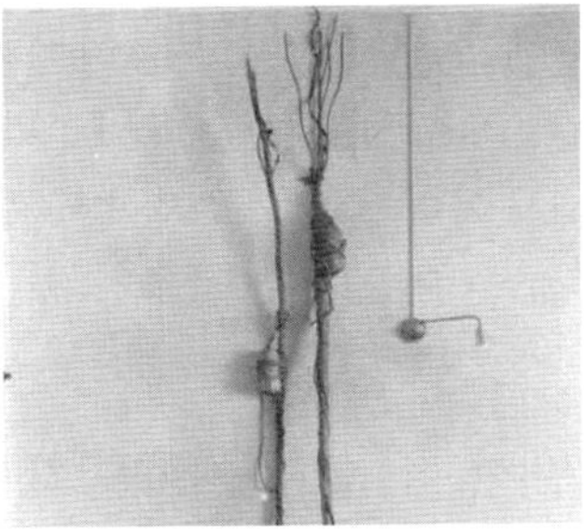

〈신비한 장치(mysterious apparatus)〉

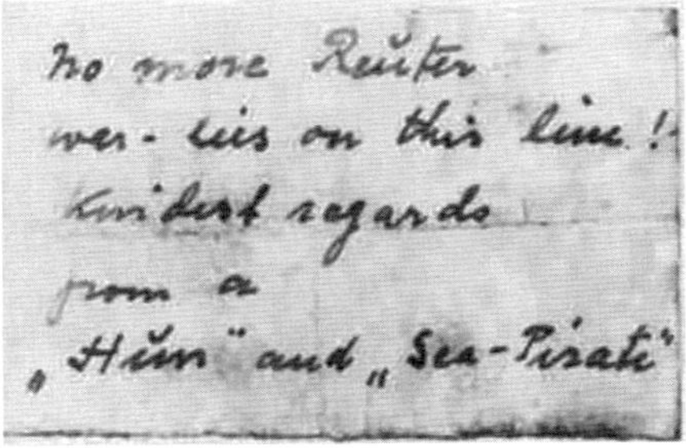

〈독일인들이 남긴 메모〉

Courtesy of BT(British Telecommunications) Group Archives(Finding Number : POST 56/114)

암호화된 전보의 일부를 가로챈 것은 매우 유명해졌다. 알려진 사례 중에 가장 유명한 것은 짐머만 전보 사건인데, 독일의 외무장관이었던 아르투르 짐머만이 멕시코의 외무장관에게 전달하는 메시지였다. 독일이 멕시코시티에 메시지를 전달하기 위해서는 멕시코와 전신 라인을 갖고 있는 국가의 협력이 필요했다. 이 나라는 아직 전쟁에 참전하지 않았으며, 공식적으로 중립을 유지하고 있던 미국이었는데, 베를린 주재 미국 대사관은 전쟁 중 양측 모두에게 기꺼이 통신망을 지원했다. 메시지는 미국 대사관으로 전달된 후 덴마크의 코펜하겐과 영국을 거쳐 미국 본토에 도착했다. 이후 상용 라인을 통해 텍사스 주 멕시코 만의 갤버스턴까지 이동한 다음, 최종 목적지인 멕시코시티에 도착했다. 그러나 외교적 통신 라인으로서 이에 대한 보호가 필요했음에도 불구하고, 영국 정보부는 영국의 랜즈엔드 인근에서 메시지를 포착하였다. 영국은 그것을 복사한 후 영국 해군성 산하의 40호실로 알려진 암호해독 부서에 전달했다.

짐머만 전보는 미국의 시설을 이용하여 암호화된 메시지를 전송할 경우 이를 투명하게 공개해야 한다는 미국 대사관의 정책을 위반하였다. 하지만 이는 특이한 예외 사례였으며, 베를린 주재 미국 대사관이 이를 전송하도록 허용한 이유가 무엇인지는 확실하지 않다. 독일인들은 미국 대사관에 가져온 암호화된 메시지의 내용을 이미 잘 알고 있었기 때문에, 이를 먼저 공개하지 않았다. 아마도 미국 대사관과 모종의 거래가 있었던 것 같다. 영국인들은 독일 암호에 대해 이미 많은 것을 알고 있었고 이를 해독할 수 있었다. 그들은 메소포타미아에서 코드북(codebook, 전신 암호장)을 탈취한 후, 독일의 외교 암호를 입수했다.

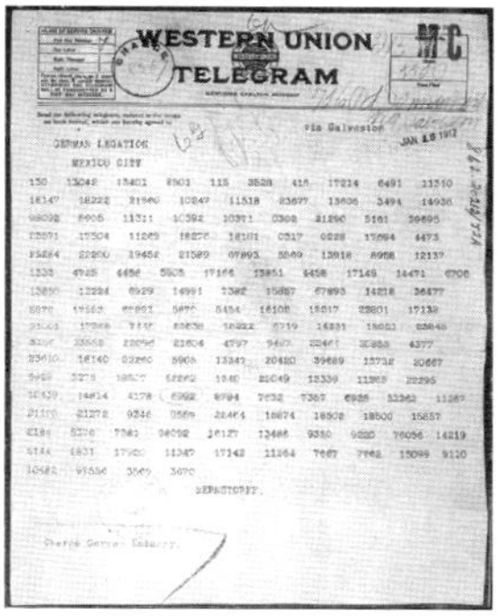

〈짐머만 전보 원본〉1)

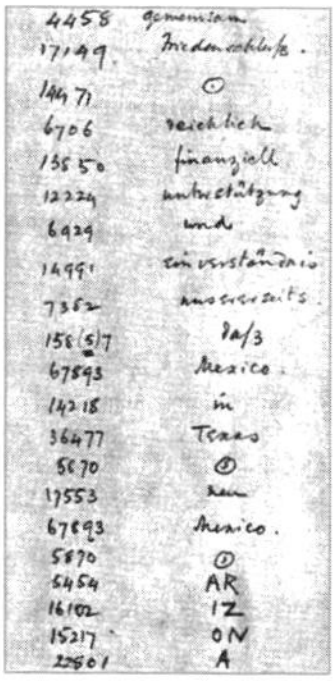

〈영국의 암호해독〉2)

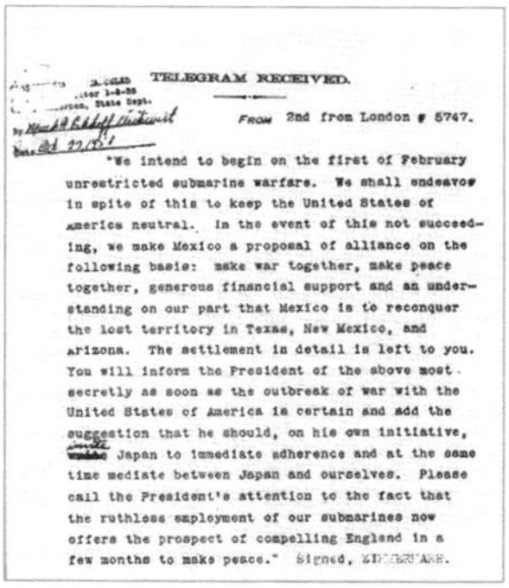

TELEGRAM RECEIVED.

FROM 2nd from London # 5747.

"We intend to begin on the first of February unrestricted submarine warfare. We shall endeavor in spite of this to keep the United States of America neutral. In the event of this not succeeding, we make Mexico a proposal of alliance on the following basis: make war together, make peace together, generous financial support and an understanding on our part that Mexico is to reconquer the lost territory in Texas, New Mexico, and Arizona. The settlement in detail is left to you. You will inform the President of the above most secretly as soon as the outbreak of war with the United States of America is certain and add the suggestion that he should, on his own initiative, invite Japan to immediate adherence and at the same time mediate between Japan and ourselves. Please call the President's attention to the fact that the ruthless employment of our submarines now offers the prospect of compelling England in a few months to make peace." Signed, ZIMMERMANN.

〈해독된 전보 내용〉3)

1) https://commons.wikimedia.org/wiki/File:Zimmermann_Telegram_as_Received_by_the_German_Ambassador_to_Mexico_-_NARA_-_302025.jpg

2) https://commons.wikimedia.org/wiki/File:Ztel2.jpg

3) https://commons.wikimedia.org/wiki/File:Zimmermann-telegramm-offen.jpg

또한 영국은 러시아가 발견한 후 영국과 공유했던 난파된 마그데부르크 순양함에서 복구한 독일 해군의 암호 코드북을 가지고 있었다. 사실, 짐머만 전보의 상당 부분은 수신된 날 영국군에 의해 해독되었는데, 암호 해독가들에게는 매우 손쉬운 작업이었다.

짐머만 전보는 대충 읽어도 깜짝 놀랄만한 내용임을 알 수 있었다. 영국은 독일이 무제한 잠수함 작전을 재개할 때까지 이를 공개하는 것을 기다리기로 결정했다. 이 전보가 미국으로 전달된 것은 그때였다.

멕시코에 보낸 짐머만의 제안은 미국을 분노하게 만들었다. 텍사스, 뉴멕시코, 애리조나에서 잃어버린 영토를 되찾고자 하는 멕시코의 열망을 부추기기 위해 독일-멕시코 동맹 체결, 재정적인 지원과 협정을 제안했던 것이다. 짐머만의 전보는 당시 미국의 대통령이었던 우드로 윌슨이 연합군의 편으로 참전을 결정하는 데 큰 도움이 되었다. 전보는 언론에 유출되어 미국에서 유명한 쟁점이 되었고, 윌슨에게는 선택의 여지가 없었다.[2] 처음에는 전보가 위조되었다는 의혹이 있었지만, 1917년 3월 3일 짐머만은 미국 기자에게 "부정할 수 없다. 사실이다."라고 말하면서 이를 확인해주었다.

전쟁이 끝난 후, 독일은 그들의 비밀 통신망의 대부분이 영국과 다른 연합국들에 의해 가로채고, 해독되었다는 사실을 알게 되었다. 여기에는 야전 감청도 포함되었다. 1918년 프랑스에서 미국 원정군의 소규모 암호감청팀은 경험이 많지는 않았지만 독일의 "참호(trench)" 코드를 해독할 수 있었다. 이를 알아낸 독일인들은 코드를 변경했지만, 이전의 코드와 새로운 코드를 모두 활용하여 동일한 메시지를 전송하는 바람에 미국 암호 해독가들에게 새로운 코드가 노출되는 치명적인 실수를 저질렀다. 독일 역시 능력있는 암호 해독가들을 보유하고 있었다. 제1차 세계대전에서 그들이 이룬 최고의 업적은 영국 해군의 암호를 해독한 것이었다. 무선전신 메시지를 읽을 수 있는 능력을 갖춘 독일 해군은 U보트를 조종하여 민간 및 군용 연합 함정들을 요격할 수 있었고, U보트 공격이 독일 육군 다음으로 영국에게 매우 효과적이라는 것이 입증되었다.

독일의 "참호 코드"는 매달 두 번씩 정기적으로 변경되는 4,000개 이상의 군사 코드 단어로 구성되었다. 프랑스인들도 참호 코드를 개발했다. 참호 코드는 메시지를 가리는 간단한 방법이었는데, 일회용 암호표만큼 좋지는 않았지만 메시지가 반복되지 않는 경우에는 사용하기에 충분했다. 제1차 세계대전이 끝나갈 무렵, 독일군은 통신 보안을 위해 더욱 강력하고 차별화된 솔루션을 모색했다. 이 과정에서 독일군은 미국의 도움을 받았다.

말(horse) 도둑

이 사람은 유죄 판결을 받은 말 도둑이었고, 1907년부터 1909년간 센 쿠엔틴 감옥에서 2년간 수감되었다. 일리노이주 북부의 스트리터에서 태어나 블루밍턴에 있는 군대의 고아원에서 자랐고, 오딘에 있는 농장에서 일한 후 말을 타고 캘리포니아로 이동하였으며, 목재를 가공하는 제재소에서 일하면서 토지의 목재 소유권을 주장하기도 하였다. 직업상 목수였고, 정식 교육을 받지는 못했지만 강한 사업적 본능을 갖고 있었는데, 감옥에서 만난 동료 수감자 덕분에 레온 바티스타 알베르티를 알게 되었다. 1907년 기준으로 알베르티는 죽은 지 이미 435년이나 되었다. 창조성이 만발하였던 르네상스 시대에 많은 사람들이 그랬던 것처럼 유명한 건축가인 알베르티(1404-1472)는 다양한 분야에서 대가였는데, 그 중 하나는 수학이었다. 그의 저술 "암호론(De Componendis Cifris, 1568년 최초 출판, 이탈리아에서는 La Cifra라는 제목으로 출판)"은 현대 암호학의 초석을 이루었는데, 핵심적인 발견은 다중문자 암호였고, 이 개념을 암호 디스크로 구현했다.[3] 암호 디스크는 독립적인 장치로 사용하거나 외부 링의 숫자 1, 2, 3, 4를 사용하는 코드북의 형태로 암호를 강화할 수 있었다. 외부의 링은 고정되었으나 내부의 링은 회전이 가능했다.

〈레온 알베르티 초상〉[1)]

〈알베르티 암호 디스크〉[2)]

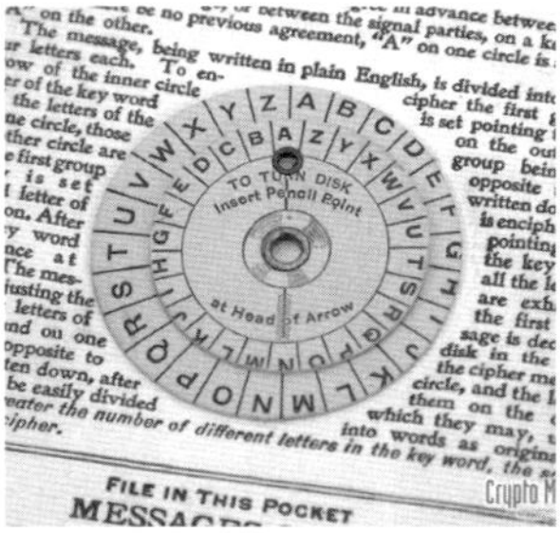

〈기딩스 필드 메시지 북〉[3)]

1) https://commons.wikimedia.org/wiki/File:Leon_Battista_Alberti2.jpg
2) Augusto Buonafalce, CC BY-SA 3.0, "The Alberti cipher disk" (https://commons.wikimedia.org/wiki/File:Alberti_cipher_disk.svg)
3) Crypto Museum, Giddings Field Message Book, Message Pad with US Army Cipher Disk (https://www.cryptomuseum.com/crypto/usa/giddings/index.htm)

남북전쟁에서 북부군과 남부군은 모두 유사한 암호 디스크를 사용했다. 말 도둑인 에드워드 휴 헤번은 새롭고 독특한 방식의 다중 알파벳 암호를 사용함으로써 알베르티가 발명한 것을 개선하기 시작했다. 수감자 중에는 헤번에게 암호 디스크를 보여준 미국-스페인 전쟁의 참전용사들도 있었을 것이다. 또한 기딩스 필드 메시지 북 중 하나를 보기도 했을 것이다. 당시 메시지 북의 가격은 1달러였으며, 한 권 정도는 감옥 도서관에 있었을 수도 있다. 필드 메시지 북에는 암호 디스크가 포함되어 있었다. 이것은 헤번의 관심을 끌었으며, 훨씬 더 나은 도구를 구상하기 시작했다.

센 쿠엔틴 감옥에서 출감한 지 3년 후인 1912년, 헤번은 처음으로 암호 회사를 열고 단일 회전자(rotor) 설계가 적용된 최초의 기계를 만들기 시작했다. 그 기계는 마치 타자기처럼 보였는데, 키보드를 탑재하여 메시지를 입력할 수 있게 하였다. 기계의 전반적인 개념은 헤번이 제출한 특허 출원서에 설명되어 있었다. 타자기의 키를 누를 때마다 회전자 로터가 조금씩 회전하면서 다른 글자나 기호를 불러왔으며, 회전자의 움직임이 각 글자를 입력하는 속도와 동기화되었기 때문에 일반적으로 고속 회전자(Fast Rotor)라고 불렀다. 코드기계와 타자기를 연결하는 전기회로 배선은 의도적으로 무작위로 연결되었으며, 배선은 대체되는 각 알파벳을 암호화하였다. 헤번의 아이디어는 이 기계를 미군과 전신국에 판매하는 것이었으며, 1921년에는 헤번 전기코드라는 회사를 설립하였다. 이때에는 초기의 단일 회전자 설계에서 벗어나 5개의 회전자를 가진 기계로 발전했다. 헤번은 해군이 그의 기계를 대량으로 구매하기를 희망한다고 생각하였는데, 그렇게 말할 만한 이유가 있었다. 투자자들로부터 돈을 모은 헤번의 낙관적인 평가는 오해의 소지가 있는 것으로 밝혀졌고, 투자자들과의 신랄한 다툼, 소송, 그리고 결국 캘리포니아 보안법 위반이라는 죄목으로 재판까지 이어졌다.

1921년 초에 헤번은 자신의 코드기계가 해독이 불가능한 깨지지 않는 기계로 홍보했다. 그러나 해군의 암호 및 신호분석실에서 일하던 암호 분석가인 아그네스 마이어는 샘플 "도전(challenge)" 메시지를 해독할 수 있었다. 헤번은 나중에 그녀를 고용했고, 그의 기계가 가진 결함을 처리하기 위해 변화를 시도했다. 그러나 육군은 아무도 모르게 헤번의 기계에서 생성된 메시지를 해독하는 작업을 진행하고 있었다. 육군은 윌리엄 프리드먼의 지휘 하에 헤번의 기계가 생성한 암호화된 메시지를 체계적으로 해독할 수 있다는 것을 알게 되었다. 결국 국가안보국(NSA)의 가장 유명한 암호전문가 중 한 명이 된 프리드먼은 헤번의 기계에 대한 작업을 통해 얻은 지식을 사용하여 일본의 "자주색 기계" 코드를 해독할 수 있었다. 일본은 헤번으로부터 기계를 구입하여 개조했다. 그들의 첫 번째 기계 중 하나는 "빨간색 기계"로 알려져 있으며, 그 기계로부터 암호화된 메시지는 프리드먼의 암호해독팀이 쉽게 해독할 수 있었다.

일본의 빨간색 기계는 단일 로터 장치였다. 일본은 전쟁이 끝날 때 대부분의 암호화 기기를 파괴했지만(독일이 그랬던 것처럼), 빨간색 기계 중 하나는 살아남았다.[4] 일본은 분명히 자신들의

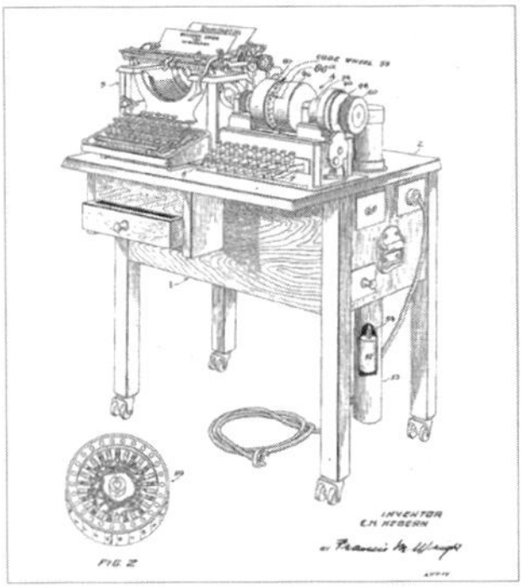

〈헤번의 특허〉[1]　　〈일본의 빨간색(Red) 기계〉[2]

1) https://commons.wikimedia.org/wiki/File:Hebern-patent.png
2) https://commons.wikimedia.org/wiki/File:Japanese_Navy_RED_cryptographic_device_captured_by_US_Navy_-_National_Cryptologic_Museum_-_DSC07868.JPG

"빨간색 기계"가 유출되어 기능이 제대로 발휘되지 않는다는 사실을 알고, 보다 강력한 버전의 기계를 개발한 것인데, 미국 육군은 이것을 "자주색 기계"라고 불렀다.[5]

헤번의 제품은 극소수를 제외하고는 해군이나 육군에서 구매하지 않았다. 한편, 헤번의 특허를 위반하여 육군이 수천 개의 복제품을 만들었다는 주장이 제기되었는데, 이는 결국 긴 법정 싸움으로 이어졌고, 헤번이 사망한 지 몇 년이 지난 후, 그의 가족에게 소정의 합의금이 지급되었다. 이후 육군은 헤번의 5개 회전자 방식을 기반으로 여러 가지 개선사항이 적용된 3개의 암호기계(ECM Mark I, II, III)를 생산했다. Mark II는 제2차 세계대전 당시 미군의 주력 암호 기계였다. 결과적으로 헤번이 설계한 기계는 유럽의 경쟁시스템을 자극했으며, 역사적으로 유명한 에니그마의 탄생으로 이어졌다.

에니그마(Enigma)

독일의 발명가이자 전기공학자인 아서 셰르비우스는 네덜란드의 위고 코흐로부터 중요한 특허를 구매했다. 코흐가 구매한 특허는 1919년 헤이그에서, 1925년 미국에서 인정되었는데, 셰르비우스의 기계는 헤번의 기계보다 휴대성과 코드의 보안이 향상된 것이었다. 셰르비우스는 그의 기계를 "에니그마(Enigma, 독일어로 수수께끼)"라는 상품명으로 판매했고, 그 이름은 기계와 잘 어울렸다. 하지만 셰르비우스 본인은 에니그마가 그토록 중요한 역할을 할 것이라는 사실을 결코 알지 못한 채 1929년 마차사고로 사망했다.[6] 만약 연합군이 독일군이 사용하던 에니그마 기계를 확보하지 못했다면, 에니그마의 암호를 해독하지 못했을 수도 있다. 바로 폴란드에서 전략적으로 매우 중요하고, 놀랄만한 일들이 일어났다.

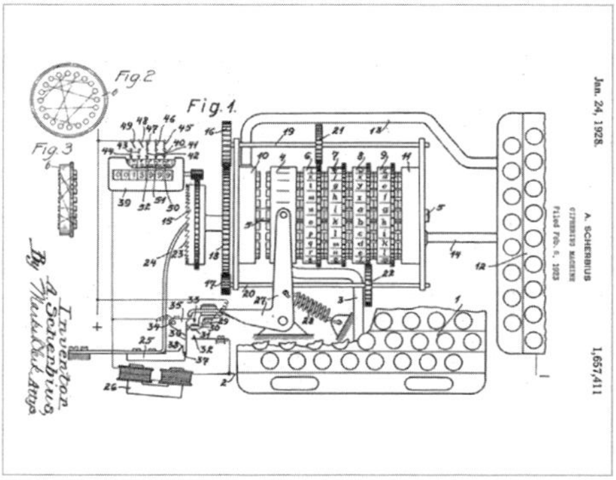

〈셰르비우스의 특허(1928)〉[1]

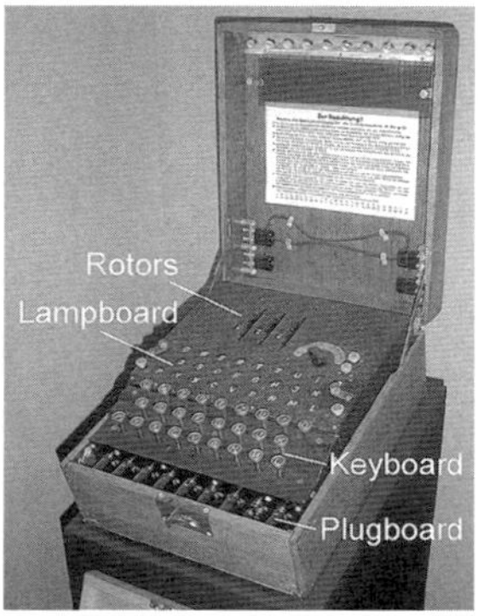

〈배선반이 추가된 에니그마(1932)〉[2]

1) https://commons.wikimedia.org/wiki/File:Scherbius-1928-patent.png
2) https://commons.wikimedia.org/wiki/File:EnigmaMachineLabeled.jpg

에니그마 기계가 생성하는 암호화된 메시지에 대한 해독을 시작하려면, 기계의 로터가 어떻게 설계되었는지에 대한 심도있는 지식이 필요했다. 초기 에니그마 기계의 해독을 위해서는 테이블 작업을 통해 암호화 된 데이터의 취약점을 찾는 방식으로 충분했다. 그러나 독일인들은 여기에 2단계의 복잡성을 추가했다. 원래 헤번이 사용했던 기본 회로 배선 방식을 적용하되, 2차적으로 배선반(Plugboard)을 추가로 설치한 것이다. 배선반은 기본 배선의 패턴을 변경할 수 있었는데, 이러한 변경 작업이 주기적으로 수행되고 안전하게 공유될 수 있다면, 에니그마의 암호를 푸는 것은 훨씬 더 어려운 일이었다. 바로 이것으로 인해 폴란드의 수학자이자 암호 전문가인 마리안 레예프스키가 최초의 영웅이 되었고, 최종적으로 영국인 앨런 튜링이 암호해독 활동의 중심지가 된 영국의 블레츨리 파크[7]에서 더욱 발전된 솔루션을 개발함으로써 이 분야의 선구자가 될 수 있었다. 레예프스키는 상용 에니그마 시스템의 취약점을 찾는 작업을 진행했다. 폴란드 정보국 덕분에 독일의 군용 에니그마를 손에 넣을 수 있었는데, 그가 발견한 것의 핵심은 에니그마 회전자의 내부 배선도를 이해하고, 이를 재구성한 후 움직이지 않는 고정된 부분의 특성을 잘 파악한 것이었다. 그는 독일군 암호국 내부의 비밀요원 한스 틸로 슈미트를 통해 프랑스의 암호학자이자 육군소령인 구스타브 베르트랑[8]의 도움을 받았다. 슈미트는 폴란드 정보국에 군용 에니그마 기계와 관련된 많은 자료를 제공했다.[9]

암호학 분야의 선도적인 역사가인 데이비드 칸은 레예프스키의 작업이 세계 암호학에서 가장 "놀라운" 업적이었다고 설명한다. 레예프스키와 그의 팀은 메시지 식별 또는 지시 문자로 알려진 처음 6개의 문자에 집중했는데, 매일 매일 설정할 때마다 달라지는 약점을 발견했다. 이 메시지 식별 문자는 기계 회전자의 시작 위치를 설정하는데 사용되었다. 시작 표시의 첫 번째 문자열의 전송이 깨질 경우를 대비해 세 글자에 세 글자를 더한 형태로 전송하였기 때문에 첫 번째와 네 번째 글자 - 그리고 두 번째와 다섯 번째, 세 번째와 여섯 번째 글자 - 는 항상 동일했다. 이 문자열은 기계의 회전자 설정을 결정하는 출발점이었다. 또한 운영자가 시작 표시 문자를 무작위로 선택하지 않은 경우 - 예를 들어 그들의 생일, 여자 친구의 이름이나 이니셜을 사용했을 경우 - 에니그마 코드 메시지를 푸는 것은 훨씬 더 쉬웠다. 두 번째 단서는 배선 자체에서 나왔다. 상업용 에니그마 기계의 배선은 독일 타자기 키보드의 QWERTZ 설계를 따랐다.[10] 그러나 군용 기계는 이를 바꾸었다. 레예프스키는 독일인들이 질서를 좋아하기 때문에 알파벳을 순서대로 사용할 것이라고 - 그의 영국인 파트너들은 이를 믿지 않았지만 - 직감했다. 하지만 독일인들은 실제로 그렇게 했고, 이로 인해 암호 해독가들이 직면했던 수학적 고민거리는 크게 줄어들었다. 그의 다음 작업은 순열 테이블을 고안하는 것이었는데, 이는 결국 매일 암호기계가 어떻게 설정되었는지를 알아내기 위해 다양한 설정 조합을 실행할 수 있는 특수 목적의 기계를 개발하는 것이었다. 레예프스키는 "사이클로미터(cyclometer)"라고 불리는, 마치 아이스크림을 제조하는 기계와 유사하다는 의미로 일명 "디저트 기계"라는 것을 - 이 기계는 나중에 앨런 튜링에 의해 개선된다. -

개발했다. 그럼으로써 레예프스키 팀은 폴란드에서 강제 철수되기 전까지 독일군 암호의 75%를 해독할 수 있었다.

〈브레츨리 파크의 bombe 장비〉[1)]

〈미 해군의 bombe 장비(일명 Desch 장비)〉[2)]

1) https://commons.wikimedia.org/wiki/File:Wartime_picture_of_a_Bletchley_Park_Bombe.jpg
2) https://commons.wikimedia.org/wiki/File:%27bombe%27.jpg (아래의 주석 11 참조)

레예프스키는 폴란드가 함락되자 일단 루마니아로 탈출했고, 원래 의도했던 영국과의 접선에 실패하자 프랑스로 대피하였는데, 프랑스 파리에서 북동쪽으로 40km 떨어진 "PC 브루노"라는 장소에서 작업을 계속하였다. 프랑스의 연구 장소는 무선 전신으로 영국의 블레츨리 파크와도 연결되었다. 아이러니하게도 디코딩된 모든 메시지는 복구된 에니그마 기계를 사용하여 다시 코딩한 후 블레츨리로 전송하였다. 이는 독일인들에게 큰 혼란을 주었는데, 그 이유는 자신들이 만든 암호화된 메시지를 보고 있다고 착각하게 만들었기 때문이다. 프랑스(PC Bruno)에서 영국(Bletchley)으로 보내는 메시지에는 공식적인 문서처럼 보이도록 항상 "히틀러 만세(Heil Hitler)"라는 서명이 따라 붙었다.[11]

전술적 용도의 사용

에니그마(Enigma)는 전술적 군사암호 기계이기도 했다. 이것은 군사적으로 필요한 일상적인 업무를 처리하기 위한 것이었는데, 주요 임무 중 하나는 작전 부대들과 메시지를 송수신하거나 야전 현장에 명령을 내리고, 필요한 전술정보를 수신하는 것이었다. 결과적으로 군용 에니그마는 휴대가 가능한 시스템이어야 하고, 사용하는데 스트레스를 받아서는 안 된다는 오귀스트 키르히호프의 아이디어를 바탕으로 만들어졌다. 전쟁 당시 미국의 야전 암호 시스템도 마찬가지였다.

전략암호

정의상 전략암호는 최고위급 통신 트래픽을 처리하기 위한 것이다. 이러한 것들에는 정부의 일급비밀에 해당하는 외교 메시지, 대통령이나 군 수뇌부 장군들의 메시지가 포함될 수 있다. 전략암호는 암호 보안과 관련된 조직이 지정한 비밀의 수준에 따라 선택된다.

미국과 마찬가지로 나치 독일의 경우에도 에니그마 암호나 마크 II는 "가장 비밀스러운" 통신을 보호할 만큼 강력하지 않은 것으로 평가되었다. 그 이유는 수학에 있다. 에니그마 암호와 마크 II는 암호 해독가들에게 극도로 어려운 도전 과제를 제시했지만, 적어도 이론적으로는 그러한 메시지들은 깨질 수밖에 없었다.

전쟁이 끝날 때까지 독일인들은 연합군이 에니그마 통신의 대부분을 해독하고 분석하고 있었다는 사실을 몰랐을 가능성이 있지만, 미국과 영국처럼 독일도 그들의 지도자들을 위해 훨씬 더 좋은 방법을 원했을 것이다. 쉽게 말해서 그들은 절대 "깨지지 않는" 해결책을 원했을 것이다.

스트림 암호화 기계

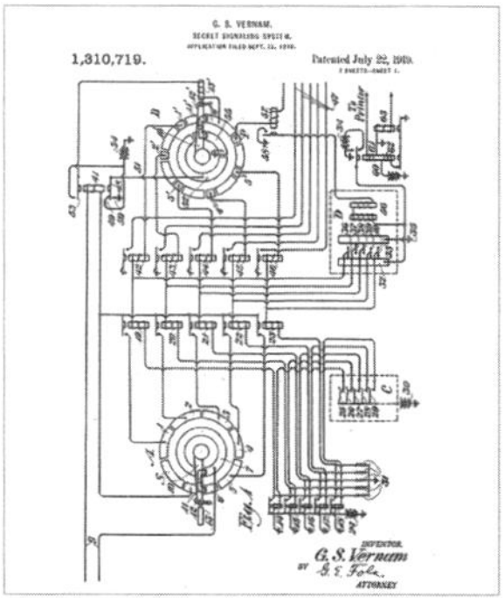

〈버남(Vernam)의 특허(1919)〉[1)]

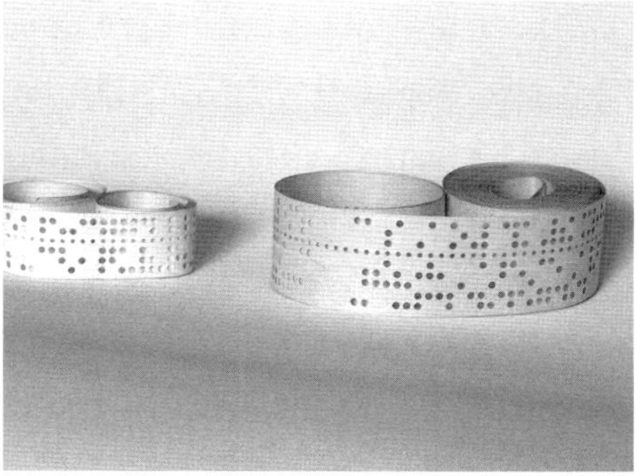

〈암호장비에 사용되는 종이테이프의 예〉[2)]

1) https://commons.wikimedia.org/wiki/File:USpatent1310719.fig1.png

2) https://commons.wikimedia.org/wiki/File:PaperTapes-5and8Hole.jpg

1918년 AT&T Bell 연구소의 엔지니어인 길버트 샌드포드 버남은 "일반 텍스트"와 - 이 일반 텍스트와 크기가 같은 - 임의 또는 의사 난수(pseudorandom) "데이터 스트림"을 기반으로 하는 스트림 암호화 시스템을 발명했다. 만약 의사 난수 텍스트가 단 한 번만 사용된 경우, 결과 값의 코드를 해독하는 것은 거의 불가능하다. 버남의 기법은 일반 텍스트와 함께 종이테이프에 포함된 임의의 정보를 모듈식 덧셈을 사용하는 전신기에 넣는 것이었고, 그 결과로 생성되는 텍스트는 동등한 임의의 종이테이프로만 해독될 수 있었다. 실제로 버남의 코드 메시지는 종이테이프가 어떤 방식으로든지 유출되거나 분실되지 않는 이상 깨지지 않았다.[12]

버남의 시스템은 매우 잘 작동했지만 현실적인 문제에 봉착했다. 동일한 임의의 테이프를 미리 공유해야 하는데, 이는 평시에는 가능하지만 - 종이테이프의 도착을 반드시 기다려야 하고, 운송 중에는 보호 받아야 하며, 안전하게 보관될 수 있다는 전제가 필요하다. - 전시에 종이테이프를 공유하는 것은 사실상 최선의 방법은 아니었다. 따라서 종이테이프를 배포하고 보관하는 것과 동일한 결과를 얻을 수 있는 다른 방법을 찾는 것이 필요했다.[13]

독일과 미국의 전쟁부는 각각 실행 가능한 솔루션에 도달했다. 독일은 이를 해결하기 위한 설계작업을 베를린의 C. Lorenz AG 회사에 배정하였다. 이 회사는 1870년대, 이미 오래전에 설립된 회사로, 회사의 소유권은 Standard Elektrizitätsgesellschaf가 인수했으며, SE는 IBM이 소유했다.[14] 로렌츠 무선항법시스템 설계로 유명한 이 회사는 독일군이 사용하는 다양한 - 진공관에서 레이더까지 모든 것을 망라한 - 전자 장비를 제작했다. 로렌츠 암호기계는 버남(Vernam)의 시스템을 적용하였다. 의사 난수 일회성 텍스트를 생성하기 위해 종이테이프를 사용하는 대신 로렌츠는 회전자와 전기 스테퍼 모터(펄스 입력에 의해서 동작하는 일종의 디지털 전동기), 12개의 바퀴와 핀으로 구성된 시스템을 사용했다. 이것은 로렌츠 텔레프린터 기계에 연결되어 일회용 종이테이프와 동일한 것을 생성했다. 에니그마보다 더 복잡한 로렌츠 스트림 암호화 기계는 사소한 실수를 저지르기 전까지는 효과적이었다.

로렌츠는 SZ40, SZ42A, SZ42B라는 세 가지 모델을 생산했다. 전략적인 통신을 위한 주력 장비는 SZ42B였는데, 히틀러가 참모진에게 보내는 메시지와 에니그마를 신뢰할 수 없을 정도의 중요한 통신문에 사용되었다. 블레츨리 파크의 과제는 어떤 원리로 이 기계가 강력한 암호 메시지를 생성하는지 알아내는 것이었다. 하지만 획기적인 발견은 교환원의 실수에서 비롯되었다. 독일의 교환원은 수신 부대가 메시지의 내용을 잘 이해하지 못한 것 같다는 - 실제로는 그렇지 않았지만 - 메시지를 보냈다. 수신 부대는 재전송을 요청했고, 메시지를 다시 입력하는 것이 귀찮았던 독일의 교환원은 텍스트에 몇 가지 약어를 사용하는 지름길을 택했다. 이로 인해 두 개의 코딩 텍스트에 차이점이 발생했다. 이 실수로 인해 블레츨리 파크 팀은 텍스트를 해독하기 위해 역으로 작업하는 아이디어와 기술을 얻게 되었다. 이러한 실수는 자주 발생하지 않았으며, 로렌츠 기계는 시스템적으로 약점도 거의 없었다. 코드를 해독하려면 언어 이론과 확률 분석에 대한 통찰력이 필요했고, 수백만 개의 잠재적인 조합을 처리하기 위해서는 컴퓨터가 필요했다. 그러나 1940년대 초에는 그런 것이 없었다.

〈SZ42 기계〉[1]　　〈콜로서스(Colossus) Mark II 컴퓨터〉[2]

1) https://commons.wikimedia.org/wiki/File:SZ42-6-wheels-lightened.jpg
2) https://commons.wikimedia.org/wiki/File:Colossus.jpg

그리하여 블레츨리 파크는 컴퓨터 개발을 지원하는 방향으로 전환하였다. 첫 번째 모델은 콜로서스 Ⅰ으로 1943년 블레츨리 파크에 설치되었다. 토미 플라워스가 이끄는 팀이 설계한 콜로서스는 최단시간을 기록하며, 도면에서 실제 기계로 탄생되었다. 전화 네트워크용 스위칭 시스템을 "완전 전자식"으로 구축하는 방법 - 1970년대 프랑스가 MT-20 전화스위치 라인을 공개하기 전까지 완전하게 개발되지 않았던 - 을 찾고 있던 플라워스는 코드 해독 기계에도 동일한 기술을 적용하라는 임무를 받았다. 그러나 플라워스와 달리 블레츨리의 일부 팀원들은 완전 전자식이라 할지라도 진공관을 사용한 컴퓨터는 신뢰성이 떨어지고 잘못된 결과를 가져올 것이라고 생각했다. 그들은 해결책으로서 계전기(relay)의 사용을 주장하였다. 결국 콜로서스 Ⅰ에 대한 대부분의 자금은 플라워스 스스로 조달해야 했고, 앨런 튜링의 지원을 받아 프로젝트는 11개월 만에 완료되었다. 콜로서스 Mark Ⅰ은 1,500개의 진공관으로 작동했고, 후속 제품인 콜로서스 Mark Ⅱ는 2,500개의 진공관을 사용했다. 1944년에 배치된 Mark Ⅱ는 D-Day 계획의 중요한 코드를 해독할 수 있었다.

Mark Ⅰ이나 Mark Ⅱ는 암호화된 전체 메시지에 대해 브루트 포스 공격 - 무작위 대입 공격 - 을 수행할 수 없었다. 이를 효과적으로 수행하기 위해서는 상당히 많은 사전 예측과 문제를 세분화하는 작업이 필요했다. 그러므로 모든 정보기관은 결국 코드 해독을 위해 컴퓨터를 사용하게 될 것이었다. Mark Ⅰ과 Mark Ⅱ가 등장한 시점부터 미국 컴퓨터 업계의 역할은 매우 중요해졌다. 미국 정보국은 기존의 일반 컴퓨터에서 매우 빠른 속도로 작동하는 슈퍼컴퓨터를 개발한 시모어 크레이와 같은 천재에게 관심을 돌렸다. 그리고 정보기관은 특정 암호 유형에 최적화된 특수 목적의 기계를 개발하기 위해 후원하기도 했다.

불행하게도 로렌츠 암호기계의 코드는 전쟁 중에 깨졌지만, 제2차 세계대전이 끝날 때가지 한정된 수량만 사용하였던 지멘스의 T-43[15]의 경우에는 그렇지 않았다. 기존의 버남 기계와 동일했던 T-43은 종이테이프를 사용했기 때문에 전시 활용성은 어느 정도 제한되었다. 독일은 이 기계를 50대 미만으로 생산한 것으로 추정된다. 블레츨리 파크 그룹(또는 다른 사람)이 T-43 코드를 해독했다는 증거는 없다. 그러나 그 장비가 얼마나 좋은지를 보여주기라도 하듯, T-43의 후속 제품인 M-190 암호화 기계는

1985년까지 미국과 소련간의 "핫라인(hot line)"으로 사용되었으며, 이후 상용 암호를 사용하는 데스크 탑 컴퓨터로 교체되었다.[16]

제2차 세계대전까지 각국의 정부가 사용했던 거의 모든 암호기계는 상용제품이거나 상용제품에서 파생된 아이디어를 기반으로 한 것이었다. 이는 암호기술이 이제 모든 관계자들에게 널리 제공된다는 것을 의미했다. 제2차 세계대전 이전에는 미국을 비롯한 어떤 나라에서도 암호기계에 대한 수출통제가 없었다. 자체적으로 암호기계를 만든 각국의 정부는 임무를 잘 수행할 수 있을 만큼 충분히 기능을 개선하되, 이렇게 개조된 기계의 작동 방식이나 예상되는 취약점에 대해 적대 세력들이 사전지식을 갖지 못하도록 비밀스럽게 숨겨두었다. 그러나 제품에 대한 특허 정보를 공개적으로 이용할 수 있었고, 암호화 시스템에 대한 최첨단 설계 기술을 공유 받을 수도 있었다. 이에 미국은 1917년, 독일에 전쟁을 선포하면서 국방 분야의 발명과 특허에 대한 비밀법을 제정했다. 하지만 휴전협정이 체결된 직후 폐기되었고, 방산물자에 대한 특허 비밀보호 제도는 1941년까지 다시 채택되지 않다가 제2차 세계대전까지만 유지되었다. 대부분의 경우, 이러한 규칙은 상용기술이 아닌 국방 관련 제품과 기술을 대상으로 했다. 미국은 또한 1940년에 항공기, 항공기 부품(특히 엔진 기술), 공작기계, 항공연료, 철 등에 광범위한 통제권한을 가지는 수출통제법을 제정했다. 사실 이 법은 독일보다는 어느 정도 일본에 더 초점이 맞춰져 있었고 - 미국은 1941년 12월까지 독일 및 추축국과의 전쟁에 참전하지 않았다. - 특히 장거리 폭격기의 엔진 설계와 기술 노하우에 대한 이전을 중단시켰다. 장거리 폭격기와 관련된 기술의 통제는 미국의 영토에 대한 모든 공습을 기술적으로 어렵게 하였기 때문에 미국의 국익에 도움이 되었다.[17] 그 해에 제정된 수출통제법은 장비가 군사용으로 "특별히 설계"되고,[18] 전쟁부의 "재고 목록"에 있는 경우를 제외하고는 암호화 제품이나 암호기술을 반영하지는 않았다. 그리고 1940년에는 어쨌든 큰 문제가 되지 않았는데, 그 이유는 필요한 모든 기술이 이미 오래전에 이전되었기 때문이다.

1951년 미국은 발명보안법(Invention Security Act)[19]을 제정한 이후로 계속 시행하고 있다. 이 법에 따라 기본적으로 특허 출원이 국가 안보에 중대한 영향을 미친다고 판단하면, 정부는 해당 특허를 비밀리에 보유하도록 요구할 수 있다. 이 방법은 미국의 국방부가 민감기술 목록을 준비한 후 미국의 특허청에 보내면서 시작되었다. 이러한 범주에 속하는 특허가 출원되면, 국방부는 해당 출원 내용을 검토하고, 소관 부서에서 비밀성이 있다고 판단하는 경우 해당 장치나 기술은 미국의 비밀로 지정된다. 그러한 비밀 명령은 매년 갱신되어야 - 전시 또는 국가 비상사태는 제외하고 - 한다.[20] 우리는 발명보안법과 암호화의 적용 가능성에 대해서는 다시 논할 것이다.

전 세계적으로 널리 퍼진 기술로 인해 아군과 적 모두 군사 및 전략적 응용 분야에서 사용할 기술을 상업적으로 획득하는 데에는 거의 문제가 없었다.[21] 다행스럽게도 미국의 암호 전문가들은 상용시스템의 취약점을 분석하고, 암호체계를 해독하는 현장 경험을 갖고 있었다. 또한 일본의 "빨간색 기계"와 "자주색 기계"의 코드 분석에 성공한 뛰어난 분석가들도 많이 있었다.

하지만 독일의 암호를 깨는 것은 더 어려웠고, 거기까지 가는 데는 많은 투자가 필요했다.

미국과 영국(망명 폴란드인과 프랑스인의 도움을 받아)이 추축국의 코드를 깨뜨린 것처럼 추축국도 연합국의 코드를 깨뜨렸다. 1935년 초 독일이 영국 해군의 코드를 해독하는데 성공한 것이다. 독일 해군은 또한 "영국 및 연합군의 상선 코드(BAMS Code: British and Allied Merchant Ships Code)"를 해독했으며, 이를 통해 U-보트로 모든 대서양 호송대를 추적하고 많은 수를 격파할 수 있었다. 게다가 미국이 전쟁 초기에 이러한 코드를 변경했지만, 제2차 세계대전 이전 미국의 코드는 독일군에 의해 깨졌다는 사실은 널리 알려져 있다. 미국 해군의 "5번 암호(Cipher Number 5)"는 유출되었고, "하겔린"모델의 야전 암호기계(M-209B)[22]와 프랑스 "앵글프" 코드 등 다소 낮은 수준의 군사 코드가 일상적으로 해독되었을 - 입증되지는 않았지만 - 가능성도 있다. 독일군은 소련과 덴마크의 암호도 해독하는 데 큰 성공을 거두었다. 그래도 가장 인상적인 성과는 이탈리아인들이 로마에 있는 미국 대사관 내부의 코드북을 사진으로 촬영한 후, 독일군 최고사령부/암호해독부(OKW/chi)가 미국의 외교 블랙코드를 깨뜨린 것이다.

독일군은 그들의 암호해독 능력을 드러낼 수 있는 민감한 기록들을 대부분 폐기했기 때문에 상세한 전말은 알려지지 않았다. 일본도 마찬가지였다. 이렇게 기록을 폐기함으로써 많은 문서가 연합군의 수중에 들어가는 것은 막았지만, 새로운 독일 또는 일본 정부는 코드작성과 코드해독 능력을 중요한 성취 목표로 설정하였다. 따라서 지멘스가 사업을 계속하면서 새로운 독일과 외국 정부에 기계를 공급할 준비를 했다는 사실은 놀라운 일이 아니다.

컴퓨터 혁명

컴퓨터는 코드의 암호화에 지대한 영향을 미쳤다. 컴퓨터는 종이테이프, 배선반, 회전자 대신에 모든 기능과 그 이상을 전자적으로 수행할 수 있으며, 암호화 알고리즘으로 프로그래밍도 할 수 있다.[23] 최신 암호화 기법에는 사용자를 - 또는 사용자들 - 인증하는 기능이 있으며, 시스템에서 인증을 관리하는 방법도 여러 가지가 있다. 그 중 디지털 인증서를 사용하는 기술은 사용자 - 또는 적어도 사용자 플랫폼 - 를 위해 공유할 수 없는 ID를 생성한다.

많은 암호학자들은 알고리즘을 연구하면서 결함이 있는 경우 이를 찾을 수 있도록 알고리즘이 항상 공개되어야 한다고 생각하지만, 정부는 본능적으로 알고리즘을 숨기고 대중과 공유하기를 원하지 않는다. 이러한 "국가적" 알고리즘은 군사 및 외교 통신과 정부가 관리하고 있는 정보의 암호화에 사용된다.

오늘날 암호화된 통신을 가로채고 해독하는 방법에는 세 가지가 있다. 무작위 대입 공격이라는 첫 번째 접근 방식은 암호화된 정보나 "텍스트(text)" 또는 암호화된 정보나 텍스트의 "키"를 대상으로 실행된다. 미국의 국가안보국(NSA)이 이를 수행하는 것으로 알려져 있으며, 특정 목적으로 제작된 기계와 슈퍼

컴퓨터를 모두 사용하고 있다. 실제로 NSA는 고속의 기계들이 석유탐사와 공기역학 분야에 진출하기 전까지 수년 동안 미국의 슈퍼컴퓨터 산업을 지원했다. 메시지가 증가할 때마다 필요한 컴퓨팅 성능이 증가하기 때문에, 키 크기가 증가하면 무작위 대입 공격의 효율성이 떨어진다. 거의 모든 최신 통신방식은 일회성 세션 키를 생성하는데, 기술적으로 이러한 문제는 메시지당 많은 시간의 컴퓨팅 시간을 요구할 수 있다. 두 번째 접근 방식은 암호화된 메시지를 송신하는 장비의 결함(또는 취약점)을 찾는 것이다. 이러한 결함은 장비 자체에 내재되어 있을 수도 있고, 운영자에 의해 발생할 수도 있다. 오늘날의 장비는 주로 상상용 컴퓨터 플랫폼을 기반으로 하기 때문에 해당 플랫폼의 취약점을 식별한 후 이를 악용할 수 있다. 세 번째 접근 방식은 세션 키가 생성되는 메시지 트랜잭션의 "가운데"에 들어가는 것이다. 이 시나리오에서는 가운데에 있는 사람이 원래 컴퓨터인 척하고 실제 사용자들과 세션 키를 제어한다. 일상적으로 널리 사용되는 인터넷에서 중간자 공격을 설정하는 것은 정보기관이나 할 수 있는 일이다.

그러나 암호화된 통신을 "파괴"하는 가장 손쉬운 방법은 메시지를 생성하는 컴퓨터, 컴퓨터 서버, 스마트폰과 같은 모바일 기기 플랫폼에 실제로 버그 공격을 하는 것이다. 정보기관은 실질적인 암호화가 진행되기 전, 통신망을 가로채는 방법으로 호스트 장치에 악성코드, 버그, 트로이 목마를 심는다.

상용 암호화

통신암호화 및 정보보호를 위한 정부의 장비는 비밀로 분류되며, 미국의 수출법과 비밀법에 의해 보호된다. 미국에서 이러한 비밀장비는 기밀정보에 한해서 사용이 허용되며, 장비를 사용할 권한이 있는 정부와 계약업체 직원은 일종의 보안심사를 거친 후 보안허가를 받아야 한다. 하지만 이러한 절차는 마치 멋진 해결책처럼 보이지만 실질적인 문제를 야기한다. 보안허가는 상대적으로 소수의 사람들만 받을 수 있으며, 허가를 주는 것도 "알아야 할 필요성"에 기초하고 있다. 따라서 정부의 암호화에는 인원 제한이 있는 것이다.

소득세 신고, 사회보장 정보, 건강보험 정보 등 정부의 많은 행정처리 과정이 온라인으로 자동화되어 이루어지고 있는데, 이러한 정보는 기밀로 취급되지 않는다. F-35 스텔스 전투기와 같은 국방부 프로그램도 특정 부분만 실제 기밀로 분류되는 등 모든 정부 문서의 70~90%는 기밀이 아니다. 이는 국방부를 포함한 여러 기관이 "민감하지만 기밀이 아닌"(SBU, Sensitive But Unclassified) 정보 또는 "법 집행과 관련된 민감한 정보(law enforcement sensitive information)"라는 개념을 고안하여 정보의 유포와 보호에 대해 더 엄격한 규칙을 적용하려는 이유 중 하나이다. 불행하게도 SBU 정보를 다루는 표준 관행은 없으며, 정부는 이 데이터의 암호화를 승인하지 않고 있다.

미국에서 모든 정부의 암호화 사용은 국가안보국(National Security Agency)의 규제를 받기 때문에 기밀로 분류된 정부 프로그램과 보안이 승인된 직원만 정부가 제공하는 암호장비를 사용할 수 있다.[24] 그 이유 중 하나는 NSA가 감독하는 업무인 장비 자체를 관리하고 설명하는 방법 때문이다. NSA는 또한 높은 수준의 통신 활동을 위해 다양한 형태의 핵심 자료를 제공한다. 이것이 의미하는 바는 보안이 승인되고 비밀을 이용하는 사람들, 즉 비교적 "소수(small)"인 하부 집합의 사용자들에 대해서도 NSA는 막대한 관리 책임을 진다는 것이다.

1970년대 초, 정부는 SBU 문제를 다루기 시작했고 국립 표준국(National Bureau of Standards) - 현재의 국립 표준기술연구소 - 은 미국 정부 차원에서 지원할 수 있는 일반(unclassified) 암호화 알고리즘에 대한 제안을 공모했다. 선택된 설계는 IBM의 루시퍼 알고리즘을 변형한 - NSA가 개선 - 모델이었다. 데이터 암호화 표준 또는 DES로 명명된 이 알고리즘은 1977년에 채택되었다. DES는 블록 암호를 지원하는 정교하고 현대적인 알고리즘이다. DES의 키(key) 크기는 64비트(또는 문자)로 설정되었지만 암호화에 유용한 키 부분은 56비트였다. 당시 컴퓨터 장비와 관련된 기술의 첨단화 덕분에 기업들은 메인프레임과 미니컴퓨터의 회로기판에 결합할 수 있는 DES 집적회로를 제작하기 시작했다. 1980년대 초에 본격적으로 진행된 데스크 탑 PC 혁명의 분위기 속에서 IBM은 DES를 모든 PC에 통합할 것을 제안했고, 구상한 아이디어를 NSA를 통해 구체적으로 실행하려고 했다. IBM의 회장은 NSA의 수장에게 IBM의 아이디어를 계속해서 추진할 수 있도록 허용해 달라고 호소했다. 그러나 이것은 허용되지 않았고 결국 DES는 정부에서 사용되기 보다는 은행 간 자금이체 등 주로 상업적인 용도의 보안 솔루션으로 사용되었다.

한편, 컴퓨터가 더 빨라지고 보편화되면서 DES의 키 크기가 너무 작아서 쉽게 깨질 수 있다는 우려 또한 커졌다. 1990년대에 들어 이것은 시급한 문제가 되었고, 1998년에 미국 국립 표준기술연구소(NIST)는 DES를 대체할 수 있는 제안을 공모했다. 결국 치열한 경쟁 끝에 NIST는 AES(Advanced Encryption Standard)를 발표했다. AES는 알고리즘이 향상되었고, 키 크기가 더 크다는 특징이 있다. AES는 벨기에 암호학자인 조앤 데먼과 빈센트 라이먼이 개발한 라인달(Rijndael) 암호를 기반으로 한다. 키 크기는 128, 192 또는 256비트이고, 암호블록의 크기는 128비트이다. AES를 사용하는 제품은 미국의 수출관리법 법률에 따라 상무부의 통제를 받는다. 그러나 많은 국가의 기업들이 AES를 사용 중인 것을 보면, 수출관리법이 기술의 보급과 관리에 미치는 영향력은 미미한 수준이다.

AES가 채택된 것은 NSA가 설치한 백도어 기능이 있었거나, 키와 블록의 크기가 NSA의 디코딩 능력 범위 안에 있었기 때문이라는 추측이 많았다. 전자와 관련해서는 현재까지 AES에 백도어가 있다는 것을 보여준 사람은 아무도 없다. 키 크기와 관련된 부분도 NSA가 이를 깨뜨릴 수 있는 능력을 갖고 있는지 여부는 아무도 알 수 없다.[25] NSA는 컴퓨터 보안과 암호화 표준을 설정하는 데 중요한 역할을 한다. 암호화가 상업적인 용도로 사용되고, 기밀로 사용되지 않는 경우에는 NIST와 긴밀하게 협력한다. NSA는 아주 많은 직원과 막대한 예산을 보유하고 있는데, 직원 수는 약 30,000~40,000명, 비공개 예산은 연간 108억 달러로 추정된다.[26] 게다가 규모는 불명확하지만 상당한 수의 계약직 인력의 운영도 지원하고 있다.

불행하게도 NSA와 NIST의 상용 암호화에 대한 관리 책임은 신뢰의 문제에 부딪혔다. 한 학술 연구팀은 NSA가 미국의 암호회사인 RSA(Rivest-Shamir-Adleman)에 영향력을 행사하여 NSA의 스파이 활동을 가능하게 하는 두 가지 도구를 채택하도록 했다고 보고했다. 이는 RSA의 상용제품에 들어가는 백도어였다. 그중 하나는 미국 정부 내부에서도 "해독 불가능"이라고 홍보된 "이중타원곡선" 암호화 유형이었다. 에드워드 스노든의 유출 내용에 따르면 NSA는 RSA의 BSAFE라는 제품에 이중타원곡선 암호화를 적용하기 위해 RSA에 1,000만 달러를 지불했다고 한다. 웹 사용을 위한 두 번째 제품도 웹 브라우저에서 구현되어 널리 사용되는 프로그래밍 언어인 Java 코드와 연계된 이중타원곡선 암호화 기술을 사용했으며, RSA는 이러한 목적을 달성할 수 있도록 솔루션을 제공했다.

존스 홉킨스 대학과 일리노이 대학의 연구원들에 따르면, 상대적으로 저렴한 컴퓨터 장비로도 Java 이중타원곡선 암호화 기술을 1시간 이내에 깨뜨릴 수 있다고 한다. 백도어의 핵심은 - 전체 타원곡선 솔루션의 일부인 - 난수 생성기(Random Number Generator)에 의도적으로 결함을 주입하는 것이다. 난수 생성기는 버남(Vernam)기계의 유명한 종이테이프와 동일하게 난수 스트림을 생성하도록 되어 있다. 절대 반복되지 않는 실제 난수 집합을 생성하는 것은 불가능하므로 암호화에 사용되는 난수 생성기를 의사(pseudo) 난수 생성기라고 부른다. 난수 생성기(RNG)

에 대한 아이디어에 대해서는 잠시 생각해 볼 필요가 있다. 컴퓨터 프로그래머와 엔지니어의 많은 노력에도 불구하고 진정한 난수 생성기, 심지어 아주 좋은 것을 만드는 것은 매우 어려운 작업이다. 대부분 컴퓨터 기반의 RNG는 시드 값, 즉 난수를 발생하는데 기준이 되는 값을 사용하여 RNG 프로세스를 시작하고 최종 무작위 키를 생성한다. 이전의 기계 시스템에서도 마찬가지이다. 초기 시드 값이 결정되면 조사 과정에서는 나타나지 않더라도 난수 생성기로부터 패턴을 찾을 수 있다. NSA와 RSA의 경우에는 NIST에서 손상된 RNG를 도입하도록 하였고, 주요 상용제품에 백도어를 설치할 수 있었다.[27] RSA 이야기 - RSA는 비난을 받고 제품을 회수했다. - 는 단순한 일회성 사건이 아닐 가능성이 높으며, NSA와 유사한 생각을 가진 조직(예: FBI)이 암호를 해독하는 가장 빠른 방법은 민간 기업을 통해 취약하거나 손상된 솔루션을 시장에 도입하도록 하는 것도 일종의 방편이 될 수 있음을 시사한다.

스노든의 유출 사건은 미국의 모든 상용 보안제품에 대한 신뢰를 무너뜨렸다. 오늘날 미국산 암호제품은 미국뿐만 아니라, 특히 해외에서 의심을 받고 있다. 민간인, 심지어 공무원조차도 보안 솔루션을 평가할 수 있는 도구나 재정적인 지원이 부족한 상태이다. 대부분 관련 직종에 있는 사람들은 자신이 구매하는 제품이 올바르게 작동하고 효과적이라는 믿음을 가져야 한다. 그러나 그 믿음이 흔들리면, 문제가 발생한다.

기술보호는 정보가 재무와 관련되어 있든, 비즈니스를 뒷받침하는 기술과 관련되어 있든 상관없이 특정 조직이 독점적이고 민감한 정보를 보호할 수 있는 능력을 갖추고 있어야 함을 의미한다. 결과적으로 기술보호는 항상 직간접적으로 국가안보와 연결되는데, 오늘날의 상용기술이 국방 시스템의 핵심영역으로 들어왔기 때문이다. 웹 브라우저에 삽입된 보안 버그가 인터넷이나 휴대폰 네트워크에 연결된 국방 시스템으로 옮겨질 경우, 시스템은 공격자에 의해 무너질 수 있다. 현재 시장에서 퇴출된 RSA의 제품은 정부기관과 기업의 접근통제 및 데이터 암호화 등에 사용되었기 때문에 산업보안에 큰 영향을 미쳤다.[28]

암호화 시스템과 관련된 문제는 외국 정부에 의해 도입될 수 있으며, 심지어 설계 또는 구현의 오류를 범할 수 있는 민간단체에 의해서도 발생할 수 있다. 후자의 사례 중 하나는 하트블리드 버그로 알려져 있는데, 이 버그는 수백만 대의 컴퓨터 시스템, 전화, 화상회의 시스템, 라우터, 방화벽 기기에 영향을 미쳤다. 이 버그는 로빈 제글먼이라는 독일의 소프트웨어 개발자가 명백한 코딩 오류를 범했기 때문에 발생했다. Open SSL Project라는 공익단체 내부의 어떤 감사관도 실수를 "적발"하지 않았다. Open SSL은 인터넷에서 사용되는 SSL 코드를 모든 개발자가 무료로 액세스할 수 있도록 하려는 협력그룹의 노력의 일환으로 탄생되었다. SSL은 보안소켓 계층을 의미한다. 이 "계층(layer)"은 일반적으로 인터넷에서 신용카드로 결제할 때 사용되는데, SSL을 사용하면 거래가 자동으로 암호화된다. 전체 웹페이지, 이메일 그리고 기타 거래 내용은 Cisco 라우터와 같은 기업용 라우터에서 보호되는 것과 마찬가지로 SSL 코드에 의해 보호된다.

Open SSL 프로젝트는 자발적으로 운영된다. 본부는 미국의 메릴랜드에 위치해 있지만 프로젝트에는 3개 대륙, 15개의 시간대의 다양한 국적의 참가자들이 함께하고 있다. 참가자격에 대한 규칙이 있는지 확실하지 않기 때문에 코더(coder)가 저마다의 은밀한 동기를 갖고 프로젝트에 참여하고 있을 가능성도 배제할 수 없다. 프로젝트의 최고 관리자를 제외한 모든 사람은 무급의 자원봉사자이지만, 미국 정부로부터 일정부분 금전적인 지원을 받고 있다. Open SSL의 기본적인 철학은 "최고"의 프로그래머 공동체가 어려운 문제를 함께 해결한다면, 모두가 혜택을 받는 훌륭한 결과를 얻을 수 있다는 것이다. 이것의 기저에는 "공동체"의 사람들이 "선의"를 갖고 함께 참여하고, 그들이 기여하는 모든 것은 "순수한 이타주의"에 기초할 것이라는 일종의 철학적 개념이다. Open SSL 프로젝트는 커뮤니티 기반의 다양한 프로그래밍 프로젝트 중 하나이고, 코드를 무료로 사용할 수 있기 때문에 상용제품에 도입되는 경우가 많으며, 때로는 국방시스템에 활용되기도 한다. 미국 정부와 계약을 할 경우, "Open SSL" 또는 이와 유사한 커뮤니티에서 배포한 소프트웨어의 코드 사용을 금지하는 조항은 없다.

런던에 본사를 둔 텔레그래프 신문과의 인터뷰에서 제글먼은 "미국 국가안보국(NSA)과 기타 정보기관이 지난 2년 동안 이 결점을 이용해 일반인들을 감시했을 가능성이 있다."라고 인정했다. 로이터는 이것을 실제로 일어난 사실이라고 보도했다.[29] NSA 정도의 정보기관이라면, 일상적인 인터넷 검색 과정에서 분명히 버그를 발견했을 것이다.

오늘날 인터넷은 데이터 트래픽 이상의 것을 전달하고 있으며, 통신이 관리되는 방식은 점점 더 중요해지고 있다. 이미 우리가 알고 있듯이 Cisco가 만든 최고의 VoIP("Voice over Internet Protocol") 전화시스템 중 일부에서 "버그"가 감염되었다는 사실은 이에 대한 중요성을 명백하게 보여준다. 여기에는 세계에서 가장 널리 사용되는 라우터 시스템인 Cisco 라우터, 화상회의 시스템, 통신트래픽 관리에 사용되는 여러 서버, 내부 네트워크를 보호하는 방화벽까지 추가될 수 있다.[30] Open SSL은 UNIX와 Linux에서 거의 모든 SSL 서비스의 토대를 이루는 역할을 한다.

이러한 취약점을 악용할 가능성이 있는 것은 NSA뿐이 아니다. 지식은 빠르게 이동하며, 외국의 스파이 조직들도 동일한 취약점을 악용하고 있다. 또한 일부 외국 정보기관과 일반적인 범죄활동 사이에는 분명히 연관성이 있다. 신용카드 거래, 은행 또는 기타 유형의 거래 정보에 영향을 미치는 Open SSL 위반 사례는 - 만약 스파이 활동이 돈과 연관되어 있다면 - 일부 정보기관과 범죄 동료들이 이 틈을 이용하여 "많은 돈"을 벌고 있다는 것이다. 수년 동안 우리는 러시아 마피아가 미국과 세계 다른 지역의 은행을 대상으로 이러한 공격을 수행하는 것을 지켜봐왔다. 얼마나 많은 돈을 훔쳤는지는 추정으로만 가능한데, 왜냐하면 이러한 보안 사고가 발생하더라도 은행은 "보안실패" 사실을 알리고 싶어 하지 않기 때문이다.[31] 오늘날의 "금전" 거래는 신용과 신뢰를 중요시하기 때문에 큰 손실이 있었음을 드러내면 얻을 것이 없다.

여기서 핵심적인 질문은 우리는 왜 보안과 관련한 사항을 애매모호한 국제 자원봉사자 그룹에 의존해야 하는가? 그리고 미국의 국토안보부가 대중에게 보안 서비스를 제공하기 위한 무언가를 만들기 위해 국제 커뮤니티 "전문가" 집단을 재정적으로 지원하는 이유는 무엇인가? 이다. 오늘날 미국에는 공공기관과 민간기관을 막론하고, 미국인들에게 보안과 관련된 지침을 제공할 수 있는 독립적인 보안기관이 부족한 실정이다. NSA와 NIST 덕분에 미국 정부는 스스로 뿐만 아니라 다른 모든 사람들도 철저히 도청할 수 있었다. 의회의 중요한 임무는 NSA의 다양한 탈선행위를 조사하는 것 외에도 미국인의 보안을 지원할 수 있는 새롭고 독립적인 정부조직을 마련하는 것이다.

결론

안전한 통신은 국가안보에 필수적인 중요한 기술이다. 그러나 너무 많은 자유가 허용됨에 따라 외국의 정보기관, 절도범, 심지어 테러리스트들에 의해 신속하게 악용될 수 있는 취약점들이 많이 발견되고 있다. 이에 대한 위험성은 매우 크며, 대부분의 암호화 기술은 제대로 통제되지 않고 있다. 확실한 것은 우리가 초기의 단순한 암호기계로부터 현재의 21세기까지 매우 멀리 이동해왔지만, 오늘날은 그 어느 때보다도 매우 불안전한 상태인 것 같다. 기계와 네트워크에 대한 보안의식과 기술이 부족하면, 국가안보와 국력에 심각하게 부정적인 영향을 끼칠 수 있다. 우리는 이에 대한 해결책으로부터 멀리 떨어져 있으며, NSA의 의도와 영합함으로써 국가안보에 심각한 침해를 초래했다. 이는 확실히 정부나 의회가 의도한 것과는 정반대의 결과일 것이다.

제8장

기술보호와 수출통제

Technology Security and Export Controls

제8장

기술보호와 수출통제

(Technology Security and Export Controls)

"자본주의 사회에서는 사람이 사람을 착취하고, 사회주의 사회에서도 착취 계층만 다를 뿐 사정은 다르지 않다."

- 존 케네스 갤브레이스(John Kenneth Galbraith) -

미국의 경제학자, 前 하버드, 프린스턴 대학교 교수

前駐 인도 미국대사

해리 J. 프라이스(Harry J. Price)는 미국 해군 예비역 대령으로 일곱 번의 베트남 파병 근무 경험이 있으며, 사우스캐롤라이나주 블러프턴에 있는 자택에서 불과 68세의 나이로 사망했다. 1970년에 송옹닥 강(Song Ong Doc river)의 554지역대(division)의 지휘관으로 근무하면서 94회의 전투초계 작전에 참여하였는데, 전투에서의 용감함과 영웅적인 전투지휘 능력으로 은성훈장과 동성훈장을 받았다. 같은 해 후반기에는 594지역대를 이끌면서 캄보디아 프놈펜 재보급 작전에서 성공을 거둠으로써 해군 메달과 베트남 참모본부 메달을 받았다. 이후 해리는 해군 정보국으로 자리를 옮겼고, 미국이 소련의 새로운 위협을 이해하는데 크게 기여하였으며, 소련의 군사력 증강에 대처하기 위한 전략을 수립할 수 있도록 지원했다. 몇몇의 CIA 전문가들과 함께한 해리의 연구, 통찰, 발견의 성과는 냉전의 승리와 소련의 붕괴에 크게 기여했다.

그는 두 가지 방법으로 업무를 수행했다. 첫째, 미국의 적에 의한 무기체계 역공학(reverse-engineering) 또는 역설계의 심각성을 가장 먼저 인식하였다. 단순하게 생각하면, 역공학은 무기체계를 복제하기 위한 설계 비밀을 찾아내기 위해 수행되는 경우가 많다. 하지만 무기의 성능을 파악하고, 이를 물리칠 수 있는 방법을 찾기 위해서도 수행된다.

해리 시절에는 적의 무기에 대한 정보를 수집하는 것은 어려운 일이었는데, 그러한 정보를 수집하는 것이 그의 두 번째 기술이었다. 이를 위해 소련과 바르샤바 조약 기구 국가들의 장비를 탈취 대상으로 삼았으며, 그런 것들을 찾아내는 것도 능숙했다. 때때로 우방국들과의 접촉 라인을 이용하기도 했지만, 매우 비밀스럽고 위험하며, 은밀한 "모험"을 경험하기도 했다. 일부는 비우호적인 제3세계 국가를 돌아다니며 "길 잃은" 소련제 하드웨어를 손에 넣기 위한 거래를 하기도 했으며, 때때로 공군이나 선원들이 암시장에 판매하는 장비도 획득할 수 있었다. 다른 경우에는 특정 동맹국 사람들과 맺은 우호적인 관계 덕분에 그들이 획득한 - 때때로 바다에서 건지거나, 해변에서 가져오거나, 뻔뻔스럽게 훔치기도 했던 - 장비를 손쉽게 전달 받았다. 계속되는 행운과 대담함 덕분에 소련제 군용 장비가 해리의 손으로 들어왔다.

해리의 최고의 "발견" 중 하나는 바로 우리 집 앞마당 – 미국 본토 – 에서 이루어졌다. 워싱턴 주 뱅거 근처의 해변에서 보이 스카우트단이 소련의 소노부이를 발견했다. 소노부이는 미국의 핵잠수함이 지나가는 소리를 녹음하도록 설계되었다. 녹음된 프로펠러의 윙윙거리는 소리는 소련의 어뢰에 전달되기 때문에 미국의 잠수함에게 자신의 위치를 노출시킬 위험성이 있는 능동형 소나(sonar)[1]를 배치할 필요 없이 미국의 잠수함을 추적하고 격추할 수 있었다.

소련의 소노부이에는 1980년대에 음악을 녹음하기 위해 사용했던 테이프 데크와 매우 유사한 다중 트랙, 오픈 릴 테이프 레코더가 포함되어 있었다. 장비 안에는 여러 개의 회로기판도 있었는데, 당시에는 소련의 최신 마이크로 전자기술이 많이 회자되던 시기였기 때문에 큰 관심을 불러 일으켰다. 해리는 소노부이의 테이프를 재생하면서, 배경에서 이상한 소리가 들리는 것을 알 수 있었다. 잠수함 소리를 배경음과 분리한 결과, 그 테이프에는 – 지금은 지워졌지만 – 소련의 오페라가 녹음되었다는 사실을 알 수 있었다. 해상에서의 적절한 보급이 어려웠던 상황에서 소노부이는 고장난 상태였으며, 함장의 음악 테이프를 임시방편으로 사용한 것처럼 보였다. 또한 내부의 전자장치 중 일부도 엉터리로 설치되어 있었는데, 아날로그로 녹음된 소리를 디지털로 변환하는 회로기판은 선원들의 신발 끈으로 묶여 있었다. 회로기판은 미국의 최신형 탄도미사일 잠수함이 해상으로 출항하는 소리를 긴급하게 녹음해야 했기 때문에 막판에 대충 설치된 것으로 추정된다. 표적이 된 잠수함은 당시 최첨단 탄도미사일을 탑재한 USS 오하이오급 SSBN/SSGN 726 핵잠수함이었다.

소노부이는 뱅거(Bangor) 잠수함 기지 근처의 수중으로 떨어졌다. 1977년 이 기지에는 소련이 관심을 가졌던 오하이오급 트라이던트 탄도미사일 잠수함이 배치되기 시작했다. 미국의 서해안에 있는 잠수함은 전쟁이 발발할 경우 소련의 동해에 있는 미사일 기지를 공격할 예정이었다. 이 기지는 잠수함 기지일 뿐만 아니라 트라이던트 미사일의 핵탄두 창고이기도 했다. 소노부이는 자체 해저 닻에서 분리되어 이탈하였거나, 전자적 결함으로 인해 조기에 분리되면서 자유롭게 떠다니다가 인근 해변으로 휩쓸려온 것으로 보인다. 이것이 해리가 손에 넣은 유일한 소노부이는 아니었지만, 상대적으로 오랜 시간 동안 물속에서 머물 수 있도록 고안된 전략적 장치임이 분명했다. 선박, 항공기 또는 헬리콥터에서 투하되는 기타 전술적 소노부이는 단기적으로 운용이 가능하며, 대체로 몇 시간 내에 바닥으로 가라앉는다. 이런 것들은 보통 아군 함정과 잠수함이 이미 사냥한 잠수함들이 위치해 있는 지점에 배치된다.

분석 작업은 메릴랜드 주 체서피크 해변에 위치한 작은 연구실에서 이루어졌다. 수집된 정보들은 CIA, 국방정보국(DIA), 국방부의 국방기술보안청과 공유한 후 합동으로 분석하였다. 해리는 소련인들이 집적회로를 어떻게 사용하고 있는지, 미국으로부터 무엇을 복제했는지 알고 있는 전문가였으며, 소련의 기술 수준을 이해하고, 그들이 겪고 있는 몇 가지 문제점도 식별할 수 있었다. 해리는 소련이 미국의 텍사스 인스트루먼트사의 집적회로를 복제하고 있다는 사실을 처음으로 발견한 사람 중 한 명이었다. CIA는 현미경을 이용하여 소련제 복제품을 조사하였으며, 회로가 유출된 경위를 알아냈다. 해리는 또한 소련의 기술자들의 솜씨가 서툴렀으며, 복제품을 제조하는데 구식 장비를 사용했음을 알 수 있었다. 이 사건은 해리와 여러 사람들에게 미국의 수출통제 노력이 소련의 집적회로 제조 장비와 노하우에 대한 접근을 차단하기 위해 작동되고 있다는 사실을 가르쳐 주었다.

1980년대 초부터 미국은 수출통제 체계를 강화하기 위한 시급한 과제에 착수했다. 동시에 워싱턴은 국제적으로 당면한 위협의 본질을 알리고, 각 국가별로 국내적 통제 메커니즘과 법집행을 강화하도록 요청하면서, 다자간 수출통제 조정위원회(COCOM)의 모든 회원국들을 하나로 결집하기 위한 캠페인을 시작했다. 1970년대에 미국과 유럽의 정치 지도자들은 동구권과의 경제협력을 통해 소련의 행동을 이완시킬 수 있다는 가정을 하게 되었다. 닉슨 대통령 재임 기간 동안 미국을 옹호하는 최고의 대변인은 헨리 키신저(Henry Kissinger)였다. 닉슨 치하에서 키신저는 닉슨의 국가 안보 보좌관을 거쳐 1973년부터는 국무장관을 맡았다. 소련에 대한 키신저의 교리는 "데탕트(détente, 긴장완화 또는 휴식)"로 잘 알려져 있다.

키신저 자신이 기술한 것처럼, 당시 주미 소련 대사였던 아나톨리 도브리닌과 의사소통을 위한 "채널"을 열었다. "채널은 전반적인 의견교환으로 시작되었다. 이 채널은 1971년부터 미-

소 관계의 기본적인 소통의 거점이 되었으며, 여러 가지 중요한 합의서를 맺을 수 있었다. 그 예로 전략무기 제한에 대한 접근 방식 합의, 베를린 접근에 관한 합의, 미-소 정상회담 합의서 발표, 닉슨 대통령의 모스크바 방문(1972년 5월) 등이 있는데, 그 중에서 가장 중요한 합의서는 탄도탄 요격 미사일을 규제하는 조약과 공격용 전략무기의 추가적인 배치를 5년 동안 동결하는 것이었다. 양측은 국제행동 원칙에 관한 합의된 성명도 발표했다."[2]

〈아나톨리 도브리닌과 헨리 키신저(1974년)〉[1)] 〈소련의 카마강 등 주요 구성품 생산공장〉[2)]

1) https://commons.wikimedia.org/wiki/File:Henry_Kissinger_and_Anatoly_Dobrynin_1974.jpg

2) https://www.cia.gov/readingroom/docs/CIA-RDP86T00591R000300400003-5.pdf (譯註: 모스크바 동편으로 500마일 떨어진 카마강 공장 외에도 다양한 지역에 공장들을 두고 있다.)

키신저가 지원한 거래들에는 대규모의 카마강(Kama River) 트럭 공장을 위한 기술이전과 장비 제공, 암모니아 공급 원료를 생산하는 비료공장에 기술 노하우를 제공하는 것들이 있었으며, 이러한 수많은 시범 케이스용 거래들은 소련과의 비지니스 활동 재개에 상당한 도움이 되었다. 카마강은 훨씬 더 나은 이동성과 국가 횡단 능력을 제공하는 군용 및 상용 트럭을 생산하여 소련군에 납품했다. 비료 공장에서는 비료 생산뿐 아니라 폭발물 제조에도 사용되는 요소(urea)를 생산했다. 비밀 합의를 통해 미국의 수출입 은행은 소련 Vneshtorgbank(소련 외국무역은행, 현재 VTB 은행)와 거래하였고, 소련 내 프로젝트에 대한 대규모 미국 수출 융자를 촉진하도록 했다.[3]

데탕트가 명목상으로는 미국과 소련 사이의 관계를 개선시켰지만, 이 계획은 서방에 비해 더 생산하고, 서방을 압도함으로써 미국과 NATO의 군사태세에 도전하려는 소련의 공격적인 노력을 중단시키지는 못했다. 닉슨이나 키신저 모두 소련의 군비 지출에 대해서는 큰 관심을 보이지 않았다. 키신저는 베트남에서 미국이 철수하기 위한 협상에 중점을 두었다. 그는 미국의 힘에 대해 매우 비관적이었는데, 미군이 북베트남에 결정타를 가할 수 없거나, 남베트남군이 싸우도록 훈련시킬 수 없었거나, 캄보디아와 라오스를 거쳐 베트남으로 들어오는 베트콩과 북베트남군의 보급로를 막을 수 없었기 때문이었다.

데탕트는 미국이 직면한 한계를 타파하기 위한 키신저의 해결책 중 일부였다. 즉, 소련을 달래고, 그들이 핵무기와 같은 중요한 문제에 대해 움직이도록 하는 동시에 증가하는 소련의 힘을 상쇄하기 위해 중국과의 새로운 통로를 열어주는 것이었다. 데탕트의 작동 여부를 떠나, 1979년 12월 소련의 아프가니스탄 침공 전까지는 카터 정부의 지지를 받았다. 소련의 침공으로 동서 관계의 판도가 바뀌자[4] 미국은 충격을 받고 소련에 제재를 가했는데, 이것은 미국 정부가 최근 우크라이나 사태와 관련하여 러시아에 제재를 가한 것과 같다. 카터의 아프가니스탄 제재 프로그램의 핵심은 COCOM에서 "예외 없음" 규칙을 부과하는 것이었다.

COCOM과 예외 없는 통제

다자간 수출통제 조정위원회 또는 COCOM(코콤)[5]이라고 불리는 대공산권수출조정위원회는 1949년에 처음 설립되어 1950년에 본격적인 운영을 시작했다. COCOM은 서면 형태의 국제협약에 따라 조직된 적이 없었으며, 참가국들이 자신들의 결정을 이행할 것이라는 기대를 갖고 활동했던 사실상 비밀스러운 조직이었다. 처음에는 NATO에서 시작되어 이탈리아 제독이 의장을 맡았지만, COCOM이 대외무역과 관련된 업무를 수행했기 때문에 민간 조직으로 운영하는 것이 합리적이라고 생각되었다. COCOM에 참여하는 국가의 대표단 구성은 주로 외교부나 무역통상 관련 부처의 공무원이었으며, 무역통상 부처에서 직접 파견되기도 했지만 민간 부문에서 파견된 인원들도 있었다.[6] COCOM은 1994년에 해체될 때까지 파리에 있었던 미국 대사관의 소유 부지 - 대사관에서 약 0.5마일 떨어진 곳 - 에 본부를 두고 운영되었다. 의장직은 항상 이탈리아인이 맡았는데, 처음에는 제독이나 장군 등 군인들이 맡았으나 나중에는 대사급 직업외교관으로 바뀌었다.

COCOM은 세 가지 기술 목록을 통해 물자와 기술을 통제했으며, 그 중 두 가지는 거의 변경되거나 수정되지 않았다. 첫 번째 목록은 군사장비를 다루었고, 미국의 국제무기거래규정(US International Traffic in Arms Regulations)과 마찬가지로 통제대상을 광범위한 범주로 정의했다. 또 다른 목록은 원자력 에너지와 그와 관련된 기술을 다루었다. 세 번째 목록은 미국에서 상무부 수출통제목록 또는 CCL(Commerce Control List)로 알려진 물자와 산업 목록으로 COCOM 참가국들에게 매우 중요한 것으로 인식되었으며, 가장 많은 관심을 받았다. "이중용도(dual-use)" 기술을 다룬 것은 이 마지막 목록이었는데, 이 CCL을 통해 소련과 COCOM 회원국들 사이의 무역을 대부분 규제했다.

초창기에는 미국, 영국, 프랑스, 이탈리아, 네덜란드, 벨기에, 룩셈부르크가 COCOM 회원국으로 참여하였다. 1950년 초에는 노르웨이, 덴마크, 캐나다, 서독이 가입했고, 1952년에는 포르투갈, 1953년에는 일본, 그리스, 튀르키예가 가입했다. 스페인은 1982년 NATO에 가입한 뒤 나중에 추가됐다. 다른 나라를 가입시키기 위한 다양한 제안들이 있었지만, 결코 이루어지지 않았다. 대신 미국은 스웨덴, 이스라엘 등 제3국에서 소련, 바르샤바 조약 기구 국가들, 중국으로의 물자와 기술이전을 통제하기 위해 양자 협정을 체결하였다. 또한 미국은 COCOM의 계획에 포함되지 않았던 리비아, 이란, 이라크, 시리아로의 기술이전도 통제하는 것을 목표로 삼았다.[7]

COCOM의 통제대상은 소련과 바르샤바 조약 기구로 확대되었고, 이후에는 중국, 북한, 북베트남까지 확대되었다. 쿠바는 결코 COCOM이 통제하는 국가목록에 포함된 적이 없었다. 하지만 미국은 동맹국의 지지 없이 독자적으로 쿠바에 대한 금수조치를 취했다.

COCOM의 작업은 민감한 이중용도 기술이 무엇인지를 결정하고, 해당 기술이 어떻게 특화되어 사용될 수 있는지에 중점을 두었다. 대부분의 경우, 판단의 경계 또는 임계값은 이중용도 기술이 소련과 바르샤바 조약의 군사 프로그램과 얼마나 연관성이 있는지에 따라 결정되었다. 물론 모든 것은 - 심지어 신발 끈까지 - 군사용으로 사용될 수 있다. 누군가 그것이 중요한 기술이냐고 묻는다면, 정답은 분명히 "아니요."일 것이다. 왜냐하면 신발 끈은 쉽게 제조되고, 널리 판매되는 단순한 제품이기 때문이다. 신발 끈이나 신발 끈 공장에 금수조치를 내리는 것은 무의미한 것이다.

그러나 미국 국방부는 신발 제조공장이 기존의 허가증과 달리 운영될 수도 있다면서 적어도 어느 시점부터는 신발 제조공장의 위험성도 고민하게 되었다. 그 이유는 자동화된 신발 디자인 도구는 컴퓨터 알고리즘을 기반으로 하고 있고, 자동화된 신발 제조 시스템은 다양한 형상을 다룰 수 있기 때문이다. 현대식 신발 제조공장을 매각하려면 컴퓨터 하드웨어와 소프트웨어, 자동화된 기계용 산업제어 장비를 이전해야 했다. 미국의 국방부는 이러한 장비를 복제하면 첨단 군사장비를 설계하고, 생산할 수 있다고 주장했다. 예상할 수 있듯이, COCOM의 회원들은 미국 국방부의 주장에 약간은 조롱 섞인 반응을 보였다.

CCL 목록은 "예외" 정책으로 알려진 매개변수를 설정한다. CCL 목록의 모든 품목은 자동으로 통제물자로 간주되어 COCOM의 검토와 예외적인 수출허가가 필요했다. 제도적으로 만장일치제로 운영되는 COCOM은 회원국 중 모든 단일 국가가 금수 조치에 예외를 부여하는 것에 대해 잠재적인 거부권을 행사할 수 있음을 의미한다. 일반적인 절차로 COCOM의 CCL은 기술 매개변수를 설정하고, 국가별 수출허가 라이선싱 규칙들을 제안했다. 예를 들어, 정확도와 반복성이 상대적으로 낮은 공작기계는 일반 대상(GDEST) 항목으로 간주되며, COCOM의 검토가 필요하지 않았다. 보통 GDEST 품목의 경우, 유효한 수출허가서도 필요하지 않았다. 대부분의 COCOM 회원국들은 수출업자가 선적 문서 및 최종 사용자 정보를 포함한 특정 기록문서들을 보관하도록 요구했다. 적법한 수출허가서 없이 GDEST 제품을 수출할 수 있는 경우에도 최종 사용자가 군대, 정보기관 또는 경찰일 경우 허용되지 않았다. 그러나 이 규칙은 쉽게 우회하고 회피할 수 있었으며, 기능적인 통제 조치보다는 피상적인 통제 목적으로만 작동되었다. 예를 들어, 중간 범주의 품목들 - 자동화된 컨트롤러가 있지만 정확도가 중간 정도인 3축 공작기계 - 은 COCOM이 말하는 "국가재량"에 맡겨졌다. 각 국가는 최종 사용자를 고려하고, 그 목적이 진정으로 민간 용도임을 스스로 확인해야 했다. 그런 다음 수출 라이선스를 발급하고, 나중에 해당 거래내역을 COCOM에 보고했다. 이런 경우 COCOM의 검토가 필요하지 않았다. 마지막으로, 수출이 허용될 수 있는지 결정하기 위해 COCOM 회원국 전체가 모여서 검토가 필요할 만큼 충분히 정교하게 보이는 제품과 기술들이 있는데, 이에 대하여 COCOM이 수출을 허용하는 결론을 내기 위해서는 회원국 전체가 만장일치로 동의해야 했다. 만약 동의하는 것으로 결론이 나면, 위원회는 해당 제품과 기술에 대하여 COCOM의 통제에 대한 예외를 부여하고, 수출국 정부는 수출 회사에 유효한 수출 라이선스를 발급하게 된다. 미국이 가장 큰 영향력을 행사한 것은 바로 이 세 번째 범주의 매우 정교한 시스템이었으며, COCOM 내부에 큰 스트레스를 안겨준 기술이기도 했다.

그러나 미국이 민감한 수출을 항상 차단만 한 것은 아니다. 아프가니스탄 침공 이전에는 COCOM에 참석한 미국의 외교-무역 대표자들은 일반적으로 가장 높은 범주에 속하는 거래도 기꺼이 승인했다. 더욱이 그들은 핵심 제조 장비를 높은 수준의 COCOM 감시대상에서 제외하였으며, COCOM 목록을 자유화하고, 국가재량(본질적으로 중간 범주)에 남겨 두는 방식으로 기꺼이 수정했다. 이는 미국과 유럽 기업이 활용할 수 있는 기회의 창을 열어주었다. 아프가니스탄 이전, 특히 1970년대 데탕트 기간에는 COCOM 목록이 자유화되었고, 많은 첨단기술 장비가 소련과 동유럽으로 유입되었다.[8]

대체로 유럽은 COCOM의 통제목록 자유화를 통해 유리한 거래를 할 수 있었다. 통제목록은 유럽의 장비를 통과시키는 한편, 때로는 더 정교한 미국 장비를 제한하기 위해 조정되기도 했다. 유럽의 많은 무역관계자들은 미국으로 인해 동유럽에 대한 무역의 기회를 날리고 있다고 공개적으로 불평했지만, 사실은 유럽 국가들이 미국보다 더 좋은 성과를 내고 있었기 때문에 미국의 비즈니스 커뮤니티의 분노를 불러일으켰다. 이러한 격차의 전형적인 예는 컴퓨터 장비를 다루는 방식에서 볼 수 있다. 미국의 IBM의 제품은 금지 목록에서 발견되는 경우가 많았던 반면, Thompson, Bull, ICL, Olivetti, Siemens Nixdorf와 같은 유럽 기업의 제품은 소련과 동유럽으로 수출할 수 있었다.[9]

카터는 소련의 아프가니스탄 침공 이후 제재를 강화하면서, COCOM에 대해 "예외 없음"이라는 확고한 정책을 시행했다. 이는 소련으로 수출하려는 통제물품에 대한 모든 제안을 미국이 거부하겠다는 의미였다. 더 나아가 다른 바르샤바 조약 국가로 수출된 품목이 소련으로 전달될 수 있는 위험성이 있었기 때문에 예외 없음 조치는 때때로 바르샤바 조약 국가들까지 확대되기도 했다. 하지만 이는 레이건 정부까지 일관성이 있게 유지되지는 않았다. 카터의 제재는 국무부, 특히 오랫동안 COCOM 문제를 담당해 온 고위공무원 빌 루트의 마음에 들지 않았다.[10] 루트는 모든 규칙을 알고 있었고, 동유럽을 포함한 소련과 더 많은 무역을 추진할 의향이 있었으며, 특히 다른 COCOM 회원들의 수출 제안에 대해 진보적이었다. 카터의 제재와 예외 없음 정책에 불만을 품은 루트는 계속해서 통제목록을 자유화하려고 노력했다. 그러나 레이건 대통령이 취임하면서, 최고 수준의 물자에 대한 예외 없음 정책은 아프가니스탄에서 나쁜 행동을 하고 있는 소련에 대한 제재 이상의 것으로 간주되었다.

예외 없음 정책은 이미 알려진 소련의 군사기술 혁신 노력에 부합하고, 소련의 군사 현대화를 향상시킬 수 있는 기술에 대한 접근을 거부함으로써 소련의 군사력 증강을 막기 위한 방편이었으며, 이를 위해 CCL 목록을 재편하는 것은 핵심적인 작업이었다. 무엇보다도 소련은 질적인 우위와 전력승수 효과를 보장하는 미국과 대등한 최고수준의 기술을 원했다. 이러한 우위의 대부분은 제조기술과 특수 소재의 발전에서 비롯되었다. 그러나 가장 큰 영향을 미친 것은 마이크로 전자공학과 컴퓨터였으며, 이 부분은 미국이 확실하게 우위를 점하고 있었다.

개방된 압력 밸브

펩시(PepsiCo)사의 회장인 도널드 켄달이 이끄는 일부 친소련 무역 로비단체와 미국 상무부의 지원을 받는 미국 국무부의 노력에도 불구하고,[11] 유럽인들은 당연히 만족할 수 없었다. 수출무역의 최대 25%가 소련과 바르샤바 조약 국가들에게 묶여 있는 상황에서 유럽인들은 목재, 모피, 금, 석유, 천연 가스, 다이아몬드, 광물과 같은 소련과 동유럽의 상품과 교환할 수 있는 완제품을 수출해야 했다. 소련은 자신들이 가진 영향력을 잘 알고 있었으며, 유럽인들에게 점점 더 높은 수준의 COCOM 통제물자를 제공하도록 압력을 가했다. 만약 유럽이 COCOM 프로세스를 통해 이를 거부하면, 물밑 거래를 하도록 유도했다. 유럽 기업들은 때때로 거래를 세탁하기 위해 해외에 둔 자회사를 이용하기도 했다. 예를 들어 독일은, 특히 오스트리아를 이러한 목적으로 사용하는 것을 선호했다. 많은 에이전트나 브로커들이 이러한 불법적인 거래에 연루되었는데, 미국 국방부는 이들을 "테크노 도적들"이라고 불렀다. 특히, 남아프리카공화국에서 컷아웃(cutout)을 통해 최첨단 컴퓨터를 세탁하는 데 성공한 두 사람이 있었는데, 그들은 베르너 브루흐하우젠과 리처드 뮐러였다. 두 사람은 모두 결국 체포되었으며, 미국에서 징역형을 선고받았다.[12]

미국의 중앙정보국(CIA)과 국방부의 강력한 지원을 받는 미국의 입장은 COCOM이 통제하고 있는 무역 거래를 개방하고자 하는 국내외 정치 압력에 강력하게 맞서는 것이었다. 그러나 중국은 다른 대우를 받았다. 1980년대 초, 레이건 정부는 이미 중국에 무기와 기술을 판매하고 있었는데, 주로 정부와 정부 간 거래를 통해 이루어졌으며, COCOM이나 심지어 정부의 수출통제 관리자들에게 보고되지 않았다. 이러한 거래에는 중국 해군을 위한 중어뢰, 재래식 군수품 제조와 안전기준을 향상시키는 기술, 중국이 분해하여 복제하려고 시도한 고급 상용 제트엔진[13]이 포함되었다. 물론 유럽인들도 미국과 중국 사이에 무슨 일이 일어나고 있는지 재빨리 알아차렸고, 제안서를 들고 중국으로 뛰어갔다. 영국, 프랑스, 이탈리아 기업은 군사기술의 이전이 필요한 중국의 항공우주 분야와 해군 프로젝트를 직접적으로 지원했다.[14]

미국 국방부는 중국에 군사장비를 판매하는 것은 소련의 위협에 균형을 맞추기 위한 것이라고 입장을 밝혔다. 미국 국방부는 소련이 전략 로켓군을 중-소 국경에 배치하고, 잠수함과 수상 전투함 같은 일부 해군 자산으로 중국의 힘을 억제하고 있는 것을 알고 있었으며, 중국은 이러한 상황을 소련의 패권으로부터 포위된 것으로 간주하였다. 미국의 입장에서는 중국이 점점 더 강세를 보이면, 소련이 중국에 맞서기 위해 더 많은 소련군을 중국으로 분산시킬 수 있는 기회가 생길 것으로 보았다. 이를 위해 소련은 군사력을 서부와 동부로 분리해야 하는데, 서유럽에 대응하던 군사력은 서유럽의 위협이 감소함에 따라 중국으로 배치해야 하는 것이다. 하지만 이러한 배치 비용을 지원하기 위해서는 주머니 깊숙이 손을 넣어야 했다.

중국을 지원하기 위해 레이건 정부는 중국의 정치 지도자들과 군 사령관들에게 소련이 국경을 따라 미사일 기지를 건설하는 모습을 보여주는 민감한 고해상도 위성사진 정보를 제공했다. 당시 중국은 항공사진을 확보하기 위한 정찰 능력이 부족했고, 소련 육군과 공군의 활동, 특히 중국을 겨냥한 소련의 전략로켓군에 대해서는 완전하게 파악하지 못한 상태였다. 1987년에 미국은 베이징 북쪽에 랜드샛 다중 스펙트럼 위성 기지를 설치하여 중국이 국경을 감시할 수 있도록 합의했다.[15] 레이건 정부는 이러한 조치를 소련의 군사력 증강을 억제하는 데 중요한 것으로 여겼다. 한편, 이것은 유럽이 소련을 봉쇄하기 위한 것이 아니라, 무역 확대의 필요성에 따라 유럽이 중국에 첨단기술을 수출할 수 있는 수문을 열어주었다. 결국 잠수함과 항공기 관련 기술을 판매하고, 민감한 정보를 공유하는 것이 괜찮다면 전자제품, 컴퓨터, 특수기계를 판매하는 것도 문제될 것이 없었다. 더욱 중요한 것은 노동조합, 높은 세금, 막대한 사회비용이 지배하는 유럽의 산업을 경쟁력 있고 수익성 있게 만들 수 있는 중국이야말로 새로운 잠재적인 시장이자 저렴한 노동력 공급원으로 인식되었다는 것이다.

1985년에는 레이건 정부가 중국에 대해 별도의 COCOM 기준을 설정하는 데 동의할 만큼 충분한 압력이 있었다. 중국의 CCL 목록을 재정의 하고, 훨씬 더 광범위한 기술이전을 허용하기 위한 협상이 파리에서 시작되었다. 이는 중국을 저렴한 비용의 제조 공장임과 동시에 실리콘밸리의 제품을 구매하는 거대한 잠재 고객이 모인 시장으로 보았던 미국의 실리콘밸리 기업들에게는 중국을 향한 중요한 기회의 창이었다. 관문이 열리자 미국과 유럽 기업들은 중국으로 몰려들었고, 첨단 전자제품, 공작기계, 기타 산업제품 제조를 위해 중국과 거래를 제안했다. 심지어 중국 본토와 분리를 유지하려고 애쓰던 대만도 중국과 협력을 시작했고, 이내 중국은 대만의 기업들을 위한 거대한 해외 제조기지로 성장했다.[16] 심지어 대만의 제1야당인 민주진보당은 중국으로의 재통합에 반대하고, 독립을 지지함에도 대만 기업이 세계시장에서 경쟁력을 유지하려면 중국에 산업 기반을 확보해야 한다는 점을 인정했다.[17] 따라서 소련 군사력의 전략적 균형을 위해 레이건 대통령이 추진한 정책의 결과, 전례가 없을 정도의 산업 역량이 중국으로 이전되는 결과를 초래하였으며, 이는 여전히 계속되고 있다.

중국은 공산주의 국가였지만 통제된 형태의 시장경제를 허용했다. 중국은 무역과 제조업 분야의 협력이 자국의 산업기반을 구축하고 발전시키는데 도움이 되고, 군사력 발전에도 이익이 된다고 보았다. 반면에 모스크바는 고르바초프가 권력을 잡을 때까지 자유로운 시장경제를 허용하는 것을 생각하지 않았고, 심지어 크게 주저하였다. 소련제국이 무너지고 공산주의가 사라진 지금도 러시아는 시장경제로의 전환이나 외부 투자유치에 어려움을 겪고 있다. 시장경제를 향한 러시아의 모든 조치는 공직자의 부패, 법치주의 결여, 외국인 투자자들의 노골적인 절도 행위 등으로 인해 기반이 약화되었다.

흥미로운 사실은 중국의 민주화 운동을 무너뜨린 1989년 7월 4일 천안문 사태 이후, 미국이 중국에 제재를 가한 후에도 중국과의 무역은 중단되지 않았다는 점이다. 대신 제재의 초점은 원자력, 우주 기술(특히 우주 발사), 군사 및 경찰 장비 등의 특정 분야에 맞춰졌다. 그러나 이러한 제재 조치조차도 제한된 수출을 허용함으로써 면제를 허용했다. 유럽인들은 군사장비에 대한 미국의 금지를 - 누구도 자세히 살펴보지 않는 한 - 받아들였고, 우주 위성에 대한 제한을 준수했다. 그 이유는 유럽의 위성 제조업체가 대부분 수출이 통제된 미국산 부품을 사용함으로써, 결과적으로 미국의 제재를 받았기 때문이다. 미국의 공식적인 입장은 중국의 인권 정책이 개선될 때까지 천안문 제재를 유지한다는 것인데, 물론 그런 일은 일어나지 않았고 앞으로도 일어날 가능성이 낮아 보인다.[18]

미국 수출법

미국은 민간 및 군사목적으로 모두 사용 가능한 이중용도(dual-use) 품목에 대해서는 수출통제개혁법(ECRA, Export Control Reform Act)을, 군용물자 품목에 대해서는 무기수출통제법(AECA, Arms Export Control Act)을 적용하여 수출을 처리한다. 수출통제개혁법은 미국 상무부가 국방부, 중앙정보국, 국토안보부, 국무부, 에너지부를 포함한 다른 기관들과 협의하여 관리한다. 에너지부는 핵무기 개발을 관리하고, 원자로와 원자력 연구를 감독하는 역할을 한다. 무기수출통제법은 국무부가 관리한다. 예전에는 국방부 소관이었으나 헨리 키신저가 군사장비의 수출결정에 "유연성"을 도입하기 위해 국무부로 옮기도록 리처드 닉슨 대통령을 설득했다. 그 이후로는 국무부 차관의 책임 하에 남아있다. 국무부는 국방부 그리고 CIA와 협력하지만 일상적인 거래는 국무부에서만 관리한다.

재무부는 해외자산통제국(OFAC, Office of Foreign Asset Controls) 산하에서 쿠바와 같은 특별제재 프로그램을 관리한다. OFAC이 관리하는 목록에는 국가별 목록과 제재목록이 있으며, 이러한 제재 제도는 대부분 법적으로 규정되어 있다. 또한 OFAC은 대량살상무기와 관련된 기술에 대한 여러 가지 특별 통제 프로그램을 다루고, 마약 카르텔로의 기술이전을 제한하기 위해 노력하고 있다.[19] OFAC은 테러와 금융 정보를 담당하는 재무부 차관이 이끌고 있다.

국가안전보장회의도 부처 간의 분쟁을 관리하기 위해 수출통제 문제를 판결하는 역할을 하며, 최근에는 미국의 수출통제를 자유화하려는 노력을 조정한다.[20]

기술이 발전함에 따라 기술을 평가하고, 미국의 통제목록에 대한 변경사항을 제안하는 고도로 전문화된 기관 간 기술위원회도 다수 존재한다. 이러한 실무그룹 중 일부는 연방정부 연구소의 조언을 받고, 외부의 전문가들을 참여시킨다.

마찬가지로 국무부와 상무부의 구성원으로 구성하되, 국방부와 협력하는 특별상품 관할 위원회도 있다. 이 위원회의 목적은 국무부의 통제목록(USML, United States Munitions List)과 상무부의 통제목록(CCL, Commerce Control List)에 속하는 항목들의 특성에 대한 분쟁을 해결하는 것이다. ITAR의 모든 항목은 엄격하게 통제되며, 최종사용자는 정부, 정부의 군대 또는 정보기관, 해외에서 운영 중인 승인된 방산기업이어야 한다. 엄격한 최종사용자 통제는 ITAR 통제 품목에 있어 매우 중요하다. 이는 구매자(외국정부, 외국군대 또는 방산기업)가 ITAR에 따라 미국 기술을 획득하고 그 전체 또는 일부를 재수출하려는 경우, 새로운 수출허가를 신청하고 미국의 승인을 받아야 함을 의미한다. 유럽에도 적어도 서류상으로는 유사한 규칙이 있으며, 과거에는 아니었으나 아주 최근에는 일본도 군수품을 수출하려는 움직임을 보이고 있기 때문에 관심이 필요하다.

과거에 미국은 ITAR 품목과 마찬가지로 CCL 통제상품과 기술에 대한 재수출 통제를 시도했다. 미국의 컴퓨터를 외국회사에 팔았다가 이를 다시 팔려면 미국으로부터 새로운 수출허가를 받아야 한다고 주장한 것이다. 재수출 통제의 실효성을 확보하기 위해서는 미국이 외국에 의존해야하기 때문에 관리하기가 매우 어렵다. 그들 중 다수는 이를 원천적으로 거부하기 시작했고, 이러한 행동으로 인해 재수출 통제시스템이 제대로 작동하지 않게 되었다. 특히, 미국 정부의 눈엣가시였던 것은 미국의 재수출 통제에 대한 영국의 반대였으며, 영국은 이것이 자국의 주권을 침해한다고 주장했다. 문제의 핵심은 최종사용자를 검증하고, 제출받은 서류에 기재된 최종 사용 용도가 실제로 군용 목적이 아닌 상업적 용도인지를 결정하는 방법이었다. 이를 소련에 적용했을 경우, 미국은 소련이 모든 산업을 실질적으로 소유하고 있으므로 실제 최종사용자가 누구인지와 상관없이 서방 국가로부터 얻은 모든 기술을 원하는 방식으로 사용할 것이라고 주장했다. 이 문제를 해결하기 위해 각 COCOM 회원국은 수출된 제품이 비군사적 목적의 프로젝트에 사용되고 있는지 확인하기 위해 최종사용자 확인을 수행할 것을 제안했다. 최종사용자 통제를 수행하는 임무를 배정받은 대부분의 외교관과 무역통상 분야의 공무원들은 마치 외국의 스파이처럼 취급받았다. 장비가 원래 있어야 할 곳에 있고, 승인된 용도로 사용되는지 확인하기 위해 산업 또는 정부 시설을 방문하려고 하면, 설사 방문이 가능하더라도 종종 지연되었다. 해외에 있는 외교관들도 물리적인 현장 점검을 꺼리는 경우가 많았다. 그들은 대개 장비를 보관하고 있는 장소에 전화를 걸어 이상이 없는지를 확인하면서 모든 것이 정상이라고 스스로 만족했다. 소련에서는 현장점검 자체가 거의 없었다. 그러나 현장방문이 잦았던 중국에서는 장비를 자주 손질하고 청소를 함으로써 검사관들이 본 것에 스스로 만족할 수 있도록 했다.

코콤(COCOM)의 성과

COCOM은 1980년대 소련에 초점을 맞추었을 당시 가장 잘 작동했고, 소련의 군사프로그램에 영향을 미쳤으며, 소련이 원하는 만큼의 군사력 증강에 막대한 자금이 투입되는 것을 막은 것으로 평가받고 있다. 미국의 금수조치와 이에 대한 강력한 집행으로 인해 1980년대에는 NATO의 질적 우위가 유지되었으며, 첨단 전자제품과 소재가 미국의 무기를 더욱 스마트하고, 성능을 향상시킴으로써 미국과 소련 하드웨어 간의 성능 격차가 커졌다. 그렇다고 소련이 가장 많은 투자를 한 분야에서 미국과의 아슬아슬한 경쟁이 전혀 없었다는 것은 아니다. 한 가지 예는 ICBM 프로그램이다. 소련은 뛰어난 미사일 프로그램을 보유하고 있었고, 핵미사일을 위한 다탄두 기술에 정통했으며, 견고하게 잘 보호된 지휘통제시스템을 기반으로 SS-20과 같은 새로운 미사일을 계속해서 도입했다. 그러나 소련은 신뢰할 정도의 핵 선제공격 능력을 달성했다고 서방의 전문가들이 인정할 만한 정확도가 높은 탄두를 보여주지는 못했다. 사실 소련이 군비통제 과정에 참여하기로 한 결정은 단순한 정치적 계략 그 이상이었다. 전략 핵 운반 시스템에 대한 무기거래를 협상하기로 한 결정은 선제공격 능력을 갖추려는 소련의 시도가 신통치 않았다는 의미였다. 그 다음으로 소련이 얻을 수 있는 결과는 미국이 핵 균형을 받아들이게 함으로써 소련이 대내외적으로 미국과 "대등한" 초강대국이라는 권위와 명성을 유지하는 것이었다.

군비통제 협정에도 불구하고 1967년과 1973년의 중동전쟁, 특히 1982년 베카계곡의 "칠면조 사냥"에서 소련은 무기체계의 취약점을 고스란히 보여 주었고, 소련의 명성에도 큰 타격을 입었다. 이러한 좌절은 소련의 경제가 계속해서 허물어지고, 소련과 바르샤바 조약 기구 내에서도 비판과 반대의 목소리가 커지면서 발생했다. 곪아터진 분위기를 보여주는 확실한 징후는 공산주의와 그 경제체제 관련하여 유행했던 유머와 농담이었다.

〈미국의 포드대통령과 소련의 브레주네프(1974)〉
https://commons.wikimedia.org/wiki/File:Ford_signing_accord_with_Brehznev,_November_24,_1974.jpg

그들 중 최고는 소련 지도자 레오니트 브레주네프에 관한 것이었다. 그중 한 가지를 소개하면, 브레주네프가 연설하고 나서 평소처럼 질의응답 시간을 갖는다. 오랜 침묵 끝에 마침내 한 남자가 "공산주의는 과학자들이 발명한 것인가요? 아니면 공산주의자들이 발명한 것인가요?"라고 물었다. 다소 당황한 브레주네프는 공산주의자들이 발명했다고 대답한다. "저도 그렇게 생각합니다." 남자가 대답한다. "과학자들이었다면, 먼저 쥐를 대상으로 테스트했을 테니까요." 경제적인 농담도 많았다. "텔레비전에서는 우리나라에 음식이 풍부하다고 하는데 제 냉장고는 텅 비어 있습니다. 도대체 왜 그럴까요? 간단합니다. 냉장고를 TV 케이블에 연결하기만 하면 됩니다." 그리고 소련 지도자에 대한 이야기도 있다. 크렘린에 전화가 울리고 있다. 장거리 전화인데 누군가 브레주네프와 통화하고 싶어 한다. 전화를 받은 직원은 전화를 건 사람에게 브레주네프가 오랫동안 병을 앓고 있다가 안타깝게도 이제 사망했다고 말한다. 몇 분 후 다시 전화벨이 울리고 같은 목소리로 브레주네프와 통화하고 싶다고 요청한다. "여보세요, 브레주네프는 죽었습니다! 처음에 내가 한 말 못 들었어요?" 직원은 전화를 건 사람에게 다시 한 번 말한다. 전화를 건 사람은 다음과 같이 대답한다. "물론 들었죠. 하지만 계속 들어도 정말 좋은 소식이네요."

결국 이러한 유머들은 정권에 대한 반대 세력보다 정권에 더 심각한 해를 끼쳤다. 그러나 소련 국민이 본격적으로 지도자들에게 등을 돌린 것은 아프가니스탄에서의 10년 전쟁 때문이었다. 소련은 많은 수의 젊은 조종사와 군인을 잃었고, 페쉬메르가(Peshmerga, 쿠르드족 군대)의 손에 쥐어진 미국의 스팅어 미사일은 소련의 전투기와 공격용 헬리콥터를 격추시켰다.[21]

야말(Yamal)-유럽 가스관

아프가니스탄에서의 참사가 없었더라도 소련은 전쟁을 위한 무기에 계속해서 국부를 낭비할 수 없는 상황이었다. 국내 경제는 계속 위축되었고, 소비재 생산은 수요를 충족시키지 못했으며, 국내에서 생산되는 제품의 질도 많이 떨어졌다. 소련 지도자들에게는 상당한 수준의 경제적 돌파구가 필요했다. 그렇지 않으면 전체 시스템이 붕괴될 수도 있었다. 소련 지도자들이 변화를 바랐던 한 가지 방법은 천연가스를 공급하는 가스관을 건설함으로써 유럽에 가스를 공급하고, 절실히 필요한 현금을 본국으로 가져오는 것이었다. 그러나 소련의 석유와 가스 자원은 많은 문제에 직면하고 있었다. 소련은 더 많은 석유를 추출하기 위해 유정에서 너무 많은 물을 펌핑함으로써 유정을 손상시켰고, 장비고장, 기술 노후화, 각종 사고와 화재가 끊임없이 발생했다. 한번은 미국이 1985년, 유명한 유정 소방관인 레드 어데어와 그의 팀을 텡기즈 지역에 파견하여 도움을 주기도 했다.[22]

극적인 해결책은 일 년 내내 영구 동토층으로 덮여 있는 시베리아의 일부인 야말 반도에 새로운 가스전을 개척하는 것이었다. 영구 동토층은 2년 이상 어는 점 이하에 있는 토양이다. 영구 동토층에 건물과 시설을 짓는 것은 많은 위험이 따르는데, 특히 어떤 이유로든 온도가 갑자기 상승하면, 지표가 이동하는 것으로 알려져 있기 때문이다. 소련의 아이디어는 동유럽과 독일에 공급되는 기존의 가스망에 가스를 공급할 수 있는 이중 갈래의 고압 가스관을 건설하는 것이었다. 이 프로젝트에는 고압에서도 작동이 가능한 특수 적층 가스배관 등의 신기술이 필요했다. 가스관은 3,000km에 달하며, 경로를 따라 가스 라인의 압력을 유지하기 위해 31개의 터빈 압축기 스테이션이 필요했다.

이러한 이중의 가스관은 소련의 고객들에게 연간 330억m^3의 가스를 공급할 수 있었다.

이 프로젝트를 수행하기 위해 소련은 파이프를 넣을 깊은 구멍을 파기 위한 특수 굴착 장비와 파이프의 구성품들을 땅에 설치하기 위한 장비가 필요했다. 최고의 제품은 일본의 고마쓰사와 미국의 캐터필러사가 만들었다. 무엇보다도 소련은 가스를 고객들에게 최종적으로 전달하기 위해서 - 라인을 따라 고압을 유지하기 위해 - 천연가스를 재 압축하는 특수 터빈 압축기가 필요했다. 소련의 목표는 가스관을 이용해 침체된 경제를 활성화 시키고, 서구로부터 기술을 구입할 수 있는 현금을 확보하는 것이었다. 가스관은 소련의 민간 지도자와 군부 지도자들 간의 점점 커지는 대결 구도를 막을 수도 있었다. 가스관이 지도부가 바라는 대로 원하는 것을 얻을 수 있다면, 과도한 군비 지출에 대한 내부의 반대 여론도 무마시킬 수 있었다.

레이건 정부 내부의 비밀스럽고, 열띤 토의에서 CIA는 소련 경제와 에너지 산업의 경화(hard currency) 창출 능력에 대한 백악관과 국방부의 가정에 이의를 제기했다. 이 논쟁은 매우 중요했다. 만약 소련이 경제적으로 안정적이고, 어떤 위기에도 직면하지 않을 것이라는 CIA의 보고를 대통령이 받아들인다면, 소련으로부터 일정량의 일거리 프로젝트를 따내고자 하는 미국의 동맹국이나 미국의 주요 기업들과 큰 논쟁을 벌이는 것은 의미가 없었다.

그러나 미국 국방부는 CIA의 주장을 받아들이지 않았다. 서유럽이 소련의 천연가스에 전적으로 의존하게 된다면, 미국의 영향력은 약화될 수 있었다. 정치적으로 변덕스러운 소련은 COCOM 국가, 특히 독일에 압력을 가할 수 있는 위치에 있게 되었다. 이 시기는 이미 미국 국방부가 독일에 퍼싱 미사일을 배치하도록 요청함으로써 소련 SS-20 미사일을 견제하려고 노력했던 시기였다. 바이에른 주의 85% 이상이 야말 가스관과 소련의 가스 공급에 의존하는 상황에서, 가뜩이나 긴장하고 소극적인 자세로 일관하던 독일은 충성심을 전환하여 소련의 정치적, 전략적 요구를 따를 수도 있었다. 미국 국방부의 입장에서 염려한 것은 야말-유럽 가스관을 지원하는 행위는 집단안보동맹인 NATO의 생존을 위협하는 것 이상도 이하도 아니었다. 최종적인 결정은 레이건 대통령의 손에 달려 있었으며, 국무부의 지지를 받는 CIA의 견해와 국방부의 견해 중 하나를 선택해야 했다. 레이건은 결국 국방부의 입장을 지지하고, 야말 가스관에 대한 기술이전을 반대하기로 결정했다. 실제로 미국은 소련 가스관에 대한 기술 공급을 중단하도록 유럽을 설득해야 했는데, 가스관 지원이 유럽과 일본 기업들에게 가져다 줄 이익 때문에 매우 어려운 과제였다. 독일에 대한 추가적인 가스 공급은 에너지 부족을 피할 수 있기 때문에 독일의 국내 생산량을 늘리는 데 도움이 될 수도 있었다. 레이건 정부는 대통령의 결정을 약화시키려는 국무부의 노력 등 모든 압박에 맞서 싸워야 했다.

레이건 대통령, 국가안전보장회의(NSC), 국방부는 전반적으로 가스관을 위한 거래가 기술적으로나 정치적으로 위험하고, 미국의 국익에 해롭다는 점을 이유로 뉴욕의 투자 은행들을 설득했다. 은행은 한발 물러났고, 프로젝트에 필요한 자금 집행은 실현되지 않았다. 미국 국방부는 백악관을 지원하기 위해 영구 동토층 건설의 위험성에 대한 특별 연구를 후원했으며, 소련이 고객들에게 가스를 공급하는 것에 대한 "신뢰성"에 의문을 제기했다.[23] 미국 국방부는 또한 천연가스의 대체 공급원도 조사했다. 다수의 "자원봉사자"는 국방부를 도와 유럽 천연가스의 실질적인 가용성에 대한 연구를 하였다. 영국 해상과 노르웨이 해상에 매장된 가스 공급원은 당시 충분히 활용되지 않았으며, 두 생산국 모두 유럽 대륙에 가스를 공급하지 않았다. 미국 국방부는 영국과 노르웨이에 가스를 공유하도록 하고 유럽, 특히 독일과 덴마크의 북부 국가를 위한 가스관에 투자하도록 최대한 많은 압력을 가했다. 이 작업의 대부분은 예전에 국가안전보장회의(NSC)에서 근무했으며, 야말 가스관이 소련의 계획대로 건설될 경우 미국 안보에 미칠 영향을 우려했던 대표적인 에너지 전문가인 로렌스 골드먼츠에 의해 수행되었다.

소련의 프로젝트와 관련해서 이미 미국도 "적극적"으로 지원했을 수도 있다. 1980년대 초 국가안보 참모였던 토마스 리드와 거스 웨이스는 시베리아 지역의 가스관에 대한 제어시스템이 미국에서 구입된 후 캐나다의 컷아웃(cutout)을 통해 흘러들어갔다고 말한다. 그러나 리드(Reed)의 설명에 따르면 그렇게 제공된 제어시스템은 곧 고장이 났고, 가스관에 엄청난 압력이 쌓여 폭발을 초래하였다. 이 일은 1982년에 일어난 3킬로톤(*kt*) 규모의 대폭발로, 이것은 우주에서 본 가장 큰 폭발 - 핵폭발을 제외하고, 미국 감시위성에 의해 포착된 - 이라고 알려졌다.[24] 폭발에 대한 이야기는 "비밀"로 유지되었지만, 투자은행 쪽은 정부 당국자들로부터 보고를 받았을 것이다.

결국 레이건 정부는 원하는 것을 많이 얻었고, 야말 가스관은 소련을 구하기 위해 제때 건설되지 않았다. 가스관 건설은 소련이 붕괴된 지 몇 년 후인 1994년에 마침내 시작되었고, 가스관의 첫 번째 라인은 1999년에 가동되었다. 최근 푸틴 대통령은 이전에 계획된 가스관의 두 번째 라인 건설을 다시 제안했으며, 이에 대한 투자 규모는 50억 달러 정도가 될 것이라고 주장했다. 그러나 유럽, 특히 우크라이나 전쟁으로 인해 투자 가능성은 희박해졌다.[25]

코콤(COCOM)의 실패

COCOM은 주로 미국이나 미국 기업의 해외 자회사를 상대로 성공을 거두었다. 그러나 유럽회사로부터 기술제공이 이루어질 때에는 종종 COCOM의 규칙이 우회되거나 속임수가 사용되었다. COCOM은 보고체계를 갖추고는 있었지만, 심각한 문제점이 있었고, 정확히 어떤 기술과 제품이 이전되었는지 파악하는데 그다지 유용하지 않았다. COCOM 시스템 하에서 국가들은 2년마다 이전 사항을 보고하도록 요청받았다. 보고서의 내용을 확인할 수 있는 객관적인 방법이 없었으며, 보고서도 COCOM 본부에 종종 늦게 도착하거나 전혀 도착하지 않았다. 지연되거나 누락된 보고서를 요청하는 것은 COCOM 의장의 몫이었다.

COCOM이 수출통제에 실패한 사례 중 하나는 공작기계였다. 앞에서 이미 프랑스와 일본이 고도로 정교한 프로펠러(propeller) 복제 절삭 기계를 소련 해군으로 이전하는 것을 어떻게 승인했는지 설명했다. 이러한 기계의 이전은 미국의 국가안보에 심각한 해를 끼쳤는데, 매우 큰 빙산의 일각에 불과했다. 유럽과 일본에서 제조된 대량의 공작기계들은 수출이 금지된 품목이었음에도 불구하고 소련과 바르샤바 조약 국가들로 흘러 들어갔다. 유럽과 일본에게 공작기계 수출은 매우 큰 사업이었다. 공작기계에 대한 국내 수요는 공작기계 회사를 지속적으로 운영하기에는 충분하지 않았다. 미국에서는 다수의 공작기계 회사가 문을 닫거나 매각되었으며, 글을 쓰고 있는 지금 이 순간에도 미국의 공작기계 산업은 과거의 영광에 불과할 뿐이다. 미국의 공작기계 제조업체들은 자신들의 경쟁력이 충분함에도 유럽과 일본이 다른 규칙을 적용하여 변칙적으로 운영하고 있으며, COCOM의 통제를 속여 부자가 되고 있다고 느꼈다. 따라서 미국의 공작기계 산업계는 무역단체 성격인 전국 공작기계 제작자협회[26]를 통해 제대로 운영되지 않는 COCOM의 제한을 철폐할 것을 요구했다.

제2차 세계대전 동안 미국은 전쟁을 위해 엄청난 양의 공작기계를 생산했다. 영국군과 다른 국가들의 전쟁 물자를 제조하는 것을 돕도록 수천 대의 기계가 대서양 호송대에 실렸다. 그러나 호송대에 실린 상당수의 기계들은 독일의 U-보트 공격을 받아 유럽에 도착하지 못했다. 제2차 세계대전시 기계는 수동으로 작동되었으며, 기계의 절삭 공구를 정해진 위치로 안내하는 지그(jig)가 - 가공 과정에서 가공 위치를 정확하게 지정해주는 보조용 기구 - 다양한 가공 작업을 지원했다. 공작기계의 작업을 변경하려면 많은 노력이 필요했기 때문에, 효율적인 방법은 단계별 프로세스마다 각각의 고유한 작업을 수행하는 공작기계를 운용하는 것이었다. 이로 인해 많은 기계가 필요했고, 미국은 충실하게 기계들을 제조함으로써 수요에 응했다. 그러나 제2차 세계대전이 끝나자 수요는 급감했다. 그렇지만 전쟁에 사용되었던 기계는 민간용으로 개조될 수 있었다. 전쟁을 위해 군용 지프, 트럭, 전차와 트레일러를 제작하던 자동차 산업은 이제 상용자동차, 트럭, 트레일러 생산에 관심을 돌릴 수 있게 되었다. 상업적으로 생산된 제품의 적합도와 마감 상태는 소비자의 기대에 부응해야 했지만, 이러한 전환만으로는 당시에 앓고 있던 공작기계 산업을 구제하기에는 충분하지 않았다. 디트로이트는 충분한 기계를 구매하지 못했고, 미국의 수출도 급감했다.

1950년대 초, 미국 국방부가 공작기계에 관여한 이유는 그것들이 국방관련 작업에 필요했기 때문이었다. 국방부는 MIT에 도움을 요청하는 특이한 방식으로 더 유연하고, 가공 작업을 더 효율적이며, 저렴하게 수행할 수 있는 새로운 종류의 공작기계를 찾으려고 했다. MIT는 종이 펀치 테이프 판독기를 사용하여 프로그래밍 할 수 있는 최초의 자동화 공작기계를 고안했다. MIT-Pentagon(국방부) 협력 덕분에 차세대 공작기계는 복잡한 작업을 자동으로 수행할 수 있었다. 기계가 자동화되면서 공작기계는 두 개 이상의 절삭기를 동시에 작동할 수 있었고, 각각은 서로 다른 복잡한 작업을 수행할 수 있다는 사실이 밝혀졌다. 제조업체가 좀 더 복잡한 자동화 기계를 채택함으로써 노동력과 시간을 상당히 절약할 수 있다는 사실이 알려지면서, 공작기계 산업의 회복에 도움이 되는 다축 공작기계에 대한 아이디어가 나오게 되었다. 국방부가 후원한 기술은 곧바로 유럽과 일본으로 퍼져 기계가공 산업에 혁명을 일으켰다.

다음 도약은 1970년대에 미니컴퓨터가 시장에 등장하면서 나타났다. 종이 펀치 테이프와 수작업 프로그래밍 대신 컴퓨터로 구동되는 전자 컨트롤러가 이를 대체했다. 이를 통해 작업을 더 쉽고 빠르게 전환할 수 있을 뿐만 아니라, 기계를 네트워크로 연결할 수 있어 작업의 흐름이 중앙 컴퓨터에 의해 조정되고 통제될 수 있었다. 1980년대 중반에는 공정이 매우 발달하여 공장 교대조는 재료를 준비하고, 작업자는 불을 끄고 집에 갈 수 있었다. 한편, 공작기계는 밤새 멈추지 않고 계속 작동했다. 관련 기술들도 자리를 잡았다. 컴퓨터 프로그램은 기계의 도구들을 점점 더 정확하게 동작할 수 있도록 인도하였고, 컴퓨터에 추가된 다양한 센서를 통해 마모도를 고려하여 절삭 도구를 조정하거나, 두께나 경도에 따라 재료의 품질이 다른 경우 이를 조정할 수 있었다.

이러한 모든 기술이 세계시장으로 흘러 들어갔다. 혜택을 받은 일부 공작기계 제조회사는 COCOM의 회원 국가가 아니었다. 스웨덴, 핀란드, 오스트리아, 스위스는 수요에 맞는 중요한 기계를 생산했을 뿐만 아니라 이를 동구권으로 수출하는 데도 주저하지 않았다. 이를 보고 경쟁에 뛰어든 많은 COCOM 국가의 기계 생산업체는 COCOM 승인을 받거나 또는 - 대부분 - 받지 않고 기계를 수출하기로 결정했다.

미국은 공작기계에 대한 수출통제 기준 적용을 중단하고, 소련과 바르샤바 조약 기구 시장을 놓고 유럽 그리고 일본과 똑같이 경쟁했어야 했을까? 미국에게 문제는 항공우주 및 방산물자 생산에 필요한 전문적인 도구와 프로그램이었다. 통제가 중단된다면 무기 생산을 직접적으로 지원하는 것을 막을 수 있는 것은 아무것도 없었다. 통제로 인해 수백 대의 공작기계가 - 수천 대는 아니더라도 - 이전되는 것을 막지는 못했지만, 서구 기업이 소련과 협력하는 것은 상당히 위험한 일이었다. 일본은 도시바 공작기계가 레닌그라드 조선소로 이전된 이후 이 위험성을 알게 되었고, 도시바는 미국 의회로부터 강력한 제재를 받았다. 더욱이 1980년대에는 복합재료 취급용 장비와 같은 일부 항공우주용 특수 장비들이 미국에 의해 더 잘 통제되었다. 그렇더라도 공작기계 판매는 COCOM의 통제체제를 위협하는 가장 심각하고 지속적인 위반사례 중 하나였다. 그러나 미국 안보와 NATO에 해를 끼치는 다른 거래들도 많이 있었다.

코콤 그리고 바세나르체제

냉전의 잔재로서 역할을 했던 COCOM은 1994년 3월 31일 폐지되었다. 그때까지 미국이 중국을 상대로 하는 기술 판매는 크게 증가했으며, COCOM은 미국의 유연성을 제한하는 것으로 간주되었다. 유럽에서는 COCOM 시스템을 유지하는 데 별로 관심이 없었다. 이로 인해 향후 2년 동안, 과거의 COCOM 회원국들은 수출승인과 관련하여 각자 독립적인 책임을 지게 되었다.

1996년 7월 12일, 그 공백을 메우기 위해 새로운 수출통제협정이 체결되었다. 협상이 진행된 네덜란드 헤이그 근처 마을의 이름을 따 바세나르체제라고 불리는 바세나르협정(Wassenaar Arrangement)은 재래식 무기의 이전과 잘못된 손에 의해 악용될 여지가 있는 기술의 통제에 초점을 맞췄다.

〈바세나르체제 회의 모습(오스트리아 비엔나)〉
https://www.wassenaar.org/

바세나르는 러시아나 중국에 초점을 맞추지 않았다. 바세나르에는 검토 시스템이나 거부권은 없었지만, 합의된 기술목록은 있었다. 협정에 참여한 국가는 42개국으로 아르헨티나, 오스트레일리아, 오스트리아, 벨기에, 불가리아, 캐나다, 크로아티아, 체코, 덴마크, 에스토니아, 핀란드, 프랑스, 독일, 그리스, 헝가리, 아일랜드, 이탈리아, 인도(2017년 가입), 일본, 라트비아, 리투아니아, 룩셈부르크, 몰타, 멕시코, 네덜란드, 뉴질랜드, 노르웨이, 폴란드, 포르투갈, 대한민국, 루마니아, 러시아 연방, 슬로바키아, 슬로베니아, 남아프리카공화국, 스페인, 스웨덴, 스위스, 튀르키예, 우크라이나, 영국, 미국이다. 중국과 이스라엘은 주요 무기와 기술 수출국임에도 불구하고 회원국이 아니지만, 이스라엘의 경우 미국과 기술통제에 관한 양자협정이 체결되어 있다. 하지만 중국과 관련된 협약은 없다. 미사일 기술과 기타 무기를 수출하고 핵 기술을 확산시키는 북한도 바세나르 회원국이 아니며, 해당 지역의 주요 무기 공급원인 이란도 아니다. 파키스탄도 바세나르체제에 가입하기로 합의하지 않았다. 바세나르체제는 대체로 실패한 기술보호 프로그램을 위한 쇼윈도 장식 같은 겉치레 역할을 한다는 지적이 있다. 미국도 더 이상 잠재적인 적 또는 다른 누구에게도 기술을 수출하는 것을 효과적으로 통제하지 않는 것 같다. 미국은 수출통제시스템의 인프라를 유지해 왔지만 그 결과는 국가안보에 아무런 가치가 없는 것처럼 보인다. 누군가는 미국이 중요한 기술보호 도구를 자발적으로 포기했으며, 이로 인해 1980년대에 잘 활용되었던 군사적 이점이 사라지고, 미국의 힘에 부정적인 영향을 미치고 있다고 확신을 갖고 말한다.

제9장

모바일 기기와 기술보호

Mobile Devices and Technology Security

제9장

모바일 기기와 기술보호

(Mobile Devices and Technology Security)

"우리에게 남은 자유가 얼마나 적은지 알고 있거나
이해하는 사람은 많지 않다."
- 코반 블레이크(Korban Blake) -
영국의 유명 작가

휴대폰, 태블릿 컴퓨터, 노트북 그리고 기타 모바일 기기들은 이제 전 세계 어디에서나 쉽게 찾아 볼 수 있다. 미국, 일본, 대만, 한국 기업의 제품 대부분은 중국에서 생산되지만, 중국이 자체적으로 제작한 제품들이 - 짝퉁 제품과 오리지널 제품들이 - 시장에 넘치면서 상황이 바뀌고 있다. 그런데 이것이 기술보호와 무슨 연관성이 있을까? 대답은, "꽤 많다."는 것이다. 지난 10년 이상, 고정된 장소의 컴퓨터 사용 환경에서 모바일 컴퓨팅으로의 전환이 이루어졌다. 변화는 노트북으로부터 시작됐지만 노트북은 컴팩트한 PC에 지나지 않았다. 진정한 변화는 태블릿과 모바일 스마트폰의 등장이었다. 오늘날 모바일 기기의 휴대성과 크기는 일반 사무실을 넘어 인터넷을 연결할 수 있는 모든 장소에서 사용이 가능하도록 확장되었다. 이제 데이터 연결이 가능한 휴대폰이 전 세계 모든 곳으로 확장되고, 와이파이(Wi-Fi)도 널리 사용이 가능하기 때문에, 모바일 플랫폼 – 특히 스마트 기기 – 은 컴퓨터들 중에서 새로운 "왕(king)"이 되었다.

휴대전화를 발명한 사람은 마틴 쿠퍼(Martin Cooper) 박사이다. 1970년대 초 쿠퍼는 모토로라에서 일했고, 이 발명품을 소개하면서 무선 통신에 혁명을 일으켰다. 휴대폰이 등장하기 전에는 자동차에 무선전화가 있었지만 전파 탑의 범위 안에 있을 때만 작동했다. 해당 범위를 벗어나거나 무선 신호가 방해를 받으면 전화기는 아무런 쓸모가 없었다. 지점 간 – 점 대 점 – 무선 전화와 달리 휴대폰은 송수신 타워에 지속적으로 연결할 수 있었고, 이 기술 덕분에 사용자는 원하는 곳 어디든지 이동할 수 있으며, 전화기는 타워에서 타워로 원활하게 전환되어 통신의 연속성을 유지할 수 있다. 휴대전화를 위한 셀룰러 타워들은 미국의 AT&T, 유럽의 Vodafone과 Orange와 같은 통신업체의 전화 교환시스템에 휴대폰을 다시 연결해주는 그 자체로 정교한 장비들이다. 오늘날의 휴대폰은 "로밍"이 가능하며, 대부분의 장소에서 현지에서 운용되는 대체 통신업체로 호환이 된다.

이러한 훌륭한 결과를 얻으려면 휴대폰에는 셀룰러 타워의 신호를 공유할 수 있는 수단이 있어야 했다. 과거의 무선 전화기는 한 번에 하나의 통화만 처리할 수 있었던 반면, 셀룰러 타워는 수천 개를 관리할 수 있다. 이를 수행하기 위한 다양한 개념들이 개발되었는데, 가장 중요한 두 가지는 TDMA와 CDMA기술이다. TDMA는 시분할 다중 접속(Time Division Multiplex Access)을, CDMA는 코드 분할 다중 접속(Code Division Multiplex Access)을 의미한다.

휴대전화를 작동시키는 글로벌 포맷인 GSM(Global System for Mobile Communications)은 1987년 미국, 일본, 한국을 제외한 대부분의 국가에서 채택되었다. 이들 국가는 CDMA 모델을 바탕으로 시스템을 구축했지만, 시스템의 세계화에 따른 필요성으로 인해 일부 통신업체에서는 대안으로 GSM을 제공하기 시작했다. 미국의 두 대형 통신업체인 AT&T와 T-Mobile(Deutsche Telekom 소유)은 GSM 기반이다.

초기 휴대전화는 음성을 아날로그로 전송했다. 디지털 전화기는 1988년부터 등장했으며, 업계는 급속하게 모든 것을 디지털 형식으로 전환했다. 디지털 전화기는 아날로그보다 더 나은 대역폭을 이용하여 향상된 품질의 음성을 제공했으며, 휴대전화에 추가적인 서비스를 허용했다. 이러한 기능들은 빠르게 나타나기 시작했으며, 가장 인기 있는 기능 중 하나는 문자 메시지를 보내는 기능이었다. 단문 메시지 서비스(SMS, short message service)는 독일 엔지니어 프라이드헬름 힐레브란트와 프랑스 엔지니어 베르나르 길레바르트가 개발하였으며, 이것은 GSM과 연관된 발명이었다. 160자(일본어 및 중국어의 경우 80자)로 제한되는 이 서비스는 1992년에 출시되었다. 조사에 따르면, 2023년 현재 전세계적으로 51억 명(세계 인구의 67%) 이상의 사용자를 보유하고 있으며, 2025년에는 약 60억 명까지 늘어날 것으로 예상된다. 전 세계적으로 매일 230억 개가 - 초당 27만 개 - 넘는 메시지가 발송되고 있으며, 최근에는 SMS로 OTP(One Time Passwords) - 일회용 비밀번호 - 를 활용하는 보안강화 기능도 지원하고 있다. 2023년에는 연간 약 8조 4천억 개의 메시지가 SMS 시스템을 통해 전송되었다.

다음 단계는 이메일과 웹 액세스를 포함한 다른 기능을 추가하는 것이었고, 스냅 샷만 가능한 초기 형태의 카메라가 더해지면서 기능들이 더욱 강화되었다. 나중에 이것은 "피처폰(feature phone)"으로 알려지게 되었다. 피처폰은 지속적으로 생산되었지만, 스마트폰으로 빠르게 대체되었다. 스마트폰은 별도의 데이터 네트워크를 사용하고, 고속의 인터넷에 연결할 수 있다는 점에서 피처폰과 다르다. 스마트폰 분야에서 최초로 큰 성공을 거둔 것은 캐나다 회사인 RIM(Research in Motion)이 생산한 Blackberry® 휴대폰이었다. 첫 번째 Blackberry는 1999년에 출시되었으며, 2012년에는 사용자가 8천만 명에 이르기도 했다. Blackberry는 기업들이 자체적으로 "푸시(push)" 메일 및 메시지 서버를 운영함으로써 개인정보 보호 및 보안을 강화할 수 있도록 해주었기 때문에, 특히 기업과 정부 사용자들에게 큰 인기를 끌었다. Blackberry 출시 후 몇 년 동안은 Apple의 iPhone® 시리즈와 Google의 Android® 운영 체제를 압도하기도 했다.

현대의 스마트폰은 빠른 속도의 마이크로 프로세서와 결합한 일종의 무선통신 기기이자 센서이다. 스마트폰 기기는 셀룰러 네트워크의 전화 통신사 또는 Wi-Fi를 통해 인터넷과 데이터 서비스에 액세스할 수 있다. 태블릿 컴퓨터와 노트북, 심지어

PC까지 스마트폰 모델로 진화하고 있는데, 이는 스마트폰과 PC의 운영체제가 동일하다는 것을 의미한다. Android 스마트폰과 동일한 운영 체제를 사용하는 일부 노트북(Chromebook®이라고도 함)용 Android 시스템이 그 사례이다. Microsoft Windows®도 이러한 방향으로 나아가고 있다.

최근 스마트 기기들과 관련된 많은 보안 문제가 발생하고 있는데, 이 기기들의 대부분은 중국에서 제작되었다. 스마트폰의 확산은 정보 보증과 - 정부, 기관, 기업을 포함한 - 개인정보 보호, 그리고 보안과 관련된 세계적인 문제를 야기했다. 문제시 되는 사안의 범위를 살펴보면 2024년 기준, 전 세계 스마트폰 사용자 수는 71억 명 - 전 세계 인구는 약 81억 명 - 에 이르는 것으로 추정된다.[1]

개인보안과 국가안보

개인용 컴퓨터, 노트북, 태블릿, 스마트폰은 안전하지 않다. 다시 말하면, 인터넷에 연결된 모든 기기는 안전하지 않다. 여기에서 말하는 "안전(safe)"이라는 것은 사용자가 의도적으로 거부한 모든 임의적인 행위 또는 어떠한 종류의 침입으로부터 면역성을 갖는 것을 의미한다. 불행하게도 많은 인터넷 기반 서비스가 사용자로부터 받은 정보를 활용하기 때문에 사용자 인증 과정 자체가 문제가 되었다. 전부는 아니지만 대부분의 서비스 제공자는 사용자의 정보와 관련하여 사전에 승인을 요청하지만,

최근 법원에서 처리한 사건들을 살펴보면, 해당 서비스에 가입하지 않은 사용자라도 서비스 제공업체가 자신의 정보를 손에 쥐고 있는 사실을 확인할 수 있다.

이동통신 산업의 "애플리케이션"은 사용자에게 서비스를 제공하는 대가로 "소셜"과 개인정보를 현금화하는 상업적인 모델로 전환되었다. 대부분의 서비스는 엔터테인먼트와 관련되어 있는데, Facebook, Pinterest, Twitter 등 - 소셜 미디어라고 불리는 - 소위 소셜 네트워킹 서비스와 Gmail, Yahoo와 같은 서비스의 등장은 수십억 달러 규모의 수익성 사업 모델로서 지속적인 성장 가능성을 보여주었다. 그러나 수익을 얻는 대부분의 회사들은 정보보호 업무를 "봉사활동"으로 여길 뿐이었다. 개인정보보호법을 강화하려는 노력은 사용자를 보호하는 측면에서 큰 성과를 거두지 못했고, 서비스 회사의 저항을 받았으며, 이러한 서비스를 통해 수집한 데이터 처리와 관련된 문제를 해결하지 못했다. 수집될 수 있는 정보의 종류에 대한 표준이 실제로 존재하지 않았고, 알고리즘이 사용자의 선호도, 관심사항 그리고 관련성을 평가하는 방법에 대한 규칙도 없었으며, 버라이즌과 같은 통신회사에서 사용되는 "슈퍼쿠키"와 같은 특정 유형의 수집 메커니즘으로부터 사용자를 보호할 수 있는 방법도 없었다. 개인정보 수집은 개인의 선호도를 드러낼 뿐만 아니라 - 회사 동료, 가족 구성원, 일상적으로 알고 지내는 지인 등 - "친구"들과의 연결고리도 제공했다. 정보의 범위가 매우 흥미롭기 때문에 정부는 이러한 자원을 활용하고, 모바일 기기를 모니터링하는 데 수십억 달러를 지출하고 있다.

기업에서 PC 연결은 일반적으로 이메일, 파일 액세스, 맞춤형 애플리케이션과 같은 내외부 서비스에 접속하려는 사용자를 기업의 자체 서버를 통해 보호하고 있으며, 대부분의 조직에서 사용하는 네트워크는 불법 침입자와 해커로부터 보호하기 위한 방화벽[2]과 모니터링 장비를 갖추고 있다. 그러나 정부와 군대, 기업과 조직 네트워크는 우회할 수도 있다. 전문가 또는 아마추어 침입자는 이러한 네트워크에 몰래 - 탐지되지 않은 채 - 들어갈 수 있으며, 네트워크가 침입을 받았거나 손상되었다는 사실은 사고가 발생한지 오랜 시간이 지난 후에야 발견되기도 한다. 침입자는 운용자의 실수, 컴퓨터 운영체제의 유출, 네트워크 취약성, 하드웨어의 약점 등을 악용할 수 있다. 라우터 시장에서 가장 큰 점유율을 차지하고 있는 Cisco 라우터[3]에도 여러 가지 취약점이 있는 것으로 밝혀졌는데, 상업용 라우터와 가정용 라우터 모두 동일한 문제점을 갖고 있었다.[4]

컴퓨터는 새로운 위협이 발견되면, 주기적으로 업데이트되는 안티바이러스와 악성 소프트웨어 보호 소프트웨어를 사용한다. 컴퓨터 바이러스, 트로이 목마, 악성 봇, 그리고 버그는 일반적으로 PC 또는 네트워크를 손상시키고, 승인되지 않은 침입자가 파일, 프로그램, 비밀번호 등과 같은 사용자의 정보에 액세스할 수 있도록 설계되었다. 안티바이러스 시스템은 위협을 탐지하고 이를 제거하도록 되어있다. 그러나 바이러스 백신 프로그램에는 프로그램 나름대로 약점이 있다. 그 중에는 안티바이러스 프로그램들이 상업적으로 판매되기 때문에, 해커들도 이들의 보호를 우회하여 방화벽과 스캐너를 무용지물로 만드는 방법을 실험하고, 찾을 수 있게 한다는 사실이다. 어느 시점에서 멀웨어(malware)가 발견된다고 가정하면, 발견된 시점으로부터 이를 수리하고 복구하는 시점 사이의 시간 지연은 수백만 대는 아니더라도 수천 대의 시스템에 영향을 미칠 수도 있다. 일부 멀웨어와 바이러스 감염은 운영체제에 깊숙이 침투하므로 이를 제거하더라도 저장된 데이터가 손실되고, 컴퓨터 프로그램의 정상적인 운영이 불가능할 정도로 운영제체가 손상되거나 개인정보가 유출되는 등의 피해를 경험할 수 있다.

국내외 많은 정부기관들은 "버그" 컴퓨터, 컴퓨터 시스템 그리고 모바일 기기들로부터 다양한 정보를 수집함으로써 사이버 전쟁에 대비하고 있다. 최근 여러 국가들은 적들을 상대로 전자전과 사이버 공격을 수행하는 부대를 조직했다. 그들의 목표에는 핵심 인프라 마비, 군사 지휘통제 네트워크 침입, 통신망 차단, 은행과 금융시스템 공격 등이 포함된다. 앞서 언급한 바와 같이, 정부 - 그리고 그 청부업자 - 가 그러한 활동을 비밀리에 수행하기도 하지만, 일부 외국정부의 전자 스파이 활동은 범죄조직과도 연관되어 있다는 증거들이 있다.[5] 정부가 상대를 해킹하기 위해 범죄조직을 이용하는 데에는 여러 가지 이유가 있다. 어떤 경우에는 심지어 해킹의 상대가 우방국의 시스템일 수도 있다. 일부 국가에서는 정부의 보안기관과 범죄집단 간의 연결고리가 오래 전부터 존재하였으며, 이들은 종종 금융 범죄와도 관련되어 있었다. 다른 경우에는 정부가 비밀 사업체를 통해 작전을 수행하는 것을 선호하는데, 피해를 입은 외국정부가 범죄행위에 대해 강력하게 이의를 제기할 경우, 그럴듯하게 부인하며 빠져 나갈 수 있기 때문이다. 범죄조직과의 협력에는 협박을 당할 위험성도 따른다. 지난 몇 년 동안 마피아를 비밀스럽게 이용했다는 혐의로 수사가 착수되었고, 불법자금 이체, 청부살인 계획, 자금세탁, 불법 마약 유통 등의 사례가 적발되었다.

미국 정부의 정책 입안자들은 핵심 인프라의 취약성에 대해 우려해 왔다. 1988년 컴퓨터 보안법을 시작으로 정부와 의회는 정부기관과 핵심 인프라 기관에 컴퓨터 보안을 위한 안전장치를 구현하도록 장려했다. 이러한 노력은 오늘날에도 계속되고 있지만, 정부 또는 핵심 인프라 시스템을 적절하게 보호하는 결과로 이어지지는 않고 있다.

2014년에 버라이즌(Verizon)은 데이터 침해를 평가하는 중요한 연구를 발표했다.[6] 그 연구는 동아시아(주로 중국)에 비해 동유럽(주로 러시아)이 훨씬 더 큰 컴퓨터 공격원(source)이라는 점을 발견했다. 세계 여러 지역에 위치한 50개 회사의 협력으로 작성된 버라이즌의 연구는 "데이터 침해" 외에도 눈에띄게 두드러지는 두 가지를 강조했다. 그것들은 "판매지점" 공격과 "사이버 스파이" 공격이었다. 판매지점 공격은 해커가 돈을 훔치는 방법 중 하나로 - 유일한 방법은 아니지만 - 많은 수의 호텔, 모텔, 식품 서비스 등의 소매 업계에서 흔히 발생한다.[7] 사이버 스파이 공격은 귀중한 사유재산 정보, 국방 분야와 정부 부처의 비밀, 중요한 인프라 정보 또는 이러한 분야에 관련된 개인들의 정보를 훔치려는 시도이다. 버라이즌의 데이터에 따르면 사이버 스파이 행위의 주요 피해자는 제조 회사, 전문적인 기업(로펌, 회계 및 세무 관련 회사, 컴퓨터시스템 설계 및 서비스 회사, 과학 연구기관 등), 광업 회사, 석유 및 가스 산업 기업 등으로 나타났다.

버라이즌 연구의 데이터는 "광범위한" 북미산업분류시스템(NAIS: North American Industry Classification System) 코드를 사용하여 집계되었다. 이로 인해 이 연구는 해커의 공격을 받을 가능성이 가장 높은 조직과 산업에 초점을 맞추는 데에는 부족함이 있는 것으로 보이며, 또한 사이버 침해를 당한 피해자가 자발적으로 제공한 정보 위주로 보여준다. 과거 미국의 오바마 정부는 기업에서 데이터 침해 사실을 인지한 후, 30일 이내에 보고하도록 요구하는 법안을 추진하였으나 대부분의 정부기관과 기업은 해킹 사례를 보고해야 하는 법적인 요건은 없는 상황이다. 일반적으로 사람들은 자신이 해킹 공격의 피해자라는 사실을 밝히고 싶어 하지 않는다. 예를 들어, 은행은 고객에게 예수금을 도난당했다거나 계좌정보가 유출되었다는 사실을 알리고 싶어 하지 않는데, 그 이유는 보안이 취약한 은행은 신뢰도가 떨어지기 때문이다. 일부 정부기관 역시 위반 사항을 은폐함으로써 무책임하거나 무능하게 보이지 않도록 노력한다. 그리고 침해와 관련된 보고가 이루어지더라도 시스템에 내재된 취약점을 드러내기보다는, 피해를 최소화하거나 외부에 책임을 전가하려는 경우가 많다. 버라이즌 보고서는 외국정부가 지원하는 미국의 은행 시스템에 대한 침입으로 수백만 개의 개인과 회사들의 계좌정보가 탈취당하는 내용도 놓치고 있다. 한편, 버라이즌 연구의 하이라이트 중 하나는 사이버 공격이 얼마나 빨리 인지되고 처리 되는가이다. 그러나 실상은 별로 좋지 않다. 연구팀이 검토한 사례를 보면, 전체 침입 건수 중 47%는 "몇 달 동안" 발견되지 않았으며, 그 중 68%는 피해를 받은 조직이나 회사가 아닌 외부인에 의해 발견되었다. 대부분의 경우 침입으로 인한 피해 복구는 몇 시간 또는 며칠 안에 해결될 수 있지만, 모든 것이 이미 외부로 유출되었는지 여부는 중요치 않고, 문제시 하지도 않는다.

한편, 버라이즌의 보고서는 대체로 중국의 위협에 대한 분석이 취약하다.[8] 그러나 중국의 사이버 공격을 강조하는 다른 연구물도 있다. 맨디언트(Mandiant Corporation)[9]의 보고서는 중국의 위협을 포괄적인 방식으로 설명한다. 맨디언트는 최초로 중국의 군부대와 지능형 지속 공격(Advanced Persistent Threat) 활동을 연결시켰다. APT1[10]은 인민해방군 총참모부 제3부 2국으로 추정되며, 일반적으로 부대의 통상적인 명칭은 61398부대로 알려져 있다. 맨디언트(Mandiant)는 APT1에 대해 다음과 같이 보고했다.

- APT1은 최소 141개 조직에서 수백 테라바이트의 데이터를 체계적으로 탈취하였으며, 수십 개의 조직으로부터 데이터를 동시에 훔칠 수 있는 능력과 의지를 보여주었다.

- APT1은 2006년부터 지속적으로 20여개 이상의 주요 산업 분야에 속한 141개 기업의 데이터를 탈취하는 것을 관찰할 수 있었다.

- APT1은 잘 정의되고, 정리된 공격 방법론을 가지고 있으며, 이는 수년에 걸쳐 연마된 결과물로써 가치 있는 많은 양의 지식 재산을 훔칠 수 있도록 설계되었다.

- APT1은 시스템의 접근 권한을 한번 확보하면, 몇 달 또는 몇 년에 걸쳐 정기적으로 피해자의 네트워크를 재방문하여 조직의 리더들로부터 기술 청사진, 사업계획, 독창적인 제조 프로세스, 테스트 결과, 가격 정보, 기업의 파트너십 계약서, 이메일과 연락처를 포함한 광범위한 지식 재산을 탈취한다.

- APT1은 이메일을 훔치도록 설계된 두 가지 유틸리티인 GETMAIL과 MAPIGET을 포함하여 아직까지 다른 그룹에서 사용하는 것을 관찰하지 못한 도구와 기술을 사용한다.

- APT1은 평균 356일 동안 피해자의 네트워크에 액세스를 유지했다. APT1이 피해자의 네트워크에 대한 접근을 가장 오래 유지한 기간은 1,764일, 즉 4년 10개월이었다.

- 다른 종류의 대규모 지식재산 탈취 사례에서 APT1이 10개월 동안 단일 조직에서 6.5테라바이트(TB)의 압축 데이터를 훔치는 것을 관찰하기도 했다.

- APT1은 2011년 첫 한 달 동안 10개 산업 군에서 활동하는 최소 17개의 기업을 성공적으로 공격함으로써 새로운 피해를 입혔다.

중국의 APT관련 기관 중 단 한 곳에서만 도출된 결론이 위와 같은데, 이러한 사실은 어떤 측면에서 봐도 놀라울 따름이다. 이러한 종류의 데이터 손실은 미국을 포함한 각 국의 정부와 군대, 모든 산업, 전체 핵심 인프라를 위협한다.

모바일 플랫폼

PC와 네트워크가 지속적으로 APT 공격을 받는다면, 모든 모바일 네트워크도 마찬가지이다. 모바일 네트워크는 정치적인 정보, 민감한 비즈니스 정보, 정부 운영과 관련된 통찰력을 실시간으로 확인할 수 있는 이상적인 목표물이다. 또한 테러리스트들로 하여금 그들의 표적에 대한 상황인식을 할 수 있도록 도와주는 경제적인 수단이다. 예를 들어, 스마트폰으로 촬영한 사진에는 시간과 날짜 그리고 지리적 위치정보를 태그하는 기능이 있다. 이 정보는 표적으로 활용할 수 있을 정도로 테러리스트들에게 큰 도움이 된다. 실제로 안티 바이러스 회사의 창립자이며, 회사의 이름과도 동일한 John McAfee[11]를 체포하는 데에도 사용되었다.

스마트폰과 피처폰은 모두 취약하다. 일부 연예인들은 도청을 피하기 위해 피처폰을 사용한다고 하는데, 시간만 낭비하는 것이다. 실제로 대부분의 피처폰에는 기본적인 암호화 기능만 있기 때문에 아마추어들도 쉽게 공격할 수 있다. 미국 국가안보국(NSA)의 중요한 일급기밀 정보를 유출한 에드워드 스노든은 현재 모스크바에 거주하며, 피처폰만 사용하고 있다. 아마도 러시아 친구들은 의심할 바 없이 기뻐할 것이다.

통상적으로 말하면, 모바일 기기는 두 가지 위협에 노출되어 있다. 이는 기기 자체에 대한 위협과 통신에 대한 위협이다. 기기에 대한 위협은 어떤 방법으로든 전화기로 전달되는 바이러스, 웜, 봇, 스파이웨어, 스파이 전화 또는 기타 응용 프로그램들이다. 통신에 대한 위협은 통신내용을 가로채는 적극적인 형태의 것으로서 통화 중인 상태에서 무선통신이나, 인터넷에서의 Skype와 같은 네트워크 통신의 내용을 탈취하는 것이다.

통신에 대한 위협

스마트폰에서 전화통신 회사를 통한 모든 음성통화가 인코딩(암호화)된다는 사실을 알면 사람들은 놀랄 수도 있다. 하지만 이 암호화도 쉽게 해제할 수 있다. 스마트폰으로부터 셀룰러 타워까지는 암호화가 이루어지며, 셀룰러 타워에서 자동으로 디코딩된다. 휴대폰 단말기의 암호화는 진화해 왔다. Blackberry가 시장에 진출했을 때 영국은 A5/1이라는 암호화 체계를 고안했고, 초기 버전의 Blackberry 휴대폰에 내장되었다. 사용된 A5/1 암호체계는 64비트(DES[12]와 같은)였는데, 첩보기관들이 설치한 백도어를 갖고 있었다. 이 암호를 쉽게 우회하는 방법은 널리 퍼져 있다.[13] 스마트폰에 내장된 두 번째 암호는 3G 또는 다른 종류의 데이터 연결을 지원한다. 그것은 카스미 블록 암호[14]를 사용하는데, 카스미는 A5/3 키 스트림 생성기의 암호화 엔진으로, A5/1의 개량형이다.[15] 카스미는 128비트의 키로 작동하지만 암호 자체는 64비트이다. 원래 미쓰비시 상사의 마츠이 미츠루가 개발한 이 암호는 점차 약화되었다.

물론 모든 휴대전화 통화가 암호화되는 것은 아니다. 암호화 사용 여부는 가입자 전화기의 암호화된 스트림을 아주 쉽게 해제할 수 있는 통신업체에 달려 있다. 게다가 휴대폰은 서로 상이하고, 유선전화에도 연결되기 때문에 음성 암호화는 통신업체의 통제 범위를 넘어서 확장될 수 없다. 통신업체는 모든 음성통신에 대한 액세스 권한을 가질 수 있으며, 일반적으로 법 집행이 필요한 경우 완전한 접근을 허용해야 한다. 또한 통신업체는 국가 정보기관과 협력하여 통화처리 과정에서 발생한 메타데이터(metadata, 다른 데이터를 설명해주는 데이터)는 물론, 음성회선에 대한 액세스를 제공한다. 모든 휴대폰은 기기 소유자를 식별하고, 서비스 요금의 청구를 위해서 반드시 등록되어야 한다.

스마트폰의 사용자 위치는 내장된 GPS나 기지국의 삼각 측량을 통해 찾을 수 있다. 미국의 모든 피처폰과 스마트폰에는 사용자가 끌 수 없는 E-911(Enhanced 911) 서비스를 갖출 것을 요구하고 있다. 긴급한 전화가 필요하거나 실종자가 발생한 경우, 통신사는 법 집행기관이나 응급 구조대원의 요청시 어떠한 경우에라도 6분 이내에 응답해야 한다. 모든 통신업체는 네트워크 가입자의 95%가 E-911 기능을 보유하고 있음을 보증해야 한다. 이동통신사는 모바일 장치의 위도와 경도를 300미터의 정확도로 제공한다. GPS의 정확도는 일반적으로 5~15미터(m)지만 건물 내부, 특정 도시, 교량 아래, 그리고 3개 이상의 GPS 위성에 연결할 수 없는 곳에서는 위성정보를 획득하는 데 문제가 발생한다. 사용자는 GPS 서비스를 끌 수 있지만 E-911은 끌 수 없다. 그렇지만 GPS 서비스를 다시 활성화 시킬 수 있는 악성코드와 스파이웨어가 있다.

스마트폰의 무선신호를 가로채는 데 사용되는 다양한 도구들이 있다. 스팅레이(Stingray®)는 경찰서 및 기타 법 집행 기관(예: FBI, DEA, ATF, 비밀경호국)에서 널리 사용된다. 최근 정보에 따르면 33개 주 지역 경찰서에서 125대 이상의 스팅레이를 사용하고 있다.[16] 해리스(Harris Corporation)에서 제조한 이 장비는 자동차와 밴에 설치하거나 근처 건물에서 사용하며, 휴대폰 발신자의 위치를 파악한 후, 휴대폰의 암호화 스트림을 끄고, 통화까지 녹음할 수 있다. 또한 기지국에서 데이터를 백업하고 복구하기 위한 용도의 "덤프(dump)"를 획득하고, 타겟으로 하는 휴대폰의 전화번호를 찾을 수도 있다.

미국과 해외에는 모바일 통화와 데이터를 가로채는 데 사용할 수 있는 수많은 기기들이 있다.[17] 많은 제품을 인터넷에서 구입할 수 있지만 이를 사용하는 것은 엄연한 불법이다. 이러한 "가로채기" 장비들은 기지국 역할을 하면서 "중간자" 역할을 한다. 이러한 종류의 도구는 IMSI Catcher로 - 스팅레이는 정교하고 값비싼 IMSI Catcher의 일종이다. - 알려져 있다. IMSI Catcher의 IMSI는 International Mobile Subscriber Identity의 약자로 모든 휴대폰에 내장된 IMSI 번호를 사용한다. 또한 기지국과 같이 신호를 생성하고, 사용자가 전화를 건 모든 전화를 중계하기도 하며, 휴대폰 암호화를 끄거나 암호화된 스트림[18]을 해독하고, 통화를 녹음하는 기능도 보유하고 있다.

전화 통화를 포착하는 또 다른 방법은 스마트폰의 마이크와 카메라를 활성화하는 것이다. 이러한 애플리케이션의 종류를 "스파이폰(Spy Phone)"이라고 한다. 스파이폰은 소프트웨어 또는 펌웨어일 수도 있고, 모바일 기기의 하드웨어에 내장될 수도 있다. 일단 설치되면, 스파이폰은 원격으로 활성화될 수 있다.[19]

또 다른 종류의 공격 장비는 Wi-Fi 연결을 찾아낸다. 이러한 도구는 Wi-Fi 네트워크가 보안기능이 없는 상태로 보호되지 않을 때 가장 유용하다. 공항, 기차역, 호텔 로비, 레스토랑, 커피숍 등의 Wi-Fi 네트워크는 대부분 개방형 네트워크이기 때문에 Wi-Fi 공격의 먹잇감이 되기 쉽다. 심지어 보안이 설정된 Wi-Fi 시스템도 해킹될 수 있다. Wi-Fi 시스템은 WEP 키를 사용하여 보호할 수 있는데, WEP는 Wired Equivalent Privacy의 약자로 유선 네트워크와 동일한 개인정보보호 수준을 달성한다는 의미이다. WEP 키는 사용되는 무선 암호화 수준과 관련이 있다. 예를 들어, 대부분의 가정용 시스템은 40~64비트의 암호화를 지원하는 10글자의 WEP 키를 사용한다. 또한 104~128비트 암호화를 지원하는 26글자 WEP 키와 256비트 암호화를 지원하는 58글자 WEP 키도 사용할 수 있다. WEP는 모바일 기기에서 사용되며, 최소한 한 번은 직접 입력해야 하기 때문에 가급적 더 짧고 덜 보안된 형식을 취하는 것이 일반적이다. 이 때 해커는 기회를 포착하여 쉽게 크랙할 수 있다.[20]

미국에서는 공용 Wi-Fi를 가로채는 것이 불법이 아니라는 점에 유의해야 한다. 미국 연방통신위원회(FCC: Federal Communications Commission)는 보안되지 않은 Wi-Fi 장치를 통해 Wi-Fi 정보를 수집하는 구글(Google)에 대한 법원의 소송에서 구글에 다음과 같은 입장을 전달했다. "일반 대중이 쉽게 접근이 가능한 - 전자적 통신을 위해 만들어진 - 전자통신 시스템을 통해 이루어지는 통신정보를 가로채거나 액세스하는 행위는… 불법이 아니다." 최근 FCC는 스팅레이와 기타 통신공격 장비의 불법적인 사용을 조사할 것이라고 밝혔다. 그러나 공용 Wi-Fi나 여타 공공 통신시스템에 대한 그들의 입장은 바뀌지 않았다.

영장이 없는 도청에 대한 기준을 제시하고 있는 미국 법원의 판례는 스미스 대 메릴랜드 사건이다. 이 대법원의 판결은 매우 중요한 의미를 가지며, 이른바 영장 없는 도청을 정당화하는 데 사용된다. 1976년 3월 5일, 미국 볼티모어에서 패트리샤 맥도너가 강도를 당했다. 맥도너는 경찰에게 강도의 인상착의와 근처에 주차된 1975년형 몬테카를로 자동차에 대한 정보를 제공하였고, 경찰에 신고한 이후부터는 강도라고 주장하는 남성으로부터 위협적이고 음란한 전화를 받기 시작했다. 1975년형 몬테카를로는 마이클 리 스미스(Michael Lee Smith)의 소유였다. 경찰의 요청에 따라 전화국 중앙 사무실에 "펜 등록기(pen register, 전화 이용 상황 기록 장치)"[21]를 설치하였고, 스미스의 집 전화번호를 확보하였다. 경찰은 그가 맥도너에게 전화를 걸고 있는 것을 목격하였고, 스미스의 집을 수색하라는 영장을 발부 받은 후 맥도너의 이름이 적힌 전화번호부의 페이지를 발견했다. 이로 인해 스미스는 체포되었고 이후 유죄 판결을 받았으며, 6년의 징역형을 선고

받았다. 이 사건에서 스미스 측은 경찰이 영장을 먼저 발부받지 않은 채, 그의 전화기에 펜 등록기를 설치한 것은 문제의 소지가 있다면서 항소하였다. 스미스의 변호사는 펜 등록기가 "불합리한 수색과 압수로부터 자신의 신체, 가택, 서류 및 동산의 안전을 보장받는 국민의 권리"를 보장하는 수정헌법 제4조를 위반했다고 주장했다. 항소 법원은 이를 중대한 문제로 보고, 대법원에 재심을 요청했다. "Smith v. Maryland(442 US 736)"로 알려진 이 사건은 오늘날에도 여전히 강한 영향력을 행사하고 있다.[22]

1979년의 대법원의 판결은 지금은 거의 멸종된 펜 등록기 기술을 기반으로 했지만, 법 집행 기관이 영장 없이 전화기록을 광범위하게 검색할 수 있도록 했을 뿐만 아니라 더 나아가 국가안보국과 기타 연방정부 기관들이 일반 시민들의 전화기록을 염탐하는 것을 허용했다. 또한 뉴저지(New Jersey) 사건은 고객들을 감시하면서 정보를 수집하는 방법에 의존하고 있는 일부 인터넷 기업들에게 중요했는데, 특히 구글은 "정상적인 사업 수행 과정"으로서 고객의 이메일을 스캔하고 정보를 추출하는 것은 합법적이고, 정당한 것이라고 주장하였으며, 이에 대한 근거로 1979년 대법원 판례를 인용하고 있다. 구글은 이메일 검색이 연방 및 주 도청법을 위반했다고 주장하는 청원자를 상대로 북부 캘리포니아 지방 법원에서 소송을 제기했다. 법원은 구글에 유리한 판결을 내렸다.

1979년의 대법원 판결은 두 가지 쟁점에 불을 붙였다. 법원은 수정헌법 제4조에 따라 권리 보호를 원하는 사람이 공중전화망을 사용할 때 프라이버시에 대한 "합리적인 기대"가 있는지 여부를 물었다. 법원은 또한 개인의 정보보호에 대한 기대가 사회에서 "합리적"으로 인정되는지도 물었다. 구글과 관련하여 회사는 Gmail 시스템 사용자(2024년 현재 약 18억 명의 Gmail 사용자 있음.)가 개인정보 보호에 대한 합당한 기대감을 갖고 있지 않다고 말한다. Gmail은 무료 서비스이고, 사용자들은 구글이 시스템을 통해 전송하는 이메일로부터 수집한 정보를 상업적으로 이용할 수 있다는 안내를 받기 때문이다. 더 나아가 구글의 변호사들은 Gmail을 통해 Gmail을 사용하지 않는 사용자에게 메시지를 보내는 사람은 구글의 개인정보 보호 규칙에 대한 안내를 직접적으로 받지 않더라도, 마찬가지로 개인정보 보호에 대한 합리적인 기대가 없다고 주장한다.

아직 해결되지 않은 스미스 대 메릴랜드 사건의 쟁점 중 하나는 영장 없는 정보 수집의 성격과 관련이 있다. 이 사건은 경찰의 수사에서 관심의 대상이 되는 사람의 전화번호에 펜 등록기를 설치하는 문제를 허용하였다. 경찰은 의심할만한 상당한 이유가 있었고, 영장을 발부받을 수도 있었지만 대화가 녹음되지 않았기 때문에 영장이 필요하다고 생각하지 않았다. 그러나 오늘날에는 대규모의 전화 메타데이터가 수집되고 있는데, 이것은 여러 측면에서 상황이 다르다. 가장 중요한 점은 진행중인 수사가 없는 상태에서도 불특정 다수의 광범위한 정보가 수집되고 있다는 사실이다. 메타데이터 수집은 법 집행의 책임이 있는 미국 국가안전보장국(NSA)과 기타 정부기관에 의해 수행되고 있다. 이 작업은 비밀스럽게 운영되면서 거의 항상 정부의 편을 드는 해외정보 감시법원[23]의 감독을 받기 때문에 법원은 마치 고무도장을 기계적으로 찍으면서 자동으로 승인하는 작업을 한다. 이와 비슷한 것이 영국에도 있다. 정보통신본부(GCHQ)로 알려진 영국의 전자스파이 조직은 미국의 것과 거의 동일한 방식으로 운영되며, 미국의 NSA와 적극적으로 정보를 공유한다. 그러나 GCHQ의 관행은 영국 내에서도 유럽 인권 기준을 위반했다는 비난을 받았으며, 심각한 비판에 직면했다. GCHQ는 정보수집 작업의 승인과 관련된 법률을 수정해야 하거나 "영장 없는 스파이 활동"의 일부를 중단해야 할 필요가 있을 것으로 보인다.

메르켈의 전화

독일 신문 "Bild am Sonntag" - 일요일의 사진 - 은 앙겔라 메르켈 전 총리가 야당 지도자였던 2002년부터 미국이 그녀의 전화를 도청했다고 보도했다. 신문에 따르면 미국의 도청은 계속되었고, 메르켈이 - 새 모델로 업그레이드 하기 위해 - 전화기를 바꾸자 미국은 그녀의 전화통화를 계속해서 들을 수 있는 방법을 찾기 위해 노력했다. 독일 언론은 미국이 베를린의 브란덴부르크 문 옆에 청취소를 세운 후 도청을 했다고 했다. 당시 오바마 정부는 메르켈 총리를 도청했다는 보도 내용을 부인하였지만, 도청에 크게 당황한 독일 연방정보국인 BND는 언론보도에 대한 미국의 부인이 사실이 아니라는 점을 - 미국이 도청했다는 사실을 - 메르켈에게 보고했다. 미국은 IMSI-Catcher

장치를 사용하여 감청했을 가능성이 높으며, 이는 미국의 청취소가 독일 총리실인 분데스칸즐러암트 근처에 있었던 이유를 설명해준다. 독일 신문사들은 또한 미국이 전화 스파이 활동을 했을 가능성이 있는 80여 개의 기지들이 독일 전역에 있다며 확신을 갖고 보도했다.

사건의 내용은 단순하면서도 복잡하다. 미국의 정보기관이 메르켈의 전화기, 심지어 특별하게 암호화된 전화기를 도청하는 데 전혀 또는 거의 어려움이 없었다는 점에서는 단순해 보인다. 그러나 상황을 복잡하게 만드는 것은 독일의 정보기관인 BND가 범죄 대응과 대테러 활동에 중점을 두고, 미국의 NSA와 긴밀하게 협력하고 있었다는 것이다. 이와 같은 협력에는 전화 도청도 포함된다. NSA의 메르켈 전화기 도청사건은 BND를 진짜 곤란하게 만들었다.

왜 미국은 가까운 동맹국이자 친구를 염탐하는 것일까? NSA가 세계의 모든 지도자를 감시하는 것은 일상적인 일일 수 있다. 백악관과 국무부가 정치정보 수집을 우선순위로 삼는 것은 사실이고, 국내외 정치 현안에 대한 메르켈 총리의 의견도 귀한 정보일 것이다. 그리고 당시 메르켈 총리가 미국에 말하는 내용이 다른 외국 지도자들에게 말하는 내용과 일치하는지 확인하기 위해 감시했을 수도 있다. 정보기관의 권력자이자 차르들이 항상 높이 평가하는 뜨거운 가십 수집 외에도 미국은 독일과 러시아의 관계, 메르켈과 블라디미르 푸틴의 관계에도 관심이 있었을 것이다. 러시아는 독일 옆에 위치하여 상당한 양의 원자재와 에너지를 독일에 제공하는 한편, 독일산 제품과 기술을 구매하는 큰손의 고객이다. NATO 동맹은 표면적으로는 양호한 것처럼 보이지만 사실은 그 반대이다. NATO의 군사력은 무너지고 있고, 준비태세는 사상 최저 수준이며, 방어나 준비태세에 더 많은 비용을 지출할 의향도 없다. 이는 유럽의 러시아인들에게 중요한 정치적 기회를 만들어준다. 그러므로 독일의 정치 지도자를 감시하는 것은 독일과 유럽이 어디로 향하고 있는지에 대해 많은 것을 알려주기도 한다.

미국에서 외국 지도자들에 대한 스파이 행위를 하려면, 대통령의 승인이 필요하다. 대통령을 비롯한 미국의 관리들은 메르켈 도청사건 이후 독일의 정치 지도부 그리고 BND와의 관계를 회복하기 위하여 노력해 왔다. 사건은 아직 종결되지 않았다. 사실 메르켈 이야기는 큰 파급력이 있다. 연방하원 의장인 패트릭 젠스버그는 자신의 스마트폰(Blackberry Z-10)이 해킹을 당했을까봐 걱정했고, "메르켈 핸드폰 조사" 대상에 포함되었다. 그의 휴대전화는 납으로 봉인된 상자에 담겨 우편을 통해 본에 있는 연방 IT 보안국으로 배송되었다. 상자는 이동 중에 누구도 전화기를 전자적으로 조작할 수 없도록 설계되었다. 그러나 봉인된 상자가 IT 보안국 사무실에 도착했을 때에는 이미 개봉된 상태였다. 아마도 누군가 "버그" 또는 "버그들"을 제거하고, 전화기를 소독했을 가능성이 높아 보인다. 당시 독일 정부의 관리들은 현지에서 생성된 암호화 기능을 갖춘 Blackberry Z-10을 사용하고 있었고, 이 전화기 모델 중 약 2,000대가 정부의 손에 있었다. 만약 젠스버그의 이야기가 타당하다면, 그것들은 모두 유출되어 심각함을 야기했을 것으로 보인다.[24]

눌런드(Nuland)의 전화

우크라이나가 떠들썩할 정도로 거리에서 격렬한 시위가 계속되고 러시아인들이 침략하는 가운데, 당시 미국 국무부의 유럽담당 차관보였던 빅토리아 눌런드(전 국무부 정무차관, 부장관)는 키예프(Kiev)의 미국 대사였던 제프리 파이어트(현 국무부 에너지자원 차관보)에게 전화를 걸었다. 그리고 그들의 대화내용 전부가 언론에 유출되었다. 눌런드와 파이어트의 대화 내용 중 일부는 다음과 같다.

파이어트(Pyatt)(목소리로 추정)

내 생각에는 이제 본격적으로 움직일 때가 된 것 같습니다. 클리츠코 - 3명의 주요 야당 지도자 중 한 명인 비탈리 클리츠코(Vitali Klitschko)로 추정 - 는 분명히 복잡한 요소로 작용합니다. 특히, 그를 부총리로 임명하는 발표가 있을 텐데, 그가 내각으로 들어가는 문제에 대한 나의 글을 읽어봤을 겁니다. 따라서 우리는 이 문제와 관련하여 그의 입장을 최대한 빨리 파악해야 합니다. 하지만 그 사람에 대한 당신의 생각도 밝힐 필요가 있습니다. 이미 계획된 것처럼 당신이 통화해야 할 다음 사람은 야츠(Yats) - 또 다른 야당 지도자인 아르세니 야체뉴크(Arseniy Yatsenyuk) 총리로 추정 - 라고 생각합니다. 그 사람을 이 시나리오의 적당한 위치에 넣어주어서 다행입니다. 또한 그가 기대했던 대로 응답해줘서 좋았습니다.

눌런드(Nuland)

좋습니다. 저는 클리츠코가 정부에 들어가야 한다고 생각하지 않습니다. 그럴 필요도 없고 좋은 생각도 아니라고 생각합니다.[25]

〈우크라이나 대통령을 만난 눌런드와 파이어트(2014)〉
https://commons.wikimedia.org/wiki/File:Assistant_Secretary_Nuland,_Ambassador_Pyatt_Greet_Ukrainian_President-elect_Poroshenko_Before_Meeting_in_Warsaw.jpg
(당시 포로셴코는 대통령 당선자 신분이었다.)

우리의 두 천재 외교관들은 공개된 전화를 통해 우크라이나 지도자들에 대해 무례한 말을 했다. 눌런드와 파이어트 대사는 마치 누가 우크라이나의 차기 지도자가 될 것인지를 지명할 수 있는 위치에 있는 것처럼 행동함으로써 상황을 더욱 악화시켰다. 파이어트가 어떤 종류의 휴대폰을 사용했는지는 확실하지 않지만, 눌런드의 통화는 휴대폰으로 한 것으로 보인다. 그녀가 사무실에서 전화를 걸었고, 파이어트도 사무실에 있었다면 그들은 보안전화를 사용했을 것이다.

도청과 관련해서는 그것은 아주 손쉬운 일이었다. 우크라이나의 전화시스템은 우크라이나가 독립되기 전에 러시아에 의해 설치되었으며, 그 중계선은 모스크바를 통과한다. 눌런드의 전화통화 내용은 누구나 유출할 수 있겠지만, 가장 유력한 출처는 모스크바의 연결 라인으로 보인다. 러시아인들은 미국을 난처하게 함으로써 확실하게 이득을 챙겼을 것이다.

에르도안(Erdogan)의 전화

튀르키예의 총리였던 레젭 타입 에르도안은 2014년 2월, 자신의 아들에게 막대한 자금을 은닉하는 방법을 설명한 것으로 알려졌다. 누가 녹음했는지는 알 수 없지만, 에르도안이 군부 최고 지도자를 처벌한 것에 대해 앙심을 품고, 경찰과 군대 내부의 반대세력이 복수를 한 것이 아니었을까 추정된다. 에르도안은 분명 자신의 아들과 통화하기 위해 암호화된 전화기를 사용한 것으로 보이지만 그 전화기는 보안부대가 제공한 것이었다. 그들은 에르도안의 전화기 뿐만 아니라 튀르키예 경찰이나 정보기관인 국가정보부(Millî İstihbarat Teşkilati, MİT)에도 "백도어"를 설치했을 수도 있다. 그 녹음 사건을 조사했던 미국의 전문가들은 그러한 정황들을 확인해주었다. 에르도안은 자신의 보안전화가 도청됐다는 사실을 인정했다. 자신에게 장비를 제공한 공무원

2명을 즉각 해고했고, 이어 휴대전화 도청에 연루된 것으로 의심되는 경찰에 대한 대대적인 단속을 시작했다. 50명 이상의 경찰이 체포되었다. 상대방을 가리지 않는 무자비한 도청 공격은 에르도안에게 거의 해를 끼치지 않았다. 에르도안은 2014년, 튀르키예 역사상 최초의 대통령 직접선거에서 손쉽게 당선되었으며 현재까지 재임 중이다.

케리(Kerry)의 전화

존 케리 전 미국 국무부 장관은 자신의 스마트폰을 좋아했고, 종종 전화통화를 하기도 했다. 2014년 8월, 독일 잡지 슈피겔은 "평화 협상 중인 2013년, 케리 장관이 암호화되지 않은 일반 휴대폰으로 전화통화를 했는데, 이스라엘은 그의 통화 중 일부를 전자적으로 염탐하였다." 라고 보도하였다. 슈피겔은 여기에 더하여 최소 "한 개 이상"의 다른 정보기관들이 케리를 도청하였다고 보도하였다.

MH-17의 격추와 도청[26]

항공편 MH-17은 네덜란드 암스테르담 교외의 스키폴 공항에서 출발하여 쿠알라룸푸르로 향하는 말레이시아 항공의 항공편이었다. 대부분의 지역을 친 러시아 분리주의자들이 통제하고 있던 동부 우크라이나 상공에서 이 항공기는 러시아가 제공한 부크(Buk) 미사일 - 또는 여러 발의 미사일 - 에 의해 격추되었고,[27] 승객 283명과 승무원 15명이 모두 사망했다. 미국의 항공기는 이 지역에 정치적인 위기가 있기 때문에 비행하지 말 것을 권고하였지만, 유럽의 민간항공 당국은 우크라이나를 통과하는 항로를 안전하다고 간주하였다. 해당 항공기는 러시아와 우크라이나의 국경으로부터 약 31마일 떨어진 곳에서 고도 35,000피트에서 33,000피트로 변경하라는 비행통제 지시를 받은 후 비행하다가 격추당했다. 항공기는 유럽 당국이 승인한 비행 안전범위 내에 있었다. 항공기가 러시아 영공을 통과하려 했을 때 러시아의 항공교통 관제사들도 그 경로를 따라 추적하고 있었을 것이다.

〈항공기 이동경로〉1)

〈부크(Buk) 미사일〉2)

〈조사 중인 네덜란드, 호주 경찰〉3)

1) Geordie Bosanko and cmglee - Mercator Projection.svg, CC BY-SA 3.0, "Route of Malaysia Airlines Flight 17" (https://commons.wikimedia.org/wiki/File:MH17_map-en.svg)

2) https://commons.wikimedia.org/wiki/File:Buk-M1-2_9A310M1-2.jpg

3) https://commons.wikimedia.org/wiki/File:Investigation_of_the_crash_site_of_MH-17.jpg

MH-17이 우크라이나 동부에서 격추된 첫 번째 항공기는 아니었다. 이 외에도 두 대의 군용 항공기가 공격을 받았다. 하나는 군용 수송기인 안토노프 An-26이고, 다른 하나는 우크라이나 전투기인 수호이 Su-25였다.

러시아는 자신들이 항공기 격추에 관여했다는 사실과 친 러시아 분리주의자들에게 부크(Buk) 미사일을 공급했다는 사실을 부인했다. 대신에 그들은 세 가지를 주장했다. 첫 번째는 비행기를 격추시킨 것은 미사일이 아니라 우크라이나 전투기였다는 것이다. 그러나 어느 인근에도 우크라이나 전투기가 있었다는 것을 보여주는 레이더 자료 - 플롯(plot) - 는 없었다. 두 번째는 비행기를 추락시킨 것은 우크라이나의 부크 미사일이라는 것이다. 그러나 역시 이 근처 어디에도 우크라이나 부크 미사일 발사대가 없었다. 세 번째 이야기는 비행기에 탄 사람들은 이미 사망한 상태였으며, 분리주의자들을 범죄에 연루시키기 위하여 우크라이나 동부 상공에서 폭발을 일으켰다는 것이다.

러시아로서는 유감스럽겠지만 반군들의 격추에 대해서도 할 말이 많았다. 처음에 그들은 우크라이나 군 수송기를 격추했다고 확신했지만, 부크 미사일 시스템으로 표적을 정확하고 확실하게 식별하는 방법을 알지는 못했다. 당시 MH-17의 고도는 33,000피트로, 운용 한계 고도가 26,000피트를 넘지 않는 AN-26과 같은 터보프롭 수송기에 비해서는 너무 높은 고도였다. 부크 운용 요원들이 상업용 민간 항공기가 국경을 넘어가는 지역에서 미사일을 발사했다는 점을 미루어보면, 경험과 훈련이 부족했고 무모하게 운영되었음을 짐작할 수 있다. 반군에게 부크 미사일 시스템을 제공하고 - 러시아는 이를 계속 부인하고 있지만 - 항공기를 격추한 직후, 이를 러시아 영토로 다시 밀반입하려고 시도한 러시아인들은 반군 그리고 부크 미사일 운용자들과 긴밀한 협력관계를 유지하였음에도, 항공 교통통제 정보를 공유함으로써 민간 항공기의 안전을 확보하려는 노력을 전혀 하지 않았다.[28] 이번 작전에서 러시아는 무책임과 허술함의 극치를 보여주었으며, 앞으로도 이러한 수준이 지속된다면, 향후에도 유사한 사건을 피할 수 없을 것이다.

한편, 반군이 러시아 관제사에게 재차 걸었던 전화통화 내용이 감청되었고, 이 내용이 우크라이나 정보당국에도 제공되었다. 전화를 건 반군들은 휴대폰을 사용하고 있었다. 그러나 감청은 중앙 키예프(Kiev) 교환시스템을 통해 연결된 이동전화 교환기를 통해 이루어졌다. 물론 러시아인들은 부정하겠지만, 도청에 대한 대부분의 평가는 그들의 통화 내용이 사실임을 확인해준다.

MH-17과 관련된 흥미로운 사건이 하나 더 있었다. 호주의 외교장관인 줄리 비숍은 MH-17 추락 현장을 방문하기 위한 협상을 주선하기 위해 출장 중이었는데, "외국기관"은 그녀의 휴대폰을 해킹했다. 이 여정에서 비숍은 미국, 네덜란드, 우크라이나를 방문하였는데, 귀국하자마자 호주 정보당국의 전문가들은 2주간의 출장 동안 전화기가 해킹되어 정보가 유출되었다는 사실을 확인하였다. 그리고는 전화기를 회수한 후 다른 전화기를 주었다.

사르코지(Sarkozy) 사건

니콜라 사르코지는 프랑스의 전 대통령(2007 2012)이며, 대통령으로 취임하기 전에 내무부 장관(2002~2004, 2005~2007)을 역임했다. 내무부 장관은 정부 차원의 보안과 첩보작전을 직접적으로 통제하는 직위이다. 사르코지는 프랑스 무슬림 공동체의 불안정을 때로는 가혹하게 다루는 데 특별히 적극적인 장관이었고, 대테러 작전에도 적극적으로 참여하였으며, 정치적 용어로 법과 질서의 옹호자로 불렸다. 전반적으로 사르코지의 성향은 프랑스 정부의 정보와 법 집행 요소와 자연스럽게 들어맞았다.

그럼에도 불구하고 사르코지는 퇴임 후 "폴 비스무트(Paul Bismuth)"라는 가명으로 스마트폰 구입을 알선한 혐의로 기소되었다. 자신의 개인 변호사인 티에리 헤르조그에게 전화를 걸었는데, 전화를 걸었던 기기가 차명 폰이었던 것이다. 여러 통화 중 하나에서 사르코지는 부정부패 사건이 조사 중인 상황에서 그의 일기를 증거로 채택할 것인지를 조사하는 판사에게 영향력을 미칠 수 있는 방법에 대해 논의한 것으로 알려졌다. 퇴직할 시기가 가까워진 판사는 사르코지가 대통령직을 성공적으로 되찾을 경우, 해외 외교관 자리를 제공받는 대가로 사르코지 그리고 헤르조그와 협력할 의사가 있는 것으로 보였다. 폴 비스무트 휴대전화가 야기한 문제는 바로 이 대화 내용이었다.

뉴스 보도에 따르면 프랑스 경찰은 사르코지와 그의 정당이 리비아와 관련된 불법 행위가 있는지 조사하기 위하여 2013년 9월부터 - 감청 날짜는 명확하지 않지만 2014년에는 확실히 -

감청해왔다. 리비아와 관련된 의혹은 사르코지와 그의 정당이 훗날 리비아의 독재자 무아마르 카다피로부터 불법 선거자금 명목으로 약 5,000만 유로를 수수했다는 것이다. "폴 비스무트" 감청 사실로 미루어 보건데, 만약 사르코지와 변호사간의 전화 통화 내용이 사실이라면, 사르코지는 자신의 이름으로 등록된 원래의 전화기가 경찰로부터 감청을 당하고 있었다는 것을 알고 있던 것 같다. 그렇다면 경찰은 폴 비스무트 휴대폰을 어떻게 추적했을까? 신문 기사에 따르면 프랑스 경찰은 그의 변호사를 포함한 사르코지의 동료들도 감시하고 있었다고 한다. 프랑스와 미국에서는 변호사와 의뢰인 간의 의사소통을 특권으로 간주한다. 프랑스 당국은 변호사가 의뢰인과 불법 행위에 연루된 경우, 변호사의 전화를 도청하는 것이 허용된다고 주장하고 있다.

미국의 경우에도 변호사와 의뢰인 사이의 통화를 도청하는 것이 문제시되었다. 9·11 테러 공격에 연루된 혐의로 칼리드 셰이크 무함마드와 다른 4명의 공동 피고인들에 대한 재판 과정에서 - 피고인들과 변호사들 간의 면담 내용이 관타나모 만 영창 회의실의 연기 탐지기 내부에 숨겨진 마이크로 녹음된 것이 발각되어 위기에 처했다. 2010년 23명의 변호사들과 관타나모 의뢰인들을 대리하는 법률회사는 영장 없는 도청을 차단해 달라고 대법원에 요청했으나 대법원은 사건의 심리를 거부했다.[29] 피고인들은 유죄 판결을 받았다.

변호사의 전화를 도청하는 것은 불확실한 부분이 많다.[30] 실제로 변호사가 미국 밖에서 고객을 대리하는 경우, 미국 국가안보국(NSA)은 전화통화를 도청할 수 있는 권한을 갖게 된다. 그리고 고객이 미국에 있더라도 고객의 전화를 도청함으로써 변호사의 전화도 받을 수 있게 된다. 물론 통화에 대한 모든 메타데이터는 NSA에 의해 모니터링 된다. 변호사와 법률회사는 관련 업무를 수행함에 있어 점점 더 휴대폰과 태블릿에 의존하고 있다. 따라서 사르코지 사건이 보여주듯이 모든 변호사는 어떤 방식으로든 법 집행 기관에 의해 정당화될 수 있는 도청에 노출되어 있는 것이다. 하지만 미국 로펌들에 대한 정부의 추적에 관한 전모는 아직 알려진 바는 없다.

미국의 정보기관이나 연방수사국(FBI)이 로펌과 기타 목표 대상을 직접 사찰할 수 있는 방법은 외국의 정보기관을 이용해 전화를 도청하는 것이다. 가장 눈에 띄는 사례는 호주의 정보기관을 이용하는 것인데, 에드워드 스노든이 유출한 내용에 따르면 호주의 신호정보국은 미국의 법률회사인 메이어 브라운을 감시하기 위해 휴대폰을 포함해 다른 전화기도 도청했다고 한다.[31]

호주 정부가 스파이 행위를 할 때에는 미국 파트너와 긴밀하게 협력하는 경우가 많다. 이는 "Five Eyes" 프로그램의 일환으로 진행되는데, Five Eyes는 미국, 캐나다, 영국, 호주 그리고 뉴질랜드를 의미한다. Five Eyes에는 광범위한 정보협력이 포함된다. 각 참여 국가는 내부적인 법률 장벽이나 노출로 인한 두려움 또는 위험성 때문에 자체적으로 스파이 활동을 할 수 없는 경우, 다른 Five Eyes 국가의 정보기관을 활용하는 기회를 엿보기도 한다. 이러한 방식은 법을 우회하는 것으로 스파이 활동을 용이하게 하는 이점도 있지만, 미국에서는 지금까지 해결되지 않은 헌법적 문제를 제기한다. 테러와의 전쟁을 이유로 공개적으로 정당화되는 스파이 활동은 때로는 정치적 또는 상업적인 이유로 이루어지기도 하며, 보안과는 거의 또는 전혀 관련이 없는 경우도 많다.[32] 예를 들면, 호주의 로펌 해킹 사건은 인도네시아와 미국 간의 무역 분쟁과 관련이 있다.

영국의 해킹 스캔들

휴대폰 해킹에 대해 논할 때, 지금은 폐간되었지만 루퍼트 머독이 소유했던 신문인 News of the World(NOW)가 연루된 영국의 해킹 스캔들을 언급하지 않을 수 없다. NOW는 "인기 있는" 기사를 보도하기 위해 관심 대상인 수백 명의 사람들[33]의 음성녹음 메일을 청취할 수 있는 사설탐정을 고용했다. 대상 인물에는 영국왕실, 정부관료, 유명인사, 범죄피해자, 실종아동 등이 포함됐다. 휴대폰 음성사서함은 - 2023년 통계에 따르면, 모든 전화통화의 80%가 음성메일로 연결되며, 이중 20%가 음성메일을 남긴다고 한다. - 휴대폰 사업자가 제공하는 서비스이다. 일반적으로 음성메일은 서비스 계정 이름으로 저장되며 비밀번호로 "보호"된다. 제3자가 비밀번호를 알아낸 경우 음성메일 서비스에 접속하는 것은 매우 간단하며, 비밀번호를 알아내는 것도 어렵지 않다. 가장 쉬운 방법은 비밀번호 복구 도구를 사용하는 것인데, 그것은 이전에 입력했던 비밀번호를 노출시키며, 유사한 형태의 정보를 저장하는 다양한 음성메일 서비스에서 사용할 수 있다. NOW의 사설탐정은 이와 같은 도구를 사용하여 관심 대상들의 음성 메일을 엿들었다.

NOW 사건은 2년이 넘도록 신문, 라디오, TV 매체를 가득 채웠고, 일부 주동자들에게는 유죄 판결을 또 일부는 해임되었다. 그러나 이 사건 말고도 신망이 두터운 영국 기업과 조직에 의해 자행된 매우 심각한 침해 사례가 또 있었다. 100개가 넘는 영국의 주요 기업과 법률회사가 경쟁사를 모니터링하고 소송에서 승리하기 위해 전화 도청을 했다는 혐의로 영국 당국의 조사를 받았다. 이 조사는 2012년 말 또는 2013년 초, 비밀리에 의회의 조사 대상이 되었지만 법 집행 기관의 설득에 따라 조사위원회는 비밀로 유지하기로 결정하였다. 이 사건은 의회 소식통을 통해 처음 언론에 공개된 이후 경찰 조사와 관련해서는 더 이상 알려진 내용이 없다.[34]

스마트폰 안으로 들어가기

스마트폰은 복잡한 기기이며 센서와 무선기능으로 인해 개인용 컴퓨터보다 훨씬 더 강력하다고 할 수 있다. 스마트폰은 하드웨어, 펌웨어, 소프트웨어로 구성되는데, 하드웨어에는 마이크로프로세서, 컨트롤러, 센서, 디지털신호 프로세서, 라디오, 터치스크린, 카메라 그리고 기타 특수 장치로 이루어져 있다. 하드웨어의 대부분은 아시아에서 제조된다. 최신 "온보드 시스템"은 미국 샌디에이고에 본사를 둔 퀄컴이 개발하였다. 하지만 퀄컴은 여러 곳에서 제품을 제조한다. 퀄컴의 최신 시스템 온 보드 칩(SoC: System on Chip)인 "스냅드래곤 8 Gen 3"은 최대 3나노미터(nm) 공정이 가능한 대만 반도체 제조회사(TSMC: Taiwan Semiconductor Manufacturing Company)에서 제조되었다.

하드웨어는 버그의 원인이 될 수 있다. 2013년 9월, G-20 정상회담을 주최한 크렘린은 손님들에게 USB 메모리 스틱과 휴대폰 충전기로 구성된 선물세트를 전달했다. 그중에 의심이 많았던 참석자 한 명은 독일의 보안당국에 장치를 검사해 주도록 요청했다. 독일 연방정보국(BND) 전문가들은 메모리 스틱과 휴대폰 충전기 모두에 기기의 정보들을 러시아 비밀기관에 전송하는 트로이 목마가 심어져 있었음을 발견했다. 버그에 감염된 기기들에 대한 놀라운 소식은 이탈리아 신문인 La Stampa와 Corriere della Sera에 전달되었다.

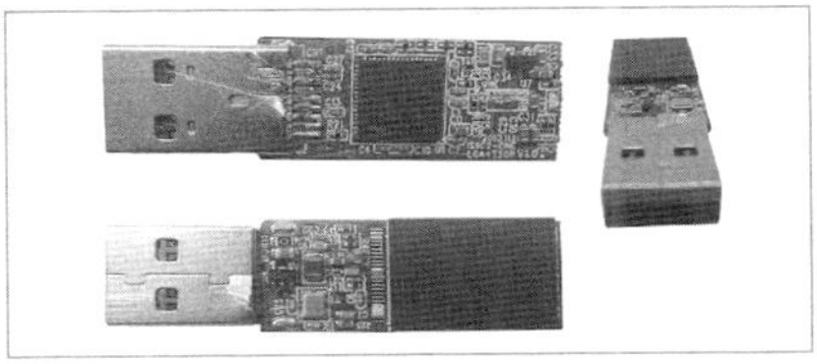
〈USB 메모리 스틱 내부(예시)〉[1]

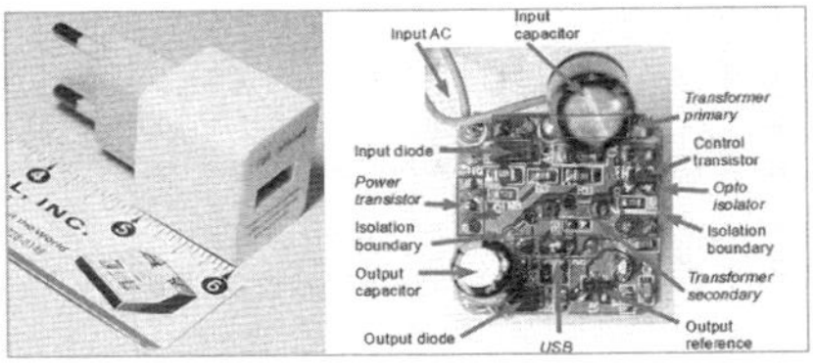

〈충전기 내부(예시)〉[2]

1) https://commons.wikimedia.org/wiki/File:USB_3.0_Flash_Drive_PCB.jpg
2) Ken Shirriff's blog, "Tiny, cheap, and dangerous: Inside a (fake) iPhone charger" (https://www.righto.com/2012/03/inside-cheap-phone-charger-and-why-you.html)

중국은 전부는 아니더라도 많은 양의 상용 USB 메모리 스틱에 버그를 심었다. 이러한 중국산 메모리 스틱은 이라크와 아프가니스탄에서 인기가 높았고 군대에서도 즈기적으로 사용했으며, 때로는 사령부 최고위급에서도 사용하였다.

이러한 버그는 얼마나 심각할까? 미국 육군이 국방부와 야전 현장에서 메모리 스틱의 사용을 금지한 것은 실로 중요한 대처이다. 중국이 수집한 정보를 실제로 이용했는지 여부는 알 수 없지만, 이러한 정보는 러시아, 이란, 심지어 알카에다에게도 판매가 가능한 매력적인 금광이었을 가능성이 높다. 우리는 비밀정보 암시장이 얼마나 큰 규모인지 알지 못하지만, 이것은 필연적으로 꽤 클 수밖에 없다. 한국에서는 미국의 육군 부대원이 모바일 기기를 부대 컴퓨터의 USB 포트에 연결하여 충전하면서 민감한 국방 네트워크가 손상되었다. 이미 모바일 기기에 숨겨져 있었던 트로이 목마는 미육군의 컴퓨터로 이동하였고, 전례가 없을 정도로 중국과 북한 동료들에게 미국의 군사계획과 프로그램에 "접근할 수 있는 기회"를 제공했다고 한다.

상업용 USB 스틱의 대부분은 중국에서 생산된다. 미국 최고의 USB 스틱 제조회사인 샌디스크(SanDisk)도 일본과 중국에서 플래시 메모리와 스틱을 생산하고 있다. SR Lab의 보안 분야 전문가이자 연구원인 카스텐 놀과 제이콥 렐은 USB 스틱에 심각한 결함이 있으며, 어떤 방법으로도 실질적인 보호가 어렵다고 말했다.[35] 카메라, 휴대폰 그리고 태블릿 등에 사용되는 SD 메모리 카드도 취약하다. 이것도 USB 스틱과 마찬가지로 플래시 메모리 장치다.

심지어 스마트폰 펌웨어[36]에서도 제조업체가 사전에 설치한 악성코드가 발견되었다. 그 중 중국에서 가장 빠르게 성장한 휴대폰 회사 중 하나인 샤오미가 휴대폰에 스파이웨어를 삽입한 정황이 적발되었다. 이 스파이웨어가 심어진 전화기는 개인정보, 문자 메시지, 비밀번호 정보 등을 수집했다.

버그와 멀웨어(malware) - 악성 소프트웨어(malicious software)의 줄임말 - 는 펌웨어의 "업그레이드"를 통해 유입되는 경우가 많은데, 이 업그레이드가 사용자에게는 합법적인 절차로 보일 수 있지만 사실은 손상을 시키는 것이다. 펌웨어의 변경이나 수정 없이도 스마트폰의 운영체제, 운영체제 커널, 휴대폰에 설치된 프로그램 그리고 애플리케이션에 멀웨어를 주입함으로써 버그가 발생할 수도 있다. 이러한 버그는 사용자가 실수로 다운로드할 수 있으며 Apple Store, Google Play Store 등 다양한 응용 프로그램을 배포하는 센터에서 합법적으로 판매되는 프로그램 내부에도 숨겨져 있을 수도 있다.

가장 심각한 악성코드 감염 사례 중 하나는 스파이폰이다. 스파이폰은 스마트폰을 제어하고, 대화를 녹음하며, 개인 데이터와 사진을 훔치고, 이메일과 문자 메시지를 복사할 수 있는 악성 감염 코드 중 하나이다. 스파이폰은 사용자의 위치를 수시로 보고하고, 연락처 목록과 자주 통화하는 사람의 전화번호를 제공하기도 한다.

대부분의 상용 스파이 제품이 휴대폰에 악성코드 코드를 설치하려면, 물리적으로 접근해야 하지만 정교한 스파이폰은 원격으로도 설치할 수 있다. 스파이폰은 기기의 전원이 꺼져 있더라도 작동을 제어할 수 있다. 미리 계획된 회의와 같은 특정 이벤트와 동기화된 스파이폰은 마이크와 카메라를 모두 켤 수 있고, 회의를 녹화한 후 즉시 인터넷을 통해 스트리밍을 하거나 나중에 늦은 시간에라도 보낼 수 있다. 일부 스파이폰 기술은 너무나도 정교해서 사용자가 전화기를 끄면, 전화가 실제로 "수면 상태"가 되어야 하는데, 스파이폰 기능은 여전히 살아있는 경우도 있다. 스파이가 사적인 대화를 엿 들을 수 있도록 화면이 활성화되지 않은 상태로도 전화기를 켤 수 있다.

데이터는 휴대폰의 USB 포트를 사용하여 전송할 수 있다. USB 포트는 충전과 데이터 전송이 모두 가능하다. 휴대폰이 PC에 물리적으로 연결되어 있으면 충전기 라인과 데이터 라인을 모두 사용할 수 있다. 이는 두 가지 방식으로 악용할 수 있는데, 악성코드를 휴대폰에서 PC로(그리고 네트워크로) 또는 PC에서 휴대폰으로 이동시킴으로써 확산시킬 수 있다.

공장에서 일반적으로 생산되는 휴대폰 충전기의 외관과 유사하지만 불법적으로 개조된 기기들이 시장에 나와 있다. 그러한 기기 중 하나는 다음과 같이 광고한다. "벽면의 전기 소켓에 연결하자마자 송신기가 작동하기 시작하고, 세계 어디에서나 전화를 걸고 들을 수 있습니다. 또한 SMS를 보내 음성 활성화 기능을 켤 수 있습니다. 어느 곳에서도 당신의 휴대폰 번호로 전화를 걸게 하고, 당신은 기기 주변에서 무슨 일이 일어나고 있는지를 듣게 될 것입니다."[37] 이와 관련된 또 다른 "트릭(trick)"은 OEM 휴대폰 충전기를 개조된 충전기로 몰래 교체하는 것이다. 충전기 어댑터는 보통 사무실과 호텔 방의 플러그에 꽂혀 있는 경우가 많고, 대부분 한 자리에 남아 있기 때문에 이를 이용한 스파이 폰 도구는 법 집행 기관, 사설탐정 그리고 범죄자들에게 인기가 좋다.

모바일 기기는 신중한 전문가와 일반 사용자를 떠나서 모두 조심스럽게 다루어야 하고, 다른 용도로는 사용되지 않도록 해야 하는 위험성이 높은 제품이다. 안타깝게도 대다수의 사용자에게는 보안보다는 항상 편리함이 우선하며, 심지어는 지위고하를 막론하고 자신이 도청에 방비되어 있거나 간단하게 피할 수 있다고 생각한다.

과연 모바일 플랫폼의 취약점에 대한 솔루션이 있을까? 암호화기법 사용과 같은 몇 가지 방안이 있긴 하지만, 플랫폼 자체의 취약성을 반드시 고려하여야 한다. 그렇지 않으면 암호화조차도 단순한 방식으로 우회되어 사용자를 보호할 수 없게 된다. 미국에서는 국가안보국과 국립표준기술연구소가 정부 보안 솔루션과 핵심 인프라 보호에 대한 일차적인 책임을 맡고 있다. 미국 은행들은 금융거래를 보호하기 위해 NIST의 암호화 솔루션에 의존하고 있다. 하지만 불행하게도 NSA와 NIST는 둘 다 두 개의 모자를 쓰고 있는데, 하나는 스파이 활동을 하는 것이고, 다른 하나는 스파이 활동을 막는 것이다. 심지어 정부의 보안시스템에 대해서도, NSA는 항상 자신들이 지원하는 보안 솔루션을 들여다볼 수 있는 창구를 유지해왔다.

정부의 스파이들은 스마트폰에 버그를 심는 쪽으로 방향을 틀었다. FBI는 버그를 이용해서 관심의 대상을 추적하는 것으로 알려졌다. 이라크에서 합동특수작전사령부(JSOC)는 알카에다(Al-Qaeda)가 사용하는 휴대폰을 대상으로 "발견(The Find)"[38]이라고 알려진 프로그램을 사용하는 특수작전을 수행했다. NSA와 JSOC은 이 프로젝트를 "길가메시"라고 불렀다. 이 작전의 목적은 킬러 드론의 표적이 될 알카에다 요원의 SIM 카드를 찾는 것이었다.

위성전화[39] 부터 수중 광통신 케이블[40] 감청까지 모든 일을 해왔던 NSA는 에드워드 스노든의 폭로가 정확하다면 아이폰을 포함한 스마트폰에도 버그를 심었다. 이렇게 알려진 작전 중 상당수는 국가안전보장이라는 합법적인 목표를 추구하거나 범죄조직을 상대로 하는 것이었다. 외국정부 관리들에 대한 도청도 국가안보 범주에 속한다면, NSA의 임무와도 일치하는 것이다. 그러나 이러한 사례 중 휴대폰 도청은 특히, 정부가 변호인의 전화를 도청할 때 미국의 법체계를 훼손할 수도 있다는 사실도 밝혀졌다. 하지만, 관타나모 사건의 경우에는 도청으로 인해 중요한 테러사건에 대해 유죄 판결이 내려질 수 있었다. NSA는 양면의 프로세스 - 정보 가로채기와 정보보호 - 를 동시에 처리하기 때문에 모바일 플랫폼에 취약점들은 그대로 남겨두거나 모니터링을 할 수 있는 기능을 플랫폼에 심는다. 이는 본질적으로 위험성이 높고, 실제로 위험하기도 하다. 적이 우리의 시스템에 허점을 발견하면 그들 역시 이익을 얻기 위해 이를 악용할 것이기 때문이다.

정부가 승인한 스파이 활동 외에도 정치단체, 기업, 사설탐정, 도둑, 범죄자들도 다양한 스파이 활동을 하고 있으며, 이들의 스파이 활동을 지원할 수 있는 도구들은 공개적으로 판매된다. 전화도청 자체는 불법이지만, 이상하게도 허가되지 않은 전화도청 장비를 소지하는 것은 불법이 아니다. 오늘날 시장에는 모바일 기기용 스파이 장비와 스파이웨어를 판매하기 위해 열을 올리는 수많은 매장을 쉽게 찾아 볼 수 있다. 그리고 "갑에게 적용되는 것은 을에게도 적용된다(What's sauce for the goose is sauce for the gander)."라는 속담은 미국의 기관, 산업 그리고 조직을 대상으로 하는 외국의 정보작전에도 적용된다. 중국을 필두로 하는 외국에게 도난당한 막대한 양의 국방 정보는 이러한 위험성을 말해준다. 더욱이 모바일 플랫폼을 공격에 취약하게 만듦으로써 발생하는 기술보안의 피해는 종종 금융절도, 신용카드와 신분도용, 그리고 기타 범죄 행위로 이어진다. 이러한 취약점으로 인해 개인정보는 완전히 탈취될 수 있으며, 외국의 정보요원과 그의 상급자들은 사람의 경력을 망치거나 정치, 군사 또는 기업의 지도자를 협박하는 데 사용할 개인정보를 손에 넣게 된다. 사이버 보안은 국력을 유지하는 데 필수적인 구성요소이며, 모바일 기기는 우리의 친구들 - 정보기관, 법 집행 기관 등 - 뿐만 아니라 적들도 쉽게 이용할 수 있는 기회의 창이다.

제10장

군수산업과 기술보호

Military Industry and Technology Security

제10장

군수산업과 기술보호

(Military Industry and Technology Security)

"우리는 진주만에서 위대한 전술적 승리를 거두었지만
이로써 전쟁에서는 지게 되었다."
- 일본 해군제독 하라 타다이치(Tadaichi Hara) -

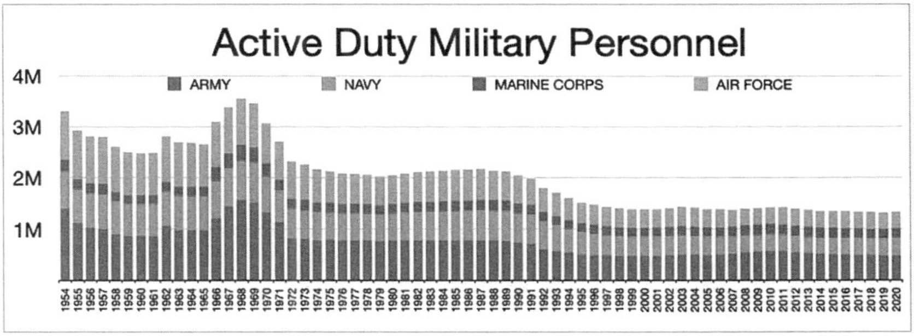

〈미국의 현역 군인 수〉
https://commons.wikimedia.org/wiki/File:Active_duty_military_personnel.webp
(1969년 베트남전 철수, 1990년대 초반 냉전 종식 시기의 감소세가 눈여겨 볼만하다.)

과거 오바마 대통령시절 미군의 규모를 제2차 세계대전 이전의 수준으로 축소하겠다고 발표한 적이 있었다.

군대를 축소하는 것은 새로운 방위사업 프로그램과 군용 장비에 대한 지출을 줄이는 것도 일부 포함된다. 하지만 상황은 여러 측면에서 복잡하다. F-35 합동타격전투기(Joint Strike Fighter)와 같이 비용이 매우 많이 드는 프로그램이 있고, V-22 오스프리(Osprey)와 같이 가동률(68%)이 좋지 않은 프로그램도 있다. 또한 이라크와 아프가니스탄 전쟁에서 운용된 많은 장비가 버려지거나 폐기된 후 교체되지 않았고, 방산업체들은 예산 부족으로 인력을 해고하고 있으며, 더 많은 방위사업 프로그램이 취소 될 것이라는 전망은 인력 계획과 수급에 영향을 미치고 있다. 미국은 여전히 세계 최대의 국방비를 유지하고 있지만 미군의 준비상태, 장비와 예비 부품의 가용성, 민감한 지역에서의 군사태세에 대하여 의문이 제기되고 있다. 중동에서 미국의 영향력은 축소되고 있지만 중국은 급증하고 있으며, NATO는 우크라이나의 균열과 새로운 NATO회원국을 보호하느라 큰 혼란에 빠져있다.

제2차 세계대전이 끝난 후 미국의 정책은 미군을 가능한 한 강하게 유지하고, 혼란스러운 세계에 안정을 제공하는 것이었다. 새로운 연구개발(R&D) 방위사업과 재래식 그리고 전략적 방어시스템에 지출되는 비용은 미국의 군사력을 강화함과 동시에 전쟁에서 인적 비용을 감축하기 위한 것이었다. 여기서 미국의 접근법은 미국의 적 또는 잠재적인 적들이 군사력을 사용하는 방식과는 다소 차이가 있다. 미국의 특징은 부수적 피해를 최소화하면서 정밀타격으로 목표물을 정확하게 제거하는 능력이다. 누구나 알 수 있듯이 미국의 국방비는 매우 높은 편인데, 어떤 사람들은 이를 과도하게 높다고 생각한다. 비용 중 일부는 미국의 상대들로부터는 찾아볼 수 없는 고도로 세련된 전술과 교전을 위한 작전규칙 때문에 기인한다. 그러나 미국의 방위사업 또한 즉각적인 변화를 따라가지 못하고 있다. 즉, 조달시스템 자체가 효율성이 떨어지기 때문에 비용이 많이 드는 것이다. 의회 역시 미국 안보에 중요한 프로그램을 제대로 지원하기도 하지만 가끔은 긴요하지도 않은 프로젝트를 지원함으로써 특정 지역에서 일자리를 창출하거나 의원들을 후원하는 방산업체들의 이익을 도모하는 경우도 배제할 수 없다. 의회의 변덕스러운 예산 책정과 국방부의 전력화 우선순위의 변화에 대비해야 하는 방산업체들도 그들의 수익성을 보호하기 위해 어느 정도는 비용을 충당하고 있다. 그럼에도 불구하고, 제2차 세계대전 이후 지속적으로 진화한 시스템은 여전히 미국 안보를 지키는데 중요한 역할을 하고 있다. 따라서 미국이 어떻게 현재의 위치에 도달했는지, 그리고 미국의 국방정책과 기술이 어떻게 발전했는지 그 노력을 살펴볼 필요가 있다.

되돌아보기 – 전간기(The Interwar Years)

많은 사람들이 놀라겠지만, 대공황 기간에도 세계경제에서 미국이 차지하는 비중은 상당했으며, 주요 경쟁국들에 비해서는 상황이 좋은편이었다. 제2차 세계대전 이전 미국의 생산량은 세계 제조업의 32.2%로 독일의 거의 3배, 일본의 거의 10배였으며, 자동차 생산량은 59.9%로 세계 자동차 시장을 거의 지배했다. 1929년 주식시장 붕괴 이후 엄청난 경제적 어려움을 겪었음에도 불구하고, 미국의 산업 인프라는 여전히 견고했다. 대공황 기간 동안 항공기 생산은 미국의 빛나는 성과 중 하나였다. 1930년대 항공우주 제조업의 대부분은 민간 항공에 맞춰져 있었고, 항공기 동체의 알루미늄 구조, 장거리 운항 능력, 엔진개발 분야에서 상당한 발전을 이루었다. 게다가 유럽 국가들이 재무장을 시도하면서 미국의 항공기 산업은 영국과 프랑스로부터 상당한 규모의 주문(약 14,000대)을 받았다. 가장 수요가 많았던 전투기는 P-51 머스탱(Mustang)이었다.

〈한국에서 운용되던 F-51〉[1)]

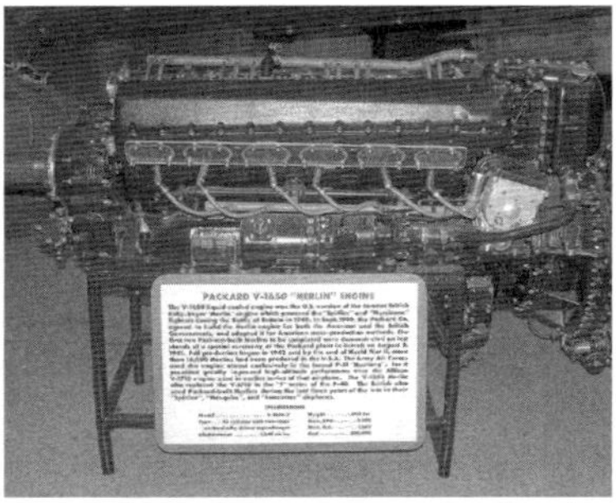

〈V-1650 멀린(Merlin) 엔진〉[2)]

1) https://commons.wikimedia.org/wiki/File:ROKAF_F-51D.JPEG
2) https://www.nationalmuseum.af.mil/Visit/Museum-Exhibits/Fact-Sheets/Display/Article/196239/packard-v-1650-merlin/
(National Museum of the U.S. AIR FORCE, 미국 국립 공군박물관)

1940년 패커드 자동차(Packard Motor Car Company)는 영국으로부터 9,000개의 멀린(Merlin) 엔진을 제작해 달라는 요청을 받았는데, 그 중 일부는 스핏파이어(Spitfire), 호커 허리케인(Hawker Hurricane)과 같은 영국산 항공기와 영국이 미국으로부터 구매한 P-51B 머스탱에 사용되었다. V-1650으로 알려진 이 엔진은 효율성이 떨어졌던 기존의 앨리슨(Allison) 엔진을 대체하고 P-51의 성능을 극적으로 변화시켰다. 처음에는 단일 과급기(supercharger)를 장착했지만 이후 모델에는 항공기의 고고도 성능을 크게 향상시키는 이중 과급기(dual-stage supercharger)가 장착되었다. 패커드(Packard)는 대량 생산을 고려하지 않은 영국의 수작업 엔진을 기반으로 기화기(carburetor)와 같은 미국산 부품이 장착된 엔진으로 통합하였으며, 최종적으로 미군과 연합군용 항공기를 위한 멀린 엔진 55,523개를 생산했다.

전간기(interwar)에 미국의 항공 분야는 빛이 났지만 다른 국방 분야에서는 독일과 일본에 훨씬 뒤처졌다. 미국에게 부족한 분야는 현대화된 전차, 효과적인 성능의 포병장비, 군함건조 부분이었으며,[1] 군수품의 생산에도 현대화와 신기술이 시급했다.[2] 제2차 세계대전 이전에 미국의 군수산업은 날카로운 이념적 공격을 받았다. 국방비 지출에 반대하는 선봉에는 다음과 같은 사람들이 있었다. 명예 훈장을 두 번이나 받은 스메들리 달링턴 버틀러 소장(해병), 군수산업 조사 특별위원회 위원장 제럴드 나이 상원의원, 미국의 영웅 찰스 린드버그들이다.

전쟁 영웅이었지만 스메들리 버틀러(Smedley Butler)는 논란의 여지가 있었던 인물이었으며, 전반적으로 강한 반자본주의와 반전주의적 성향을 갖고 있었다. 1933년 버틀러는 비밀단체들이

〈스메들리 D. 버틀러〉[1] 〈제럴드 나이〉[2] 〈찰스 린드버그〉[3]

1) https://commons.wikimedia.org/wiki/File:SmedleyButler.jpeg
2) https://commons.wikimedia.org/wiki/File:Senator_G.P._Nye_of_N.D.,_(12-1-25)_LCCN2016841488_(3x4a).jpg
3) https://commons.wikimedia.org/wiki/File:Col_Charles_Lindbergh.jpg

새롭게 당선된 프랭클린 루즈벨트 대통령을 전복시키려 했다고 주장했다. 그 내용은 즉, "사업가들의 음모(Business Plot)"라는 비밀단체가 버틀러를 미국 정부의 새로운 지도자로 세운 후 유럽식 파시스트 정부로 교체하려고 했으며, 버틀러 자신도 이 음모에 동참하도록 설득 당했다는 것이다. 이 "음모" 그룹은 정부에 불만이 많았던 수천 명의 제1차 세계대전 참전용사들을 모집하려 했을 것이며, 짐작컨대 대기업들의 지원도 있었을 것으로 추정된다. 공산당 신문으로부터 유출된 기사에 따르면 J.P. 모건, 한스 슈미트, 펠릭스 워버그, 미국 유대인 위원회, 그리고 파시스트 단체들이 "음모" 혐의에 연루되었다.[3] 의회 위원회가 소집된 후 조사가 진행되었지만, 증거가 모두 소문이라는 이유로 재계의 증인 소환을 거부했다.

버틀러는 음모와 관련된 어떤 혐의 없이 살아남았다. 대신

강의에 관심을 돌렸고, 그의 기본적인 연설 내용은 "전쟁은 소동(War is a Racket)" - 이후 "전쟁은 사기다."라는 제목으로 번역되었으며, 전쟁을 부정한 돈벌이로 묘사하였다. - 이라는 제목의 소책자로 출간되었다. 결과적으로 이 책자는 1935년에 라운드 테이블 출판사에서 정식으로 발간하여 대중의 관심을 끌었으며, 여전히 일부 정치인들에 의해 선전되고 있다.[4] 버틀러가 말하는 내용의 핵심은 탐욕스러운 군수업체들이 전쟁을 일으키는 것이며, "전쟁이 끝나면 소수가 - 군수업체들이 - 막대한 부를 얻게 된다."라는 것이다. 또한 전쟁이 엄청난 이익을 가져다주지만 대다수의 사람들은 그것을 모르기 때문에 전쟁이 "소란스러운 소동"일 뿐이라고 주장했다. 버틀러에 의하면, 제1차 세계대전 동안 미국에만 적어도 21,000명의 새로운 백만장자와 억만장자가 탄생했고, 그들 중 대다수는 재산을 은닉하고 탈세까지 했다고 한다. 또한 그들은 전쟁을 위해 싸운 사람들이 아니라고 주장했으며, 이후에는(1935) "유럽의 미치광이들이 활보하고 있다."라고 말하기도 했다. 버틀러는 미국을 유럽이나 일본과의 싸움에 끌어들이려는 시도들에 대해서는 "민간 투자를 보호하기 위해… 우리 모두는 일본을 싫어하게 될 것이고, 결국 전쟁에 뛰어들게 될 것…"이라고 말했다. 뿐만 아니라 전쟁으로 이익을 얻는 사람들은 군수업자, 은행가, 선박 건조업자, 제조업자, 육류 포장업자, 투기꾼이라면서 "외국과 얽혀있는 복잡한 관계에서 발을 빼는것이 상책일 것"이라고 주장했다. 한편 미국 기업들은 전쟁 중에 큰돈을 벌었다며, "예를 들어 석탄회사는 전쟁 중에 투자한 자본금을 기준으로 100%에서 7,856% 사이의 금액을 벌었다."라고 말하기도 했다. 제1차 세계대전에 참전한 군인들은 전쟁이 끝난 후 홀로 남겨졌는데, 훌륭한 청년들은 결국 사회에 적응하지 못하기 때문에 정신적으로 파멸하게 되고, 공립 병원에는 1,800명의 청년이 감옥에 갇혀 있다며 다음과 같이 주장했다. "이 소년들은 인간처럼 보이지도 않는다… 이러한 사례가 수천에 수천 건이 있다… 세계대전에서 우리는 소년들이 징병을 수용하도록 선전물을 이용했다. 또한 군인들은 적은 수준의 급여를 받았으며, 실제로 블랙잭을 하였는데, 그 이유는 자유 채권을 구매하도록 강요당함으로써 자신의 탄약, 의복 그리고 식비를 걸고 게임을 한 것이다. 대부분의 군인들은 월급날에 돈을 전혀 받지 못했다." 전쟁 후 파산한 군인들이 일자리를 찾을 수 없게 되자 100달러짜리 자유 채권을 84달러에서 86달러에 팔았다. 버틀러는 군인들이 20억 달러를 지불하면서 이 채권을 구입했다고 주장했다.

버틀러가 생각한 유일한 해결책은 젊은이들이 전쟁에 징집되기 전에 자본, 산업, 노동계의 사람들을 징집하는 것이라고 제안했다. 기업체의 대표나 은행장에게는 징집병과 동일하게 월 30달러를 지급할 것이며, 공장의 노동자들도 마찬가지이다. 전쟁선포를 결정하기 위해 "제한된 국민투표"를 요구했으며, 투표는 일반 대중이 아닌 전투에 소집될 사람들에 의해서만 수행되어야 한다고 주장하기도 했다. 또한 국방비 지출을 미국 영토를 보호하는 데만 충분하게 집행되도록 제한할 것을 촉구하면서 "우리 해군의 함정은 우리 해안선의 200마일 이내에서만 작전할 수 있도록 법으로 특별히 제한을 두어야 한다."고 주장했다. 마지막으로 제1차 세계대전이 끝난 지 18년이 지난 지금, "민주주의를 위해 안전한 세상을 만들기 위한 전쟁", "모든 전쟁을 끝내기 위한 전쟁" 등의 표현은 "현재의 민주주의가 과거보다 퇴보했음을 보여주는 것이며, 소련, 독일, 영국, 프랑스, 이탈리아, 오스트리아가 민주주의 국가 또는 군주제 국가이던지, 그들이 파시스트 또는 공산주의 국가이던지 상관할 바가 아니며, 우리의 문제는 결국 우리 자신의 민주주의를 보존하는 것이다."라고 지적하기도 했다.

나이 위원회(The Nye Committee)

미국 노스다코타 주의 공화당 상원의원인 제럴드 나이는 군수산업을 조사하기 위한 특별위원회(1934-1936)의 위원장이었다.[5] 나이 의원은 강력한 반자본주의자이자 대중주의자였던 그의 멘토 로버트 "파이팅 밥" 라폴레트를 롤 모델로 삼았다. 1935년과 1937년,[6] 상원에서 중립법 통과를 지지하는 주도적인 역할을 하게 될 나이는 농업 개혁가이자 대기업 반대론자였으며, 앞서 언급한 버틀러처럼 군수산업, 은행가, 대기업의 강력한 로비와 정치적 보상 때문에 미국인들이 제1차 세계대전에 참전했다고 생각했다. 또한 할리우드에 적대적이었으며, 영화산업, 특히 전쟁 지지를 선전했던 워너 브라더스에 대항하는 역할을 했다. 그리고 외교, 군사, 세출을 포함한 여러 주요 상원 위원회에서 활동했지만, 군수산업 특별 위원회에서는 미국의 군수산업 리더들을 워싱턴의 마이크와 카메라 앞에 세울 기회를 주었다.

나이 위원회는 미국의 군수산업체가 사업을 확보하기 위해 불법적인 행동을 저질렀다며 다음과 같은 결론을 내렸다. "(나이) 위원회는 군수기업들의 영업 방식을 조사하면서 거의 예외 없는 공통점을 발견했는데, 그것들은 이해관계자에 대한 특별한 접근, 의심스러운 특혜와 수수료, 그리고 사업을 확보하기 위해 외국 정부의 관리들이나 그들과 가까운 지인들에게 뇌물을 제공하는 일종의 편법에 의존해 왔다는 것이다." 또한 위원회는 "강력한 뇌물을 손에 들고 있는 군수기업들이 상시 가동준비가 되어있다는 사실은 이들과 이해관계가 있는 고위공직자들이 군비증강에 기여하고 있는것이며, 이는 본질적으로 평화에 관심을 기울일만한 상황이 만들어지지 않는다."고 덧붙였다. 그리고 "뇌물 수수에 연루된 군수기업은 다른 국가의 민간, 그리고 군사 정치 문제에 관여하는 일종의 내정간섭을 일삼고 있는데 이는 미국인들의 삶의 원칙에 맞지 않는 것"이라고 주장했다.

관련 조사에서 위원회는 군수기업들이 전쟁부(War Department, 현재의 국방부와 육군성)와 다른 정부 기관에 미치는 영향력에 대해서도 문제를 제기했다. "(군수) 기업들은 최신식 미군 장비가 전장에 수출될 수 있도록 전쟁부에 지속적으로 압력을 가해 왔으며, 이는 대체로 성공하였다. 예를 들면, 전쟁부는 새로운 장비에 대한 계획을 공개하기도 전에 외국 요원들에게 정보를 제공하기도 했다. 이처럼 전쟁부는 군수기업들이 사업을 유지하고, 새로운 전쟁이 발발했을 때 현대화된 장비들을 해외에 판매하는 것을 장려하였으며, 기업의 매출은 비밀을 보호하는 것보다 우선하였다."

위원회는 군수산업이 건전하지 못한 영향력을 행사하고 있으므로 좀 더 잘 통제할 필요가 있다고 믿었다. 이 부분은 1936년의 중립법으로 인해 어느 정도 진전이 있는 것처럼 보였다. 그리고 "교전국에 대한 무기와 탄약의 금수조치, 전쟁수행을 금지하는 내용을 규정하고 있었기 때문에 중립법은 일종의 필수적인 발전 요소였고, 국무부 산하에 군수품 통제 위원회[7]를 운영함으로써 허가된 정부 이외의 다른 나라로의 무기 선적을 방지할 수 있어야 한다."고 생각했다.

그러나 나이는 현재 자신이 몸담은 조사 위원회보다 더 많은 일을 하고 싶었다. 일반 대중이 군수업계의 의도를 알아차렸다면, 미국은 결코 제1차 세계대전에 참전하지 않았을 것이라고 주장했다. 또한 우드로 윌슨 대통령은 이미 이것을 알고 있었지만, 비밀로 하였고 대중과 의회를 철저히 기만했다고 말했다. 윌슨 대통령에 대한 나이의 비난은 특히 민주당 측으로부터 거센 비난을 불러 일으켰다. 대통령을 비난한 후, 군수산업에 대한 새로운 조사를 추진하려던 나이의 노력은 결국 차단되었다.

린드버그와 나치 독일

찰스 린드버그(Charles Lindbergh)의 독일 방문은 종종 오해를 받는다. 독일의 항공산업을 견학하기 위해 헤르만 괴링(Herman Goering)의 초대를 받은 린드버그의 독일 방문은 미국 정부와 사전에 조율되었고, 베를린 주재 미군 무관의 직접적인 지원을 받았다. 각각 약 1년 간격으로 두 번의 여행을 떠났으며,[8] 미국 육군 항공대 트루먼 스미스(Truman Smith) 소령과 동행을 했다. 스미스는 독일 공군력의 우월성, 새로운 항공무기의 개발, 항공우주 제조 산업과 기술개발 연구소의 현황에 대해 경고하는 1937년의 보고서[9] 외에도 각종 핵심 메시지, 해외전문, 보고서 등을 작성했다.[10]

찰스 린드버그의 동기에 대해 어떻게 생각하든 그는 고립주의자이자 반유대주의자였다. 린드버그가 독일의 항공산업 업적에 경외감을 느꼈다는 것은 의심의 여지가 없다. 미국 제1위원회(America First Committee)를 대표하여 린드버그는 만약 미국이 영국 편에 서서 전쟁에 참여하게 된다면, 미국은 추축국에게 패할 것이라고 주장했다. 미국 제1위원회는 퀘이커 오츠라는 회사를 소유한 가족 중 R. 더글러스 스튜어트라는 사람이 1940년 예일대 로스쿨에서 설립한 고립주의 단체다. 위원회는 회비를 납부하는 최대 80만 명의 정규 회원을 확보하였으며, 윌리엄 H. 레그너리, 빅 케미컬사의 H. 스미스 리처드슨, 시어스-로벅의 로버트 E. 우드 장군, 모튼 솔트사의 스털링 모튼, 뉴욕 데일리뉴스의 발행인 조지프 M. 패터슨, 시카고 트리뷴(Chicago Tribune)의 발행인 로버트 R. 매코믹 등 미국의 거물급 인사들과 미래의 지도자들의 지지를 받았다. 위원회에 참가한 학생 중 향후 유명해진 미래 지도자들은 미국 대통령 제럴드 포드, 주불 미국대사 사겐트 슈라이버, 판사 포터 스튜어트 등이 있었다. 존 F. 케네디도 위원회에 돈을 후원했다.

일본이 진주만을 공격하고, 미국이 전쟁을 선포하자 미국

제1위원회는 활동을 중단했다. 루즈벨트 대통령의 정책을 린드버그가 반대했기 때문에, 루즈벨트는 전쟁을 선포하기 전인 1941년까지 린드버그가 몸담았던 군으로의 복직을 거부했다. 린드버그는 전쟁에 준하는 시기를 비롯해 전쟁기간 동안 미국 항공회사의 컨설턴트로 일했다. 전쟁이 끝난 후에는 한동안 미국 공군의 컨설턴트로 활동했다. 루즈벨트는 그의 고립주의와 친나치 활동을 결코 용서하지 않았다.

동원(Mobilization)

전쟁이 시작되기 전부터 미국은 주로 영국을 돕기 위한 목적뿐만 아니라, 전쟁에 참전하는 것을 대비하기 위하여 부분적으로 동원을 시작했다. 전쟁 전에 개발된 새로운 폭격기 중 대표적인 사례는 미국 육군 항공대를 위해 제작된 보잉 B-17 "플라잉 포트리스"였다. B-17은 1935년에 설계되어 1938년에 생산이 시작되었으며, 제2차 세계대전에서 가장 많이 운용된 폭격기가 되었다. 그러나 전쟁 전에는 - 상대적으로 성능이 떨어지는 - 경쟁 기종들에 비해 B-17의 가격은 두 배나 높았고, 당시의 제한된 예산으로는 구매하기가 쉽지 않았으며, 1940년까지 운용된 기체의 수는 약 500대에 불과했다.[11] 공식적으로 생산이 중단된 1945년까지 보잉은 12,731대의 B-17 항공기(개량된 다양한 모델)를 생산했다. B-17은 제2차 세계대전 당시 나치의 목표물에 투하된 폭탄 중, 톤수로 따지면 50% 이상을 투하했다.

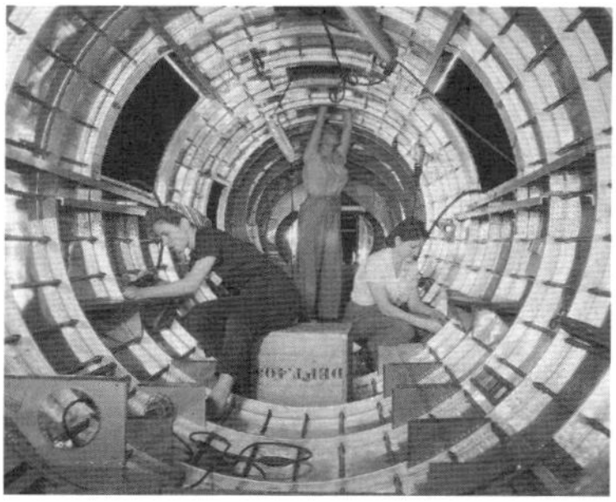

〈생산중인 B-17(1942)〉[1]　　〈생산중인 M-3 Lee 전차(1940)〉[2]

1) https://commons.wikimedia.org/wiki/File:B17F_-_Woman_workers_at_the_Douglas_Aircraft_Company_plant,_Long_Beach,_Calif.jpg
2) https://commons.wikimedia.org/wiki/File:M3-lee-chrysler-arsenal-2.jpg

전쟁 전 미국의 전차 생산은 국방비의 제약뿐만 아니라 육군의 정책적인 혼란으로 인해 많은 영향을 받았다. 미국 육군은 고속 기동이 가능한 크리스티 서스펜션의 설계 아이디어에 반대하기로 결정한 것인데, 결국 미국은 가솔린 엔진을 장착한 다소 불리한 전차를 가지고 제2차 세계대전에 참전했다. 미국이 참전한 후에도 훈련에서 사용할 전차가 부족했기 때문에 일반 트럭에 페인트로 "전차(TANK)"라고 표기한 후 훈련을 진행하기도 했었다. 최소 기준을 충족한 미국 최초의 설계작은 리(Lee) 전차로 알려진 M-3 중형 전차였다. 리 전차는 1941년 8월부터 약 1년 동안 생산되었다. 전차의 엔진은 80옥탄의 가솔린을 사용했으며, 방사형 9기통 엔진에서 400마력(HP)을 생성했다. 이와 동일한 엔진이 제2차 세계대전 당시 미국의 성공적인 주력 전차로 평가받는 M-4 셔먼 전차에 사용되었다. 셔먼 전차는 전쟁 중에 화력, 방어력, 연료(디젤로 변경) 그리고 기동성 측면에서 지속적으

로 개선되었다.[12]

루즈벨트 대통령은 1942년 미국의 민간산업을 전시 생산체제로 전환하기 위해 전시생산위원회를 창설했다. 1942년 1월 4일, 전쟁물자 통제 프로그램의 일부였던 물가관리국은 미국의 모든 자동차 회사에 전쟁과 무관한 자동차와 트럭의 생산을 중단할 것을 명령했다. 그리고 자동차 산업에 필요한 고무, 가솔린 등의 주요 원자재는 식료품 그리고 기타 생필품처럼 배급되었다. 동원은 거의 모든 산업에 실질적인 영향을 미쳤으며, 원자재와 에너지 공급도 엄격하게 규제되었다. 그러나 미국에게는 여러 가지 중요한 이점이 있었는데, 원자재를 현지 또는 남미에서 충분하게 구할 수 있었다. 반면, 독일과 일본은 원자재와 에너지 공급 확보를 위해 끊임없는 경쟁을 벌였다. 1940년대 미국은 서부와 캐나다의 댐에서 나오는 수력 발전과 풍부한 석유, 천연가스 등을 비축하고 있었기 때문에 공장을 가동하기 위한 에너지 수입이 불필요했다. 두 번째 장점은 미국의 공장들이 결코 공격의 대상이 아니었으며, 전쟁 중에도 완전한 생산 공정을 유지했다는 것이다. 그러나 영국, 프랑스, 독일, 소련의 공장은 지상과 공중 폭격에 항상 노출되었다. 특히 영국과 소련은 지상군과 폭격기의 공격이 닿지 않는 곳으로 공장을 최대한 멀리 옮겼는데, 소련은 전시 생산시설을 우랄(Urals) 동부 지역으로 옮겼고, 독일은 조기경보 레이더와 연결된 촘촘한 대공방어 장비, 화포, 서치라이트, 방공기구 풍선 등을 모두 사용하여 공장을 보호하려고 했다. 독일군은 이 목적을 달성하기 위해 레이더 기술을 처음으로 사용했으며, 연합군의 항공기가 독일의 화포와 항공기에 의해 손실을 입게 되자 연합군은 야간 폭격을 실시하였고, – 독일군은 이에 대응하여 스포트라이트를 추가하였다. – 독일의 대공포를 피하기 위해 더 높이 비행해야 했다. 이러한 조치는 폭격기의 손실을 줄이는 데 도움은 되었지만, 고고도 폭격의 정확성이 부족했기 때문에 본의 아니게 지상에서는 민간인 사상자가 많이 발생했다. 독일도 일본과 마찬가지로 전시생산 시설을 가능한 지하에 두었다.[13]

전쟁 후반에 연합군은 독일군의 로켓 공격에 대응하고, 독일 영토에 대한 소련의 입지 확장과 독일의 항공자원을 철수시키기 위해 독일 도시들을 상대로 화염 폭격을 감행했다. 연합군은 융단폭격, 화염폭격 그리고 보복폭격 등 다양한 전술을 시도했지만 미국 육군 항공대는 정밀폭격을 선호했으며, 슈바인푸르트 볼 베어링 공장과 같은 전략적 자산을 폭격하기도 했다. 미국 육군 항공대는 또한 독일의 산업시설, 로켓과 항공기 생산시설, 발전소와 저장고, – 나치가 사람과 물자를 수송하기 위해 사용한 – 철도를 공격목표로 삼았다. 추축국 군대의 원유 공급에 필수적이었던 루마니아의 유전과 플로에슈티(Ploesti, 루마니아 남부의 도시, 석유공업의 중심지)의 저장시설도 공격하였다. 하지만 이러한 공습 중 어느 것도 완벽한 성과를 얻지는 못했고, 항공기와 조종사의 막대한 손실이 뒤따랐다.[14]

미국의 전시생산 노동력은 징집되지 않았거나 전쟁에 자원하지 않은 남성, 제조 또는 엔지니어링 분야의 전문적인 노하우와 경험 때문에 징집 대상에서 제외된 전문가로 구성되었다. 그러나 미국의 전쟁동원 인력의 상당 부분은 여성들이 차지하였다. 영국과 소련의 전시생산 현장에서도 많은 수의 여성들이 일했다. 그러나 독일이나 일본은 여성들을 많이 고용하지 않았다. 독일인들은 강제 수용소, 전쟁 포로수용소, 점령 지역에서 확보한 강제 노동력에 점점 더 의존했다. 일본인들은 특히 한국의 강제 노동력을 이용했고, 가내 제조업으로 눈을 돌리면서 불가피하게 여성과 아이들을 동원했다. 강제 노동력의 사용은 그 자체로 문제를 일으켰다. 많은 노동자들이 가혹한 대우를 받고, 영양실조를 겪었으며, 노동현장에서 학대를 받거나 공장의 폭격으로 수만 명이 사망했다. 그 결과 작업의 질은 떨어졌고, 생산을 고의로 방해하는 사보타주가 일상화 되었다.

전쟁은 레이더, 무선유도폭탄, 항공우주기술, 지휘통제체계, 통신과 전자제품, 자동화무기, 원자폭탄 그리고 장거리 로켓과 같은 기술의 개발을 촉진시켰다. 독일은 전쟁 전후에 기술수준 측면에서 큰 발전을 이루었지만, 이를 산업화하는 데에는 문제가 발생했다. 미국은 제2차 세계대전 중에 국방과학기술에 막대한 투자를 함으로써 미국과 동맹국을 위해 훨씬 더 진보한 전투장비를 제공할 수 있었다. 원자폭탄은 미국을 세계 제일의 초강대국으로 만들었다.

전후 미국의 방위태세

미국은 제2차 세계대전 동안 막대한 국방생산 능력을 구축했다. 미국의 군수산업은 전쟁 중 높은 수준의 요구사항과 전투

경험을 통해 발견된 취약점들을 개선함으로써 혁신적이고 현대화된 무기를 제조할 수 있는 능력을 보여주었다. 그러나 특정 분야에서 미국은 독일에 비해 뒤처져 있었다. 그중 가장 대표적인 것은 로켓개발 기술이었는데, 독일의 V-1 버즈 폭탄(Buzz bomb)과 V-2 로켓은 특히 중요했다.

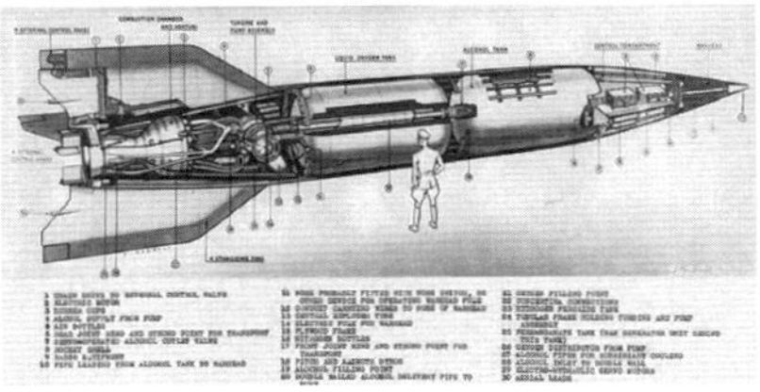

〈V-1 로켓 단면도〉[1] 〈V-2 로켓 단면도〉[2]

1) https://commons.wikimedia.org/wiki/File:V-1_cutaway.jpg,
2) https://commons.wikimedia.org/wiki/File:Esquema_de_la_V-2.jpg

미국에도 최초로 액체연료 로켓을 개발한 로버트 고다드와 같은 유명한 로켓 발명가가 있었지만, 독일의 V-2와 경쟁하거나 페네뮌데 - 제2차 세계대전 중 독일의 로켓 및 미사일 연구소와 공장이 있었던 곳 - 와 같은 광대한 개발단지와 같은 것들은 없었다. 독일 공군이 전쟁 후반기에 연합군의 폭탄 공격으로부터 안전한 장소로 이전하기 전까지 로켓 연구개발 연구소는 페네뮌데에 있었다.

런던을 공격하기 위해 사용한 나치의 V-2 로켓으로 인해 2,754명이 사망하고, 8,000명 이상이 부상당했다. 벨기에의 앤트워프에서도 V-2 로켓공격으로 1,736명이 사망했다. 독일군은

V-2용 이동식 발사대를 개발하여 상대방으로 하여금 발사 위치를 파악하고 표적화하기 어렵게 만들었다. 기존의 폭탄으로 인한 피해와 비교하면 V-2 로켓으로 인한 사상자는 적었지만, 이를 방어할 방법이 없었고, 재래식 폭발물 대신 독가스를 가득 채울 수도 있다는 우려가 상당했다. 그러던 중 페네뮌데에서 두 명의 강제 노동자가 탈출을 했다. 그들은 폴란드 출신이었는데, 페네뮌데 단지의 주요 시설물들을 식별할 수 있을 정도로 지도를 그린 후 영국의 정보부에게 제공했다. 이들로부터 정보를 제공 받은 연합군은 페네뮌데에 심각한 폭격을 가했다.

전쟁 직후 연합군과 소련군은 둘 다 가능한 많은 로켓장비와 기술을 확보하기 위해 빠르게 움직였다. 소련은 또한 독일의 로켓과학자들을 잡으러 나섰다. 이 과학자들은 결국 한쪽 또는 다른 쪽의 손에 들어가게 될 것이라는 것을 알고 있었으며, 그들 중 많은 사람들은 연합군에 항복하는 것을 선호했다. 그 중에는 베르너 폰 브라운도 있었다. 미국이 독일과 몇몇의 최고 과학자들로부터 충분한 장비와 기술을 얻었지만, 소련은 훨씬 더 빠르게 움직였다. 전쟁이 끝난 후 로켓 분야는 아직 미국이 주도권을 잡지 못했다. 원자폭탄은 로켓이 아닌 항공기로 운반되었고, 당시에는 미국과 소련 사이에 우주경쟁이 아직 시작되지 않았기 때문이다.

1957년 최초의 스푸트니크 위성이 성공적으로 궤도에 진입했을 때, 미국은 큰 충격을 받았다. 이때 발사체는 R-7 세묘르카(Semyorka, "Group of 7") 였다. 이 거대한 장거리 로켓은 세계 최초의 ICBM이기도 했다. 설계 면에서 매우 혁신적이었던 이 로켓은 당시 사용되던 그 어떤 현대적인 미국의 로켓보다 훨씬 강력했으며, 핵탄두를 탑재할 수 있을 정도로 새로운 것이었다. 이것은 제2차 세계대전 당시 독일의 로켓 설계를 훨씬 뛰어넘는 혁신을 보여주었고, 조종이 가능하도록 특수 제어 엔진을 사용한 최초의 로켓이었다.[15] 우주기술 경쟁은 군용 시스템 전반에 걸쳐 새로운 종류의 무기설계와 개발을 자극한 새로운 냉전의 영역이었다.

국방예산의 책정

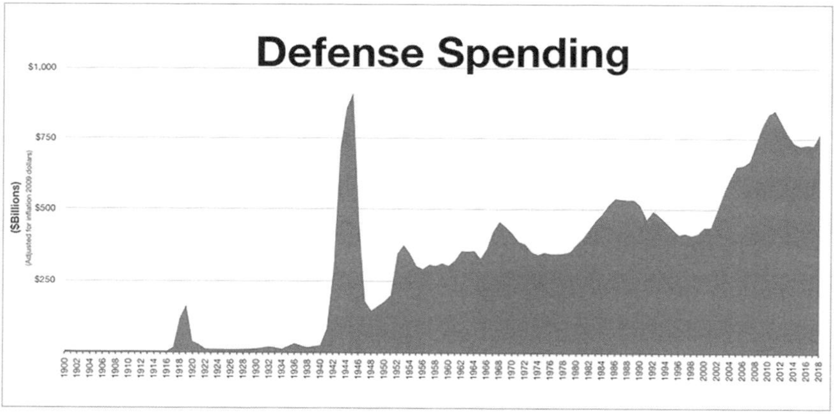

〈미국의 국방비 지출〉
https://commons.wikimedia.org/wiki/File:Defense_spending.png

미국의 방위산업 기반은 시대를 넘어서 살펴보면 잘 이해할 수 있다. 제2차 세계대전 직후의 국방예산은 매우 적었으며, 무기와 기술의 조달 수준도 매우 저조했다. 이후 한국전쟁으로 인한 수요의 증가로 인해 큰 변화가 있었으나 1970년대와 1990년대 중반에는 어느 정도 크게 감소했다. 1980년대 국방 분야 전반에 걸쳐 일어난 큰 폭의 예산 급등은 소련의 군사력 증강에 대응하기 위한 레이건 정부의 결단과 의지를 반영한 것이다. 미국의 국방비 지출 추이를 살펴본다면, 미국은 다른 어느 나라보다도 무기 구매와 연구개발에 상당한 비용을 지출하고 있음을 확인할 수 있는데, 2023 회계연도 기준으로 총 국방비 820억 달러 중 32%를 집행하였다.

소련이 동유럽을 장악하고, 공산주의가 그리스와 튀르키예를 공략하자 미국은 냉전 정책을 발전시켰다. 트루먼 독트린과 북대서양조약기구(NATO)의 창설은 유럽에 남아 있었던 그리스와 튀르키예의 위기를 조금이나마 모면하기 위한 노력이었다. 미국은 영국을 대신하여 중동의 석유생산과 수송을 보호하는 일을 자처했으며, 정치적 혼란, 정권교체, 반란 등에 대처하기 위해 새롭게 통합된 중앙정보국(CIA)에 크게 의존하기 시작했다. 외국의 군대를 훈련시키고, 무기를 공급하며, 정치인들과 지지자들에게 영향을 주기 위한 프로그램들도 시작되었다.

미국은 경쟁자들보다 앞서기 위해 일부 공공 연구소와 민간 연구소에 의존했다. 그 중에서 유명한 곳은 다음과 같다. 1928년에 개소한 벨 연구소, 1932년 찰스 스타크 드레이퍼 연구소, 1941년 사노프 연구소, 1943년 록히드의 스컹크 웍스, 1943년 로스앨러모스 국립연구소, 1945년 IBM Thomas J. Watson 연구 센터, 1952년 미국 육군 네이틱 연구소, 1952년 로렌스 리버

모어 국립 연구소를 비롯하여 하버드, 프린스턴, 시카고, 스탠포드, 캘리포니아대학교 등의 미국 일류 대학들이 전쟁 연구를 시작했고, 2차 세계대전 이후에도 연구를 계속 진행했다.

1961년 1월 퇴임한 아이젠하워 대통령은 군산복합체를 상대로 "정부의 위원회 또는 협의회에서 군산복합체가 추구하든 추구하지 않던 간에 부당한 영향력을 행사하거나 획득하는 것을 방지해야 한다."고 경고했다. 군산복합체에 대한 아이젠하워의 경고는 제2차 세계대전 당시 연합군 최고사령관이 한 말이라 이례적으로 보일 수도 있다. 아이젠하워는 제2차 세계대전 이전의 미국의 경험과 이후의 모습을 - 군비지출과 미국을 보호하기 위한 새로운 정의가 필요하다는 생각에 - 비교하려고 노력했다. 대통령은 정답을 알고 있었고 고유의 방식대로 추진해 나갔다. 그러나 개인적인 이유로 이 작업으로부터 자신을 분리하고 싶었는데, 인생 대부분을 군인으로 살았던 자신의 경력의 마지막은 민주국가의 도덕적인 시민으로서 과거와 미래를 모두 들여다보는 것이 진정으로 - 자신이 원하는 - 가치 있는 일이라고 생각했기 때문이다. 이러한 아이젠하워 대통령의 정서에도 불구하고 미국을 강력하게 지키기 위한 국방예산의 문제는 여전히 미국의 안보를 지키기 위한 최우선의 과제로 남아 있다.

방위산업과 경쟁

제2차 세계대전 이후의 미국의 방위산업은 전쟁기간 동안 수행된 막대한 양의 연구개발 산출물을 활용할 수 있었다. 기획 단계에 있는 수많은 무기체계가 도면에 그려져 있었고, 다양한 분야에서 최첨단 기술을 발전시킬 수 있는 기회가 있었다. 상용 기술의 테스트는 시장이 새로운 제품을 받아들이고, 구매할 준비가 되어 있는지를 확인하는 절차이다. 라디오가 처음 개발되었을 때 그 잠재력을 예상했던 사람은 아무도 없었다. 최초의 상용 라디오 방송은 1920년 11월 2일이 되어서야 송출이 되었는데, 그 내용은 대통령 선거결과 발표였다. 라디오는 현대식 가정용 수신기 세트를 개발하고, 대량생산함으로써 가격을 낮출 수 있었으며, 대부분의 라디오 프로그램에 보조금을 지급하는 광고 덕분에 널리 보급되고, 대중화되었다. 미국은 라디오를 국영기업으로 운영하지 않고, 상업화하였다.

방위산업체는 일반 민간기업과 다른 방식으로 제품을 개발하고 판매한다. 그들의 국내 고객은 군대이다. 방위산업체는 미국 국방부와 군부의 호감을 사야하고, 의회에 영향을 주어 프로젝트에 대한 지원과 자원을 할당 받아야 한다. 오늘날의 방위산업체는 위험을 회피하고, 일반 민간기업과 다르게 개발을 바라보는 경향이 있다. 방산기업과 민간기업은 둘 다 자기들이 기업가적이라고 생각하고, 경쟁이 치열한 시장에서 활동하고 있다고 생각하지만 연구, 개발, 마케팅 그리고 영업에 있어서는 서로 다른 방식으로 진행한다.

민간기업은 자체 자금을 활용하거나 시장에 출시할 기술이나 제품을 위해 외부의 투자를 유치하기도 한다. 기술의 상업화와 관련된 위험 수준도 다양한 측면에서 파악되어야 한다. 예를 들어 기술의 성숙도, 시장에 유사한 제품은 무엇인지, 판매 가격은 얼마일지, 경쟁 가능성은 얼마나 되는지, 예상 투자 수익은 얼마이고 얼마나 빨리 거두어들일 수 있는지 등이다. 상업적 투자를 정당화하기 위해 기업은 시장을 조사한 후 소비자 테스트를 실시하고, 시판 전 제품의 수용 여부를 분석한 다음 제품을 홍보하는 마케팅 캠페인과 광고를 시작한다. 지속적으로 고객을 유지하려면 좋은 품질의 제품이 반드시 필요하다.

하지만 방위산업체는 다른 방식으로 운영된다. 그들 중에는 자체적으로 자금을 조달하여 제품을 개발하는 경우는 거의 없다. 방위산업체는 일반적으로 정부가 새로운 기술을 개발하거나 기존 제품의 업그레이드 또는 개선작업을 지원해주기를 기대한다. 만약, 방위산업체가 자체적으로 자금을 동원하여 제품개발을 추진하는 경우는 그들의 투자가 향후 조달로 이어질 것이라는 확신과 보증이 있는 경우이다. 그러나 방위산업체는 프로그램을 수주하기 위한 경쟁을 위해 때로는 매우 많은 투자를 한다. 제안서 개발, 성능검증과 테스트, 로비 활동에 비용을 지불하기도 하는데, 특히 대형 프로그램을 수주하기 위해 경쟁하는 업체들은 제안서 준비, 로비활동, 시스템 전시와 시연, 정부의 인증과 승인판정을 받기 위해 수백만 달러를 소비하기도 한다. 때로는 방산 물자에 대한 경쟁 비용이 너무 높아지기 때문에 많은 제조업체들은 서로 협력함으로써 경쟁 위험을 분담하고 싶어 한다.

방위산업체는 구매자의 요구사항을 잠정적으로 충족할 수 있는지 확인하기 위해 "요구사항"들을 면밀하게 연구한다. 요구사항 또는 제품의 사양은 일반적으로 “제안요청서”가 발표되기 훨씬 전에 작업이 이루어진다. 단, 기관이 원하는 것이 무엇인지 명확하지 않고, 시장이 제공할 수 있는것이 무엇인지 확인이 필요한 경우에는 예외인데, 이런 경우에는 향후 사업에 대한 계약 보장이 없는 상태에서 “사전정보요청”을 하기도 한다. 대형 프로그램의 신규 조달을 위한 가장 일반적인 수단인 제안요청의 단계에서는 경쟁을 요구한다. 오늘날에는 단일 회사가 입찰에 참가하는 것 보다는 “팀” 단위의 경쟁이 일반적이다. 팀에는 보통 “주계약자” 회사가 선두에 서고, 다수의 “하청계약자” 회사가 참여한다. 일부 경쟁에서는 하청계약 회사가 두개 이상의 팀에 참여할 수도 있다. 중간 수준의 구매의 경우 경쟁이 비교적 덜하며, 정부기관은 종종 “단독 입찰” 조달 또는 광범위한 사전 협상 구매계약과 같은 방식을 사용한다. 일반적으로 이러한 상황에서 구매자 - 예를 들면 야간투시 장비를 전문적으로 운용하는 육군부대 - 는 제조업체와 지속적으로 접촉하게 된다. 이는 종종 구매자 측에서 근무하다가 은퇴한 직원 - 예를 들면 퇴역 육군 장교 - 들이 계약 회사에 입사한 후 그 회사를 대표하여 이전에 함께 일했던 동료들과 대화를 나누게 된다는 것을 의미한다. 이러한 “내부자(insider)”거래는 매우 일반적이며, 이러한 계약은 미국뿐만 아니라 외국에서도 찾아볼 수 있다. 물론 사전에 협의된 구매 가격이 잘 통제되지 않으면, 제품의 품질이 떨어질 수 있으며, 소비자 - 군부대 - 는 종종 지출한 비용에 비해 낮은 가치와 효과를 얻는 경우가 많다.

미국 대부분의 방위산업체는 주주가 소유한 공개된 기업들이다. 군사장비를 생산하고 지원하는 기존의 오래된 연방 단위 또는 주 단위의 병기창과 무기 공장들도 있지만 대부분은 제조의 일부를 민간 기업에 하청을 주었다. 정치인들은 종종 지역사회의 강력한 지지를 끌어내기 위하여 무기 생산시설을 유지하고, 보존하기 위해 노력한다. 한때 유럽에서는 대부분의 방위산업체가 국가의 소유였다. 오늘날 대부분은 민영화되었지만 국가는 여전히 "황금주" - 기간산업을 민영화할 경우 외국 자본에 의한 매수를 막기 위해 정부가 보유하는 주식 - 라고 불리는 것을 보유하고 있다. 이는 회사 이사회에서 투표권을 갖고 있으며, 합병이나 인수 제안 등 반대하고자 하는 모든 안건에 대해 거부권을 행사할 수 있다는 의미이다.

많은 국가들은 가능한 많이 "현지"에서 방산물자 생산시설을 유지하려고 노력하지만 이로 인해 단가가 부풀려지고, 납품이 지연되며, 기술의 진부화 문제와 여러 곳에서 장비들이 복제되는 부작용이 발생하기도 한다. 이러한 조건은 노력의 중복, 규모의 경제 결여, 조달비용 증가 등 비효율성을 조장한다. 미국에서는 "호혜적 관계"라는 개념에 정치적 관심이 많이 쏠려 있다. 이 개념은 미국이 해외군사판매(Foreign Military Sales) 제도를 이용해 장비를 판매하면, 미국도 구매국의 제품을 수용 또는 수입해야 한다는 것이다. 예를 들어, 미국이 NATO 국가에 제품을 판매하는 경우, NATO 국가의 회사도 미군에 제품을 판매함으로써 상호 보답하도록 노력해야 한다. 일부 국가에서는 제품의 상호 구매 - 항상 그런 것은 아니지만 일반적으로 군용장비 및 기술 - 를 요구하면서, 방산물자 거래에서 반대급부를 얻기 위한

"절충교역(offset)"을 요구하기도 한다. 절충교역 거래에 대한 징수는 또 다른 문제이며, 이는 상계의 측정, 계산하는 방법 그리고 정치적 상황에 따라 달라지는 경우가 많다. 오늘날 인도의 경우 100% 절충교역을 요구하며, 모든 조달을 인도 기업이 주도하기를 원한다. 또한 해외 방산물자의 도입에 대한 승인 조건으로 기술 라이선스와 공동생산을 요구하고 있다.

미국은 막대한 국방예산과 높은 수준의 무기생산으로 방산시장을 장악하고 있다. 미국산 방산물자의 대부분은 경쟁사의 어떤 제품보다 앞선 경우가 많으며, - 예외가 있을 수 있지만 - 수입보다 수출이 많다. 미국이 방산물자 거래의 절충교역으로 공동생산에 부분적으로 동의하는 경우, 일반적으로 구매국은 낮은 수준의 기술 작업을 배정받거나, 대체로 수익성이 보장되지 않는 불충분하고, 비정기적인 2차 하청 조달을 맡는 경우가 많다. 외국 회사가 미국에서 프로그램을 수주하는 경우, 거의 모든 거래에서 외국 회사는 미국의 주계약자와 협력할 의무가 있다. 일반적으로 미국이 유럽으로 무기를 판매하는 가치는 유럽이 미국에 판매하는 가치보다 달러기준으로 15배가 더 높다.

유럽에 있는 미국의 파트너들과 F-35 합동타격전투기(JSF)를 공동 생산하는 것에 대한 논란이 증가하고 있다. JSF 프로그램은 해외의 다양한 파트너가 프로그램 개발에 투자했기 때문에(Tier I ~ Tier III 파트너) 국방협력에 있어서 독특한 실험인데, 만약 프로그램의 수익성이 좋으면 주주로서 돈을 벌 수 있는 구조이다. 그러나 이러한 대규모 투자는 영국과 이탈리아의 국가 자금으로 조달되었으며, 이들 국가의 정치인들은 미래의 수익성 보다는 현재의 일자리에 훨씬 더 관심이 있었다. 전반적으로 JSF 프로그램에서 수익성이 좋은 하도급 계약의 대부분은 유럽 투자자들이 프로그램에 참여하기도 전에 미국 회사들이 선점했다.

미국에는 외국의 방산업체와 거리를 두기 위한 다양한 묘수가 있다. 가장 쉽고 친숙한 방법은 외국 기업이 경쟁에 참여할 수 없도록 프로그램을 분류하는 것이다. 일반적으로 제안요청서(RFP)에는 "NOFORN(No foreign participation, 외국인 참여 불가)"이라는 표시가 붙어 있는데, 이는 원천적으로 외국기업이 차단된다는 의미이다. 일부 NATO를 위한 프로그램조차도 중요한 프로그램의 구성품들이 경쟁에 발목이 잡혔고, 유럽의 업체들은 낮은 수준의 기술 작업에만 참여할 수 있도록 제한이 걸렸다. 대표적인 사례가 현재 취소된 MEADS 프로그램이다. MEADS - the Medium Extended Range Air Defense System, 중거리 방공시스템 - 는 패트리어트를 대체할 이동식 대공방어 시스템이었다. 미국, 이탈리아, 독일 3개국이 이 프로그램에 참여해 약 30억 달러를 투자했다. 이 프로그램에서 미국 국방부는 미국 이외의 지역에서 MEADS 소프트웨어를 개발하는 것을 허용하지 않았고, 시스템의 핵심기술에 대한 접근을 제한하면서 프로그램은 착수단계부터 어려움을 겪었다. 일부 사유는 국가안보라는 이유로 정당화되었지만, MEADS 프로그램을 취소시키려는 패트리어트 시스템의 공급업체인 레이시온의 치열한 로비 활동도 한몫했다는 시각도 있었다. 레이시온이 미국 정부 고객에게 압력을 가하고, 의회에서도 MEADS에 반대하는 로비 활동을 하는 동안 미국 국방부는 MEADS 협력 사업의 연결로에 바리케이드를 설치 했다. 당시 오바마 정부와 의회의 의원들 모두가 설득당한 것이다. 결국 2014년, 의회는 MEADS에 대한 자금 지원을 취소하였고, 남은 참가국들(독일과 이탈리아)이 그 부담을 떠맡게 되었다.

〈미국에서 발사 시험 중인 MEADS〉[1)]

〈KC-X 사업을 설명중인 국방부 차관〉[2)]

1) https://commons.wikimedia.org/wiki/File:MEADS_Launch_WSMR_2734-1.jpg (PAC-3 MSE 미사일을 발사)
2) https://commons.wikimedia.org/wiki/File:KC-X_Presentation_2009.jpg

가장 논란이 많았던 조달 취소 사례 중 하나는 미국 공군의 공중급유기 프로그램이었다. 급유기 선정 경쟁은 공중급유기 시장을 양분하는 보잉과 에어버스 사이에서 이루어졌다.[16] 조달 내용은 135대의 새로운 KC-X 급유기를 구매하는 것으로 초기 예상 비용은 350억 달러였다. KC-X 사업자는 항공기를 미국에서 제작할 것이라는 서약과 함께 노스롭 그루먼과 에어버스가 우선적으로 선정되었다. 보잉은 이에 대해 항소했고, 조달 과정을 행정적으로 검토하는 회계감사원은 이 경쟁이 불공정하다고 판단해 사업자 선정을 취소했다. 새로운 입찰이 요구되었지만, 이번에는 노스롭 그루먼이 입찰 참가를 거부하였고, 에어버스만 단독으로 남겨졌다. 결국 최종적으로 보잉이 계약을 따냈다.

일부 외국기업과 외국인 투자자들은 "바이 아메리카" 규제를 회피하고, 미국에서 방위사업 입찰에 참여할 기회를 얻기 위해 미국의 방산회사를 인수하려고 한다. 외국인 투자는 미국의 외국인투자심의위원회에 의해 규제된다. CFIUS 프로세스는 주로 재무부가 관리하지만 많은 기관이 심의에 참여한다. 서류상 CFIUS는 회사 인수를 위한 자발적인 정보 교환소지만 이는 오해의 소지가 있으며, 사실 다음과 같이 작동된다. 외국회사가 비교적 "민감한" 회사 인수에 관심이 있는 경우 CFIUS에 검토를 요청할 수 있다. CFIUS 검토는 매우 광범위할 수 있으며, 다양한 정부 기관이 구매자와 판매자에게 해당 거래와 기술에 대한 질문을 하는데, 이는 반드시 답변해야 한다. CFIUS가 실제로 어떻게 작동하는지를 보여주는 사례[17]는 다음과 같다.

1980년대 중반 일본제철은 특수 금속분말 합금 제조업체인 앨러게니 테크놀로지스를 인수하려고 했다. 앨러게니 테크놀로지스는 제트엔진 제조업체인 프랫앤휘트니와 GE에 금속분말 제품을 공급하는 업체였다. 일본제철의 목표는 고압 제트엔진과 로켓모터의 중요한 틈새시장인 초합금 사업에 진출하는 것이었다. 하지만 미국 공군은 일본제철의 앨러게니 인수 시도에 반대했다. 앨러게니는 첨단 소재의 2차 공급업체에 불과했지만, 공군은 금속분말 기술이 일본으로 이전되면 해당기술이 세계화되면서 일본이 시장을 지배하게 될것이라고 우려했다. 공군은 핵심 소재를 외국의 공급업체에 의존하는 것에 대하여 강하게 반대했다. 이 거래를 막기 위해 공군은 두 가지 조치를 취했다. 먼저 VADER(Vehicle and Dismount Exploitation Radar)라는 독특한 프로젝트에 사용가능한 고급 금속분말을 개발하기 위해 공군과 앨러게니가 계약을 맺었다는 점을 지적했다. 공군과 앨러게니가 계약적으로 연결되었기 때문에 앨러게니는 단순히 특수 합금을 생산하는 일반 민간회사가 아니라 미국 국방시스템의 일부라고 주장할 수 있었다. 둘째로 당시까지 공개적으로 진행했던 프로그램인 VADER 프로젝트를 비밀 프로젝트로 전환하기로 결정했다. 이로 인해 일본의 구매자들은 궁지에 몰리게 되었다. 그 이유는 일본에는 국가적으로 비밀 시스템이 없었고, 미국과 상호 보안협정을 체결할 수도 없었기 때문이었다.[18] 일본제철은 이러한 상황을 파악한 후 앨러게니 인수를 중단했다.

미국 국방부가 특별히 보호하고 있는 분야는 "저시인성 기술(low observable technology)"이다. 일반적으로는 "스텔스(stealth)" 기술이라고 부르며, 다양한 분야에서 활용될 수 있다. 잠수함은 엔진과 장비의 소음감소, 선체의 반사 방지 코팅을 통해 달성할 수 있는 스텔스 기술의 훌륭한 예이며, 함정들도 레이더, 적외선(IR) 신호와 음향 방사를 최소화 하도록 특별하게 설계되었다. 특히, 항공기는 기존의 레이더에는 보이지 않고, 열 추적 미사일이 엔진 배기구에서 발생하는 열원을 포착하고 추적하는 것을 어렵게 하는 설계에 주안점을 두고 있다. 최초의 스텔스 전투기인 F-117A는 록히드의 "스컹크 웍스(Skunk Works)"라는 개발부서에서 제작되었다. 이 항공기는 1978년에 시작된 비밀 개발 사업이었다. F-117A가 처음 비행한 것은 1983년이었지만, 1988년까지 숨겨졌다가 1991년 걸프전에서 사용되었다. F-117A는 적외선 감지를 최소화하기 위해 엔진의 흡입구와 배출구를 제한했으며, 같은 이유로 항공기에는 애프터버닝 엔진이 없었다.

〈F-117A Nighthawk〉[1)]

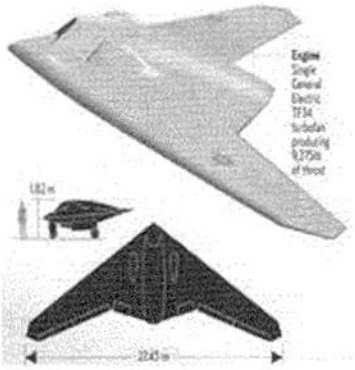

〈RQ-170 개념도〉[2)]

1) https://en.wikipedia.org/wiki/File:F-117_Nighthawk_Front.jpg

2) https://commons.wikimedia.org/wiki/File:RQ-170_from_US_Army_recognition_manual.jpg

더욱이 F-117A에는 레이더가 포함되어 있지 않았고,[19] 표적을 찾아서 제거하기 위해 다른 수단을 사용하였다.[20] F-117A는 아음속 플랫폼이었으며, 록히드는 미국 공군을 위해 59대의 항공기를 - 시험용 항공기를 제외하고 - 제작했다. 1999년 3월 27일, F-117A 한 대가 유고슬라비아에서 SAM 미사일(SA-3로 추정)에 의해 격추되었다. 두 번째 F-117A도 공격을 받은 것일 수도 있지만 어쨌든 미국/연합군의 통제 하에 착륙했다. 추락한 F-117A는 유고슬라비아가 중요한 기술에 접근할 수 있도록 해주었고, 동시에 러시아와도 공유하였다. 언론보도에 따르면 세르비아 방공군은 F-117을 감시해 왔으며, 그들 또는 러시아도 F-117을 지속적으로 추적할 수 있도록 레이더를 조정했다.[21]

이와 유사한 기술이 F-22부터 RQ-170 드론에 이르는 다양한 미국의 항공기 프로그램에 적용되었다. RQ-170 센티널 드론도 록히드 마틴에서 생산한다. 이 드론은 무장 기능이 없는 정찰용 항공기지만, CIA가 귀중한 정보를 수집하는 데 사용할 수 있는 도구이다. 2011년 12월 4일, 이란 북동부의 카셰마르에서 CIA가 운용하는 RQ-170이 이란 공항에 착륙했다. 이란 측 주장에 따르면 드론의 GPS 유도 시스템을 스푸핑(spoofing)한 것은 이란의 사이버전 부대였다고 한다. 이 스푸핑 작업이 완료된 후 드론은 착륙을 위해 방향을 잡았다. 그러나 운용자들은 드론의 랜딩 기어를 내리는 방법을 모르는 상태였기 때문에 강한 동체 착륙을 시도함으로써 기체 하부가 손상되고, 날개 하나가 부러졌다. 부러진 날개는 나중에 이란이 다시 붙였다. RQ-170의 노획은 이란과 그 파트너들에게 즉각적인 이점을 안겨주었다. 이란의 레이더는 드론의 전자적 신호의 특징을 테스트한 후 이란의 영공에 진입하는 드론을 더 쉽게 탐지하도록 조정되었다. 또한 무기체계들도 그러한 드론을 공격하도록 최적화시켰다. 더욱 중요한 것은 플랫폼의 실제 기하학적인 구조와 엔진과 센서를 숨기는 다양한 기술은 이란과 그 파트너들이 드론의 엔지니어링과 설계 규칙을 이해하는 데 도움이 된다는 것이다. 심지어 집에서 만드는 드론 플랫폼에도 이러한 특징을 복제하여 반영할 수 있다. 2014년 5월, 이란은 이미 RQ-170의 복제를 성공했다고 공식적으로 발표했으며, 다양한 파생품들이 목격되고 있다.[22]

RQ-170이 이란에 착륙하기 훨씬 전에 미국 국방부는 "저시인성 위원회(Low Observable Committee)"라는 특별 내부검토위원회를 설치하였고, 미국 국방부의 스텔스 기술 역량에 대해 어떤 것이든 제시할 수 있도록 협력과 협약을 검토하였다. 위원회가 이 작업을 계속해서 추진하는 동안 시간이 지남에 따라 스텔스의 이점들은 점차 잠식되었다. 다른 기술들과 마찬가지로 스텔스에도 "반감기"가 있다. 아무리 최신 기술이라도 시간이 지나면 사람들은 이를 복제하거나 물리치는 방법을 찾아내기 마련이다. 기존의 레이더 없이 항공기를 탐지할 수 있는 Věra라는 시스템이 체코에서 새롭게 개발되었는데, 이는 수동형 무선탐지 시스템이었다. 그 체코 회사는 2006년에 미국의 Rannoch Systems이라는 회사에 인수되었고, 나중에 SRA International에 인수되었다.[23] 보도에 따르면 Věra는 휴대폰 기지국을 포함해 항공기의 그리드 센서 역할을 할 수 있는 다양한 방사체를 활용할 수 있다고 한다. 수동형 시스템이기 때문에 항공기가 방사체의 영역에 침입하면, 이는 신속하게 감지되므로 스텔스 항공기라도 Věra를 피할 수 없다. 이 체코 회사는 중국으로부터 판매 주문을 받았지만 미국의 압력으로 인해 수출이 무산되었다. 미국이 체코 회사를 인수한 것은 미국의 국방부가 Věra 기술의 확산을 막기 위한 조직적인 방어조치로 보인다.

보이지 않는 손

미국의 저시인성 위원회(Low Observable Committee)는 스텔스 기술을 보호하는 임무 뿐만 아니라 미국 국방분야의 개발과 생산

현장에서 활동하는 “보이지 않는 손”의 본보기 역할도 한다. 국방부가 방위산업체에 영향을 미치는 방법은 이 외에도 많다. 우리가 논의한 것처럼 보이지 않는 손 중 일부는 의도적으로 방위산업의 기반을 보호하고, 핵심기술의 유출을 방지하기 위해 노력하고 있다. 그러나 이것들은 비용을 부과하고 시장을 왜곡하기도 한다.[24] 보이지 않는 손의 다양한 기능 중 하나는 실제로 국가안보를 목표로 하는 것이 아니라, 미국 계약자들의 상업적인 이익을 보호하거나 편의를 제공하기 위한 것인지를 구분할 수 있다는 것이다. 폐쇄적인 국방 분야에서 정보를 수집하는 것은 어려운 일이다. 때로는 내부고발자나 불만을 품은 업체 직원이 계약이 어떻게 체결되었고, 누가 어떻게 이익을 얻는지를 제보하기도 한다.

방위산업체 역시 긴 판매 주기와 더 긴 생산 주기에 직면해 있다. 일반적으로 일선에 납품되는 방산물자는 주문 승인을 받는데 최소 2년, 때로는 그보다 더 오랜 시간이 걸리기도 한다. 어떠한 경우에는 주문이 전혀 들어오지 않거나 구매기관이 프로젝트와 자금의 수준을 변경하고, 조달 물량을 줄이기도 한다. 여기에는 개발 주기가 추가 되는데, 제품을 생산할 준비를 한 후 고객의 승인을 받기까지는 불과 몇 년에서 길게는 10~12년까지 걸릴 수 있다. 이렇게 긴 개발 주기는 숙련자들의 관리와 고용환경에도 영향을 미친다. 국방부의 의사 결정권자가 프로젝트를 승인할 때까지 엔지니어들을 몇 년이나 기다리게 하는 것은 숙련된 작업자들과 엔지니어링 팀들의 의욕을 저하시키고 쇠약하게 만든다. 오늘날의 방산물자는 복잡한 상용제품보다 설계 단계부터 제조 단계까지 훨씬 더 오랜 시간을 필요로 한다. 이미 노후화가 시작된 부품으로 제작된 방산제품이 고객에게 납품되는 것은 전혀 이상한 일이 아니다. 또한 방위산업체는 직원들을 엄격하게 통제해야 하므로 프로그램에 투입할 수 있는 인력의 풀이 작아진다. 외국인들이 미국의 첨단기술 산업에 참여하고, 미국 대학의 이공계 학과에서 공부하지만, 대부분의 외국인들은 국방제조 분야에서 일할 수 있는 자격을 따기가 힘들다. 그 결과 방위산업체는 자격을 갖춘 인력을 채용하는 데 종종 어려움을 겪는다. 결국, 이것들은 미국의 방위산업에 대한 규제가 엄격함을 보여준다. 지난 몇 년간의 규제 사례는 미국의 방위산업과 정부 기관들 사이에 매우 밀접한 관계가 있음을 보여주었다.

주요 방위산업체의 인사들은 종종 국방부와 군의 민간관리 부문의 공석을 채우도록 요청받기도 하며, 다른 정부 직위를 채우거나 때로는 의회에서 이런 저런 역할을 수행한다. 또한 국방부에는 방위산업과 싱크탱크의 리더들, 전직 관료들과 기타 영향력 있는 인물들로 구성된 국방과학위원회와 국방정책위원회가 있다. 그들은 국방부 미래정책의 방향을 조정하고, 중대한 취약점을 식별하며, 국가안보에 중요한 신기술과 시스템을 지원하고, 방위산업 인프라와 첨단기술 자산을 보호하는 방법들을 추천하는, 일종의 선망의 대상이 되는 일자리에 투입된다. 이러한 직업은 정부의 “모자”와 업체의 “모자” 사이의 분리가, 말하자면 매우 흐릿한 “회전문”이라고 불린다. 이것이 반드시 나쁜 것일까? 대부분의 전문가들은 이러한 점을 좋게 보지는 않는다. 일부는 그것이 근친상간과 같다고 생각하지만, 실제로는 고도의 경험과 관리기술을 검증받은 업계 지도자들은 국방부와 군대에 기여할 수 있는 부분이 있기 때문에 매우 효과적일 수도 있다. 그리고 이러한 인력채용 방식은 느리고 삐걱거리는 관리 절차를 간소화하고, 꼭 필요한 기술을 선택하며, 다양한 측면에서 개선 사항을 도출하여 정부에 제공하기도 한다.

때로는 기업의 리더들과 국방부 간의 긴밀한 관계가 업계의 지형변화에 영향을 주기도 한다. 가장 유명한 것 중 하나는 "최후의 만찬"이라고 알려진 국방부 장관, 부장관 그리고 주요 방산업체 리더들의 만남이었다. "제2차 세계대전이 끝난 후, 1990년대 초까지 20개 이상의 주요 계약업체가 대부분의 방위사업을 놓고 경쟁했다. 오늘날 국방부는 대부분의 계약을 주로 6개의 업체에 의존하고 있다."라고 도브 잭하임과 론 카다시는 기술했다.[25] 그러나 1993년, 당시 국방장관이었던 레스 애스핀과 부장관이었던 빌 페리는 12명의 방위산업 수장들을 펜타곤의 만찬에 초대했는데, 페리는 현재 이 방에 있는 사람들 중 절반은 5년 안에 사라져서 볼 수 없게 될 것이라고 말했다. 정부는 일부 회사가 폐업하는 것을 지켜볼 준비가 되어 있었다.[26] 이 최고위급 회의에서 국방부의 목표는 방위산업체를 줄이는 것이 아니라 대기업을 늘리는 것임이 분명했다. 이러한 목표를 달성하기 위해 국방부 장관은 기업들 스스로 구조 조정을 할 수 있도록 자금을 지원해야 한다는 것을 알고 있었다. 추가적인 자금을 지원할 경우, 각 회사들은 선별된 소규모의 방산회사를 매입함으로써 - 1993년 국방부의 견해와 같이 - 단일 경영체제로 경제적으로 운영되는 대형 방위산업체가 탄생할 것이라고 보았다.

국방부가 업체 통합을 목표로 대형 방위산업체들에게 현금을 추가적으로 배분할 수 있는 방법은 실비정산 성격의 "원가가산" 계약이었다. 원가가산 계약은 대가와 이익이 모두 사전에 합의되며, 계약자에게 허용 가능한 "모든비용" 즉 사실상 보조금 지급이 가능하다. 원가가산 계약의 작동 방식은 주로 네 가지 유형이 있지만 기본적인 작동 방식은 모두 동일하다. 원가가산 제도는 계약적인 측면에서 큰 혁신이었는데, 정부가 원가와 이익을 모두 보장하므로 실패에 대비한 일종의 보험정책이었고, 방위산업체는 이 제도에 따라 합병과 구조조정 단계에서 허용이 가능한 비용을 보상받을 수 있었다. 분명하게도 원가에 보조금을 더하는 것은 "경쟁력"과 "개방형 시장"으로 연결되는 정상적인 "자본주의적인 발상"으로부터는 한참 벗어난 것이다. 그렇다면 국방부는 왜 주요 방위산업체들에게 사업을 통합하도록 압력을 가했을까? 이러한 통합이 국방 분야의 생산 경쟁력을 향상시키는 이유는 무엇일까? 방위산업을 통합하고, 집중시키는 것이 혁신과 신기술 개발에 있어서 어떤 이점을 가져다줄까?

시장이 승자와 패자를 선택하는 개방형 시장과 달리, 방위산업체를 선택하는 것은 국방부이다. 개방적이고 경쟁적인 시장에서 고객은 어떤 제품을 구매할지, 가격을 얼마나 지불할지, 구매한 제품에 대해 어떤 보증을 요구할지를 결정한다. 예를 들어, 보증 프로그램이 없는 새 차는 매력적이지 않은 반면, 10년 보증이 적용되는 신차는 장기적으로 유지비용이 크게 줄어들기 때문에 판매 측면에서 유리할 수 있다. 대부분의 국방 분야는 고객이 단 한 명이거나 기껏해야 소수이다. 그 고객은 제품이 디자인되기도 전에 가격을 협상하며, 연구개발 비용도 회사가 지불하는 것이 아니라 고객이 지불한다. 그리고 장기적인 보증도 없으며, 무슨 문제가 발생하면 대부분 고객이 비용을 지불한다. 일반적으로 방위산업의 조달은 자격을 갖춘 공급업체 간의 제한된 경쟁 속에서 이루어진다. 가격은 조달 결정에 영향을 미치는 요소 중 하나일 뿐이다. 다른 고려 사항으로는 회사의 과거 실적, 기술혁신 수준, 제품이 구매자가 제안한 설계기준을 충족하는지 여부 등이다. 이러한 "요소"들은 색상이 다른 마커 세트를 사용하여 - 빨간색은 요구사항 미충족, 노란색은 부분충족, 녹색은 완전충족 - 기준 충족여부를 표시한다. 주관적일수도 있지만, 국방부의 의사결정자는 대체로 자신의 선택을 정당화하기 위해 광범위한 서류를 작성한 후, 등급을 측정하기 위한 근거로 활용한다. 조달결정 과정에서 과거에는 발생하지 않았던 점점 더 심각한 사례들이 많이 발생하고 있는데, 방위산업체가 고객을 화나게 하고, 결과적으로 향후 입찰 기회를 박탈당하는 일들도 벌어지고 있다.

1993년 최후의 만찬이 열렸을 때, 미국 국방부는 국방비 감소와 업계의 중복으로 인해 많은 방산업체를 유지하고 지원하는 것이 비효율적이라고 느꼈다. 국방부가 방위산업 인프라를 유지하기 위해 자금을 잘 분배하더라도 성공할 수 없을 것이라는 우려가 많았다. 여기서 말하는 성공은 방위산업체의 파산을 막는 것으로 간주되었다. 만약 이론적으로 소수의 방위산업체를 지원하는 것이 좀 더 용이하더라도, 국방부는 상대적으로 약한 기업이 파산하거나 자산이 매각되는 등 정상적인 자본주의

적 수순을 밟는 것을 보고 싶지 않았다. 그 과정은 불공평하고 예측한 결과와 다를 수도 있으며, 중요한 기술과 노하우를 잃는 것에 대해 걱정이 되었기 때문이다.

최후의 만찬 회의 당시 국방부의 리더들은 전후 체제에서 많은 수의 방위산업체를 대상으로 관리, 마케팅, 판매, 계약, 감사 비용과 엔지니어링 자산을 지원해야 했기 때문에 일종의 프리미엄을 지불하고 있다고 생각했다. 따라서 이론적으로 "통합"은 간접비와 중복성을 상당 수준 줄이는 결과를 가져올 것이며, 정부는 원가가산 접근방식과 주 계약 대기업들이 2차 하도급 업체들은 합병하도록 장려함으로써 비용을 상쇄하려고 했다. 국방부가 주도했던 통합 계획에는 몇 가지 "세부사항"이 빠져 있었다. 특히 대형 조직이 소규모의 조직을 흡수하는 경우, 통합과 구조조정의 결과는 기존의 효과적인 설계 또는 개발팀을 해체하고, 혁신을 방해하기 때문에 또 다른 비용을 초래한다. 이러한 비용은 때로는 조직의 성과나 리더십에 문제가 되지 않는 한 나타나지 않기 때문에 "숨겨진 비용"이라고 할 수 있다. 두 번째는 구매한 상품의 가격에 관한 것이다. 통합 이후 거의 모든 국방 조달품은 가격이 하락한 것이 아니라 상승했다. 2005년, 미국 상원 군사위원회의 증언에서 베른 클라크 해군 작전사령관은 "모든 군대가 직면하는 가장 큰 위험 중 하나는 군용 시스템의 급증하는 조달 비용이다. 이 엄청난 상승비용은 동일한 기간 동안 인플레이션 조정 비용이 비교적 보합세를 보였던 자동차와 같은 다른 자본재와는 상반되는 것이다."라고 언급했다. 클라크 사령관은 1967년 이후 군용 시스템의 놀라운 가격 인상에 – 잠수함 401%, 양륙함정 391%, 항공모함 100% - 주목했다. “최근에는 미국 의회예산국이 1981년부터 함정 건조 부문의 인플레이션을 추적한 결과, GDP 인플레이션 수치의 2% 포인트를 앞섰다는 사실을 발견했다. 이는 2012년 함정 건조 예산의 절반을 1981년 이후 경험하고 있는 상승곡선의 프리미엄에 대한 비용으로 지불하고 있다는 것을 의미한다. 2030년까지 이러한 추세가 계속된다면, 해군은 프리미엄 비용으로 현재 보유 중인 전체 함정의 절반을 구매할 수 있다. 다른 국방부 프로그램에 대한 지출도 비슷한 상황에 처해있다. 국방부가 더 적은 비용을 위해 더 많은 비용을 지불하고 있다는 사실은 부인할 수 없는 추세이다.”[27] 처음에 국방부는 방위산업을 통합하는 이점 중 하나가 가격 인하라고 주장했고, 회계감사원(GAO)도 이에 동의했다. 하지만 무기가격의 상승세가 둔화되었다는 증거는 거의 찾아보기 힘들었고, 경쟁이 줄어들면 가격이 상승한다는 자본주의적 논리를 확실하게 증명해 주었다. 결국 “최후의 만찬”은 당초의 홍보 목적을 달성하지 못했다.

방위산업의 통합을 위한 꽃 봉우리는 떨어졌다. 국방부 획득차관, 국방부 부장관, 국방부 장관을 역임한 애쉬튼 카터와 같은 국방부 최고의 획득전문가는 향후 추가적인 통합은 국방부의 이익에 부합하지 않는다고 생각했다. 어쨌든 이제는 통합할 것들이 별로 남아 있지도 않다. 한 가지 또 다른 주장은 국방 시스템의 비용 상승은 과거보다 훨씬 더 가파르다는 것이다. 그러나 오늘날의 컴퓨터는 과거에 비해 훨씬 더 좋지만 훨씬 더 저렴하다. 비용 상승의 원인 중에 하나는 배치되는 체계의 수가 상대적으로 적다는 것이며, 어떤 점에서는 수량과 성능 사이에 교차점이 발생한다. 수량이 충분하지 않으면 한 번에 한 가지 이상의 과업을 해결하기 힘든데, 그 의미는 하드웨어가 아무리 좋더라도 군사전략적 태세에 부정적인 영향을 끼친다는 것이다. 따라서 국방 시스템의 비용이 통제할 수 없을 정도로 상승하는 한, 미국의 군사전략적 태세에 영향을 미치고 계속 악화될 것이라고 생각할 만한 충분한 근거가 있다. 상용 전자제품은 가격이 하락하고, 성능은 크게 향상되었는데 국방시스템에서 이러한 효과는 여전히 실종 상태이다.

세계화

오늘날의 경제는 세계화되어 있다. 미국은 점점 더 대외무역에 의존하고 있을 뿐만 아니라 미국 시장에 팔기 위한 많은 제품을 해외에서 수입하고 있다. 대부분의 미국회사들은 필요한 자재와 제품들을 해외에서 구매하는데, 만약 제조단가를 낮출 수 있고, 해외시장의 개방이 가능하다면, 대부분의 기업들은 해외 현지생산 방식을 선택할 것이다. 따라서 오늘날 대부분의 미국 자동차 업체는 엔진, 변속기, 전자제품, 타이어, 브레이크, 파워 스티어링 부품, 센서를 브라질, 멕시코, 그리고 중국으로부터 수입하고 있다. 미국의 항공우주기업은 외국 업체를 참여시켜 공동으로 항공기를 생산하기도 하는데, 보잉 787 드림라이너의 경우 독특한 첨단 탄소복합재료로 제작된 동체의 상당 부분은 이탈리아 그로타글리아에서 제작하였으며, 항공기의 날개는 일본에서 제작하였다. 미국과 유럽의 헬리콥터 회사들은 중국에 공동생산 시설을 설립했다. 심지어 외국 자본의 인수합병을 피하기 위해 직원들이 소유한 미국의 위대한 오토바이 회사인 할리 데이비슨도 브라질과 인도에서 제조하고 있다.[28]

그러나 미국의 방위산업은 세계화되어 있지 않다. 미국의 기업들은 해외에서 공동생산과 최종조립 계약을 체결하고 미국 외부에서 부품을 구매하기도 하지만, 대부분의 미국 국방시스템과 부체계는 미국에서 제조된다. 물론 예외도 있기는 한데, 그것들은 상용기성제품(COTS)으로 특히 국방 시스템에 통합되거나 무기 플랫폼을 지원하는 데 사용가능한 전자제품과 컴퓨터들이다.

또한 미국 국방부는 방위산업체가 아닌 역동적인 미국기업들과 협력하는 데 많은 어려움을 겪었다.[29] 자주 거론되는 것은 미국 국방부가 실리콘밸리 기업들이 판매하는 제품들을 구매하는 큰 손님이기는 하지만, 국방부와 실리콘밸리간의 협력은 "부족한 시너지 효과"라는 것이다. 시너지 효과가 역동적이어야 함에도 부족하다는 의미는 실리콘밸리의 도전적인 창업가 또는 기업가적인 시각이 분명히 국방부와는 다르기 때문이다. 또한 국방부의 조달과정이 시간과 비용이 많이 들고 관리하는 데에도 많은 노력이 필요하기 때문에 국방부 조달이라는 수렁에서 "정체"되는 것을 피하기 위한 회사들의 의식적인 결정으로 보인다. 대부분 2년 이상의 조달준비와 새로운 방어시스템을 구축하는 데 걸리는 시간 - 약 7~10년 - 은 실리콘밸리와 같은 첨단기업에서는 감수하기 힘든 기간이다.

기술보호와 영토

기술보호는 영토의 개념에 빗대어 설명할 수 있는데, 기술은 영토 위에서 보관되고, 보호되어야 한다. 우리는 국가의 보물(국보)을 영토 밖으로 공유하지 않는다. 따라서 기술보호는 영토를 감싸는 물가(water's edge)로 정의할 수 있다.

냉전 기간 동안 미국 국방부에는 기술에 대한 두 가지 견해가 있었다. 그 중 하나는 국방부의 연구공학 차관인 리차드 드라우어(Richard DeLauer, 1981-1984)가 강력하게 주장한 것이다.[30] 드라우어가 국방부에 합류하기 전에는 TRW(Thompson Ramo Wooldridge Inc., 미국의 항공우주/자동차부품 제조업체)의 임원이었는데, 특정의 적(소련을 염두)을 이기기 위해서는 더 빨리 달려야 한다는 견해를 가지고 있었으며, 이는 적보다 국방과학기술에 더 많은 투자를 해야 한다는 뜻이었다. 드라우어는 기술을 보호하는 것은 효과가 없고, 보호하는 것도 어려운 일이라고 생각했다. 기업인으로서 드라우어는 업체의 동료들이 기술보호와 관련한 통제를 부담스러워 하고, 동맹국 또는 우호국과의 거래를 차단할 수 있기 때문에 불편함을 느낀다는 사실을 잘 알고 있었으며, 기술봉쇄 자체를 믿지 않았다.

드라우어의 접근 방식과 반대되는 것은 정책차관 프레드 아이클과 그의 직속 부하인 정책차관보 리처드 펄의 접근 방식이었다. 그들의 견해는 소련이 미국과 서구의 기술을 도용하였기 때문에 각종 위협이 촉발되었으며, 소련이 미국의 기술을 훔치고, 미국의 국방시스템을 모방하는 것을 막기 위해서는 엄격한 정책이 필요하다는 것이었다. 아이클과 펄은 당시 국방부 장관이었던 캐스퍼 와인버거와 중앙정보국(CIA) 국장인 윌리엄 케이시의 지지를 받았다. 그럼에도 불구하고 1982년부터 1985년까지 3년간, 관료적 전투로 많은 시간을 허비하였는데, 그 이유는 수출허가와 기술보호를 지휘하는 부서를 통제하려는 국방부 정책실의 시도에 드라우어가 저항했기 때문이다. 결국 1984년 1월 17일, 국방부 정책실은 국방부 지침 2040.2를 공표하면서 승리를 거두었다. 지침의 핵심 조항은 다음과 같다.

국방기술에 대한 국방부의 정책은 기술을 국가안보 목표를 추구하기 위한 고가치의 제한된 자원으로서 취급, 관리, 투자하는 것이다. 이 정책에 부합하기 위해서는 미국의 강력한 방위산업 기반 위에 국제무역의 중요성을 인식하고, 국방부는 합법적인 무역과 과학적 노력에 최소한으로 개입하는 방식으로 수출통제를 시행해야 한다.

따라서 국방부 지침의 구성요소는 다음과 같다.

4.1. 미국의 국가안보 목표와 외교정책에 부합하는 기술, 상품, 서비스, 그리고 군수품의 이전을 관리한다.

4.2. 미국의 안보에 해를 끼칠 수 있는 모든 국가 또는 연합 국가들의 군사적 잠재력에 기여할 수 있는 기술, 상품, 서비스,

그리고 군수품의 수출을 통제한다.

4.3. 특정 국가의 안보 또는 외교정책 목표를 지원하는 기술, 상품, 서비스, 그리고 군수품과 관련된 첨단설계와 제조 노하우를 특정국가 또는 조직으로 이전하는 것을 제한한다.

4.4. 미국과 이해관계가 맞지 않는 국가로의 기술, 제품, 서비스, 무기의 이전을 방지하는 데 효과적으로 협력이 가능한 동맹국 또는 우방국들과만 군사기술의 공유를 촉진한다.

4.5. 적절한 보호장치가 구현되기 전에 군사적으로 유용한 기술이 잠재적인 적에게 전달될 가능성을 방지하기 위해 유망한 첨단기술과 변화하는 기술에 특별한 주의를 기울인다.

4.6. 국제협력의 개선을 통해 국방과 관련된 민감한 기술을 보호하여야 하고, 이를 위해 외국의 기술보호 절차를 강화한다.

4.7. 가치있는 국방관련 기술을 이전하기 전에, 그러한 기술이 상호간에 안전하게 공유될 수 있도록 노력한다.

이 지침은 처음으로 수립된 국방부의 기술보호 정책이다. 이는 제한적이고 가치 있으며, 국가안보 자원으로 간주되는 국방기술을 보호하기 위한 기준을 설정했으며, 기술 수입국이 기술

을 효과적으로 통제할 수 있는 경우에만 기술의 공유가 가능하다고 명시했다. 이는 결국 미국의 안보보호 관행이 동맹국과 우방국에 대한 지침과 표준을 강화하는 정책으로 이어졌다. 따라서 미국의 "기술보호팀"은 기술의 이전이 이루어지기 전에 외국 정부의 통제절차를 검토하고, 이를 검증하게 된다.

〈캐스퍼 와인버거 국방부장관〉[1)]

〈스티븐 브라이엔 DTSA 초대 청장〉[2)]

1) https://commons.wikimedia.org/wiki/File:Caspar_Weinberger_official_photo.jpg
2) 본 책(Technology and Security in the Era of the Military Technology Revolution)의 저자

그러나 2040.2 지침은 국방부 내부의 심각한 조직적인 문제를 해결하지는 못했다. 당시 이 지침은 국방부의 연구공학국(DDR&E)에서 수출허가를 통제하는 것으로 공표되었다. 그러나 정책차관 아이클과 다른 사람들은 연구공학국이 "정책협정"과 수출된 기술과 시스템을 보호하기 위한 "안전장치" 없이 수출을 허가하고 있다는 사실을 쉽게 알 수 있었다. 결국 1985년, 캐스퍼 와인버거 국방부장관은 국방기술보안청(DTSA) - 방산기술보

호본부로도 알려져 있다. - 창설을 합의하면서 조직적인 문제가 해결됐다. 알려진 바와 같이 DTSA는 미국 국방부의 정책과 조달 분야를 모두 수용하기 위해 설립되었다. 국방부 차관급을 수장으로 일상적인 운영 책임을 갖고 있었으며, 차선임자는 연구공학국에서 선출하였다. 일반적으로 연구공학국은 공학 분야에 재능이 있는 인재를 DTSA에 제공하였으며, 이들은 주로 기술적인 문제에 집중하였다.

DTSA는 군수품을 통제하는 ITAR 품목과 상업용 이중용도 기술에 대한 국방부의 수출허가 활동을 신속하게 관리하고 조정했다. 또한 국방부의 기술보호 활동을 상당 부분 조직할 수 있었고, 국제협상, 특히 COCOM(Coordinating Committee for Multinational Export Controls, 대공산권수출조정위원회)에서도 중요한 역할을 했다. 개청 후 DTSA의 활동이 최고조에 달했을 때 직원 수는 약 150명 - 현재는 약 190명 - 정도였으며, 정책전문가, 엔지니어, 이에 더하여 전문지식을 제공하는 해군 예비군 그룹으로 구성되었다. 국방부가 기술보호 위협과 씨름하고 있는 가운데, DTSA는 오늘날 수출을 결정하는 중요한 구성원으로서 그 역할을 다하고 있다.

영토 너머의 기술보호

DTSA의 성공적인 역할에도 불구하고 세계적인 경제변화와 미국 산업의 세계화로 인해 DTSA의 임무는 많은 어려움에 직면하고 있다. 특히, 사이버 스파이활동이 방위산업체와 프로그램들을 표적으로 삼아 성공을 거두고 있고, 이러한 시도가 지속적으로 성공할 경우에는 더더욱 그럴 것이다.

미국의 국방비 감소는 방위산업체가 생존을 유지하고, 생산라인을 계속 가동하기 위해 해외 판매를 모색해야 함을 의미한다. 특히 초기에 항공우주분야 수출이 성공했음에도 불구하고, 오늘날 미국 군수품의 수출 경쟁력은 점점 약해지고 있다. 제2차 세계대전 이후 미국 최고의 베스트셀러는 F-16이다. 1976년 이래로 미국은 전 세계적으로 4,600대 이상의 F-16을 판매했다. 이정도의 판매량은 다시는 반복되지 않을 것이다. 미국의 F-35와 같이 값비싼 구매 비용은 수출 목표치에 도달하는 것을 방해할 것이며, 많은 국가들은 좀 더 경제적이고 저렴한 대안을 찾을 것이다. 이럴 경우 F-35가 다른 기종에 추월당할 수도 있다는 것을 의미한다. 러시아와 중국이 F-35와 경쟁이 가능하면서도 훨씬 저렴한 기종을 개발하는 것은, 인도(India)를 포함한 여러 방산시장에서 판매량을 역전시키고자 하는 도전으로도 볼 수 있다. 러시아와 중국으로부터 항공기를 획득하는 것은 필연적으로 국제관계를 변화시키고, 안보시스템을 유지하는 방법에 영향을 미칠 것이다. 쉽게 말해 미국의 우방국이라고 간주되던 국가가 갑자기 러시아 스텔스 전투기를 구입한다면, 미국은 이 국가를 보호범위 밖에 있는 것으로 생각할 것이며, 독립적인 행위자로 간주할 것이다. 동맹의 변화는 방산장비의 구매 또는 구매를 강요하고 밀어붙이는 일종의 음양과정 속에서도 일어날 수 있다. 미군의 군함건조는 거의 사라졌고, 시장의 유일한 희망은 연안전투함(LCS)의 해외 판매뿐이다. 그러나 연안전투함의 가격이 오르면 해외판매도 어려워진다. 그 이유는 더 저렴하고, 실용적이며, 민첩한 대안을 제시하는 이탈리아, 프랑스, 독일, 러시아의 조선업체들이 경쟁에서 선전하고 있기 때문이다. 한편, 미국의 잠수함은 모두 원자력으로 구동되기 때문에 수출을 하지 않는다. 1960년대 초 Guppy II 급이 단종된 이후 미국에서는 더 이상 디젤 전기 잠수함을 생산하지 않았으며, 핵잠수함은 국가안보상의 이유로 수출하지 않을 것이다.[31]

미국의 방산수출은 때로는 소위 우대 고객들에게 차관과 보조금을 제공함으로써 증대시키기도 한다. 이집트와 이스라엘을 대상으로 시행했던 해외군사원조는 미국으로부터 무기를 구매하도록 수십억 달러를 지불하도록 하였다. 그렇지만 미국의 무기 수출업체들은 네 가지 문제에 직면하고 있다. 기술이전의 제한, 무기시스템의 가격, 유럽과 이스라엘에 의한 경쟁의 심화와 인도와 러시아[32]의 시장진입, 마지막으로 미국의 안보우산이 힘을 잃고 있는것이다.

결론

미국의 국방예산이 감소하고 방산시장의 국제경쟁이 심화되면서 방위산업체들은 분명 "고난"의 시기를 겪고 있다. 무기구매에 사용되는 달러를 기준으로 추산할 때 미국은 여전히 세계 최대의 무기 수출국이지만 오늘날 그 달러로 구매할 수 있는 것은 생각보다 많지 않다. 미국은 국방협력 분야에 수많은 장벽을 세웠기 때문에 저렴한 가격을 제시하는 생산업체에게 시장을 빼앗길 위험이 있다.

물론 미국은 국제적으로 안보붕괴의 위험을 감내하고 신뢰를 회복하기 위해 해야 할 일이 많다. 동시에 어떻게 효율적이고 비용 친화적으로 무기조달을 할 수 있는지 중대한 결정을 내려야 한다. 그러나 다행스럽게도 미국은 여전히 국방시스템 분야와 정밀타격무기 분야의 선두주자이다. 미국에게 남겨진 운명의 과제는 기술이 확산되어도 어떻게 선두를 유지할 수 있을 것인가이다.

제11장

세계화 시대의 기술보호와 새로운 접근

A New Approach to Technology Security in a Globalized World

제11장

세계화 시대의 기술보호와 새로운 접근
(A New Approach to Technology Security in a Globalized World)

"수천 명의 해외 중국 유학생들이 고국으로 돌아오면,
중국이 어떻게 변모할지 알게 될 것이다."
- 덩샤오핑(Deng Xiaoping) -

미국의 군사력은 세계 최고이며, 여전히 기술 분야를 선도하고 있다. 실리콘밸리는 혁신적인 제품으로 세계시장을 선도하며 계속해서 번창하고 있다. 의료기술은 대우 정교해졌으며, 심지어 자동차들도 점점 더 똑똑해지고, 스스로 운전하는 법을 배우고 있다. 기술보호의 전제는 기술은 보호받아 마땅한 국가의 자산이라는 것이다. 기술보호를 통해 미국은 더욱 강력하게 유지될 수 있으며, 균열되고 파편화된 세계로부터 다가오는 위험을 잘 대비할 수 있게 될 것이다. 그러나 기술보호는 미국의 산업계와 정부에서 차지하는 우선순위가 낮은 편이다. 산업계는 가능한 정부의 통제를 원하지 않으며, 수출통제를 비지니스에 도움이 되지 않는 장벽으로 여긴다. “안보”마저도 수익이라는 최종 결과물로부터 일정 부분을 빼앗아가는 비용부담으로 생각하는 것이다. 떠오르는 “Young Smart”기업은 경쟁사보다 빠르게 움직이고, 기술과 마케팅을 활용하여 매출과 수익을 창출하려고 한다. 시장을 장악하고 있는 “성숙한 스마트” 기업은 지식재산권을 이용해 경쟁사를 차단한다. 동시에 미국 정부는 선도적인 기술을 보유한 기업이 성공하기를 원한다. 마이크로소프트, 보잉, Cisco, IBM 등의 기업이 성공하면 경제에도 좋고, 미국인들을 위한 일자리도 창출된다. 미국의 기업들이 여전히 세계의 기술시장의 상당 부분을 장악하고 있지만, 몇 가지 심각한 문제도 있다. 애플과 삼성은 이를 흥미롭게 보여준다.

애플은 오늘날 스마트폰으로 더욱 유명한 선구적인 컴퓨터 회사이다. 애플은 2023년 3,830억 달러라는 엄청난 매출과 970억 달러의 수익을 창출했다. 애플은 미국에서 161,000명을 고용하고 있으며, 간접적으로 10배 더 많은 일자리를 창출하고 있다고 주장한다.[1] 그러나 애플 제조의 대부분은 미국이 아닌 해외에서 이루어진다. 미국에서 아이폰을 생산하는데 드는 인건비와 간접비는 65달러 이상인데 비해 중국은 1/8 수준이다. 아이폰에 들어가는 대부분의 부품은 중국의 업체에서 생산하는데, 중국은 저렴하지만 우수한 생산 엔지니어와 기술자를 제공한다.[2] 애플이 거두어들이는 이익의 대부분은 미국으로 돌아가 추가적인 투자를 촉진한다. 애플은 주식시장에서 2023년 기준 시가총액으로 2조 9,994억 달러에 달하는 가장 강한 기업 중 하나이며, 기업 가치가 1조 7,560억 달러에 달하는 가까운 경쟁자인 Google과도 비교된다.

삼성은 한국에 본사를 두고, 많은 제품을 한국과 중국에서 생산하고 있으며, 의류부터 TV, 선박, 반도체까지 모든 제품을 생산한다. 2023년 기준 삼성그룹은 한국에서 274,163명의 직원을 고용하고 있고, 매출은 3,061억 달러이다. 애플이 중국의 폭스콘과 생산 계약을 맺는 것과 달리 삼성은 대부분의 제품을 자체적으로 생산한다. 폭스콘은 대만이 통제하는 중국의 제조 그룹인 홍하이 정밀공업 유한공사가 소유하고 있으며 매출은 1,983억 달러이다. 두 회사는 각각 미국과 한국의 국가 자산이다. 그러나 애플은 제조를 제3자에게 의존한다는 점에서 삼성과 큰 차이가 있다.

애플의 지지자들은 애플은 주로 디자인과 개발에 집중하는 업체이고, 저가의 제조 분야는 다른 곳에 둔다는 사실을 지적한다. 이는 대체로 사실이지만, 외부개발 조직을 도입하기 시작했다는 사실도 확인되었다. 예를 들면, 이스라엘의 3개의 연구개발(R&D) 회사를 - Herzlia의 플래시 메모리 개발 회사 Anobit, Haifa의 R&D 센터, Ra'anana Industrial Zone에 속했던 Texas Instruments 관련회사 - 인수한 것인데, 적극적인 연구개발을 위해 더 많은 외국기업들을 인수할 것으로 예상된다. 궁극적으로 애플의 미래는 미국과 해외의 R&D 회사를 관리함으로써 새로운 아이디어와 디자인을 창조하게 될 것이며, 시간이 지남에 따라 애플의 기술은 실리콘밸리에 집중되지 않고 전 세계적으로 분산될 것이다.

애플의 사례는 다른 많은 기업, 심지어 보잉과 같은 선도적인 항공우주 기업들에게도 해당된다. 지난 30년 동안 보잉은 전 세계에 항공기를 판매하기 위하여 유럽의 에어버스 인더스트리와 매우 치열한 경쟁을 벌여왔다. 에어버스는 프랑스 툴루즈에 본사를 두고 있는 유럽 최고의 항공우주 회사이다. 보잉은 에어버스의 글로벌 시장 진출에 맞서기 위해 두 가지 도박을 했다. 하나는 최초로 기체 대부분을 탄소복합 재료를 사용한 상업용 항공기인 "Dreamliner 787"를 개발한 것이며, 제조의 상당부분은 다른 회사에 아웃소싱을 했다.

〈탄소복합 재료를 사용한 Dreamliner 787의 동체〉
https://commons.wikimedia.org/wiki/File:787fuselage.jpg

보잉은 787을 경쟁사에 비해 더 효율적으로 만들기 위해 탄소복합 동체와 날개를 사용하기로 결정했다. 일부 추정에 따르면 연료 소모량으로 측정된 성능 개선치는 25%이지만, 10% 수준의 절감 효과도 항공사들에게는 매력적인 옵션이다. 또한 재설계 수준의 접근으로 다른 개선사항도 얻게 되었다. 한 가지 주목할 점은 항공기의 내부 환경이 일반적인 가정집 수준의 수분 함량과 공기 흐름으로 바뀌었다는 것이다. 더 나은 실내 환경은 비행을 더욱 즐겁게 만들어줄 뿐만 아니라, 비행 후 승객을 종종 아프게 만드는 미생물과 세균의 전염을 줄여준다.[3]

전체 복합동체의 주요 부분은 이탈리아 그로타글리아에서 제작된 후, 보잉 747을 개조한 특수 "드림리프터" 항공기를 통해 사우스캐롤라이나로 운송되었다. 운송된 동체 부분은 사우스캐롤라이나에서 제작된 전방동체와 짝을 이루고, 배관이 장착된 이후 결합된 구조물은 다시 드림리프터의 뒤에 실려 시애틀로 날아간다. 한편, 787의 날개는 일본에서 생산되며, 다른 많은 부품도 프랑스, 이탈리아, 한국, 스웨덴과 인도에서 생산된다. 전체적으로 보잉 787의 약 70%가 아웃소싱 된다.

하지만, 보잉의 아웃소싱에도 문제가 없지는 않았다. 아웃소싱에는 새로운 형태의 관리와 감독이 필요한데, 보잉은 787에 필요한 부품을 확보하는 데 필요한 감독 업무의 양을 예상하지 못했다. 보잉이 아웃소싱에 나선 것은 구매국들이 상업용 제트기를 구매하는 조건으로 항공기생산 분담이나 그에 상응하는 자국산 부품을 사용하는 등의 상계를 요구하였기 때문이다. 에어버스가 유럽 밖으로 생산이전을 거부한 반면, 보잉은 787 사업 이전에도 이미 해외에서 일정 부분 생산을 하고 있었다. 787 사업은 해외로 진출한 가장 진보된 사업이었기 때문에 새 비행기와 함께 큰 도약을 할 수 있었다.

기술과 노하우는 최근 어느 때보다도 전 세계적으로 분산되어 있다. 이것은 큰 그림에서 볼 때, 미국이 기술 리더십을 유지하는 데 문제를 야기한다. 좋든 싫든 간에 이미 일어났으며, 앞으로도 일어날 기술의 세계화가 후퇴할 가능성은 거의 없다고 봐야한다. 우리가 대답해야 할 가장 중요한 질문 중 하나는 세계화가 어디에서 의미가 있으며, 어디에서 국가안보에 문제가 발생하는 지이다. 많은 정책 입안자들은 중국에 대해 우려하고 있다. 중국은 정치와 산업강국으로 성장하고 있으며, 중국의 성장과 함께 세력균형에도 변화가 일어나고 있다. 중국의 군비투자는 여전히 미국보다는 낮지만, 무기를 업그레이드하고, 새로운 무기를 도입하고 있다. 중국과 미국 사이에는 중요한 전략적 차이가 있다. 중국은 핵무기나 장거리 로켓과 같이 초강대국들이 가지는 일부 과시적인 요소가 있음에도 불구하고, "역내 강대국"이 되는 것을 목표로 꾸준히 노력하고 있다. 반면에 미국은 안정적인 글로벌 시장에 의존하면서 경제적 안녕에 따라 좌우되는 "글로벌 강국"이다.[4]

역내에서 중국의 힘이 점점 커지고 있는 것이 감지되는 상황에서 일본은 이러한 힘의 정치를 상대로 그들의 접근방식을 바꾸기 시작했다. 일본 정부는 처음으로 일본산 군사장비를 외국에 판매하는 것을 허용했는데, 이는 자국의 군수산업을 성장시키는 데 필요한 조치라고 인식했기 때문이다.[5] 일본은 또한 자위대를 개편하고 강화하는 작업을 시작하고 있다. 필리핀 외무장관 알베르 델 로사리오는 중국을 견제하고 세력균형을 맞추기 위한 일본의 재무장 프로그램을 환영했으나,[6] 중국은 일본의 행동을 "경악스럽다"고 표현했다.[7] 대만은 또한 중국의 군사력 증강에 대해 우려하고 있다. 대만을 위협하는 중국의 중거리 탄도 미사일 수천 발과 대만의 수호자인 미국을 견제하려는 중국 해군과 공군력의 성장은 심히 우려할 만하다.

1995년과 1996년에는 일련의 사건들로 인해 중국과 대만 사이에 실제 발포까지 하는 전쟁이 일어날 뻔 했다. 1995년 7월 21일부터 7월 26일까지 중국은 대만해협을 폐쇄하는 미사일발사 시험을 실시했다. 중국은 남동부, 대만해협 인근의 푸젠성에서 "군사연습"을 목적으로 군대를 동원했다. 8월 15일부터 8월 25일까지 중국은 또 다른 미사일을 발사했고, 11월에는 대만 또는 대만 인근 열도를 대상으로 "모의" 상륙 군사훈련을 실시했다. 양안의 긴장이 고조되자 당시 클린턴 대통령은 마지못해 2개의 항모전투단을 대만해협 인근에 투입했다. 중국은 대결에서 물러났다.

중국의 미사일 발사와 군사훈련, 특히 "연습"이 실제 공격으로 빠르게 전환될 수 있다는 위협의 교훈은 모든 사람들에게 각인되었다. 대만인들은 외부의 도움 없이는 중국에 맞서 싸울 능력이 부족하다는 것을 깨달았고, 미국은 중국의 행동을 진정시키기 위해서는 확실한 군사적 조치가 필요하다는 것을 알게 되었다. 그리고 중국은 "연습"을 실제 대만을 공격하기 위한 상황으로 전환하기 위해서는 미국 함대의 위협을 무력화 시켜야 한다는 것을 배웠다. 따라서 1996년 이후 중국은 미국의 항공모함을 공격할 수 있는 새로운 무기를 개발했다. 그 중에는 사거리가 1,500km인 DF(Dong Feng, 東風)-21D 대함 탄도미사일(항모 킬러(carrier killer))이 있다. DF-21D가 실제로 얼마나 효과적인지는 아직 확실하지 않지만, 중국의 고비사막에서 실시한 시험에서 DF21-D은 모형 항공모함을 "파괴"한 것으로 알려졌다.[8]

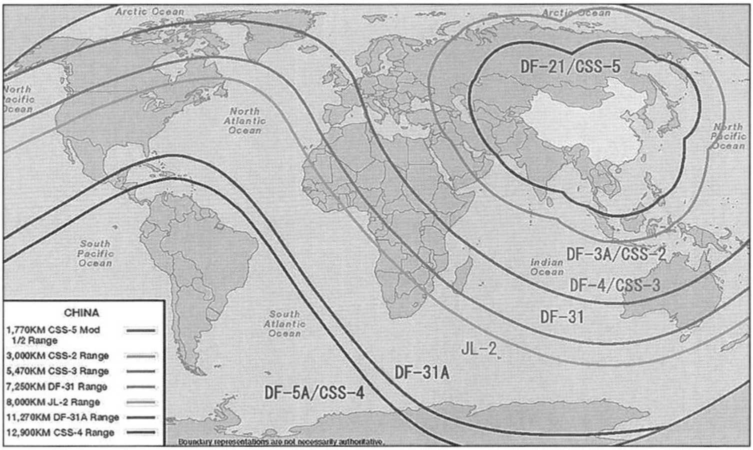

〈중국의 탄도미사일 사거리〉
https://commons.wikimedia.org/wiki/File:PLA_ballistic_missiles_range.jpg

이에 대만은 중국 본토에서 날아오는 미사일에 대응할 수 있는 방어수단을 갖기 위해 미국에 도움을 요청했다. 대만은 세 가지 주요 요구사항을 제시 했다. "미사일 방어시스템", 중국의 미사일 기지를 공격하고, 해군의 침공으로부터 섬을 보호할 수 있는 "공대지 공격이 가능한 F-16(F-16D)", 중국의 잠수함과 대형 수상전투함을 공격하고 파괴할 수 있는 "첨단 잠수함"이다. 미국은 대만에 미사일 방어시스템은 제공하기로 합의했지만, F-16D

에 대한 요청은 거절 - 참고로 2024년에 대만의 F-16A/B를 F-16V로 성능개량 완료 - 했다. 잠수함 문제는 금방 해결되지 않았지만 오랜 시간 테이블 위에 놓여 있었고, 2022년이 되어서야 대만은 첫 자국산 잠수함인 "하이쿤(海鯤, 일각고래)"을 - 전투시스템과 어뢰 등은 미국의 록히드마틴의 것으로 추정 - 진수할 수 있었다.

그러나 이상하게도 미국은 항공모함 함대를 감축할 계획을 발표하였다. 당시 운용 중인 항공모함 11척 중 1척을 감축하고, 전체 함대의 체류 시간을 대폭 단축할 예정이었다. 각 항모전투단은 36개월 주기로 배치되는데, 배치기간을 14개월에서 8개월로 단축한다는 것이 주요 내용이었다. 또한 항공모함을 11개에서 8개로 추가로 줄이는 등 강도 높은 감축계획도 갖고 있었다. 이러한 배치 시기와 항모 수의 변화는 긴축재정 조치의 일환이라고 하지만, 세계 곳곳에 미치는 영향력은 상당하다. 이것은 중국에게 대만해협 근처 어느 곳에서도 미국이 하나 이상의 항공모함 전력을 배치하는 것이 거의 불가능하다는 신호를 주는 것이다. 또한 태평양에서의 미국의 억지력을 크게 감소시키며, 일본, 한국 등 다른 국가들에게도 큰 걱정거리가 아닐 수 없다.

미국의 의회는 이러한 항공모함 함대의 감축계획과 변경된 작전 시나리오에 대해 불만을 표시했다. 의회의 조치에 따라 함대의 규모를 축소하는 것을 막을 수 있을지는 몰라도 국방부가 주둔 시간을 단축하려는 것을 중단시키는 것은 거의 불가능하다. 따라서 중국과 대만의 대결이 또 다시 벌어진다면, 그 결과는 훨씬 더 불확실해질 것이다.

월마트(Walmart) 대사와 K-마트 장군

2001년 4월 1일, 미국의 EP-3E 터보프롭 신호정보기가 중국의 왕웨이 대위가 조종하는 J-8 Ⅱ 전투기와 충돌했다. 왕웨이는 미국 EP-3E에 두 번의 근접 비행을 실행했고, 세 번째 접근에서 그의 비행기는 EP-3E에 충돌하여 손상을 입었다. J-8 Ⅱ는 분해되고, 왕웨이는 사망했다. EP-3E도 상당한 피해를 입었고, 급강하하여 하이난 섬의 링수이 비행장에 무단으로 착륙했다. EP-3E는 링수이 관제탑에 15번의 국제 조난신호를 송출했지만 어떠한 응답도 받지 못했다. 미국과 중국의 정치적 위기가 전개되는 가운데 EP-3E와 승무원 24명(남성 21명, 여성 3명)이 10일 동안 하이난에서 억류됐다.

〈미국 EP-3E〉[1)]

〈중국 J-8 Ⅱ〉[2)]

1) https://commons.wikimedia.org/wiki/File:LockheedEP-3E_VQ-1_2001-2009-29-03.jpg
2) https://commons.wikimedia.org/wiki/File:KampfflugzeugF-8China-2009-01-04.jpg

EP-3E는 최첨단 전자감시 장비를 갖춘 정찰기이다. 이러한 항공기는 일반적으로 전술적인 군사통신을 감청하고, 군 레이더와 대공방어 시스템을 조사하며, 미사일과 기타 방어자산의 배치 위치를 추적하는 데 사용된다. 정기적으로 실시하는 정찰비행 임무는 미국이나 우방국을 위협할 수 있는 활동이 진행 중인지 미국 국방부와 CIA에게 알려주기도 한다. 일반적으로 EP-3E의 비행은 중국의 항공기들이 추적하기가 어려웠다. 그 이유는 주로 공해상에서 운용되기 때문인데, 중국은 추락한 EP-3E가 국제해양법에 따라 보장된 자국의 경제수역을 침해했다고 주장했다. 하지만 미국은 이를 받아들이거나 인정하지 않았다. 사실 왕웨이가 EP-3E 근처에서 "윙윙"거리는 소리가 들릴 정도로 공격적인 비행을 할 예정이었다면, 누가 그에게 그러한 권한을 부여했고, 그 이유가 무엇인지는 알 수 없었다. 일단 왕웨이의 비행 때문에 중국의 "체면"이 깎이게 되자 중국의 지도자들이나 공군은 모두 눈을 깜박이는 것조차 힘들었다.

승무원들이 억류되었던 10일은 매우 긴박한 기간이었다. 미국의 소식통들은 중국 정부가 실제로 중국 공군의 계획을 제대로 파악하지 못했다는 사실을 분명하게 알 수 있었다. 중국의 민간 지도자들의 눈에는 비행기에 대한 공격이 악의적인 작전이었거나, 확실히 놀라운 사건임이 분명했다. 그럼에도 불구하고 중국은 승무원이나 비행기를 내줄 용의가 전혀 없었다. 하지만 중국이 모든 카드를 쥐고 있었던 것은 아니었는데, 예상치 못한 곳에서 부정적인 반응이 나오기 시작했다. 미국 소매업체들이 중국산 제품의 판매를 중단한 것이다. 1995년 최고의 대형매장(Big Box)은 "월마트"와 "K-마트"였다. 이 두 곳의 매장과 다른 많은 소매점들은 진열대에서 중국산 제품을 치웠는데, 이는 중국의 지도자들에게 보내는 메시지였다. 이제 중국의 선택은 미국과의 대결로 경제적인 타격을 입거나 미국과 협상에 임하는 것이었다. 이러한 상황은 협상을 부드럽게 만들어주었고, "두 건의 유감(two sorries)"이라는 제목의 서한으로 중국의 지도자들에게 발송되었다. 주중 미국대사의 서명으로 발송된 이 서한은 조종사 왕웨이의 가족들에게 위로의 마음을 전하고, 미국의 정찰기가 하이난에 무단으로 비상착륙을 함으로써 중국 영공을 침범한 것에 대한 안타까움을 표현했다. 이 사건의 진정한 승자는 월마트 대사와 K-마트 장군인 것 같다.

물론 오늘날 중국은 대형매장 뿐만 아니라 인터넷을 통해서도 제품을 판매한다. 비슷한 사건이 발생했을 때, Amazon 원수나 eBay 사령관이 동일하게 대응할지는 알 수 없다. 하지만 확실한 것은 하이난 사건으로 인해 미국 대중이 EP-3E 승무원들에 대한 처우에 분노했고, 소매점들은 그 대중들의 메시지를 이해한 후 적절한 조치를 취했기 때문에 해결되었다는 점이다. 하이난 사건은 미국과 중국의 경제적 상호의존성과 위기 상쇄의 가치를 조명해준다. 물론 중국은 미국에 대한 무역 의존도를 염두하고 있다. 마찬가지로 중국이 한국, 일본, 대만등 미국의 우방국들을 상대로 하는 그 어떤 행동도 저지할 수 있을까?

전환점

의회가 승인한 초당파 패널인 미국-중국 경제안보심의위원회는 태평양에서의 세력균형의 판도가 이미 바뀌었다고 보고 있다. 위원회는 "중국의 급속한 군사현대화는 일본과 인도와 같은 인근의 국가들과 안보경쟁을 통해 불안정을 유발하고 대만, 한반도, 동중국해, 남중국해와 같은 분쟁지역의 상황을 악화시키는 방식으로 아시아 태평양에서의 군사적 세력균형을 재편하려 하고 있다"고 밝혔다.[9] 냉전이 끝난 후 세력균형의 중요성은 많이 사라졌다. 많은 사람들은 미국과 소련 간의 경쟁을 더 이상 중요하게 생각하지 않으며, 러시아는 재래식 전력과 전략적 전력을 모두 개선하기 위해 노력했음에도 그 능력은 예전에 비해 크게 떨어졌다. NATO는 군사적 대비 태세를 대폭 축소하고, 군사장비와 병력 규모를 감축하였으며, 불필요한 전차와 장갑차를 매각하고, 예상치 못한 위협이나 분쟁에도 더 이상 대비하지 않았다. 독일은 오랫동안 분단되었다가 하나의 통일국가가 되었고, 옛 바르샤바 조약의 국가들은 현재 러시아를 제외하고 모두 NATO에 가입되어 있다.

오늘날의 유럽과 러시아는 냉전시대보다 훨씬 더 복잡하게 뒤얽혀 있다. 석유, 천연가스, 원자재 판매가 많은 비중을 차지하는 러시아의 경제는 서유럽에 많이 의존하고 있다. 러시아의 지도자들은 소련이 붕괴한 이후 발생한 손실을 일부 만회하려고 노력하면서도, NATO의 확장에 맞서야 하는 과제에 대해서는 우선 순위를 낮게 두었다. 우크라이나, 조지아, 심지어 일부 발트해 공화국과 달리 서유럽에는 "구원"이 필요한 러시아의 해외 동포들이 없었으며, 어떠한 분쟁이 발생하더라도 이에 대응하고자하는 중요한 이념적 동기도 부족했기 때문이다.

하지만 이러한 모든 낙관론은 푸틴이 크림반도와 도네츠크 지역의 친 모스크바 세력에게 각종 무기와 정보를 지원하였고,

결국 우크라이나와 전쟁을 시작하면서 무너졌다. 이는 폴란드와 주변 국가들로 하여금 러시아의 적극적인 공격성에 대한 경각심을 불러일으켰다. 하지만 침략이 발생하더라도 NATO에 도움을 요청하는 것은 과거에 비해 확실한 방법으로 보이지는 않는다. 일반적으로 NATO 동맹은 회원국들 중에 누구라도 위험에 빠졌을 경우 그 국가를 돕도록 강제하는 것이 아니라, 단지 회원국들에게 어떠한 지원과 도움을 줄 수 있을지를 고민하기 때문이다. 만약 회원국이 거부하면 NATO는 움직일 수 없다. 튀르키예를 대표로 일부 NATO 회원국은 푸틴 대통령에게 도전하는 NATO의 결정을 쉽게 지지하기 어려울 것으로 보인다.

소련의 붕괴 이후 중국에 대한 우려는 최소화되었다. 대부분이 정치적으로 임명된 국방부의 기획가들은 중국이 미국에 비해 군사적으로 20년 정도 뒤처져 있다는 견해를 갖고 있었다. 미국 국방부의 공식적인 견해에 따르면, 중국의 군사적 성장과 현대화는 단지 중국의 경제성장이 반영되었을 뿐이며, 중국은 공격적인 세력이 아니고 책임감 있는 국제적인 행위자라고 말하기도 했다.[10] 언론과 행정부가 "균형잡힌 견해"로 간주했던 미국 국방부의 "중국보고서"의 의도는 중국의 지도자들을 적대시하는 것을 피하는 것이었다. 실제로 미국 국방부는 중국에 "투명성"을 계속해서 요구하고 있다.

힘의 균형을 평가할 때 군사태세는 매우 중요하다. CSIS (Center for Security and International Studies)의 의장이자 전 국방부 차관인 존 햄리가 이끄는 팀이 준비한 "독립적인" 평가는 다음과 같다.

현재 미군의 군사태세는 동북아, 한국, 일본 쪽으로 크게 기울어져 있으며, 특히 한반도, 동해와 대만해협에서 발생하는 분쟁의 위협을 억제하는 데 중점을 두고 있다. 그러나 최근 남중국해와 태평양 지역의 섬들 인근에서 중국의 활발한 활동을 볼 수 있듯이 남아시아와 동남아시아 지역에서 중국의 지분은 가파르게 상승하고 있다. 이러한 상황에서 미국의 성공을 보장하기 위해서는 "전략적 재균형"을 통해 해당 지역에서 더 많은 역할을 수행하여야 하며, 동시에 동북아지역의 주요 동맹국들과 협력하면서 새롭게 부상하는 반접근 및 지역 거부 위협에 대한 억제능력을 강화하여야 한다.11

그러나 미국 국방부는 남중국해에서 미국의 전력을 강화할 수 있는 자원이 부족하고, 군사기지도 부족하며, 아시아 파트너들로부터도 제한된 협력을 받고 있다. 미국이 아시아의 안보를 위해 비용을 부담하고, 장비와 인력을 제공할 것이라는 단순한 생각은 이제 더 이상 유효하지 않다. 미국의 예산은 크게 줄어들었고, 부족한 자원을 지출하거나 아시아 국가를 대신하여 미군의 생명을 희생하려는 미국인들의 공감과 의지도 예전같지 않기 때문이다. 이 지역에서 미국의 힘에 중국이 도전하기에는 아직은 부족한 점이 있다. 그러나 미국은 중국이 침략하지 않도록 설득할 수 있을 만큼 충분한 힘을 길러야 하며, 첨단기술을 활용할 수 있어야 한다. 중국은 기술력과 관련하여 다음을 갖추어야 한다.

① 정교한 제품을 생산하기 위한 상업적 산업기지
② 군수장비를 생산하는 군수산업 기지
③ 즉시 제품화 할 수 있을 정도의 설계정보에 대한 접근
④ 복잡한 작업을 지원할 수 있는 충분한 엔지니어링 자원

중국은 이미 미국을 비롯한 서유럽, 일본, 한국의 기여와 이들로부터 수입한 기술로 조성된 대규모의 민간산업 인프라를 보유하고 있다. 이제 중국의 기업들은 경쟁력 있는 제품을 해외시장에 선보이며, 독자적으로 시장에 진출하고 있다. 중국의 산업성장이 이제 정점에 도달했거나 적어도 정체상태에 이르렀고, 제조환경도 변화하기 시작했다고 생각하는 사람들도 있다. Caterpillar, GE, Ford와 같은 일부 미국의 기업들은 제조 분야를 미국으로 다시 이전하고 있으며, 일부 전자제품 회사들도 생산을 다각화하거나 다시 미국으로 이전하고 있다. 그 이유는 자동화 작업이 수작업을 대체하면서 해외에서 작업을 지원하고, 감독하는 것보다 비용적인 면에서 큰 이점이 발생했기 때문이다. 게다가 인공지능, 로봇공학, 3D 프린팅을 기반으로 하는 새로운 생산기술의 시대가 다가왔고, 한때 제조와 기술 노하우를 중국으로 이전한 것에 대한 장점이 그리 많지 않다는 것을 깨닫게 된 것이다. 중국은 또한 내부적인 혼란과 노동자들의 불안조짐을 경험하고 있으며, 국내 임금을 인상하고, 더 나은 근로조건을 보장하며, 노동자 조직에 대한 정치적 간섭을 줄일 것을 강요받기 시작했다.[12] 이러한 중국의 상황은 미국의 제조업 분야의 일자리가 감소하는 흐름을 막는 데 도움이 될 수 있다. 미국

에서 숙련된 인력을 유지하는 것은 미국의 제조업을 유지하고 회복하는데 필수적이며, 국가안보에도 매우 중요하다. 중국은 이내 침체기에 직면할 수 있으며, 중국의 기업들은 경쟁력을 유지하기 위해 수출품의 가격을 낮추어야 할 수도 있다. 중국과 같은 국가가 국내적 격변을 겪을 때에는 정치적 초점을 외부의 적으로 돌리려는 경향이 뚜렷하다. 아직은 초기 단계지만, 세계경제가 불안정해지고, 제조업의 성장이 둔화될수록 중국은 더욱 공격적으로 변할 수 있다.

중국이 가진 희망은 군수산업을 위해 전자제품, 센서, 특수장비 생산을 지원할 만큼 상업적인 산업기반이 탄탄해졌다는 것이다. 군사장비는 보통 비싸고, 무기 플랫폼을 개발하는 데에는 수년이 걸리기 때문에 군사기술은 항상 일반 산업에 비해 뒤처진다. 따라서 앞으로 한동안 중국은 상업적인 기반시설을 활용할 수 있을 것이다. 중국 군사기술의 대부분은 러시아에서 유래되었지만, 유럽과 이스라엘에서도 군사장비와 노하우를 구매했다. 공식적으로 유럽 공동체는 중국을 상대로 군사장비를 판매하는 것에 대해 금수조치를 유지하고 있으나,[13] 실제로 많은 수의 유럽 항공우주 및 방위산업 기업들은 중국에서 사업을 진행하고 있고, 이스라엘 역시 중국을 지원했다. 또한 중국의 항공기와 헬리콥터 제조, 해군의 조선업에서 볼 수 있듯이 민간 상용기술을 국방 부문으로 이전할 수 있었다.

중국의 큰 변화는 국방생산 분야를 민간투자로 전환하면서, 이른바 새로운 중국발 군사-산업 단지가 형성되고 있다는 점이다.[14] 외부의 투자는 더 높은 생산기준과 더 경쟁적이고 이익 지향적인 분위기를 가져왔다. 중국은 이를 위해 자국의 군사력을 제공하고, 외국의 고객에게 무기를 수출한다. 2019년부터 2023년까지 5년 동안 중국은 미국, 러시아, 프랑스 다음으로 세계 4위의 무기 수출국으로 성장했다. 이는 5위인 독일과 6위인 이탈리아를 제친 것이며, 특히 2009년부터 2013년까지의 무기 수출은 200%이상 가파르게 증가하기도 했다. 중국의 특별한 돌파구는 HQ-9 미사일 시스템을 튀르키예에 판매하는 것이었다. 이 사실이 발표된 이후 튀르키예는 미국과 다른 NATO 회원국으로부터 HQ-9의 구매를 중단하라는 큰 압력을 받아왔다. 결국 튀르키예는 입찰을 연장하였고, 이 문제는 미국과 NATO의 압력이 어느 정도 작용한 것으로 보인다.[15] 하지만 전반적으로 중국의 군수산업은 탄탄해 보이며, 중동과 아프리카로의 무기 수출은 넘쳐나고 있고, 중남미로 군용품 수출 또한 확산되고 있다.

중국에게 가장 중요한 문제는 설계기술이다. 중국이 국방과 관련된 기술을 확보하기 위해서는 정상적으로 구매 또는 수입을 하거나, 다른 방법으로라도 획득해야 한다. 다음의 두 가지 사례는 중국이 외부에서 기술을 확보하는 방법과 확보한 기술을 어떻게 전략적인 시스템으로 전환하는지를 보여준다.

중국의 921-3 프로젝트는 재사용이 가능한 유인 우주발사체이자 우주정거장 프로그램이다. 이 프로그램의 이동 수단은 "Shenlong" - 우리말로 신룡(神龍) - 이라는 우주선이다. Shenlong은 미국의 X-37B 우주선과 비슷하게 생겼지만 크기가 더 작다. X-37B는 보잉의 팬텀 웍스에서 제작하였고, 궤도시험을 위한 수단이었다. 가장 최근의 우주여행은 22개월 동안 진행되었는데, X-37B가 감시 및 조기경보 플랫폼으로 사용되고 있음을 암시한다. Popular Science 매거진은 "여러 곳에 흩어져 있는 민간 위성들은 X-37B를 추적하였고… 이것의 궤도가… 이란, 아프가니스탄, 파키스탄의 상공을 지났다."라는 점에 주목했다. X-37B는 우주정찰 위성으로서 모든 일을 할 수 있을 것처럼 보였는데, 미래에는 X-37B가 미사일이 발사된 직후에 이를 격추할 수 있도록 설계된다면, 미사일 요격기지 역할도 할 수 있는 가능성을 열어준다.

〈X-37B 렌더링 사진〉[1)]

〈6번째 임무를 마친 X-37B(2022)〉[2)]

1) https://commons.wikimedia.org/wiki/File:X-37_spacecraft,_artist%27s_rendition.jpeg
2) https://commons.wikimedia.org/wiki/File:X-37B_concludes_sixth_mission_(221111-F-XX000-0002).jpg

Shenlong의 임무는 X-37B와 마찬가지로 비밀에 부쳐졌다. 중국은 현재 우주작전에 적극적으로 임하고 있으며, 특히 위성 공격 작전에 많은 비중을 두고 있다. 이미 궤도위성 한 대를 파괴했는데, EMP 유형의 무기를 활용한 공격으로 일본 군사위성의 제어시스템을 무력화시킨 것으로 보인다.[16] 한편, 어떤 이들은 Shenlong을 미국의 우주왕복선이나 X-37B와 마찬가지로 대기권에 재진입하는 마하 15의 우주선이라고 부른다. 이러한 모든 플랫폼들은 대기권으로 재진입 시 발생하는 열과 압력을 견딜 수 있도록 특수한 융제 타일로 제작되었다. 게이브 콜린스와 앤드류 에릭슨은 중국의 사인 포스트지[17]에 Shenlong에 대한 분석을 내놓았는데, 새로운 시스템에 대한 자세한 평가는 다음과 같다.

마이크로 위성, 센서, 우주상황 인식을 가속화하는 시스템 등을 통해 향후 Shenlong이 더 널리 활용된다면, 중국의 우주기반 C4ISR 능력을 실질적으로 향상시킬 수 있을 것이다. 우주비행선은 궤도를 빠르게 변경하여 추적을 방해하거나, 다른 지역을 조사하거나, 상대방의 위성요격체계(ASAT, Anti-Satellite)를 회피할 수 있는 잠재적인 능력도 있다. Shenlong이 처음 비행을 하는 동안 X-37B는 궤도를 변경하였는데, 새로운 궤도에 우주선이 안착할 때까지 며칠 동안이나 아마추어 탐사자들을 혼란스럽게 만들었다고 한다. 마지막으로, 우주선이 지상기반 상태로 있을 수 있기 때문에 우주에서의 무기배치를 제한하는 국제협약을 회피하고, 잠재적인 위성요격체계 플랫폼으로서 매력을 더할 수도 있다.

중국의 많은 기자들은 미국의 X-37B 프로그램은 위성요격 능력을 개발하고, 우주 군비경쟁에 진입하려는 국가적인 결의로 보고 있다. 동시에 스톡스와 챙에 따르면 "중국의 반 우주 프로그램 - 예를 들면, 중국의 2007년 1월 11일 ASAT 시험과

2010년 1월 11일 미사일방어 시험에서 보여준 운동요격체 - 은 2025년까지 배치될 것으로 예상되는 미국의 우주 장거리 정밀 타격 능력에 대한 대응조치인 것으로 보인다."라고 하였다. 여기에는 FALCON HTV, X-37B, 그리고 X-51A가 포함될 수 있다.

중국은 보여준 것이 있다면, Shenlong이 미국의 차세대 우주기반 시스템을 추적하는 것과 동시에 미국에 대항하는 무기로 활용될 수 있다는 것이다. 중국은 이러한 미국의 시스템과 경쟁함으로써 미국의 프로그램에 도전하는 일류 군사강국이 되겠다는 의사를 표명하고 있다. 중국의 무기 프로그램과 민감기술 통제 분야의 전문가인 리차드 피셔는 Shenlong의 기술 중 일부가 NASA로부터 나온 것이라고 의심한다. 피셔에 따르면, 중국 최고의 세라믹 소재 과학자인 장 라이통 교수는 1989년부터 1991년까지 오하이오 주 클리블랜드에 있는 NASA의 글렌 연구 센터에서 근무하였다. 당시 중국에서 벌어진 천안문 사태에 대한 미국의 제재를 감안하면, NASA는 그녀가 일하는 것을 막았어야 했다. 하지만 장 교수는 세라믹 소재의 전문가로서 제트엔진의 개선과 우주선 재진입을 위해 고온 세라믹 매트릭스 복합재에 대해 연구할 수 있었다.[18] 피셔는 NASA에서 근무했던 장 교수가 중국의 우주 프로그램에서 핵심적인 역할을 했다고 평가한다. Ho Leung Ho Lee 재단(何梁何利基金, 홍콩 기반의 과학기술자 지원재단)은 장 교수가 수행하는 연구의 중요성을 알고 적극적으로 지원했으며, 재단 홈페이지에 장 교수를 다음과 같이 소개했다.

"첨단 항공우주 재료분야의 여성 과학자인 장 라이통은 1938년 4월, 충칭에서 태어나 1961년 Northwestern Polytechnical University 재료공학과를 졸업했다. 1989년 4월부터 1991년 1월까지 NASA 우주구조물 재료 개발센터의 수석 방문학자로서 대형 우주정거장 개발을 목표로 세라믹 매트릭스 복합재(CMC)를 연구했다. 1990년대부터 본격적으로 CMC에 대한 연구를 진행해 왔으며, 더 높은 강도와 인성을 갖춘 고성능 재료를 제조하기 위해 새로운 이론을 제시하여 1995년에 중국 공업학술원 회원으로 선임되었다. 마침내 긴 수명과 산화 저항성을 특징으로 하는 저비용-고성능의 CMC를 제조하는 기술을 개발한 결과 중국은 이 기술을 확보한 세 번째 국가가 되었다. 장 교수는 2004년에 제1국가과학기술 발명상을 수상했고, 이후 중국 국립 열 구조 복합재료 핵심 연구소의 창립자가 되었다. 국방과학기술산업위원회는 장 교수의 연구그룹을 국방과학기술산업 우수 창의 연구그룹으로 선정했으며, 현재 교육부에서 지원하는 창의 연구그룹 육성 프로그램을 책임지고 있다."[19]

피셔의 견해로는 장 교수가 NASA로부터 기술을 얻었을 수도 있지만, 반대로 NASA가 장 교수로부터 기술을 얻었을 수도 있다는 가정도 가능하다고 보았다.

Shenlong은 매우 복잡한 프로그램이다. 여기에는 비행체 자체, 특수엔진 그리고 비행체가 운반하는 임무 목적형 장비들이 포함된다. 특히 이 프로그램은 "롱 마치 로켓(Long March rocket)"으로 추정되는 발사체를 포함하는데, 이것은 미국의 로럴 스페이스 시스템(Loral Space Systems)사가 로켓의 자이로스코프에 발생한 문제의 해결 방법을 전수해 줌으로써 의도치 않게 중국에 도움을 준 프로그램이다.[20] Shenlong에 적용된 많은 기술들은 미국의 프로그램을 따랐다. 미국의 프로그램이 유출된 것인지, 그렇다면 무엇이 어떻게 유출된 것인지를 평가하려면 더 많은 증거들이 필요하다.

〈중국의 Long March 5 rocket 발사 장면(2022) 〉
https://commons.wikimedia.org/wiki/File:Mengtian_launch.jpg

중국의 스텔스 항공기

국방 분야에서 미국의 가장 큰 투자 중 하나는 록히드 마틴의 F-35 합동타격전투기이다. 이 프로그램의 연간 추정비용은 평균 125억 달러이며, 예상되는 프로그램 수명주기 비용은 1조 4,500억 달러이다. 2020년 기준 비행기 1대당 비용(모델에 따라 다름)은 다음과 같은데, F-35A는 약 7,790만 달러, F-35B는 약 1억 130만 달러, F-35C는 약 9,440만 달러이다. F-35는 F-22와 달리 부분적으로 구현된 스텔스 설계를 기반으로 하는 다목적 전술항공기이며, 공군과 해군의 주력 전술항공기가 되었다. "실패하기에는 너무 크다."라는 속담처럼 이 프로그램에는 막대한 투자가 이루어졌다.

〈중국 J-20 개념도〉[1]

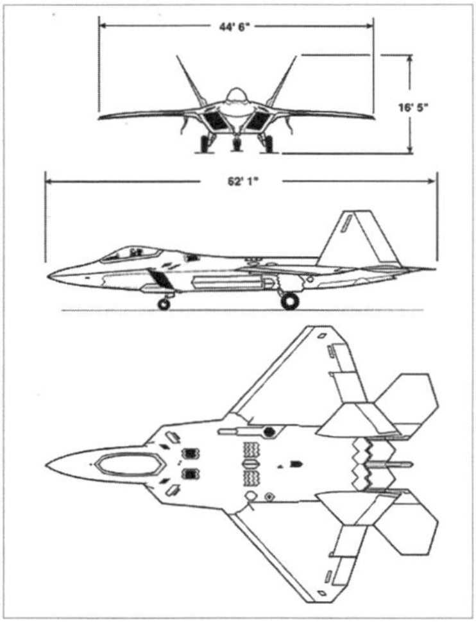

〈미국 F-22 개념도〉[2]

1) https://commons.wikimedia.org/wiki/File:Chengdu_J20_Schematic.png
2) https://commons.wikimedia.org/wiki/File:F-22_3_view_USAF.jpg

중국의 청두 J-20은 F-35의 복제품이 아니며, 전략 스텔스

기인 F-22에 좀 더 가깝다고 볼 수 있다. F-35는 프랫앤휘트니 F-135 엔진 1개를 사용하는 반면, F-22와 J-20은 각각 2개의 엔진을 사용한다. J-20은 전략항공기이자 두 종류의 스텔스 항공기 중 하나이다. 다른 하나인 J-31은 스텔스 전술전투기이며 F-35와 같은 크기이다.

중국은 제트엔진 설계와 제조 분야에서 미국보다 훨씬 뒤처져 있다. 더욱이 완성품 엔진을 러시아에 의존한다는 점은 중대한 전략적 약점이다. 따라서 중국은 엔진개발과 설계 작업에 막대한 투자를 하고 있다. 중국은 단기적으로 제트엔진 개발을 위한 초기 투자비용으로 1,000억 위안(약 137억 달러)을, 2020년까지 최대 1,500억 위안(약 206억 달러) 이상을 배정하였던 것으로 보인다. 로이터 통신은 "일부 중국의 항공산업 전문가들은 향후 20년 동안 베이징은 제트엔진 개발에 최대 3,000억 위안(약 412억 달러)을 투자할 것으로 예측한다."고 전했다. 실제로 중국은 2027년에 선보일 항공기용 엔진을 목표로 2015년부터 개발에 들어갔고, 2023년까지 투자한 금액은 무려 2,500억 위안(약 344억 달러)이나 되었다. 참고로 비교를 하자면 F-35용 엔진을 개발하는 데 84억 달러가 들었다.[21]

엔진기술 분야에서 특히, "핫 섹션(hot section)"기술이전에 대한 미국의 통제가 성과를 거둔 것 중 하나는 러시아나 중국과 같은 경쟁자들로부터 그 이점을 보호했다는 것이다. 중국과 마찬가지로 러시아도 새로운 스텔스 전투기인 T-50 PAK-FA (Perspektivny Aviatsionny Kompleks Frontovoy Aviatsii, 훗날의 Su-57) 엔진 문제로 어려움을 겪고 있었다. 한번은 T-50 프로토타입 엔진에 화재가 발생해 항공기가 심하게 손상된 적이 있었는데, 이러한 차질은 러시아 프로그램의 개발일정에 영향을 미쳤을 뿐만 아니라, 프로그램 파트너였던 인도(India)도 엔진과 플랫폼의 운영정보를 공개하지 않는 러시아에 대하여 의구심을 표명하였다. 그러나 러시아인들은 외부의 도움을 받아 엔진 솔루션을 잘 개발한 것으로 보인다. 러시아 최고의 첨단 엔진회사인 NPO Saturn은 프랑스의 Snecma, 독일의 Siemens와 같은 주요 유럽 기업들과 협력하였다. 그들의 개발시설은 최첨단이었고, 설계 엔지니어들도 세계 일류 수준이었다. 러시아는 프랫앤휘트니(Pratt and Whitney), GE등과 같은 미국의 회사들과 곧 치열하게 경쟁할 것이다.[22]

호주의 비영리 연구기관인 Air Power Australia의 성능분석 책임자인 카를로 코프 박사는 J-20에 대해 평가했는데, J-20의 출현을 아시아의 세력균형에 영향을 미칠 "게임 체인저"로 간주하였다. 코프 박사는 "1990년대 초반 이후에 정립했던 미국과 연합국의 공군력과 군 구조 발전계획 등의 핵심 가정 사항들을 모두 무효화 할 것이다."라고 말하면서 "F-22A 랩터와 같은 T-50 PAK-FA(Su-57) 또는 J-20 수출형 모델 등 양산되는 장거리 초순항 스텔스 전투기들을 확실하게 막기는 어려우며, 더욱이 아시아에는 미국 해군의 항모전투단과 유기적인 방공시스템이 부재한 상황이다."라고 강조하였다.[23] 코프 박사는 다음과 같이 덧붙인다.

"전략적으로 매우 기본적인 수준에서 살펴보면, J-20의 양산은 미국과 환태평양 지역의 동맹국들이 운용하고 있는 거의 모든 통합방공시스템(IADS), 전투기 편대, 그리고 기타 보유중인 무기들은 효과적으로 쓸모없게 만든다. 이는 미국의 F-117A, B-2A, F-22A가 소련 시절에 전 세계적으로 배치된 IADS, 전투기, 무기체계들을 도태시킨 것과 다르지 않다. 중국과 관련된 어떤 분쟁에서도, 적절한 규모의 J-20 편대의 양산은 제2도련선 - 일본열도 동부~사이판~괌~인도네시아 동단을 연하는 이서(以西) 지역 - 전체 지역의 공중과 지상 목표물을 공격하고 파괴할 수 있는 상당한 자유를 누릴 수 있다. 예전의 분쟁에서 미국 공군의 B-2A와 F-117A 스텔스 항공기가 비행했던 것과 같이 IADS와 C3I 시스템을 무력화하고 마비시킬 수 있는 J-20의 선제타격은 우발상황을 증가시키는 등 실제로 매우 심각한 위험을 초래할 수 있다. 더욱이 강력한 위성-관성 유도 폭탄을 탑재한 다목적 전투기 또는 공격기의 파생품인 J-20은 미국과 제2도련선 전역의 연합군 비행장을 폐쇄시킬 수 있는 상당한 능력을 갖게 될 것이다. 중국의 군사교리에서도 이를 살펴볼 수 있는데, 제1도련선에서는 미국의 기지를 불능화하고, 미국의 항모전투단을 무너뜨릴 수 있는 우위를 확보하는 것이 매우 중요하다. 제2도련선에서는 미국과 그 동맹국들을 밀어냄으로써 중국의 군사계획을 야심차게 확장 시킬 것이다. 이는 GBU-39/53 소구경폭탄으로 무장한 미국 공군의 F-22A 랩터 - FB-22를 개발하려고 하기도 했다. - 의 역할과 같다고 생각하면 된다. 마찬가지로 미국 해군의 항모전투단들은 심각한 위험에 처해 있으며, DF-

21D 대함탄도미사일(ASBM)은 이러한 위험을 가중시키고 있다."[24]

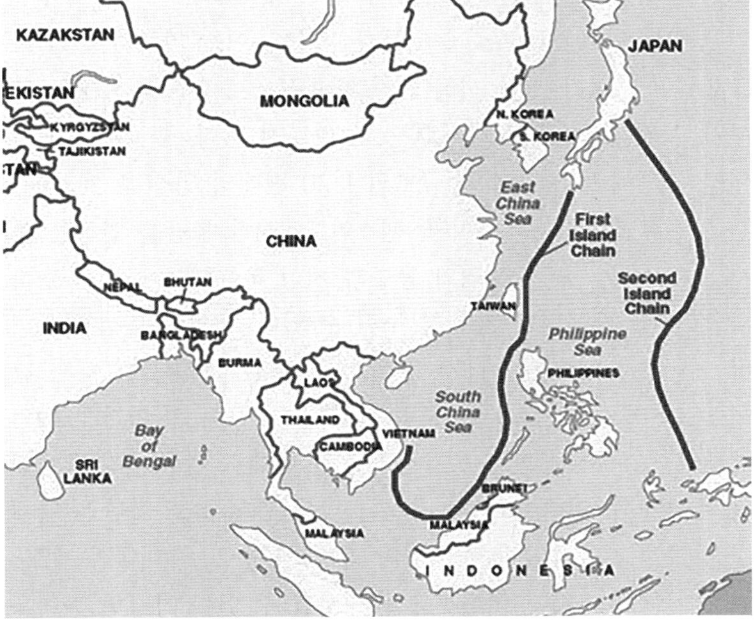

〈중국 해군의 가상 해상 방어선 (제1도련선과 제2도련선)〉
https://commons.wikimedia.org/wiki/File:Geographic_Boundaries_of_the_First_and_Second_Island_Chains.png

J-20은 중국 공군이 2017년부터 운용하고 있는 5세대 스텔스 전투기로 2023년까지 200여대 이상이 생산된 것으로 알려져 있다. 일부 특수부대를 위해서라도 J-20의 전력화를 서두르고 있다. 그러나 그보다 중요한 것은 J-20은 - DF-21D와 같은 다른 중국 무기들과 함께 - 아시아의 전략적 균형의 판도를 바꾸

고, 아시아의 정치적 미래에 큰 영향을 미칠 것이다.

중국의 두 번째 스텔스기는 J-31이다. J-31은 선양 항공기공업집단 유한공사가 개발하였으며, J-20과 마찬가지로 5세대 스텔스 항공기이다. J-31의 경쟁 상대는 미국의 F-35와 러시아의 T-50(Su-57)이다. 미국의 F-22와 같이 중국이 J-20을 전략 항공기로 간주하는 것과 달리 J-31 모델은 해외 판매를 목적으로 생산하였으며, 첫 번째 고객은 파키스탄이 될 가능성이 높다. 그 이유는 당시 인도가 러시아의 T-50(Su-57)을 구매할 가능성이 높았기 때문에 이에 대한 대응책이 필요했기 때문이다. J-31은 티타늄 날개 기본 프레임과 부품들을 제조하기 위해 3D 레이저 프린팅과 같은 최첨단 기술과 도구를 사용했다. F-35가 단발 엔진(RD-33 엔진)을 쓰는 것과 달리 J-31은 소형 쌍발엔진을 사용하고, 대형 대함미사일을 탑재할 수 있으며, J-31의 개량 버전인 FC-31 함재기도 제작함으로써 항공모함에서 작전이 가능하도록 하였다. 중국은 항공모함을 자체적으로 건조하였다.

중국은 사이버 스파이 활동을 통해 미국의 "비잔틴 하데스 작전"이라는 비밀 획득 프로그램에 접근한 후 미국의 스텔스 설계정보를 빼돌렸다는 사실이 널리 보도되었다. 2007년부터 중국은 록히드 마틴과 BAE시스템, 그리고 F-35 프로그램에 참여한 계약업체들의 컴퓨터 시스템에 침투한 것으로 알려졌다. 이후 J-20과 F-35의 유사성이 알려졌는데, 그 내용은 다음과 같다.

- J-20의 광학 타겟팅 시스템은 F-35의 시스템과 유사한 것

으로 보인다.

- J-20은 F-35와 유사하게 비행기의 추력 방향을 향상시킬 수 있는 추력편향 노즐을 채택했다.

- J-20은 최신식 레이더 흡수 코팅 재료를 사용하였는데, 미국 스텔스 제트기와 유사해 보인다.

- J-20에는 F-35와 같은 고출력 적외선 센서가 장착되어 있다.

- J-20에는 F-35의 AESA 레이더에 버금가는 차세대 AESA 레이더가 장착된 것으로 추정된다.

- J-20의 다양한 설계변경은 미국 스텔스 플랫폼의 개선사항을 따라하는 것으로 보인다.

중국이 F-35 프로그램에서 기밀정보를 획득하였는지 아니면 일반정보만 획득하였는지에 대해서는 여전히 논란이 많다. 기밀정보는 암호화된 형식으로 저장되므로 침입자로부터 안전하다고 가정한다. 하지만 이는 기밀정보의 접근에 대한 접속 인증시스템이 안전하거나 암호키가 손상되지 않았다는 것을 전제로 한다.

F-22 프로그램도 중국 스파이 활동의 핵심 표적이다. 비

록 F-22A 랩터 프로그램은 취소되었지만, F-22는 러시아와 중국 모두가 이를 "복제"하기를 원했던 강한 열망을 느꼈던 항공기로 미국을 대표하는 현대적인 전략 전폭기이다.[25] F-22는 매우 비싼 편인데, 프로그램이 취소될 당시 비행기 한 대당 견적가격은 3억 5천만 달러였다. 록히드는 195대의 F-22 항공기를 제작하였으며, 이 중 187대가 실전에서 운용이 가능했는데, 적의 대공방어망을 뚫고 전략적 자산을 파괴할 수 있도록 설계됐다. F-22를 막기 위해서는 충분한 방어능력을 갖추어야 하며, 전략적 자산들은 F-22를 사용할 만큼 고가치의 표적이어야 한다. 그렇지 않다면, 저렴한 전술항공기로 작전을 수행하면 된다. 그러나 F-22가 ISIS를 상대로 시리아에서 사용된 적이 있었는데, F-22의 압도적인 우위를 과시하기 위한 목적이었다.

인도가 러시아의 스텔스기인 F-50 PAK-FA(Su-57) 개발 프로그램에 참여한 것과 - 결국 2018년 7월, 인도는 기술과 성능에 대한 의구심을 떨쳐내지 못하고, 프로젝트에서 탈퇴한다. - 인도가 Su-30MKI를 면허 생산하는것은 파키스탄의 입장에서는 대응이 불가능할 정도의 심각한 위협이었다. 따라서 파키스탄은 스텔스 항공기 구입을 모색하였는데, 중국이 F-22의 "클론"격인 J-20을 수출할 계획이 없기 때문에 J-31을 도입한 것으로 추정된다.

중국은 F-22를 제1도련선과 제2도련선에서 중국의 지배력을 빼앗는 현저한 위협으로 간주한다. 이러한 F-22의 가치를 감안했을 때, 미국이 F-22 프로그램을 취소한 것은 의아한 사실이다. 러시아와 중국은 모두 전투기동성 측면에서 F-22와 F-35보다 우수한 항공기를 설계했다. 둘 다 미국과는 다른 작전적 관점으로 전투기동성을 최우선으로 두었다. 러시아의 Su-57(F-50 PAK-FA)은 러시아의 유일한 스텔스 전투기가 아니며, 지금까지 생산된 전투기 중 가장 기동성이 뛰어난 것으로 평가받는 SU-47 베르쿠트(Berkut, 검독수리)도 있다. 베르쿠트는 실험용 전투기로 도입 여부가 불확실한 상태이며, 일부 기술은 Su-57(F-50 PAK-FA)에도 적용되었다.[26] 러시아와 중국의 작전모델은 전투 민첩성을 강조하는데 반해 미국의 작전모델은 기술 우위를 강조한다. 기술 우위의 모델에서는 적이 효과적으로 대응하기 전에 적을 파괴하는 것이 중요한 아이디어이다. 이것은 F-35의 작전 이론으로 고도로 통합된 전자장비와 센서 기능을 통해 달성할 수 있으며, 이러한 장비들로 인해 스텔스 특성 중 일부는 포기해야 한다. 물론 F-22는 F-35보다 기술적 수준이 높으며, 몇 년 정도 앞선 것으로 평가된다.

전투 민첩성 모델의 아이디어는 근접전에서 우위를 점하고 있다고 가정하고, 적을 근접전으로 유도함으로써 승리하는 것이다. 이 모델은 러시아가 민첩한 Su-57(F-50 PAK-FA)을 통해 이미 달성한 것으로 보이며, 중국이 J-20을 통해 지향하는 바와 정확히 일치한다. 많은 사람들은 베카계곡 전투 이후 러시아가 - 그리고 아마도 중국이 - 장거리 방어능력에 더 관심을 가질 것이라고 예상했기 때문에 전투 민첩성 모델은 흥미로운 부분이다. 하지만 사실은 그렇지 않은데, 아마도 대부분의 전투는 미국의 항공기가 아니라 지역 방공을 상대로 하는 것이며, 다른 한편으로는 미국이 고급 재머를 사용함으로써 베카에서 누렸던 장거리의 이점을 제거할 수 있다고 생각했을 것이다.

적어도 현재로서는 러시아와 중국의 스텔스 항공기는 Su-57(F-50 PAK-FA), J-20, J-31과는 다른 레이더 주파수를 기반으로 항공기의 신호를 탐색하는 미국의 전방배치 레이더의 약점을 잘 이용하고 있다. 이러한 전방배치 레이더를 미국이 개량하거나 교체하지 않는 한 중국과 러시아의 차세대 스텔스 항공기를 탐지하기는 어려울 것이다. 이는 중국이나 러시아가 미국의 전투기와 무기체계에 내재된 첨단기술을 확보하는 행위를 멈출 것이라는 의미가 아니다. 사실, 빼낼 수 있는 기술은 무엇이든 가능한 한 빨리 빼내고 있다고 봐야 한다. 중국과 러시아 스파이들이 집중하고 있는 것이 바로 이러한 "균등화" 과정이며, 허술한 수출통제와 사이버 보안으로 인해 미국의 가장 민감한 항공기 프로그램의 기술들이 상대적으로 쉽게 유출되고 있다. 중국의 방위산업은 서구의 도움과 취약한 보안 없이는 급속한 발전이 어려웠음에도 불구하고, 확실히 성숙기에 접어들고 있다.

새로운 풍경

지식재산을 보호하고 기술보안을 보장할 수 있는 전통적인 방법은 기업과 정부 차원의 엄격한 보안조치와 허용이 가능한 수출품목을 걸러낼 수 있는 수출통제시스템을 결합하는 것이다. 미국은 보안에 있어서 눈에 띌 정도로 약점을 갖고 있거나 어떤 경우에는 보안시스템 자체가 없어 보이기도 한다. 고부가가치 제조기계, 첨단 전자제품과 군사장비, 센서, 소재기술을 수출하려고 할 때, 수출통제제도로는 더 이상 국가를 강력하게 보호할 수 없다.

제2차 세계대전 종전 이후 미국은 소련과 어깨를 나란히 하는 세계적인 초강대국이었다. 1991년 소련이 붕괴했을 때, 미국은 세계의 선두에 있는 유일한 국가처럼 보였다. 소련의 군사력은 붕괴되었고, 중국은 미국에 비해 기술력이 부족했기 때문에 미국은 세계의 질서를 자유롭게 통제할 수 있게 되었다.

미국의 권력과 이익의 주변부에서 벌어진 일련의 값비싼 전쟁(한국, 베트남, 캄보디아, 라오스, 이라크, 아프가니스탄, 그리고 최근에는 소위 ISIS와의 전쟁)과 별개로, 미국은 자국이 가졌던 힘의 우위를 상당 수준 소멸되도록 허용했다. 러시아는 항공우주, 첨단로켓, 핵무기 부문에서 큰 성과를 거두며 무기생산을 다시 산업화하기 시작했다. 중국 역시 거대한 산업단지를 구축했으며, 군수산업을 점점 더 현대화하고 생산성을 높이고 있다. 반면, 미국은 일방적으로 국방비를 삭감하고, 많은 전술-전략 프로그램을 취소했으며, 국내외 병력을 감축하고 있음에도 미국의 힘을 소멸시키고 미국의 신뢰를 훼손시키는 값비싼 전쟁과 지역적인 분쟁에 계속해서 휘말리고 있다.

고비용의 방위사업

경쟁이 없으면 가격은 오른다. 미국이 군사장비에 너무 많은 비용을 지불하고 있다는 명확한 증거는 다른 국가가 그들의 장비에 지불하는 금액과 비교해 보면 알 수 있다. 인건비와 간접비가 매우 비싼 유럽의 경우에도 그들의 두기는 미국의 것보다 훨씬 비싸지 않으며, 적은 수준의 연구개발(R&D) 투자비용으로도 제작이 가능한 경우가 많다. 국방 분야에서 연구개발에 대한 투자는 대부분 정부 주도하에 이루어진다. 유럽의 국방예산은 미국의 투자에 비해 훨씬 낮고(전체를 합친 금액 기준으로도), 중복성도 많다. 그렇지만 유럽의 방산물자의 가격은 미국의 것과 대략적으로 비슷하다. 유럽 이외의 지역에서는 러시아, 중국, 이스라엘이 군사장비를 생산하고, 세계시장에 판매하면서 성공을 거두고 있다. 다양한 장비들이 미국 제품에 비해 경쟁력을 갖고 있는데, 거의 모든 제품들을 미국보다 훨씬 저렴하게 제조하고 마케팅하고 있기 때문이다.[27] 인도의 새로운 공중조기경보통제시스템(AWACS)은 글로벌 시장에서 가격, 가용성, 그리고 기능성이 어떻게 작용하는지 보여주는 좋은 사례이다.

공중조기경보통제시스템(AWACS: Airborne Warning and Control System)은 넓은 전장지역에 걸쳐 레이더 정보를 제공할 수 있는 특수한 레이더를 장착한 항공기이다. AWACS는 조기경보 - 때때로 공중조기경보 지휘통제체계라고도 한다. - 를 제공하고, 전투기와 지상기반 자산들에게 적의 위협을 대응하도록 지시를 할 수 있다. 현재 미국에는 크게 두 가지의 AWACS가 있다. 하나는 1977년에 운용을 시작한 공군용 장거리 E-3A이고, 다른 하나는 해상에서의 사용이 최적화된 - 해군과 해병대가 사용하는 - 단거리 E-2C이다. 현대의 AWACS를 먼 옛날로 거슬러 올라가보면, 제2차 세계대전 당시 AWACS 임무를 위해 특수한 레이더를 장착한 최초의 항공기는 영국 에어픽스(Airfix)사의 "Vickers Wellington RB1629"였다. 이것은 독일의 하인켈 111(He-111) 폭격기가 V-1 버즈 폭탄을 발사하는 채널을 탐지하기 위한 목적을 갖고 있었다. 미국에도 AWACS 이전의 프로그램이 있었지만, 1977년 이후 E-3A는 미국과 NATO - 여러 차례 개량됨 - 에서 사용하는 전략적 AWACS였다. 러시아인들은 이내 미국의 AWACS를 모방했지만 미국의 AWACS에 내장된 고급 컴퓨터가 부족했기 때문에 많은 사람들은 러시아의 AWACS가 미국에 비해 훨씬 낮은 성능을 보였다고 생각했다.

인도의 경우 1990년대에 미국과 마찬가지로 경쟁력을 갖되, 최고와 보통 수준이 적절하게 혼합된 AWACS를 탐색하고 있었다. 인도는 러시아로 가서 AWACS 플랫폼을 얻었지만, 러시아의 전자 제품을 원하지는 않았다. 제대로 작동하는 전자제품을 찾기 위해 인도는 이스라엘로 눈을 돌렸다. 결국 러시아산 IL-76은 엘타(ELTA)의 첨단 EL/M-2075 AESA L-밴드 레이더를 장착하기 위해 이스라엘의 벤구리온 국제공항 - 텔아비브 - 에 착륙하였다. 이것은 업그레이드된 미국의 AWACS보다 더 정교한 기능을 갖추었다. 인도는 왜 러시아와 이스라엘로 눈을 돌렸을까? IL-76은 이미 인도 공군에서 운용 중이었기 때문에 항공기 프레임을 지원하고 있었고, 뛰어난 작전 실적을 기록하고 있었다. 인도가 이스라엘로 간 이유는 이스라엘이 인도가 감당할 수 있는 수준의 가격에 맞는 최고의 기술을 제공했기 때문이다. 가장 중요한 것은 인도가 "미국의 수출통제제도"와 인도와 파키스탄 사이에서 "균형"을 지키려던 "미국의 이익적 본능"의 복잡성을 회피했다는 것이다.

〈인도 AWACS(IL-76)〉1)

〈파키스탄 AWACS(Y-8)〉2)

1) Michael Sender, CC BY-SA 3.0, "India Air Force AWACS: Beriev A-50EI Mainstay" (https://commons.wikimedia.org/wiki/File:Beriev_A-50EI_Mainstay2009.jpg)

2) Asuspine(Hamid Faraz), GFDL 1.2, "Pakistan Air Force Shaanxi ZDK-03 (Y-9) inflight over Manora, near Karachi" (https://commons.wikimedia.org/wiki/File:Pakistan_Air_Force_Shaanxi_ZDK-03_(Y-8)_inflight.jpg) (http://www.airliners.net/photo/Pakistan---Air/Shaanxi-ZDK-03-(Y-8)/2390556/L/)

기록에 따르면 파키스탄은 스웨덴 - 미국의 E-2C와 대등하지만 더 현대화된 체계 - 에서 AWACS 시스템을, 중국에서는 ELTA와 마찬가지로 AESA 레이더를 사용하는 ZDK-03 시스템을 도입했다.[28] ZDK-03 플랫폼은 4개의 터보프롭 엔진을 탑재한 산시(Shaanxi) Y-8기체로서 러시아 Antonov-12의 개량 버전이다.

미국은 여전히 전 세계의 구매국들에게 종합적으로 AWACS 솔루션을 제공하는 중이지만 시장 점유율을 유지하기 위해 많은 노력을 기울여야 했다. 미국의 주요 무기 고객인 NATO, 사우디아라비아, 일본 모두에게 AWACS를 판매하였으며, 2014년

8월에는 사우디아라비아에 20억 달러 규모의 성능개량을 승인하였고, 2021년 12월에는 4억 달러 규모의 추가 업그레이드에 들어갔다. 보도에 따르면, 과거 한국의 경우 이스라엘의 플랫폼이 미국보다 5억 달러나 저렴하였음에도, 미국은 이스라엘 AWACS에 장착된 미국산 부품에 대하여 미국 국제무기거래규정을 적용하여 한국과의 거래를 승인하지 않을 것이라고 압박함으로써 결국 이스라엘을 이길 수 있었다고 한다.[29] 그러나 미국은 중국의 AWACS를 위해 이스라엘이 협력했다는 혐의가 있었기 때문에 이스라엘을 밀어 낸 것이라고 주장했다.[30]

결론적으로 미국은 특정 고가치 군용시스템 부분에 있어서 더 이상 국제시장을 통제하기 어려우며, 미국이 한국을 강력하게 무장시킬 수는 있지만, 이를 지속적으로 유지하기는 쉽지 않아 보인다. 실제로 미국의 우위는 약화되었다.

자원의 낭비

이라크, 아프가니스탄 그리고 그 보다는 조금 덜 하지만 리비아에서 일어난 주변부의 전쟁은 미국의 무기고를 불태웠다. 이라크와 아프가니스탄에서는 미군이 철수함에 따라 수십억 대의 장비들이 남겨졌으며, 아프가니스탄 땅에 남겨진 군사장비의 규모는 약 60억 달러 정도로 추정된다. 이라크 전쟁에서는 직접비로 1조 1000억 달러,[31] 지체된 간접비로 2조 4,000억 달러를 소비하였으며, 군용장비의 약 40%를 전쟁에 투입했고, 사용 후 미국으로 회수한 장비들의 대부분은 연간 170억 달러의 비용을 들여 개조해야 했다. 물론 개조가 완료될 때까지는 해당 장비를 사용할 수 없었다. 하버드 대학의 추산에 따르면 아프가니스탄과 이라크 전쟁에서 사용된 총 비용은 4조에서 6조 달러에 이른다.

이와 같은 비용은 미국 재무부에 막대한 손실을 입히고, 군대를 약화시킨다. 미국이 R&D에 막대한 투자를 했던 제2차 세계대전과 달리, 아프가니스탄과 이라크에서는 IED(Improvised Explosive Device, 급조폭발물) 대응 연구에 대규모의 투자를 한 것을 제외하고는 국방기술을 거의 개선하지 않았으며, 대부분의 자금은 미국 국방부의 "합동급조폭발물파괴기구(JIEDDO, Joint IED Defeat Organization of the Pentagon)"로 흘러갔다. 미국의 JIEDDO는 IED 공격을 성공적으로 저지할 수 있도록 약 210억 달러를 지출했지만 엇갈린 결과를 얻게 되었다.[32] 미국은 IED 공격에 저항하기 위해 특수 장갑차량에 많은 비용을 지출했다. MRAP(Mine Resistant Ambush Protected) 차량에 - 지뢰나 IED에 대한 방호성능을 갖춘 소형/중형 전술차량 - 450억 달러가 지출되었는데, 이는 장갑화된 험비(Humvees)보다 더 많은 보호기능을 제공했다. MRAP은 지뢰폭발에 견딜 수 있는 V자형 선체가 특징인 남아프리카 공화국의 카스피르(Casspir) 4륜 장갑차를 기반으로 개량하였다. 카스피르는 1980년대 초반에 운용을 시작했지만, 20여년이 지난 후 MRAP은 장갑기능 향상, 바닥의 충격방지, 차량 서스펜션 개선, 별도로 독립된 병력탑승 공간, 도로에서의 핸들링 기능 등을 개선한 후 운용에 들어갔다.

〈지뢰폭발 시험중인 MRAP(Cougar)〉[1)]

〈IED에 피격당한 MRAP(동일모델)〉[2)]

1) https://commons.wikimedia.org/wiki/File:FPCougar.jpg
2) https://commons.wikimedia.org/wiki/File:Cougar_Hit_By_IED.jpg (이라크에서 피격당했으나 탑승자들은 생존.)

MRAP 차량에는 제한사항이 있었는데, 이를 운행하려면 좋은 노반이 필요하며, 언덕이 많은 지역에서는 문제가 발생했다. 미국은 아프가니스탄에서 사용된 모든 미국산 MRAP을 본국으로 가져오지 않았다. 대신 미군은 1대당 100만 달러가 넘는 2,000대 이상의 MRAP을 폐기하는 임무를 맡았다.[33] 일부는 MRAP이 과연 장갑이 강화된 험비보다 더 많은 생명을 구했는지 의문을 제기한다.[34] 앞서 이야기한 IED에 대한 투자와 MRAP에 대한 분석가들의 의견에 대한 동의여부를 떠나 이러한 분쟁지역에 투입되는 막대한 지출이 최전선을 방어하는 무기시스템을 개선하는 것과는 연관성이 떨어진다는 사실은 여전히 의문으로 남는다. 주변부의 전쟁에 초점을 맞추면 막대한 자원이 소모될 뿐만 아니라, 더 중요한 전략적 위협에 대한 주의와 관심을 놓치게 된다. 석유공급과 사우디아라비아의 통합을 위협한 제1차 걸프전을 제외하고, 이라크 자유 작전과 아프가니스탄 전쟁은 이유를 알 수 없을 정도로 많은 비용이 들었고, 미국의 힘을 약화시켰다. 우리 군대를 위한 신기술과 같은 파생적 이익도 없었다는 점은 이러한 분쟁들이 유난히 낭비적이고 비생산적이었다는 것을 시사한다.

핵심기술 보호의 실패

주변부의 전쟁과 분쟁에 지출되는 비용 중 하나는 적에게 우리의 지휘통제체계와 무기들이 어떻게 작동하는지를 보여주는 마치 "무기 전시회"로 생각할 수 있다. 이러한 분쟁에서는 전술과 기술적 노하우가 고스란히 드러난다. 예를 들어, 테러리스트를 감시하고 사살하기 위해 드론을 사용하는 경우 - 그것을 성공적인 작전이라고 생각한다면 - 경쟁자들은 이에 대한 대응책을 찾아낼 뿐만 아니라 플랫폼을 모방하기도 한다. 드론, 헬리콥터, 그리고 다른 플랫폼에서 발사된 헬파이어 미사일이 위험한 테러범을 효과적으로 제거할 수 있다는 것은 의심의 여지가 없다. 그러나 그에 대한 대가는 있다.

러시아인들은 이제 헬파이어에 상응하는 무기들을 갖고 있다. 하나는 비흐리(Vikhr)-I 라는 것으로 사거리가 10km이고, 탄두는 22lbs로 헬파이어와 매우 유사하다. 다른 하나는 아따카 V(Ataka V)라고 부르며, Mi-24 헬리콥터에서 발사할 수 있도록 설계되었다. 러시아의 드론 개발기술은 뒤처져 있지만, 최근에는 Bird-Eye 400 미니무인기(무게: 5kg, 사거리: 10km), I-view MK150 전술무인기(160kg, 100km), Searcher Mk II 중거리무인기(426kg,

250km)를 이스라엘로부터 구매했다. 러시아 연방 군사기술협력청 부청장인 뱌체슬라프 드지르칼른은 이스라엘로부터 무기를 구매한 것을 두고 "우리는 그들의 노하우를 받아들이되, 우리 고유의 작품개발을 위해 실용화해야 한다."[35] 라고 말했다. 미국은 헬파이어 미사일을 이라크에 수출해왔는데, 기존에 공급한 500발 외에 4,000발을 추가로 수출할 것이라고 발표하기도 했다. 한편 러시아와 이란은 개조된 Su-25 지상공격기를 이라크에 공급하였다. Su-25는 비흐리를 탑재하거나 미국산 헬파이어 미사일과도 연결할 수 있다.[36]

〈Su-25 형상(우크라이나 공군)〉[1)]

〈피격당한 이라크의 Su-25(1991)〉[2)]

1) https://commons.wikimedia.org/wiki/File:Ukrainian_Air_Force_Su-25UB_with_two_MiG-29s_(9-13)_in_background.jpg
2) https://commons.wikimedia.org/wiki/File:Destroyed_Iraqi_Su-25.jpg

Su-25는 이라크가 ISIS와 싸우는 것을 지원하기 위해 제공되었다. 그러나 에이브럼스 M-1 전차와 M-113 장갑차와 같은 일부 이라크의 육군 장비는 이미 급진적인 시아파 민병대에게 넘겨진지 오래다. 이라크로 이전된 헬파이어 미사일의 경우에도 같은 일이 일어날 수 있다고 우려할만한 이유는 충분하다. 러시아와 마찬가지로, 중국도 미국의 제품을 분석하고 Predator와 Reaper UAV 모델을 모두 복제하였으며, AR-1로 알려진 - 헬파이어와 대등한 - 장비를 장착했다.

전장에서 장비탈취를 하는 방법 외에도 무기설계와 제조 노하우를 습득할 수 있는 다른 방법들도 있다. 오늘날의 제조업은 세계화되어 있으며, 방위산업체들은 적극적으로 시장을 개척하고 기술과 제품개발 정보를 공유하고 있다. 사실상 거의 모든 무기 생산업체는 국제적인 판매를 추진하고 있으며, 이러한 거래는 보안에 영향을 미치고 있다. 수출판매가 허용되지 않거나, 중요한 기능이 제거된 수출형 모델의 경우 사이버 스파이들의 활동은 이 빈틈을 메우는 데 큰 도움이 될 수 있다.

제조기술

항공우주산업 분야에서 필요한 거의 모든 제품들은 전 세계적으로 구매가 가능하다. 정교한 공작기계와 제조장비를 통제하기 위한 과거의 COCOM 프로그램은 어쨌든 제대로 작동하지 않았고, 더 이상 유효하지도 않다. 중국과 러시아의 유명한 항공우주기업들도 국제시장에 뛰어들어 사업을 따내기 위해 경쟁하고 있으며, 계약을 성사시키기 위해서는 이들 업체의 제조기술과 노하우도 필수적으로 제공하여야 한다. 제조와 관련된 사업들의 대부분은 민간 프로젝트를 위한 것으로 알려져 있지만, 수출을 통해 이전(移轉)되는 모든 장비와 노하우는 사실 민간용 -

군사용의 이중적인 용도(dual-use, 이중용도)로 사용되는 것들이다.

중국은 항공우주산업의 거래에 박차를 가하고 있다. Airbus Helicopters사와 중국 AVIC(Aviation Industry Corporation of China)사는 복합 용도의 - 상용과 군용 - 중형 쌍발엔진 헬리콥터인 AC352/EC175를 공동으로 개발했는데, 계약에 따라 다음과 같이 구분하여 생산이 이루어졌다.

AC352 헬기 500대는 중국시장을 목표로 중국에서 생산될 것이다. 이는 우선적으로 중국군의 구형헬기를 대체하는 데 사용될 예정이다. AC352는 프랑스산 사프란 터보메카 엔진 2대로 구동될 것이다.

EC175 헬기 500대는 전 세계의 시장을 목표로 유럽(프랑스)에서 생산될 것이다. 이것들은 캐나다산 프랫앤휘트니 PT6C 엔진 2개로 구동될 것이다. 프랫앤휘트니는 United Technologies Corporation사에 속해있는 사업부이다.

미국의 헬리콥터 제조업체인 시코르스키(Sikorsky)는 중국과 인도의 시장이 점점 더 매력적으로 다가옴에 따라 생산량의 많은 부분을 중국과 인도에 아웃소싱했다. 2010년 창허항공은 중국에서 제작한 최초의 Sikorsky S-76C 기체를 납품했다. 또한 시코르스키는 중국에 첨단 S-92 헬리콥터를 판매했는데, 이 기종은 미국에서 대통령 전용 헬리콥터로 사용되기도 한다. 보잉은 중국과 광범위한 협력관계를 맺고 있으며, 중국으로부터 많은 부품을 조달받고 있다.[37] 또한 보잉은 생산기술 개선과 다양한 경영문제에 대해 중국에 조언을 제공한다.

수출통제체제의 붕괴

COCOM의 수출통제체제는 클린턴 정부 당시 종료되었으며, 이전에 언급한 바와 같이 그 "대체" 조직은 약하고 효과적이지 않다고 생각한다. 이중용도 기술과 군용기술을 구분하는 것은 그 어느 때보다 더욱 모호해졌다. 예를 들어 유럽의 기업들이 공식적으로는 중국에 무기를 판매하지 않지만, 중국이 무기를 자체적으로 만드는 데 필요한 거의 모든 것들을 판매한다. 프랑스의 경우 미스트랄급 강습상륙함을 러시아에 판매하는 계약을 체결하기도 했다. 물론 우크라이나의 위기로 블라디보스토크로 함정을 인도하는 계약은 파기되었지만, 프랑스는 러시아가 요구한 1조 6,000억이라는 보상금을 지불하기로 합의하였다. 프랑스가 러시아에 무기를 판매하려 했고, 계약파기에 대한 보상금까지 지불한 이 사례는 당시의 분위기를 잘 보여준다. 미국은 다른 NATO 동맹국보다는 제한적이며, 러시아나 중국에 군용장비를 직접 판매하지는 않는다. 그러나 무기체계의 기반기술은 대부분 판매하고 있으며, 방대한 기술 인프라를 중국으로 이전했다.

수출통제는 냉전 당시 의도했던 방식, 즉 미국의 질적인 우위를 보호하기 위해 더 이상 작동하지 않는다. 미국이 해외 판매를 차단하거나 제한하는 방식으로 일부 방산물자와 신규개발 제품을 보호하려는 것은 사실이다. 반면 수출통제시스템의 성과는 불규칙적이고, 정리가 잘 안되어 있으며, 기껏해야 그것이 최선인 것처럼 보인다. 국방부 내부의 보이지 않는 이들의 노력은 방산물자의 수출통제에 큰 영향을 미쳤으며, 공군도 수년 동안 제트엔진 연소기술의 이전을 보호해 왔다. 그러나 이러한 충실한 노력조차도 스텔스와 연소기술이 러시아로 흘러 들어가는 것을 막지는 못했다.

전반적으로 보다 나은 국가안보전략이 채택된다면, 특히 방산물자와 기술에 대한 수출통제가 개선될 수 있다. 국방부나 다른 정부기관이 "안보전략"을 "기술통제"와 체계적으로 연결하여 발전시켰다는 증거는 많지 않다. 효과적인 기술통제를 위해서는 광범위하고, 모호한 일반론에 의존하면 안 된다. 미국 국방부는 부상하는 중국의 힘과 점점 집요해지는 러시아의 도전에 대처할 계획이 필요하다.

컴퓨터 네트워크

중국과 러시아의 사이버 스파이활동이 점점 더 능숙해지고, 전문성을 보인다는 것은 의심의 여지가 없다. 과거 오바마 정부 시절 사이버 보안과 관련해서는 어느 정도 합의가 가능할 수도 있겠다는 생각을 가지고 중국과 대화를 진행해 왔다. 하지만 외교적인 측면에서는 거의 진전이 없었고, 미국 국가안보국의 스파이활동을 공개한 에드워드 스노든의 폭로는 미국의 협상가들을 곤란하게 만들었다. 사이버 스파이활동은 비대칭적인데, 침입에 성공하면 큰 이점이 있으나 성공하지 못하면 결과는 처참할 수 있다. 이러한 비대칭성은 변하지 않을 것이기 때문에 이에 대한 대안은 컴퓨터 네트워크와 시스템을 더 잘 보호하는 뿐이다.

불행하게도 오늘날의 사이버 시스템은 보호하기 어렵고, 대부분의 컴퓨터 네트워크와 데이터 센터는 취약하기까지 하다. 미국 정부는 컴퓨터 네트워크에 대한 보안조치를 개선함으로써 사이버 공격에 맞서려고 노력해 왔다. 이용 가능한 자료들을 살펴보면, 이러한 조치는 기껏해야 절반의 성공을 거두고 있으며, 사이버 침입은 줄어들지 않고, 점점 더 널리 퍼지고 있다. 외국에서 사이버 스파이 툴을 사용하는 것은 많은 이점이 있다. 그 중에는 다음과 같은 것들이 있다.

① 컴퓨터 네트워크를 해킹하는 것은 적의 정보를 수집하는 저비용, 저위험의 방법이다.

② 수집된 정보는 적의 중요한 정치, 경제, 산업분야의 정보들이며, 적의 의도를 파악할 수 있는 실질적인 첩보들이다.

③ 소규모의 투자로 큰 이익을 얻을 수 있으므로 공격의 속도를 높이는 것은 ROI(Return On Investment)가 높은 수익성이 큰 투자임을 시사한다.

④ 컴퓨터 해킹은 투자에 비해 훨씬 더 높은 비용을 잠재적인 적에게 부과한다.

⑤ 네트워크와 컴퓨터 시스템의 취약점을 발견하는 것은 해커 자신의 네트워크와 컴퓨터 시스템의 구멍을 막고, 보강할 수 있는 추가적인 이점이 있다.

⑥ 해커는 적이 얼마나 빨리 침입에 대응하는지 확인할 수 있고, 이것을 통해 핵심 인프라에 대한 공격을 어떻게 관리하는지 알게 된다.

미국 정부와 군대, 민감한 기술을 다루는 업체들이 직면하고 있는 사이버 위협의 원인 중 하나는 이들 모두가 상용 컴퓨터 하드웨어와 소프트웨어에 의존하고 있다는 점이다. 오늘날의 상용기성품(COTS: Commercial Off The Shelf)들은 글로벌 공급망을 통해 언제든지 구매할 수 있으며, 적들의 명백한 공작에도 쉽게 노출된다. 상용 컴퓨터의 운영체제, 라우터, 스위칭 시스템은 널리 사용되는 코드로 개발되며, 특히 통신과 보안을 위한 일부 민감한 프로토콜은 전 세계의 자원 봉사자로 구성된 커뮤니티에 의해 생성된다. 따라서 이러한 분야에서는 독점적인 정보에 대한 명목상의 보호조차 이루어지기 힘들다. 따라서 국가와 비정부 해커들이 악용할 수 있는 분야가 무궁무진하다는 의미이다. 컴퓨터 네트워크와 시스템을 보호하기 위해 미국 정부는 자체적으로 비밀 운영체제를 개발해야 하며, 시스템의 기능들을 단계화 또는 분할함으로써 유출을 방지해야 한다.

안보 리더들의 원칙 미준수

미국 정부의 고위직에 있는 사람들에게 물어보면 비밀정보를 보호하는 것은 매우 중요하다고 말할 것이다. 그러나 많은 고위관료들은 직원들에게 적용되는 동일한 보안규칙으로부터 면제된다고 생각한다. 앞서 우리는 국무부의 최고 지도자들이 안전하지 않은 - 보안기능이 활성화되지 않은 - 휴대폰으로 서로 통화하고, 그 위험성과 파급효과에 대해 전혀 생각하지 않는 점을 언급했었다. 미국의 백악관과 국방부의 고위급 인사들의 주머니, 핸드백, 서류 가방을 뒤져보면 아이폰, 아이패드를 비롯한 첨단 전자기기들이 가득 차 있는 것을 발견할 수 있다. 이 문제는 정부를 넘어서까지 확대된다. 미국에서는 다른 사람들이 해킹을 당하더라도 "나에게는 그런 일이 일어나지 않을 것"이라거나, 해킹이 발생하더라도 "상관없다"는 일반적인 정서가 깔려있다.

컴퓨터 보안에 전문적인 리더들이 많지 않은 것처럼 기술보호에 대한 리더도 거의 없다고 할 수 있다. 지난 50년 또는 그 이상 동안 미국의 정치 지도자들은 기술을 정치적 거래를 위한 감미료로 사용해 왔다. 미국의 지도자들은 민감한 군수품들을 마치 할로윈 데이의 사탕인 양 나누어 주었다. 한 가지 확실한 예로 미국은 앙골라, 방글라데시, 보스니아, 차드, 이라크, 파키스탄 등 수십여 국가에 스팅어 미사일을 제공했다. 튀르키예의 로케스탄사가 스팅어 미사일을 공동으로 생산할 수 있는 허가권을 받은 후 시리아의 소위 온건한 반군들에게 스팅어를 공급했을 것이고, 이제는 ISIS도 스팅어를 가지고 있다. 사람들은 미국의 지도자들이 휴대용 방공무기의 위협은 걱정하면서도 정작 전 세계로의 확산에는 무관심하다고 말한다. 우리의 적들이 스팅어, 헬파이어, 그리고 여타 민감한 무기들을 획득하는 것이 이상하고 놀라운 일인가?

기술보호에 대한 새로운 접근

세계화 시대에 미국은 기술보호에 대한 새로운 접근방식이 필요하다. 새로운 방식은 미국이 냉전시대에서 초강대국으로 등장한 이후 세계가 극적으로 변했다는 것을 이해하고, 미국의 전략적 임무에 필요한 필수적인 기술을 평가하는 것에서부터 시작된다. 미국은 급속히 노후화되고 있는 미사일, 폭격기, 잠수함 기지 위에서 생활하고 있음에도 여전히 적절한 전략적 무기고를 보유하고 있다. 이러한 환경에서 자산을 현대화하고, 충분한 안전을 확보하려면 투자가 이루어져야 한다.

재래식 무기의 경우 미국은 심각한 공급 부족에 직면해 있다. 중요하지 않은 분쟁에 개입할 경우 예산이 부족하게 되므로, 정작 본토를 방어해야 하는 상황이 발생한다면, 미국 군대의 지휘관들은 난국에 처하게 된다. 반면 잠재적인 적들은 중국, 북한, 러시아 등지에서 성능이 향상된 무기들을 확보하고 있다. 미국에서는 신무기 개발이 거의 없는 상황이며, 연구개발 비용도 크게 감소했다. 문제를 더욱 복잡하게 만드는 것은 군수품을 생산하는 데에는 긴 납기가 필요하다는 것이다. 생산라인이 폐쇄되면 이를 복구하고, 이를 운영할 자격을 갖춘 인력을 찾는 것도 쉽지 않다. 더 심각한 것은 투자를 못 받아서 엔지니어와 과학자가 다른 곳으로 가버리면, 방위산업 분야에서는 영원히 그들을 만나기 어렵다는 것이다. 따라서 미국의 우위를 되찾는 첫 번째 단계는 새로운 차세대 전술 군사장비와 국방기술 분야에 대한 재투자와 재건이다. 두 번째 단계는 다중경로 접근 방식이다. 단일 플랫폼(전투기, 연안전투함, 전차)에 집중함으로써 지출을 줄이려는 방식은 해당 플랫폼의 성패에 따라 너무 많은 위험을 초래한다. F-35 합동타격전투기가 혹평을 받는 결함이 있는 무기로 판명된다면 어떤 상황이 벌어질까? 우리의 주력전차인 에이브람스가 적의 대전차미사일이나 레이저유도탄의 공격을 받으면 어떻게 될까? 따라서 우리는 대체 플랫폼에도 투자하고, 방어수단들 간에도 경쟁을 조성해야 한다.

새로운 시스템에 투자할 때마다 시스템과 관련된 모든 정보는 반드시 보호해야 한다. 계약시점부터 현장배치에 이르기까지 무기 플랫폼의 정보보호에 대한 새로운 접근 방식이 필요하다. 따라서 수출통제는 새로운 무기 프로그램에 맞춰 조정되어야 한다. 다자간 수출통제는 여전히 어느 정도 역할을 하기는 하지만 미국의 국방시스템이나 이러한 시스템을 지원하는 핵심기술들을 보호할 수는 없다. 올바른 해결책은 미국의 수출통제시스템과 긴밀하게 통합하는 것인데, 그 전제는 새로운 군용시스템이 개발할 때 수출통제를 포함한 보안과 보호 메커니즘을 병행해서 구축해야 한다는 논리이다. 오늘날 보안과 수출통제의 문제는 나중에 생각해 볼 과제로 간주되는 경우가 많으며, 기존의 통제시스템으로도 충분할 것이라고 여겨진다. 그러나 이것은 결코 사실이 아니며, 오늘날에는 더더욱 그렇지 않다. 기존의 보안과 수출통제시스템은 효과적이지 않았고, 미국의 군사기술을 보호하고자 하는 실질적인 요구에도 맞춰져 있지 않았다. 우리는 이렇게 제대로 작동하지 않는 통제시스템과 핵심적인 주제에서 벗어난 문제로 다투기만 하는 정부기관들과 함께하고 있다. 그들은 상품별로 정부의 소관 문제를 따지고, 관계자들이 이해하기 어려운 주제, 보안과 무관한 문제로 논쟁을 벌이며 시간을 허비하고 있다. 어떤 정부기관도 통제기준을 명확하게 정의하고, 집행을 정당하게 하기 위한 측정기준을 갖고 있지 않다. 마찬가지로 중요한 핵심기술을 제공하여야 경우에도 이를 측정할 수 있는 기준이 없다. 오늘날의 수출통제는 아무것도 의미하지 않는 "무가치"와 "고비용"의 과정일 뿐이다.

앞으로 나아갈 길은 미국의 국제안보전략에 맞춰진 "단일한 통제목록"을 운영하면서 미국의 전략기술을 보호할 수 있도록 "단일 정부기관"에게 임무와 권한을 부여하는 것이다. 이 기관은 새로운 무기체계가 개발 초기단계에 있을지라도, 장차 이 시스템이 놓일 "전략적인 모자이크"의 적합한 위치를 이해함으로써 규정을 설정할 수 있을 것이다. 이를 확정한 후 핵심기술을 평가하고, 기술보호와 관리를 위한 정책을 수립할 것이며, 우리의 군대를 보호하고 어떠한 압박이나 분쟁에서도 성공을 보장하는 로드맵에 따라 향후 수출을 위한 규칙을 수립하게 될 것이다. 결국, 모든 기술의 이전을 관리하는 "단일한 기술보호기관"은 미국의 힘을 회복하고, 안보를 강화하는 데 도움이 될 것이다.

제12장

승자와 패자
Winners and Losers

제12장

승자와 패자

(Winners and Losers)

"승자가 없었다면, 문명도 존재하지 않았을 것이다."

- 우디 헤이즈(Woody Hayes) -

미국의 전설적인 미식축구 감독

우리는 이 이야기에서 승자와 패자를 만났다. 로마인이 파놓은 땅굴에서 로마군을 독살하려던 페르시아군은 17명을 죽였으나 자신도 목숨을 잃었다. 그는 분명히 패자였다. 철을 제련하고 대장간을 장악한 블레셋 사람들은 이스라엘 부족들을 다스릴 수 있었다. 블레셋은 승자였지만 규모가 작았기 때문에 결국에는 훨씬 더 강한 이집트인들에게 패하게 되었다. 이집트인들은 동일한 철 제련 기술을 가지고 있었고, 그 기술은 히타이트인들이 가나안 사람들로부터 전수받은 후 이집트인들에게도 전달한 것이었다. 아마도 블레셋 사람들에게 기술을 제공했던 사람들도 같은 사람들이었을 것이다. 블레셋 사람들은 꼭 필요한 원자재의 공급을 위해 무역망을 이용했다. 그러나 그들은 외부에서 철광석을 수입하기 위해 해상이 아닌 육로로 조달하는 대비책도 마련해두었다.

독일군은 제1차 세계대전에서 처음으로 대규모 가스전을 도입했다. 잘 훈련되고 전문적인 군대를 보유했음에도 불구하고 독일군은 미국이 전쟁에 참전하자 패배했다. 미국, 영국, 프랑스도 화학무기를 보유하고 있었다. 하지만, 독일군이 연합군을 돌파하지 못하고, 중요한 전투에서 고배를 마시면서 교착상태는 패배로 바뀌었다. 제2차 세계대전에서도 독일군은 상대들보다 기술적으로 우월했다. 그러나 미국을 전쟁으로 끌어들인 일본의 진주만 공격을 아마도 계산해 두지는 않았을 것이다. 당시 미국의 전쟁 준비는 완전하지 않았다. 일본이 미국에서 빈슨-월시 법이 통과된 것을 알고, 미국을 태평양에서 몰아내려고 했을 때, 미국의 대대적인 해군력 증강은 이미 진행되고 있었다. 따라서 일본이 하와이 제도를 점령할 관심도, 그럴 필요도 없었다는 것은 놀라운 일이 아니다.

일본에게 중요했던 것은 제국의 팽창, 만주국을 넘어선 중국대륙에 대한 지배력의 확대, 원자재와 에너지의 공급을 위해 필수적인 해상 병참선을 미국이 장악하지 못하도록 막는 것이었다. 일본은 기술적으로 발전했지만 일본의 지도자들은 그 취약성도 알고 있었다. 하지만 그들의 실수는 미국의 맹렬한 대응을 오판한 것이다. 유럽의 또 다른 전쟁에 참여하지 않으려던 약한 중립국의 지도자인 프랭클린 루즈벨트는 눈 깜짝할 사이에 일본과 독일에 맞서기 위해 동원을 하였다. 의심할 바 없이 독일인들은 어이가 없었다. 미국과 싸우는 것은 확실히 독일에게 이익이 되는 것이 아니었다. 독일은 이전에도 동일한 경험을 해본 적이 있었고, 그 결말도 알고 있었다. 독일인들은 선전물을 효과적으로 이용했고 찰스 린드버그와 같은 미국인들을 조종했다. 독일은 유보트 공격과 유대인에 대한 처우로 아슬아슬한 위기에 처해 있었지만, 1930년대 후반에는 그것들로부터 벗어나고 있었다. 미국이 연합국을 위해 시행한 무기대여는 독일의 진격 양상을 바꾸기에는 역부족이었다. 그러나 모든 것이 일본 때문에 물거품이 되었다.

그렇지만 독일이 전쟁에서 승리했을 수도 있다. 독일이 가진 비장의 카드는 항상 기술이었고, 히틀러는 그의 "경이로운 무기"가 자신을 구제해 줄 것이라고 믿었다. 민주주의 국가들은 약하고, 충분한 좌절을 겪게 하면 평화를 호소할 것이라고 믿었기 때문에 영국의 대중을 위협하기 위한 방법으로 V-1 로켓과 V-2 버즈 폭탄을 사용한 것이다. 런던 전격전은 영국 대중이 정부에 대항하도록 하려던 일종의 심리전이었다. 하지만 그것은 실패한 도박이었다.

"비밀전쟁"은 핵무기에 관한 것이었다. 히틀러의 가장 큰 실수는 독일의 문제를 해결하기 위해 유대인을 희생양으로 이용하였고, 유대인들의 대량학살을 선동한 것이었다. 독일은 수천 명의 과학자와 엔지니어를 잃었고, 가장 똑똑하고, 명석한 사람들은 원자폭탄이 베를린에 투하되기를 바라는 마음으로 미국의 원자폭탄 프로젝트에 헌신했다. 대부분의 유대인들은 국가사회주의자나 파시스트가 아니었다. 그들 대부분은 자유주의자였으며, 일부는 사회주의자와 공산주의자도 있었다. 그러나 진보적인 사람들조차도 국가산업체, 대학, 그리고 최고의 연구센터에서 일했다. 핵물리학에 대한 유대인 과학자들의 기여는 엄청났다. 알버트 아인슈타인을 비롯한 유대인 중 다수는 본능적으로 평화주의자였으며, 히틀러가 전쟁에서 승리하거나 유럽의 유대인들이 무자비하게 살해되는 것을 지켜볼 준비가 되어 있지 않았다. 히틀러로부터 빠져나온 사람들 중 다수가 히틀러에게 보답하기 위해 세계 최초의 원자폭탄을 제조하는 것을 도운 것이다. 그들은 히틀러와 나치를 물리치는 꿈을 꾸었다.

원자폭탄을 위한 비밀전쟁에는 미국, 영국, 독일, 일본, 소련이 참여했다. 미국과 소련의 긴밀한 동맹으로 인해 소련은 로스앨러모스를 포함한 미국의 방위사업과 우라늄 농축 및 플루토늄 생산과 관련된 주요 프로젝트를 쉽게 염탐할 수 있었다. FBI는 소련으로 인한 여러 위험 요소에 대하여 경고했다. 그러나 히로시마와 나가사키 이후 몇 년이 지나 소련이 미국에 도전할 수 있는 위치에 오를 때까지 소련의 스파이들을 색출하기 위한 어떤 조치도 취해지지 않았다. 독일과 일본의 프로그램은 미국과 영국이 취했던 일반적인 접근 방법을 동일하게 따랐다. 즉, 우라늄과 플루토늄 연료폭탄을 모두 추구했던 것이다. 오랜 시간 동안 독일의 프로그램이 얼마나 발전했는지에 대한 논쟁은 있었으나, 대체로 일본의 프로그램에 대해서는 관심이 없었고 무시해왔다. 일본의 프로그램 중 하나는 본토에서 육군이 수행하였으며, 다른 하나는 북한에서 해군이 운영하는 것이었다.

독일에 남아 있던 물리학자들과 과학자들은 여전히 많은 원자비밀을 갖고 있었기 때문에 소련은 최대한 많은 원자기술 정보를 확보하기 위해 노력했다. 특히 독일은 우라늄 농축을 위한 특수 원심분리기 제조기술에 매우 앞서 있었다. 그 기술은 게르노 지페와 다른 두 명의 저명한 독일 과학자, 만프레드 폰 아르덴과 막스 스틴백을 체포한 덕분에 소련으로 넘어갔다. 독일 과학자와 원자기술을 조사하는 임무를 맡았던 미국의 알소스(Alsos)팀이 원심분리기를 전혀 발견하지 못했다는 점은 흥미로운 사실이다. 아마도 그것들은 전쟁이 끝나기 전에 나치에 의해 파괴되었거나 소련이 챙겨갔을 수도 있다. 일부 사람들은 원심분리기가 독일이나 오스트리아의 지하 벙커에 숨겨져 있으며, 아직 발견되지 않은 것이라고 의심한다. 어쨌든 전쟁이 끝날 무렵, 독일이 일본으로 우라늄을 선적했다는 부수적인 증거들은 독일이 우라늄 농축에 있어서 상당한 기술적 진전이 있었음을 시사한다. 하지만 부족했던 부분은 실제 폭탄을 제작하는 공학적인 기술이었다. 이것이 바로 맨해튼 프로젝트의 과학자들이 가진 천재성이었다.[1]

전쟁이 끝난 후 독일인이나 일본인들은 모두 전범으로 지목되는 것을 원하지 않았다. 양측은 누구나 쉽게 예상할 수 있는 답변들을 내놓았다. 그저 과학자일 뿐이고, 원자폭탄 프로그램을 일부러 천천히 진행했고, 원자폭탄의 주요 성과를 지원하기에는 투자가 너무 적었고, 연구 조직이 잘 구성되어 있지 않았고, 국가의 지원도 충분하지 않았고, 그리고 원자폭탄을 믿지 않았다는 등등의 변명을 나열하였다.

만일 일본이 일본의 본토로 접근하는 해군 함대를 상대로 원자폭탄을 터뜨릴 수 있었다면, 일본은 침략을 중단했을 것이다. 그러므로 소련이 늦었지만 황급하게 대 일본 전쟁에 참여한 것과 한국의 일부를 점령한 것은 폭탄을 향한 경쟁과정에서 일본이 폭탄을 얻는 것을 막기 위한 노력으로 봐야할 것이다. 미국은 원자폭탄 경쟁에서 최초의 승자였지만, 유례없는 성공은 그리 오래가지 않았다. 다른 나라의 핵무기 개발은 오늘날에도 전 세계적인 문제로 남아 있다. 어떤 원자력도 그 기술을 보호하는 데 있어 완벽하거나 괜찮았던 적이 없었다. 예를 들어 지페(Zippe) 원심분리기는 유럽에서 더욱 진보하고 발전하였는데, 이것이 파키스탄으로 이동하여 폭탄제조에 사용되었고, 세계적인 핵무기공급 네트워크를 통해 북한, 리비아, 시리아, 그리고 이란의 핵 프로그램을 지원했다. 모든 원자력 기술과 관련된 인원들의 열악한 보안 의식과 잠재적인 정치적 계략은 핵심기술에 대한 통제력을 상실하는 원인이 되었다. 이것은 결과적으로 모두가 패배하는 길이다. 파키스탄이나 이란과 같은 승자들도 자신들과 이 세계가 엄청난 위험에 노출되었다는 사실을 알게 될 날이 올것이다. 실수는 언제나 일어나기를 기다리고 있다.

화학무기와 생물무기에 관한 이야기 역시 불길한 예감이 든다. 겨자가스와 신경가스와 같은 현대식 화학무기는 제1차 세계대전과 제2차 세계대전, 에티오피아, 수단, 예멘, 이란, 이라크, 쿠르드족, 그리고 시리아에서 사용되었다. 일본은 중국에 생화학 무기를 사용했고 끔찍한 실험을 통해 포로들을 죽였다. 소련은 캄보디아의 불행한 몽족과 아프가니스탄의 마을에 이 무기를 사용했다. 최근에는 알카에다와 기타 이슬람 테러리스트들이 미국을 상대로 염소 등 화학물질과 탄저균을 사용하기도 했다. 오늘날 화학무기 기술은 상당히 쉽게 얻을 수 있다. 그리고 전 세계에는 화학 및 생물무기 생산을 촉진하기 위해 전구체 물질과 특수한 제조장비를 판매하려는 회사가 셀 수 없을 만큼 많다. 화학 및 생물무기 기술을 통제하려는 다양한 시도는 실패했다. 영국조차 눈에 불을 켜고, 시리아에 신경가스 전구체 공급 원료를 대량으로 판매하기도 했다.

화학무기와 생물무기는 테러무기이다. 그것들의 대부분은 전쟁에서 쓸모가 없다. 그 이유는 오늘날의 군대는 보호 장비를 갖추고 있고, 신경가스와 탄저균 등에 대비한 해독제를 보유하고 있기 때문이다. 일부 제한된 경우 - 예를 들면, 이탈리아의 아비시니아 전쟁 - 화학전은 장비가 열악하고, 맨발인 군대를 상대로 효과가 있을 수 있다. 그러나 화학무기는 이란과 이라크의 알 포(Al-Faw) 반도 전투에서 어느 누구에게도 승리를 가져다주지 못했다. 미국은 시리아 정부가 신경가스와 겨자가스 사용을 중단하고, 비축된 화학무기를 폐기하도록 설득을 주도하는 등 부분적인 승리를 거두었다. 그러나 시리아군은 신경가스와 겨자가스만 있으면 언제든지 화학무기 공격을 감행할 수 있는 장비를 보유하고 있는 상태이다. 그들에게 필요한 것은 신경가스와 겨자가스뿐이며, 곤란한 상황이 발생하면 이란은 몇 시간 안에 항공편으로 이 무기들을 공급할 수도 있다.

좀 더 넓은 맥락에서 보면, 대량살상무기의 확산에 대처하기 위한 현재의 전략은 효과가 없다는 것이 분명하다. 게다가 미국은 자국에서 가장 중요하고도 비용이 많이 드는 국방 프로그램들을 보호할 수도 없다. 이러한 위험성을 감안한다면 미국이 자국의 안보를 강화하기 위한 비상사태 타개책을 갖고 있을 것이라고 생각할 수도 있다. 하지만 그러한 프로그램들은 눈에 보이지 않는다.

오늘날의 가장 큰 걱정은 미국이 패배자처럼 행동하고 있다는 것이다. 미국의 국방력 감소, 새로운 군사기술의 부족, 첨단기술의 심각한 양보와 유출 등 전체적인 숲을 보지 못하는 이러한 현상들은 세계적인 리더십과 초강대국의 지위가 붕괴되는 전조현상인 듯하다. 또한 미국정부 내부에는 자신이 보는 것만을 좋아하는 이념가들이 있는데, 미국이 쇠퇴하고 그저 평범한 국가가 되기를 간절히 바라고 있는 것 같다. 더 적은 수의 미군, 더 적은 핵무기, 더 적은 국방 예산, 더 적은 개입주의를 주장하면서도 "다른" 유형의 정치조직에는 온화한 태도를 취한다. 이러한 부류에는 급진 이슬람을 "이해"하고 테러리스트들을 "수용"할 수 있는 방법을 찾아야 한다고 주장하는 사람들도 포함된다. 한때, 백악관이 탈레반은 테러조직이 아니라고 주장했을 때, 아직은 아니더라도 장차 이러한 사고가 워싱턴의 공식입장을 지배할 수도 있음을 분명하게 보여주었다.

약한 미국은 테러리스트와 불량국가들을 초대하는 초대장이나 마찬가지다. 이는 핵, 생물물기, 화학무기를 사용하는 것에 대해 양심의 가책을 전혀 느끼지 않는 사람들의 손에 그 무기들을 점점 더 많이 쥐어주는 것을 의미한다. 희생자들은 때로는 유대인들이고, 때로는 쿠르드족들이며, 때로는 유럽인일 수도 있다. 하지만 그것은 중요하지 않다. 중요한 것은 질서가 없는 무법

천지는 매우 위험하다는 사실이다. 그러므로 미국이 “승자”의 지위를 되찾는 것은 매우 중요한 일이다. 따라서 미국을 비롯한 우방국들이 미래의 안보를 지키기 위해서는 핵심기술에 대한 통제권을 확보하고, 국력을 유지하는 것이 필수적이다.

에필로그

승자와 패자 그리고 미래

Winners, Losers and the Future

에필로그

승자와 패자 그리고 미래

(Winners, Losers and the Future)

"뛰어난 기술만으로 전장을 변화시키기에는 역부족이다.
바로 지금이 기술안보 정책이 필요한 시점이다."
- 본문 중 -

초판을 완성하였던 2015년에 시작한 글의 대부분은 여전히 유효한 사실이라고 생각한다. 그렇지만 지난 8년 동안 벌어진 몇 가지 경과에 대해서는 관심을 기울일 만하다. 간단히 설명하자면 두 가지의 범주, 특히 전장에서의 "군사무기의 변화"와 그 이상으로 중요한 "군사기술혁명시대"라는 조류 속에서 "기술의 승자와 패자"에 대한 성찰이 주된 내용이다. 특히 군사기술은 전장에서 힘의 우위를 겨루는데 필요한 단순한 구성요소가 아닌 국제안보에 결정적인 영향력을 행사하는 핵심자원으로 등장했다. 다음에서는 각 무기체계 분야별 기술동향을 살펴보고, "첨단"이라는 수식어로 상품화된 오늘날의 기술들이 아무런 문제

없이 제 역할을 하고 있는지, 그리고 안보와 어떤 연결고리가 있는지 시사점을 제공하고자 한다.

무인항공기

이스라엘이 무인항공기 또는 UAV 형태의 무기를 처음 도입한 이후 이들의 효용성에 대한 최초의 실전 검증은 아제르바이잔과 아르메니아가 대결한 2020년 제2차 나고르노-카라바흐 전쟁이었다. 2020년에 보여준 무인항공기 시스템의 작전 성공률은 현재 진행 중인 - 작성 당시 - 우크라이나 전쟁에서 100배나 증가했다. UAV의 큰 장점은 실시간으로 전장을 볼 수 있는 능력과 지금까지 널리 알려진 독일의 레오파드 2와 같은 전차를 비롯하여 방공시스템, 야전화포, 장갑차, 지휘센터, 그리고 현대식 전투전차 등의 고가치의 무기를 파괴할 수 있는 능력이다.

우크라이나 전쟁이 시작된 이후 UAV의 성능은 더욱 개선되어 치명적인 영향을 미치게 되었다. UAV가 통신채널, 비디오링크 또는 GPS를 방해할 수 있다는 사실을 알게 되면서 운용자들은 더 나은 운용방법을 찾게 되었다. 주요 개념은 드론에 어느 정도의 자율성을 부여하고, 목표물에 접근할 때 운용자의 개입이 필요하지 않도록 하는 것이다. 이러한 개념이 처음으로 목격된 것은 2019년 9월, 이란이 사우디의 쿠라이스와 아브카이크의 정유시설을 공격했을 때였다. 저장탱크 - 겉으로 보기에는 비어있었던 - 에 구멍을 낸 드론은 미리 목표물이 프로그램 된 것처럼 보였고, 목표물을 타격하기 위해 사람의 도움이 필요하지 않았다.

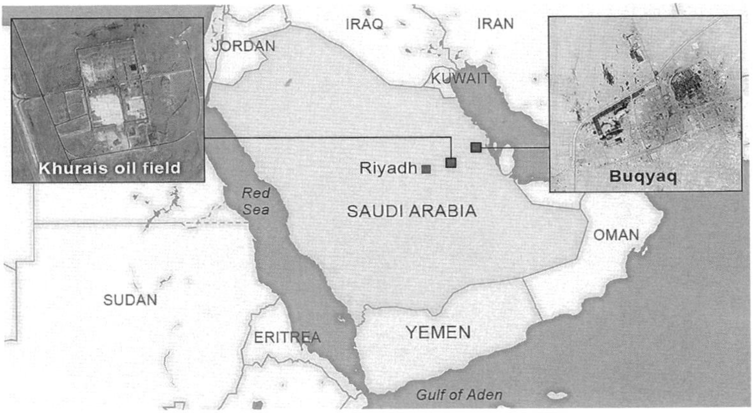

〈쿠라이스와 아브카이크의 정유시설〉
https://commons.wikimedia.org/wiki/File:Khurais_oil_field_and_Buqyaq_Saudi_Arabia.png

이스라엘 전문가들은 이 드론에 미국 토마호크 순항미사일의 지형등고대조나 디지털영상대조와 같은 시스템이 탑재되어 있었다고 주장한다. 디지털영상대조(DSMAC) 방식은 GPS 위치로 목표물을 찾는 것이 아니라 사전에 프로그래밍 된 이미지를 찾아내어 타격하는 지형추적 시스템이다. 사실, 초기의 토마호크도 GPS를 사용하지 않았는데, 나중에 적군이 토마호크가 어디에서 날아오는지 알 수 없도록 비행 패턴을 다양하게 변화를 줘야 한다는 사실을 깨닫고 나서야 GPS를 추가했다. 이와 동일한 기능이 러시아의 란셋(Lancet) 자폭드론의 고급버전에 반영되어 있는데, 이동 중인 장갑차에 대해 매우 효과적인 것으로 보인다. 원래 란셋에는 이 기능이 없었으나 이내 개량된 탄두와 인공지능을 갖춘 버전으로 개조하였다. 정말로 인공지능인지는 불분명하지만, 이미지를 통해 목표를 타격하는 이미지 매칭 기능은 분명히 갖추고 있다.

〈러시아의 Lancet〉[1]

〈이스라엘의 Hermes〉[2]

1) https://commons.wikimedia.org/wiki/File:Army-2020-315.JPG

2) Tal Inbar, Attribution, "Full-size model of Elbit Hermes 900 UAV" Hebrew Wikipedia, https://commons.wikimedia.org/wiki/File:Hermes_900.jpg

드론은 전장 어디에서나 보편화되면서 매우 스마트한 방식으로 활용되고 있다. 2019년 나고르노-카라바흐(Nagorno-Karabakh)에서 이스라엘 헤르메스(Hermes) 드론이 튀르키예산 바이락타르(Bayraktar) TB-2 드론에게 목표물을 공격하도록 교전지시 신호를 보내는 것이 처음으로 목격되었다. 러시아-우크라이나 전쟁에서는 러시아의 올란-10(Orlan-10) 드론이 러시아와 이란의 다양한 드론을 대상으로 그들이 지정한 목표물을 타격하는 것을 통제하는 데 도움을 주고 있다. 또한, 비행중인 모든 드론을 격추하게하고, 방공망이 요격로켓을 발사하도록 유도함으로써 정작 순항미사일과 재래식 로켓과 같은 더 위협적인 무기에는 취약하고 대응이 불가능하도록 만드는 상황을 볼 수 있다. 미국은 적어도 2010년부터 소위 군집 드론의 위협에 대해 인지하고 있었지만 이에 대해 거의 또는 전혀 조치를 취하지 않았다. 한 가지 분명한 예는 미국 함정의 방어시스템이 통합되어 있지 않다는 것이다. 뒤늦게 문제를 해결하기 위한 노력이 이루어지고 있지만 전장의 상황은 더욱 심각하다.

대부분의 장거리 드론은 가솔린이나 소형 디젤엔진을 동력으로 사용한다. 그러나 조용하고 적외선(IR) 신호를 발생하지 않는 배터리 구동의 전기모터를 장착한 드론이 점점 더 늘어나고 있다. 드론은 또한 플라스틱이나 일부 저렴한 복합소재로 만들어져 F-35와 같은 스텔스 항공기보다 훨씬 더 스텔스 성능이 뛰어나다. 이는 X-밴드의 전술 레이더 - 대부분의 군용 레이더에서 사용하는 파장 - 를 피하는 데 적합하다. 그러나 L-밴드 대역의 주파수를 사용하는 레이더나 VHF 위치확인 시스템에 의해 여전히 탐지될 수 있다. 이것들은 수동으로 레이더 방사를 통제하기 때문에 파괴하기 어려우며, 점점 더 유용하게 활용되고 있다.

정찰자산

미국은 우크라이나를 돕기 위해 위성, 특수정찰 항공기, 첨단 드론을 사용하여 실시간으로 전장정보를 제공하는 등 적극적인 노력을 펼쳐왔다. 이러한 자산은 우크라이나가 케르치(Kerch) 해협 교량 – 우크라이나의 크림반도와 러시아의 타만(Taman)반도를 연결하는 크림대교(Crimean Bridge) - 을 포함한 수평선 너머의 자산을 표적으로 삼고, 흑해의 함정을 공격하며, 세바스토폴(Sevastopol) 조선소를 공격하고, 러시아 내부의 모스크바에 이르는 지역의 군인들과 민간인들의 위치를 확인하는데 도움을 주었다.

〈개발 중인 랜드샛(Landsat) 9호〉[1]

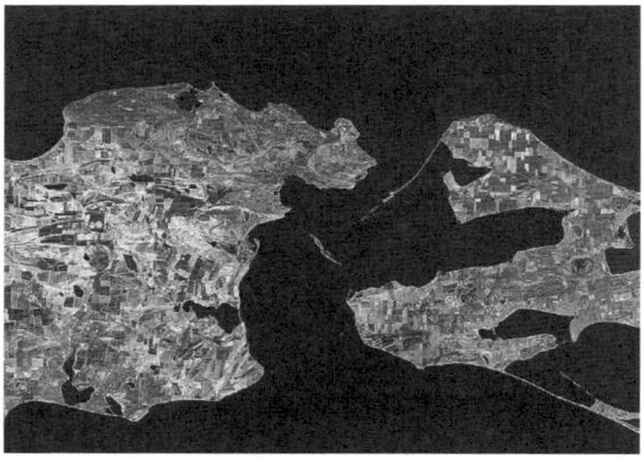

〈케르치 해협 랜드샛 위성사진(우크라이나-러시아)〉[2]

1) https://commons.wikimedia.org/wiki/File:Landsat_9_processing.jpg(2021년 9월 발사)
2) https://commons.wikimedia.org/wiki/File:Kerch_Strait_Landsat.jpg

러시아인들은 동시에 발생할 수 있는 더 큰 전쟁을 피하기 위해 미국과 NATO의 정찰자산을 공격하는 것을 대부분 피했다. 그럼에도 불구하고 한번은 러시아인들이 흑해 상공에서 미국의 무인항공기를 희롱함으로써 충돌로 이어지기도 했다. 잘 알려지지 않은 문제 중 하나는 유럽의 NATO나 태평양에서 충돌이 발생할 경우 미국의 대처가 얼마나 강력할 것인가? 이다. 이러한 시스템들이 적에게 너무 가까이 작동한다면 생존이 의심스러울 것이다.

방공시스템

한 가지 중요한 교훈은 전략적으로나 전술적으로나 오늘날의 방공시스템은 부적절하고, 불충분하다는 것이다. 첨단기술 자산과 무한한 자금 덕분에 세계에서 가장 발전된 방공시스템을 보유한 국가는 미국이라고 생각할 수 있다. 그러나 그것은 사실이 아니다. 전략적이고 전술적인 방공시스템의 선진국은 서쪽의 이스라엘과 동쪽의 러시아이다. 미국은 전술적 수준에서 패트리어트 방공시스템을 배치했고, 전략적 방어를 위해 지상기반요격체(GBI: Ground-Based Interceptor), 사드(THAAD: Terminal High Altitude Area Defense) 그리고 이지스(AEGIS Combat System)를 운용한다.

하지만 GBI와 THAAD는 제대로 테스트되지 않았다고 본다. 이스라엘은 GBI 레이더와 자국산 추적시스템을 통합하는 테스트를 위해 Arrow 3 요격 미사일을 알래스카에 보냈다. 두 번의 발사시험은 완벽하게 성공했다. 그러나 미국은 계속해서 GBI를 위한 새로운 요격체를 찾고 있으며 - 그리고 아마도 THAAD보다 더 나은 것이 필요할 수도 있다. - 이스라엘의 요격시스템을 채택 또는 고려조차 하지 않고 있다. 불행하게도 미국의 시스템은 완벽하게 개발 또는 준비되지 않은 안타까운 사례로 볼 수 있는데, 이것은 시간, 인명, 그리고 비용을 희생시킨다. 변화의 조짐은 보이지 않는다.

〈GBI〉[1)]

〈THAAD〉[2)]

〈AEGIS〉[3)]

1) https://commons.wikimedia.org/wiki/File:OBV_GBI_1.jpg
2) https://commons.wikimedia.org/wiki/File:THAAD_missile_launch_on_Wake_Island.jpg
3) https://commons.wikimedia.org/wiki/File:JS_Haguro%EF%BC%88DDG-180%EF%BC%89launching_SM-3_Block_IB._Hawaii,_Nov_19,_2022.jpg

이란이 제공한 고체연료 장거리 미사일을 사용하는 예멘의 후티 반군은 최근 다수의 미사일을 이스라엘로 발사했다. 애로우(Arrow) 미사일 시스템(Arrow 2와 Arrow 3 모두)은 이스라엘 밖 홍해 너머에서 후티 반군이 발사한 미사일을 모두 파괴했다. 애로우는 매우 인상적인 전략시스템인데, 특히, 독일을 비롯한 일부 국가에서는 미국이나 유럽의 시스템을 선택하는 대신에 이를 구매하기로 결정했다. 시스템이 제대로 작동한다는 뜻이다.

마찬가지로 패트리어트(Patriot) 미사일의 이야기도 매우 엇갈

〈애로우(Arrow) 3 미사일〉[1]

〈스터너 미사일 발사시험〉[2]

1) https://commons.wikimedia.org/wiki/File:Arrow-3_Feb-25-2013_(a).jpg
2) https://commons.wikimedia.org/wiki/File:David-Sling-0001.jpg

린 결과를 가지고 있다. 미국은 패트리어트를 개량하기 위해 꾸준히 노력해왔기 때문에 패트리어트 PAC-3는 레이더, 미사일, 하드웨어, 소프트웨어 등, 성능 면에서 기존의 패트리어트보다 우수하다. 그럼에도 불구하고 패트리어트는 특별히 효과적이지는 않았다. 달리 말하면 모든 변경사항으로 인한 높은 비용, 소프트웨어 버전이 다를 경우 발생하는 상호운용성 문제, 수리부속과 미사일 공급부족 등을 고려할 때 무조건 좋은 시스템은 아니라는 의견도 있다. 하지만 패트리어트는 유럽, 중동, 아시아의 많은 국가들로부터 선택을 받았기 때문에 실제보다 더 효과적으로 운용되어야 한다. 이를 개선할 수 있는 한 가지 방법은 이스라엘 요격미사일 중 일부를 장착하는 것이다. 그 중 스터너(Stunner)라고 불리는 것은 이스라엘이 패트리어트를 대체하기 위해 개발한 데이비드 슬링(David's Sling)이라는 방공시스템의 일부이다. 이스라엘에서 라파엘(Rafael)과 함께 스터너를 제조한 레이시온(Raytheon)은 스터너를 스카이셉터(SkyCeptor)라는 버전으로 제공하고 있으며, 이는 패트리어트와 호환이 가능하다. 핀란드와 같은 몇몇의 국가들은 단거리, 중거리 전술 미사일과 기타 위협에 대한 방어를 위해 데이비드 슬링(David's Sling) 시스템을 구입하기로 결정했다. 최근 가자전쟁(Gaza war)에서 데이비드 슬링은 이란이 하마스 테러조직에 제공한 새로운 장거리 전술미사일을 성공적으로 요격했다.

방공시스템의 교훈 중 하나는 대규모 위협에 압도될 수 있다는 것이다. 이것은 우크라이나의 경험에서 그리고 하마스가 이스라엘의 목표물에 수천 발의 미사일을 발사했을 때의 이스라엘의 경험에서 다시 배울 수 있었다. 따라서 미래에는 미국과 이스라엘이 노력해 온 방공망의 완전한 통합이 이루어져야 한다. 미국의 미사일방어청(MDA)과 이스라엘 미사일방어기구(IMDO) 간에는 상당한 협력이 이루어지고 있다. 불행하게도 이 훌륭한 협력은 미국의 방공능력 향상에 도움이 되는 체계를 다루는 이스라엘 방산기업과의 협력까지는 확장되지 않고 있다.

인공지능

거의 모든 국방시스템에서 점점 더 중요해지는 기술 중 하나는 인공지능이다. 인공지능은 특히 의사결정에 있어서 시스템이 자체적으로 점점 더 지각력을 갖고, 외부적인 지원으로부터 멀어질 수 있음을 의미한다. AI는 재래식 무기에 영향을 미칠 뿐만 아니라 전략무기 시스템, 특히 핵무기 시스템에서도 중요한 역할을 하게 될 것이다. 따라서 AI를 도입하는 것은 분명 장점이 있겠지만, 비극적인 계산 착오로 이어질 수도 있다는 점을 쉽게 예상할 수 있다. 대표적으로 유사한 예는 미국의 주식시장인데, 오늘날의 매매는 시장 점유율을 고려하여 매도 또는 공매도를 하기 위해 프로그래밍 된 기계의 의사결정에 의해 크게 좌우된다. 대체로 시장은 사람이 아니라 기계에 의해 운영된다. 다시 말해, 시장은 실제 시장이 아니라 기계가 요구하는 이익을 위한 시스템임을 의미한다. 만약 이를 군용시스템으로 전환한다면 그 위험성은 엄청날 것이다.

패배자인 전차(Tank)

우크라이나 사례를 통해 살펴본 전차전은 러시아, 우크라이나, 유럽, 미국에게 큰 실패를 안겨주었다, 주력전차, 보병 전투차량, 장갑차 등에 수십억 달러를 투자했음에도 불구하고 그 중 어느 것도 전장에서 오래 살아남지 못했다. 이러한 이동식 플랫폼은 대전차 무기, 지뢰, 정밀무기, 자폭 드론에 의해 전멸되었다. 이제 많은 사람들이 전장에서 전차와 장갑차량 등의 타당성에 대하여 의문을 제기하기 시작했다. 장갑차에 대항하여 사용하는 무기 중 하나는 공중발사 지뢰이다. 유럽과 미국은 이러한 시스템을 넉넉하게 보유하고 있지는 않지만, 러시아는 이를 매우 효과적으로 사용했다.

〈ISDM 전면〉[1)]

〈ISDM 후면〉[2)]

1) https://commons.wikimedia.org/wiki/File:ISDM_-_Army-2022_24.jpg
2) https://commons.wikimedia.org/wiki/File:ISDM_-_Army-2022_25.jpg

러시아의 ISDM 젬레델리예(Zemledeliye, 영어로는 Agriculture) 원격 지뢰부설 시스템(remote mine-laying system)이 그 대표적인 예이다. 다연장 로켓시스템처럼 보이지만 최대 15km 떨어진 곳으로 지뢰를 발사할 수 있고, 대인(anti-personnel) 및 대전차(anti-tank) 지뢰를 발사할 수 있다. 미국은 볼케이노(Volcano), 폴란드는 바오밥-K(Baobab-K), 영국은 쉴더(Shielder) 지뢰부설 시스템 등이 있으며, 다른 시스템들도 찾아 볼 수 있다. 2023년 여름 우크라이나의 반격 과정에서 많은 수의 장갑차와 수천 명의 보병이 공중발사 지뢰에 의해 사망하거나 부상을 당했다.

미래에는 지뢰부설 시스템이 확산될 것이며, 이러한 시스템이 파괴되지 않거나 지뢰제거 시스템이 살아남지 않는 한, 전장에서 한걸음씩 전진하는 것은 어려워질 것이다. 불행하게도 지뢰제거 시스템은 스스로 표적이 되어 파괴되기 전까지 충분히 빠른 속도로 지뢰를 제거할 수 없다. 일부 지뢰제거 시스템은 독일 레오파드(Leopard)와 같은 주력 전차의 섀시를 사용한다.

위기에 처한 스텔스

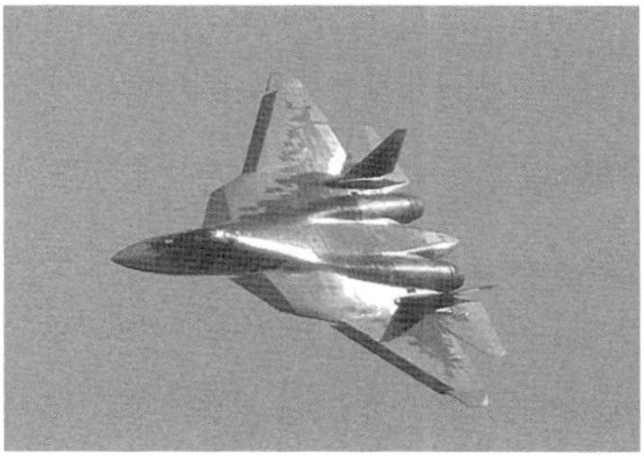

〈비행중인 Su-57(2019 MAKS 에어쇼)〉[1]

〈전시중인 Su-75(2021 Dubai 에어쇼)〉[2]

1) Krassotkin, CC0 1.0, Universal Public Domain Dedication, "MAKS Airshow 2019 (2019-08-30)" (https://commons.wikimedia.org/wiki/File:MAKS_Airshow_2019_(2019-08-30)_303.jpg)

2) Mztourist, CC BY-SA 4.0, "Sukhoi S-75 Checkmate mockup side at Dubai Air Show 2021" (https://commons.wikimedia.org/wiki/File:Sukhoi_S-75_Checkmate_mockup_side_at_Dubai_Air_Show_2021.jpg)

미국 최초의 스텔스 전투기는 F-117이었으나 오늘날에는 F-35 합동타격전투기(Joint Strike Fighter)로 특징 지을 수 있다. JSF는 스텔스 설계를 위해 무장을 내부적으로 휴대해야 하는 공간을 확보해야 한다. 중국 역시 스텔스 전투기인 J-20을 보유하고 있는데, 현재 러시아산 엔진을 임시로 사용하고 있으나, 중국에서 자체 생산한 추력이 큰 엔진으로 전환하고 있다. J-20의 많은 기능들은 마치 F-35를 복제한 것 같다는 생각이 든다.

러시아인들은 덜 은밀하게 행동했다. Su-57 Felon 전투기에 스텔스 기능이 있다고 주장하지만 많은 전문가들은 이것의 레이더 회피 기능을 무시할 정도이다. 실제로 러시아 공군은 이 플랫폼을 좋아하지 않았고, 많이 주문한 것 같지도 않으며, 우크라이나 전쟁에서도 큰 활약상을 - 개전 초 2~3주경 원거리 정밀타격에 성공했다고 주장하지만 - 찾아보기 힘들다. 러시아는 또한 단발엔진 전술전투기인 Su-75 체크메이트(Checkmate)를 개발하고 있다. 현 상황을 고려해보면 러시아가 이 항공기를 언제 양산할지는(2026년으로 추정) 확실하지 않다.

여전히 답을 구하기 힘든 가장 어려운 문제는 스텔스가 과연 가치가 있는지의 여부이다. 레이더로 볼 수 없는 비행기는 적의 지휘본부, 레이더, 비행장을 파괴하는 데 사용될 수 있으며, 적외선 신호를 추적하는 것 외에 대공시스템의 영향을 거의 받지 않는다. 오늘날의 전자광학 시스템은 훨씬 더 먼 거리를 탐지할 수 있도록 크게 개선되었다. X-밴드가 아닌 레이더와 VHF 탐지시스템이 결합된 스텔스 항공기는 원거리 무기를 탑재해야 효과적이다. 하지만 스텔스 플랫폼의 적재량이 제한되어 있기 때문에 실제 전투 환경에서 스텔스가 적합한지 따져봐야 한다. 전투에서 스텔스의 유효성은 여전히 검증되지 않았으며, 복합적인 센서 시스템은 이러한 플랫폼에 대한 막대한 투자를 현명하지 않은 것으로 만들 수도 있다.

스텔스 전투기에서 살펴본 것과 같이 스텔스 폭격기의 경우도 마찬가지일 수 있다. 미국은 한동안 B-2 스텔스 장거리 폭격기를 보유해 왔다. 이는 주로 "핵 중력 폭탄"을 운반하는 역할로 밀려났다. 새로운 B-21 스텔스 폭격기(B-21 Raider)는 더 크고 더 많은 것을 운반할 수 있지만 비용이 매우 많이 든다. 과연 어떤 역할을 하는 것일까? 2023년 기준으로 B-21의 비용은 대당

7억 7,600만 달러 - 매몰된 R&D 비용은 미포함 - 가 넘을 것이다.

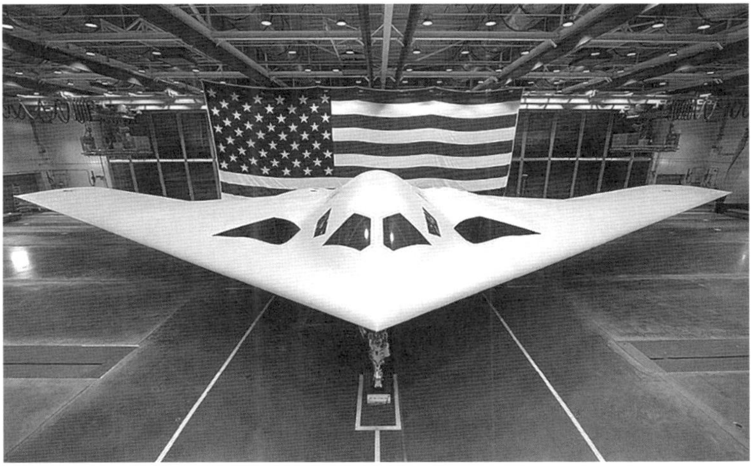

〈B-21 스텔스폭격기(Northrop Grumman B-21 Raider)〉
https://commons.wikimedia.org/wiki/File:B-21_Raider_front_high.jpg

2025년이나 2026년에 본격적인 생산에 들어갈 때쯤이면 그 비용은 거의 10억 달러(약 1조 3,000억원)로 증가할 것이다. 일반적인 상식을 가진 사람이라면 누구도 재래식 전쟁에서 이 폭격기를 사용할 만큼 위험을 감수하지는 않을 것이다. 구형 B-1이나 원거리 미사일을 구비한 B-52는 비용적인 측면에서 훨씬 더 현명하고, 효율적인 선택이다. 중국과 러시아는 모두 스텔스 폭격기를 개발하고 있다. 미국의 B-21보다는 훨씬 저렴하지만 여전히 비용이 많이 들고, 대부분 낭비적인 요소가 많다. 스텔스는 패배자가 될 위기에 처해 있다.

저명한 정치학자인 한스 모겐소(Hans J. Morgenthau)는 자신의 저서 "국가 간의 정치(Politics Among Nations)"에서 국익은 항상 국력을 통해 보장된다고 주장했다. 물론 이것은 사실일 수도 있지만, 국력은 항상 효과적으로 행사되는 것은 아니며 때로는 국력의 사용이 국익을 훼손할 정도로 역효과를 낳기도 한다. 모겐소에게 미국은 현상유지(status-quo) 세력으로 간주되는 국가이다. 이는 미국이 국제 질서 - 유리한 경우 - 를 보존하기를 원하며, 오늘날의 국제질서의 규칙에 관해 이야기하고 있음을 의미한다. 물론 누구도 국제질서에 기초한 규칙과 같은 미국식 용어를 이해할 것이라고 기대하기는 어렵다. 그렇다면 과연 누구의 규칙인가? 분명 미국인들의 마음속에는 미국이 말하는 대로 규칙이 적용되길 바랄 것이다.

가장 중요한 것은 미국은 다른 어떤 강대국도 부(wealth)와 영토(territory), 심지어 영향력(influence)이 확대되는 것을 원하지 않는다. 이러한 이유로 미국은 이라크에서 사담 후세인과 전쟁을 벌였다. 왜냐하면 사담 후세인이 궁극적으로 석유공급을 차단하면서 다른 산유국들, 미국과 유럽을 위협했기 때문이다. 사담은 또한 이스라엘이 자체 미사일방어 시스템을 개발하기 전에 미사일, 독가스(사린), 그리고 기타 화학무기로 이스라엘을 위협했다. 사담 역시 핵 프로그램을 갖고 있었지만 이스라엘이 오시라크(Osirak) 원자로를 폭격함으로써 과감하게 이를 제거했다. 또한 미국은 결국 아프가니스탄에서 탈레반(그리고 알카에다)과 전쟁을 벌였는데, 그곳에서 미국과 NATO가 쏟아 부은 시간은 무려 20년이다. 이라크에서는 사담 후세인을 프로로 잡고 - 그리고 최종적으로 재판과 처형 - 미국 점령의 형태인 과도기로 넘어가는 양면전이 일어났다. 두 개의 모든 분쟁에서 미국은 패자였다. 아프가니스탄에서 조 바이든 대통령은 미군에게 진정한 위협이 없을지라도 철수하라고 명령했고, 이로 인해 아프가니스탄은 탈레반과 알카에다를 계승한 ISIS에게 넘겨졌다. 미국은 이라크에서 민주주의의 기틀을 만드는 것을 도왔으나 이마저도 적대적인 민병대들에 의해 빠르게 훼손되었고, 이라크 정부에 껍데기만을 남겼으며, 많은 부분을 이란의 후원을 받는 민병대들이 지배하고 있다. 오늘날 이라크는 미국이 아니라 이란에 의해 크게 영향을 받고 있고, 중국이 이라크의 석유추출 산업을 지배하기 시작하는 등 다른 국가들의 영향을 받기 시작했다.

이러한 실패를 경험한 후, 바이든 대통령의 미국과 NATO는 러시아어를 사용하는 인구를 박대해온 부패한 우크라이나 정부를 지원할 기회를 잡았다. 그러나 문제의 핵심은 우크라이나가 EU와 NATO에 포함되는 것이었는데, 러시아는 모스크바와 가까운 NATO 기지와 전술 미사일을 두려워했다. 푸틴 대통령은 소위 특수군사작전(Special Military Operation)을 시작하기 전에 이 점을 분명히 했다. 물론 러시아의 특수작전으로 인해 전쟁이 개시되었지만, 그 직접적인 원인은 NATO의 확장 위협이었다는 것이다. 물론, 러시아어를 사용하는 우크라이나 인구의 미래, 돈바스(Donbas) - 도네츠(Donets)와 루한스크(Luhansk) - 의 영토, 자포리자(Zaphorize), 헤르손(Kherson), 크리미아(Crimea), 흑해의 지배

등 다른 문제들도 작용하고 있다.

NATO의 확장은 소련이 붕괴된 이후 러시아가 유난히 약했던 시기에 이루어졌다. 확장의 문제는 NATO 동맹이 방어적 체제에서 공세적 체제로 전환되면서 NATO가 본연의 자주국방이나 집단안보 이익을 목적으로 하기 보다는 어떤 일도 할 준비가 거의 되지 않은 곳(아프가니스탄, 중동, 발칸반도)에 개입하면서 문제가 발생했다는 것이다.

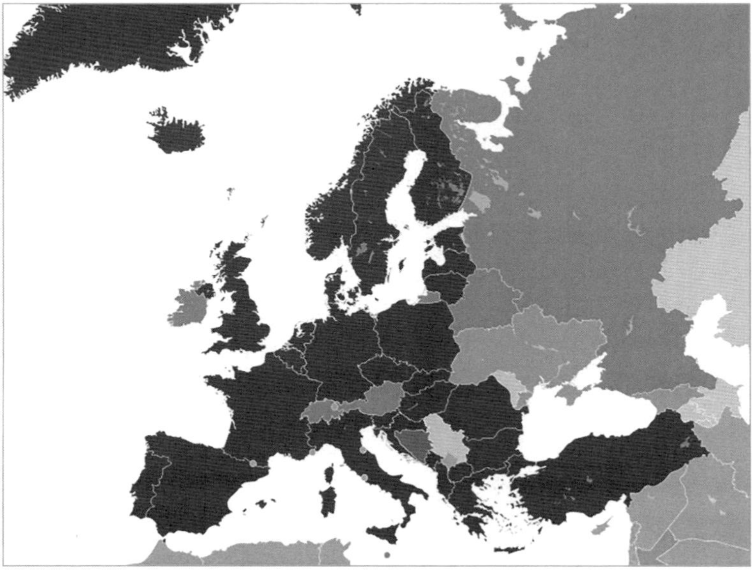

〈유럽의 NATO 회원국 현황〉
검은색은 NATO 회원국을 나타낸다.
https://commons.wikimedia.org/wiki/File:Major_NATO_affiliations_in_Europe.svg

실제로 NATO의 국경이 러시아를 향한 동쪽으로 이동하면서 NATO의 방어력은 기존 수준을 유지하는 것은 고사하고, 새로운 회원국 중 누구도 방어하기에는 턱없이 부족한 상태라는 관측이 지배적이다. 이러한 맥락은 우크라이나 분쟁과 연계했을 때 중요한 사실인데, 골대를 모스크바 가까이로 옮기는 것은 러시아에 대한 실존적 위협이며, 든든한 지원군이 없는 중앙선(국경)의 수비수에게도 위협이 된다. 미국과 NATO는 이 모든 것이 푸틴의 잘못이라고 주장하며 애를 쓰지만, 그런 설명은 국제정치적으로 또는 지정학적으로 100% 맞는 이야기라고 볼 수는 없다. 이 글을 쓰고 있는 현재에도 우크라이나는 전쟁으로 인해 많은 수의 사상자가 발생하여 큰 고통을 받고 있고, 그 피해 규모도 엄청나다. 객관적으로 볼 때, 전쟁은 더 오래 지속될 수 있지만 우크라이나와 후원자들에게는 결산의 날이 불편할 정도로 점점 가까워지고 있는 것처럼 보인다. 온갖 고통과 소음 속에서 미국의 체면은 또다시 구겨지고 있으며, 미국의 뛰어난 기술만으로는 전장을 변화시키기에 턱없이 부족하다는 사실도 깨닫고 있다. 따라서 미국과 NATO는 패자가 되는 것을 경계해야 한다.

결론

NATO의 과도한 확장은 미국과 동맹국들을 불편한 계산에 노출시켰다. 이를 만약 실패라고 간주한다면, 궁극적으로 그 실패는 유럽과 미국에 중대한 정치적 변화를 가져올 것이다. 심지어 예멘의 후티와 같은 상대적으로 수준이 낮은 적들이 미국에

도전할 때, 터무니없고 초현실적인 결과를 가져올 수 있는 여건을 조성해 주었다. 더 나쁜 것은 유럽이든 아시아든 유럽과 미국 모두에게 매우 큰 피해를 줄 수 있는 전쟁을 촉발할 수 있다는 것이다. 현재의 상황에서 이러한 부정적인 추세를 뒤집는 것이 가능하다면 몇 년은 걸릴 것이다. 여기서 중요한 것은 문제의 핵심에 기술, 특히 군사기술이 있다는 것이다. 군사기술은 창과 방패의 역할을 수행함과 동시에 분쟁을 촉발하기도 하고, 해결사 역할을 하기도 한다. 그리고 국제안보에 직간접적으로 영향을 미친다. 따라서 이 기술은 매우 조심스럽게 관리되어야 하며, 이를 감싸는 단단한 정책을 준비해야 한다. 현재를 소위 군사기술의 혁명시대라고 말한다. 이 의미는 기술 자체의 진보와 혁신을 의미하기도 하지만 누구나 기술 행위자로서 출사표를 던지고 경쟁무대에 뛰어들어 기술평준화에 도전할 수 있다는 것이다. 이러한 기술의 규칙과 질서가 무너지는 순간 우리는 다시 혼란의 세계에 빠질 수도 있음을 명심해야 한다. 역사는 반복되며 순환한다. 바로 지금이 기술과 연계한 안보정책을 수립해야 할 시기이며, 혼란이 발생했을 때는 이미 늦고 제대로 작동하지도 않을 것이다.

주석(NOTES)

제1장 고대인과 기술

1. 고대의 나바테아인(Nabateans)들은 물과 단단하고 부서지지 않는 토양을 유지하면서 작물, 특히 대추야자, 아몬드, 과일 나무를 재배할 수 있는 계단식 농업시스템을 개발했다. 또한 그들은 무역으로 유명했고 이스라엘의 팀나(Timna) 계곡에서 나오는 역청과 구리 시장을 장악했다. 고대에 역청은 벽돌을 결합하고, 배의 틈새를 메우며, 안감의 재료 등으로 사용되었다. 이집트인들은 건조제 역할을 하는 나트론(탄산나트륨, 소다회와 중탄산나트륨)에 시체를 담근 후 미라를 방부하는 용도로도 사용했다.

2. 고고학계의 많은 사람들은 성경에 나오는 사울, 다윗, 솔로몬의 이야기가 틀렸다고 주장한다. 그러나 이러한 왕국은 실제로 존재했으며, 성경 이야기의 전반적인 내용이 신뢰할 수 있음을 보여주는 새로운 고고학적 증거가 점점 더 많아지고 있다. 최근 가장 흥미로운 발견 중 하나는 현재 "다윗의 집(House of David)"또는 "다윗의 장막"이라고 불리는 비문에 요약되어 있다. "이스라엘 북부의 텔단(Tel Dan)에서 발견된

비문에는 히브리어 성경 외에 최초로 다윗 왕조를 언급하는 내용이 포함되어 있다(Biran and Naveh, 1993). 13행의 단편적인 비문은 기원전 800년대 중반에 작성된 것으로 초기 아람어(Aramaic)로 기록되었으며, 아람 왕이 다마스쿠스에서 이스라엘 왕을 상대로 승리를 거둔 것을 축하하는 내용으로 보인다. 그 비문에는 "이스라엘의 왕"그리고 "다윗의 집"이라는 문구를 포함하고 있다. (Biran, Avraham; Naveh, Joseph "An Aramic Stele Fragment from Tel Dan,"Israel Exploration Journal, Vol. 43, No. 2/3 (1993), pp. 81 - 98. Israel Exploration Society.)

3. 다윗이 실제로 이스라엘을 상대로 공격을 시작했는지, 아니면 아기스(Achish)에게 그렇게 했다라고 말은 하면서도 실제로는 유대인 정착촌을 위협하는 다른 부족들을 향해 그의 군대를 사용했는지는 논쟁이 있다.

4. 이 시기는 이집트가 힉소스(Hyksos)의 지배를 받거나 힉소스의 지배로부터 벗어나려고 노력하던 시기와 거의 같은 시기이다.

5. "철(iron)"이라는 용어는 "하늘에서 내려온 금속"이라는 고대 사상에서 유래되었으며, 최초의 철은 운석에서 채취되었다. 이 철은 의도적으로 만들지 않는 한, 사람이 만든 철에서는 나타나지 않는 높은 함량의 니켈 때문에 알 수 있다. 그린란드의 이누이트(Inuit) 인디언들은 늦어도 1890년대에 30톤의 운석으로 철 도구를 만들었다. 고대의 기술은 철과 다양한 종류의 강철을 생산할 수 있게 하였다. 이것이 어떻게 가능했는지는 여전히 연구와 논쟁거리로 남아 있다. 강철의 종류는 철 재료의 탄소 함량(저탄소, 중탄소, 고탄소)과 이를 생산하는 방법에 따라 달라진다. 고고학적 증거는 철과 강철의 제조가 "불꽃이 만발한" 용광로를 중심으로 이루어졌음을 보여준다. 사람들은 화로의 온도를 높이기 위해 풀무형(bellows) 메커니즘과 송풍관을 사용하여 숯에 공기를 주

입했다. 그들이 필요했던 최종 형상과 결과를 얻기 위해서는 2차 금속 성형 재작업과 단조, 용광로에서의 추가적인 공정이 필요했을 수 있다. 고대에는 강철과 철을 제조하는 방법이 전 세계로 퍼져 나갔고, 그러한 흔적은 북아프리카, 북유럽, 러시아, 중국, 인도에서도 발견되었다. 이러한 노하우의 전수 과정은 매우 흥미로운 주제이며 아직까지 연구 중이다. 또한 고대인들은 철과 제강 공정에 다른 합금을 주입하여 특수한 도구를 만드는 방법도 이해한 것 같지만, 이것이 의도한 것인지 아니면 우연의 일치인지는 확인이 필요하다. 철과 강철의 제조는 구리와 주석을 사용하는 것에 비해 상당한 이점을 가지고 있었다. 주요 이점으로 철광석은 널리 이용이 가능하고 저렴했으며, 현지에서 추출하거나 대상교역을 통해 얻을 수 있었다는 것이다. 반면에 주석은 해상 운송과 높은 가격을 요구하는 경우가 많았으며, 가용성 또한 확실하지 않았다. 더 단단한 형태의 철과 강철은 군사 및 농업용으로도 탁월했을 뿐만 아니라 녹을 일으키는 습기로부터도 보호할 수 있었다.

6. 출애굽기(Exodus)의 역사적 기록, 사건의 연대, 파라오의 정체에 대해서는 많은 논쟁이 있다. 그 연대와 관련하여 일반적으로 받아들여지는 시기는 기원전 1778년에서 1646년 사이이다. 하지만 좀 더 신빙성이 있고 고고학적 뒷받침이 있는 개정 연대는 모세시대부터 사사시대로 이어지는 BC 1591년에서 1077년 사이이다. 이 기간에 해당하는 이집트의 내부 상황은 독립적인(비성경적) 출처로서 이푸워 파피루스(Ipuwer Papyrus)에 나타난다. 자세한 내용은 "A Chronological Model for the 1st and 2nd Millenium BC"by Alan Montgomery at http://www.ldolphin.org/alanm/chron1.html) and The Admonitions of an Egyptian Sage by Alan H. Gardiner (Georg Olms, January 1969, original 1909)를 참조하시오.

7. 성경에서는 병거의 종류를 구분하지 않는다. 한두 마리의 말이 끄는

병거는 경량화된 병거였을 것이라고 추측하는 것이 타당한데, 적어도 저자가 보기에는 네 마리의 말과 함께 묘사된 병거는 아마도 중량이 나가는 중무장 병거였을 것이다. 무덤에서 발견되고, 묘사되는 이집트의 병거는 대부분 경량화 병거로 보이며, 솔로몬 왕은 이스라엘이 지배하는 지역에서 주로 작전을 수행하려면 이러한 가벼운 병거에 의존했을 것이다. 고대인의 발자취를 따라 현대의 군대는 경전차(light tank)와 중전차(heavy tank)를 모두 사용한다는 점에 주목할 필요가 있다.

8. 모든 학자들이 전통적인 연대 측정 시스템을 받아들이는 것은 아니다. Ancient History: A Revised Chronology, Volume 1 by Anthony Lyle (Author House, 2012) 참조.

9. Debbie Hurn("The Amelekites-Were they Hyksos?" In Testimony Magazine, http://www.testimony-magazine.org/back/dec2003/hurn.pdf). 승인을 받은 후 활용함.

10. 목재는 수확하고 건조한 후에 고객에게 전달되어야 한다. 그런 다음에 배가 건조되는데, 폭풍으로 인해 배를 잃기 전까지 한동안은 사용되었을 것이다.

제2장 기술과 보안 그리고 교리

1. Junkers Ju 87 또는 스투카(Stuka, Sturzkampfflugzeug, "강하 폭격기"에서 유래)는 특별한 속도 브레이크를 장착한 독일의 지상공격기로 표적에 대해 날카롭고 빠르게 폭탄을 투하할 수 있었으며, 정확도도 우수하였다. 스투카는 설계상의 절충 사항으로 인해 지상공격을 위한 단일한 목적의 무기였기 때문에 전투기의 호위가 필요했다.

2. 일본의 해군력은 미국을 크게 앞섰고, 항공력도 우위에 있었다. 일본의 해군은 미군의 함대에 비해 2배 이상의 현대식 잠수함과 항공모함을 보유하고 있었다. 제2차 세계대전에서 미국은 일본의 거대한 군사 및 기술 인프라를 따라잡아야 했다.

3. 제2차 세계대전은 1939년 9월에 시작되었다. 미국은 1941년 12월에 참전했다. 따라서 "연합군"이라는 단어는 1941년에 시작된 완전한 동맹을 지칭하지 않는 한 작은 경우에 사용된다.

4. 미국은 전쟁을 시작하고 2년 후인 1943년 말까지 태평양을 위한 새로운 함대를 건조할 수 있을 것으로 예상했었다. 이러한 추정은 진주만의 참화가 일어나기 전에 한 것이다.

5. 일본 역시 고도로 산업화되었지만 1941년까지는 전쟁에 참여하지 않았다. 그 이전에 일본 군대는 태평양의 많은 지역과 중국에서 활동했다. 중국에서는 1931년부터 소규모 전투를 벌였고, 1937년 7월부터 1945년 일본이 패망할 때까지 일본 육군은 대규모 작전을 수행했다. 일본의 군수산업은 독일과 유사하다고 볼 수 있다.

6. 아이러니하게도 나치가 소련의 영토를 점령했을 때 학살은 자행되었다. 수백만 명이 살해당했다.

7. 오늘날의 전차는 디젤연료 또는, 터빈 엔진의 경우 제트연료로 구동된다. 에이브럼스(Abrams)와 같은 미국의 전차는 엔진에 디젤 또는 제트연료를 사용할 수 있다는 점에서 다중연료 방식이다.

8. 판 스프링(leaf spring) 시스템은 여전히 사용 중이다. 고속으로 운행하는 차량에서 판 스프링은 핸들링 문제를 일으키고 때로는 휠 베어링과

커플링을 손상시킬 수 있는 고조파(harmonics)를 생성한다. 판스프링의 장점은 가격이 저렴하고 무거운 무게를 지탱할 수 있는 단순한 시스템이라는 것이다.

9. 도로 위의 전차는 일반적으로 콘크리트와 포장도로를 손상시킨다. 그래서 이스라엘에서는 이 문제를 해결하기 위해 주요 고속도로 노선과 평행한 흙 노반을 건설하여 전차와 기타 궤도 차량들의 이동을 가능하게 하였다.

10. 오늘날에는 속도 그 자체뿐만 아니라 정차 위치에서 운행 속도를 빠르게 올릴 수 있는 능력을 매우 중요하게 여긴다.

11. 고리키(Gorky)는 성공한 Ford Model A를 기반으로 자동차와 소형트럭, 두개의 모델을 제조했다. 이들은 GAZ-A 자동차와 GAZ-AA 소형트럭이었다.

12. 러시아에서는 라다(Lada) 자동차가 지글리(Zhiguli)로 알려져 있다. 라다는 수출형 이름이다.

13. 제1차 세계대전 당시 개발되어 Ford의 일부인 링컨 자동차 회사(Lincoln Motor Company)에서 생산된 리버티(Liberty) 엔진은 드 하빌랜드(De Havilland) DH-4 복엽기와 같은 항공기에 동력을 공급하는 데 사용되었다. 이 가솔린 엔진은 400마력 이상을 생성할 수 있었고, 전차에 사용할 수 있을 만큼 강력했다.

14. 크리스티와 유사점이 많은 근대의 인물은 "스페이스 건(space gun)", 그리고 탁월한 155mm 포 시스템과 같은 다양한 첨단 포병시스템을 발명한 제럴드 불(Gerald Bull)에 관한 것이다. 불(Bull)은 스페이스 건에

대한 아이디어를 가지고 국방부에 접근했지만 무심한 대우와 문전박대를 당했다.

Paris Kanonen - The Paris Guns (Wilhelmgeschütze) and Project HARP (Wehrtechnik und Wissenschaftliche Waffenkunde or Defense Technology and Scientific Expertise) by Gerald Bull and Charles H. Murphy (E. S. Mittler & Sohn; First Edition May 1991). 비판적인 설명자료: William Lowther, Arms and the Man: Dr. Gerald Bull, Iraq and the Supergun (Presidio Press, June 1992) and James Adams, Bulls Eye: The Assassination and Life of Supergun Inventor Gerald Bull (Crown Books, 1992).

제3장 냉전의 승자 : 마이크로칩

1. 미국은 같은 기간 3.6% 미만이었다.

2. 집적회로는 실리콘이나 갈륨비소와 같은 단결정(single crystal) 물질로 이루어진 기판 위에 다양한 물질의 층으로 만들어진다. 게르마늄 기판 작업은 집적회로에 성공적이지 않았다. 집적회로는 웨이퍼(wafer)로 생산되며, 웨이퍼는 많은 수의 개별 집적회로의 다이(die) 역할을 해준다. 필요한 레이어링(layering)과 에칭(etching) 작업이 완료된 후 다이는 웨이퍼에서 분리되고, 플라스틱 또는 세라믹 물질들은 납으로 다이에 접착하여 결합된다.

3. 크라이슬러(Chrysler)가 1957년에 "포워드 룩(Forward Look)" 디자인의 자동차를 출시했을 때, 자동차의 라디오는 튜브와 트랜지스터가 결합된 하이브리드 라디오였다. 하이브리드 라디오를 사용하면 배터리에서 공급되는 낮은 DC 전압을 직접 사용하여 라디오를 작동할 수 있

었는데, 발진기 및 고와트 출력 증폭기 튜브의 높은 전압으로부터 교류 전압을 생성하기 위한 추가적인 장비 - 전력 정류기, 대형 변압기, 라디오 진동기 - 를 필요로 하지 않았다. 소위 말하는 파워 트랜지스터(power transistor)는 기존의 자동차 라디오 용 증폭기 튜브(amplifier tubes)를 제거했다. 군용 전자장치의 경우도 불필요한 장치들을 - 무거운 변압기, 진동기, 필터 콘덴서, RF 초크(chokes), 열 발생 튜브, 저항기 등 - 제거함으로써 장비를 더욱 가볍고 안정적으로 만들었고, 전원공급 변압기로 인한 간섭을 제거했다.

4. 오늘날의 중국은 외국 파트너들에게 값싼 노동력을 제공할 뿐만 아니라, 제조 및 개발을 지원하는 풍부한 엔지니어와 기술자들을 보유하고 있다. 그리고 중국은 비용이 많이 드는 소송과 부담스러운 규제가 거의 없는 나라이기 때문에 미국과 유럽 기업들에게 매력적이다.

5. MiG-25, 일명 Foxbat은 소련의 영공을 침투하는 미국의 초음속 폭격기에 맞서기 위해 설계되었다. MiG-25는 무기를 장착할 수 있었지만, 무거운 무기들의 탑재로 인해 속도 측면에서는 불리한 점이 있었다. MiG-25는 요격기 역할을 하면서도, 소련 외부에서는 정찰용 플랫폼으로도 사용되었다. 이집트와 이스라엘 간의 소모전(1967~1970년) 당시, 소련이 이집트를 대신하여 비행한 것은 MiG-25의 정찰용 버전이었는데, 항공기에 익숙하지 않았던 이스라엘군은 이스라엘 영공을 통과하는 MiG-25를 격추할 수 없었다. 1981년 레바논 전쟁에서는 이스라엘이 MiG-25에 맞서기 위해 개량된 공대공 미사일을 갖춘 F-15를 보유하게 되면서 상황이 바뀌었다. 이스라엘 조종사들은 4대의 MiG-25를 격추했다.

6. 1984년 독일의 토네이도 전투기가 "Voice of America" 라디오 타워에 매우 가까이 다가갔을 때 전자장치를 제대로 보호하지 못하고, 장

애가 발생한 끔직한 사례가 있었다. NASA 참조 간행물 1374호 (1995년 7월) 참조.

7. "인텔(Intel)"은 회사의 원래 이름인 Integrated Electronics Corporation의 축약형이다.

8. 패긴(Faggin)은 이탈리아 비첸차(Vicenza) 태생으로 나중에 미국 시민이 되었다. 그가 발명한 Z-80 마이크로프로세서는 4004, x86 시리즈와 함께 저렴하고 인기가 좋았으며, 현재까지 근 50년간 생산되었다. Z-80은 패긴이 설립한 후, 초기 5년 동안 이끌었던 Zilog Corporation의 제품이다.

9. George Gilder, The Silicon Eye: Microchip Swashbucklers and the Future of High-Tech Innovation(W. W. Norton & Company, 2006).

10. 집적회로들은 단결정(single crystal) 실리콘 웨이퍼(wafer) 위에 만들어진다. 여러 회로가 동일한 웨이퍼 위에서 만들어지고, 웨이퍼는 개별적인 다이(die)로 분할된다.

11. 포토 리소그래피는 다이에 코팅된 재료 층에 에칭 될 회로영역들을 정의하는 데 사용되었다. 집적회로들은 다층(multiple layers)의 재료들로 이루어진다. 사진 리소그래피에서는 포토 마스크가 사용되었는데, 이 방법은 훨씬 더 높은 해상도를 제공할 수 있는 X-Ray 리소그래피로 대체되었으며, 각 다이 형상의 크기가 줄어들었기 때문에 필수적이었다. 2010년 이후에는 해당 형상의 크기는 14나노미터이며, 2020년 이후에는 5나노미터에 도달한 것으로 추정된다.

12. 칩의 "클록(clock)"은 칩이 수행하는 프로세스의 순서를 관리하는 데

필수적이다. 클록의 속도가 빠르다는 것은 처리 속도가 더 빠르다는 것을 의미하는데, 클록의 속도를 높이기 위해서는 다음 프로세스가 시작되기 전에 각 순차적인 프로세스가 완료되는 경우에만 가능하다. 이 문제를 해결하기 위해 다중(multiple) 코어 프로세서가 단일(single) 코어 칩을 대체하게 되었고, 마스터 클록에 의해 제어되는 병렬처리를 가능하게 해주었다.

13. 80년대 초 미니트맨(Minuteman) 로켓을 본 밥 노이스(Bob Noyce)는 "선셋(sunset)" 테크놀로지 - 곧 소멸되는 기술 - 를 위한 특별한 주조 공장(foundry)을 추천했다. 대안은 미니트맨 시스템을 재설계하는 것이었지만, 이는 소규모의 전용 예비부품을 위한 주조 공장을 세우는 것보다 더 많은 비용이 필요했다.

14. 단일 ICBM이 다양한 목표를 겨냥한 여러 탄두를 탑재할 수 있기 때문에 MIRV의 개념은 매우 중요하다. 이는 방어하는 입장에서 표적을 정확하게 알지 못한 상태에서는 요격하기가 매우 어려운데, 이것이 바로 MIRV의 주요 아이디어이다.

15. 레이더 고도계는 항공기에서 지면으로 신호를 보낸 후 되돌아오는 시간 차이를 측정하여 항공기의 고도나 지면의 등고선을 파악할 수 있다. 오늘날 대부분의 레이더 고도계는 주파수 변조(FM) 지속파 신호를 사용한다. 레이더 고도계는 제2차 세계대전 이후 군용 항공기에서 사용되었다. 정전 상황에서 해군 조종사가 항공모함에 착륙하는 것을 돕기 위해 RCA의 Harry Kihn은 전쟁 중에 특별한 레이더 고도계를 설계하였다. 전쟁 중에 레이더 고도계를 만든 미국 회사로는 RCA, Admiral, Detrola가 있다. 나치 독일은 Telefunken사를 활용하여 마치 미국의 설계를 복제한 것 같은 유사한 장치를 생산했다. Detrola는 1931년부터 1948년까지 미시간 주 최대의 라디오 제조업체였다.

16. 지도 정보를 수집하는 것은 적대국의 영공을 비행하는 것이기 때문에 명백하게 위험하다. U-2와 같이 정교한 정찰기가 이러한 임무를 수행하는 데 적합할 수 있다.

17. 토마호크 탄두는 항공모함의 갑판 안테나를 비활성화 시킬 수 있지만 갑판 아래의 시스템에는 영향을 미칠 수 없다. 그러기 위해서는 탄소 마이크로 섬유 기반의 무기가 아니라 펄스 무기가 필요하다.

18. http://www.shtfplan.com/headline-news/u-s-intelligence-confirms-chinese-emp-weapons-program- dubbed-assassins-mace_07222011.

19. http://www.theguardian.com/world/1999/may/04/martinwalker1.

20. 폭발성 자속 압축 생성기를 사용하는 로스앨러모스(Los Alamos)와 Arzamas-16 간의 과학적 협력은 다음을 참조하시오. http://fas.org/sgp/othergov/doe/lanl/pubs/00326620.pdf.

21. 이와 관련된 언론보도도 있는데, 러시아는 북한에 EMP 기술을 판매했으며, 체첸에서 소형 EMP 무기를 테스트했을 수도 있다고 한다. http://www.worldtribune.com/2013/11/10/seoul-intel-n-korea-has- purchased-russian-emp-technology/ 참조하시오.

22. 이스라엘의 자체 개발 크피르(Kfir, 히브리어로 새끼사자) 제트 전투기도 참가했다.

23. ELINT(Electronic Signal Intelligence)는 전자적 신호를 가로채고 수집하는 것을 의미한다. 이스라엘의 ELINT 항공기는 탑재된 전파방해

장비(jammers) 또는 상대방의 레이더와 통신장비로부터 수집한 신호를 공중-지상 전파방해 장비에 전달함으로써 상대방의 레이더와 통신장비의 작동을 막았다.

24. SAM은 Surface to Air Missile을 의미한다. SAM-6는 1973년 욤 키푸르 전쟁(Yom Kippur War) 동안 이스라엘 공군에 심각한 고민거리를 안겨준 이동식 SAM 시스템이었다.

25. 1973년 이스라엘 측의 항공기 손실은 엄청났고, 이에 대한 미국의 긴급지원 조치의 일환으로 "니켈 그라스 공수 작전(Operation Nickel Grass)"을 전개하면서 A-4 항공기 46대를 이스라엘에 추가로 제공했다. 또한 A-4의 꼬리 부분은 ZSU 대공포에 의해 피탄된 부분을 대체하기 위해 급히 이스라엘로 보내졌다.

26. 크피르(Kfir) 전투기는 이스라엘이 프랑스에서 설계도를 훔친 것으로 알려진 Mirage V 전투기의 진화형이다. Kfir는 미국 F-4와 동일한 엔진인 J-79 엔진을 사용했다.

27. 이스라엘 작전은 Mole-Cricket 19(יעצב בצרע-19)로 알려져 있다. http://en.wikipedia.org/wiki/Operation_Mole_Cricket_19 and Matthew Hurley, The BEKAA Valley Air Battle, June 1982: Lessons Mislearned? http://www.airpower.maxwell.af.mil/airchronicles/apj/apj89/win89/hurley.html에서 저자는 이스라엘이 항공기, 특히 F-4와 E-2C 정찰기의 전자장비를 많이 개조했다는 점을 지적하고, 미국 공군이 소련 공군을 상대하는 데 안주하면 안 된다고 경고한다.

28. AIM은 공중요격미사일(Air Interceptor Missile)이다.

29. 시리아 공군이 사용하는 수호이 22M2(Su-22M2)는 전폭기로 간주되지만, 주로 지상 공격기로서 가치가 있다. 훨씬 정교해진 미국산 F-15 전투기와는 비교할 수 없다.

30. 시리아 항공기에는 두 가지 유형의 기관포가 장착되었다. 30mm NR-30(여기서 NR은 A.E.Nudelman과 A.A.Rikhter를 의미한다. Nudelman은 소련으로부터 명예로운 상을 받은 오데사 출신의 유대인 엔지니어였으며, Aron Abramovich Rikhter는 Nudelman 밑에서 일한 또 다른 유대인 엔지니어였다.) 또는 GSh-23L 23mm(GSh는 설계자 V. Grayzev 및 A. Shiponov를 의미한다.)이다.

31. 레이더는 펄스 도플러(Pulse-Doppler) 주파수 영역의 신호처리 방식을 사용한다. 이것의 방법론은 고속 푸리에 변환 처리(Fast Fourier Transform Processing)의 한 형태이다. Robert L. Herron, Comparison of Fast Fourier Transforms with Other Transforms in Signal Processing for Tactical Radar Target Identification (PN, 1977 참조).

제4장 소련의 군사력 증강과 디렉토라트 T

1. 키신저, 닉슨, 포드가 퇴임한 후 미국 의회는 1979년 4월, 대만 관계법(Taiwan Relations Act)을 제정했다. 이 법에서 "미국은 대만이 충분한 자위능력을 유지할 수 있도록 필요한 만큼의 국방물자와 서비스를 대만에 제공할 것"이라고 선언한다. TRA에도 불구하고 대만은 방어에 필요한 필수적인 시스템들을 거부당했다.

2. 미국은 전쟁에서 약 10,000대의 항공기(회전익 포함)를 잃었다. 남베트남은 약 2,500대를 잃었다.

3. http://en.wikipedia.org/wiki/Operation_Linebacker_II.

4. 소련과 동유럽의 노멘클라투라(nomenklatura, 특권계급)는 국가의 엘리트 행정가, 지도자 그리고 그들의 가족들이었다. 노멘클라투라에는 정보기관, KGB, GRU(연방군 정보총국), 최고 군사요원들과 연결된 가족들이 포함되었다. 일부 엔지니어, 과학자, 작가들이 이 그룹에 속해 있었지만 이 그룹 내에서도 반대의견 또한 커졌다. 그 대표적인 전형은 소설가 알렉산드르 솔제니친(Aleksandr Isayevich Solzhenitsyn)과 핵물리학자 안드레이 사하로프(Andrei Sakharov)다. 솔제니친은 그의 책 "이반 데니소비치의 하루(The Gulag Archipelago, One Day in the Life of Ivan Denisovich, August 1914)"와 "암병동(Cancer Ward)"으로 정권으로부터 명성과 경멸을 동시에 받았다. 사하로프는 소련의 가장 유명한 핵무기 설계자로서 시민들의 자유와 인권을 옹호했으며, 1975년 "인류의 양심"이라는 공로로 노벨 평화상을 수상했다 하지만 그는 오슬로에서 열리는 시상식에 참석하는 것이 허락되지 않았다.

5. 신벳(Shin Bet)은 샤박(Shabak)으로도 알려진 이스라엘의 보안국이다. 그 역할은 국가안보를 보호하고, 전 세계의 이스라엘 대사관을 보호하는 역할도 한다.

6. 발트해 국가들은 유대인 인구의 90%를 잃었고, 독일, 오스트리아, 보헤미아, 슬로바키아, 그리스, 네덜란드, 헝가리가 그 뒤를 이었다.

7. Zaltzman에 관한 러시아어 비디오는 https://www.youtube.com/watch?v=3bp4d5Kd0ek를 참조하시오. Medvedev에 따르면 Zaltzman은 유대인이라는 이유로 스탈린에 의해 숙청되었다고 한다. Roy A. Medvedev, Let History Judge: The Origins and Consequences of Stalinism (Columbia University Press, 1989), p.9.를 참

고하시오.

8. 미코얀(Mikoyan)은 아르메니아(Armenia)에서 태어났다.

9. MiG-15의 탄생과 관련한 프레젠테이션은 다음을 참조하시오.
https://www.youtube.com/watch?v=lT_PhJ7jBzw.
https://www.youtube.com/watch?v=YnZs0GDsdSM.
https://www.youtube.com/watch?v=iRvJhLVKZF8.
http://www.youtube.com/watch?v=pzPQZNH1hHs.
https://www.youtube.com/watch?v=XZ0hRUm1Xck.

10. 북한과 중국은 초보적인 수준의 MiG-15 비행훈련만 받았다고 심하게 불평했다. 이후 이집트와 이스라엘 사이의 소모전(1967~1970년) 동안 소련의 조종사들은 MiG-25 항공기를 운용했고, 1973년 전쟁 중반 이후 이집트의 대통령 사다트(Sadat)가 소련을 추방할 때까지 다시 운용했다. 다음의 자료를 참고하시오.
Foxbats Over Dimona: The Soviet Nuclear Gamble in the Six Day War by Isabella Ginor and Gideon Ramez (2008 Yale University Press).

11. 하원토론회(House of Commons Debates), 1948년 12월 6일, vol. 459.

12. 소련은 시장경제가 아니었고, 임금과 복리후생을 통제했으며, 비용대비 효과적인 생산에 대한 내부적인 인식조차 거의 없었기 때문에 소련과 미국의 군사프로그램을 비교하기는 매우 어렵다.

13. 사일로(silo)의 파괴와 살상을 피하는 또 다른 방법은 ICBM을 이동식으로 만드는 것이다. 이동식 시스템은 공격대상인 미사일의 위치가

사전에 알려져 있고, 공격수단인 ICBM 탄두에 우수한 종말유도 시스템이 있는 경우에만 타격이 가능하다.

14. 아이언돔(Iron Dome)은 인구밀집 지역이나 중요시설에 타격을 줄 수 있는 로켓을 찾아내도록 설계되었다. 아이언돔 포대는 개활지로 날아오는 로켓을 방어하는 무기가 아니다.

15. 사실 이 무기는 영국과 공동으로 제작한 것으로 프랑스 모험주의에 아이러니한 반전을 더했다.

16. https://www.youtube.com/watch?v=IUZu8bvxJs4.

17. Direct de la Surveillance du Territoire(DST, Directorate of Territorial Surveillance, 1944-2008), 영토감시국은 프랑스의 국내 정보기관이었다. DST의 국가자산보호 및 경제안보 부서의 경우 프랑스의 22개 지역에 부대를 설치하여 프랑스의 기술을 보호하였다. 이는 프랑스의 방위산업뿐만 아니라 제약, 통신, 자동차, 제조업, 서비스업 등 다른 주요산업을 위해서도 20년 이상 운영되었다.

18. https://www.cia.gov/library/center-for-the-study-of-intelligence/kent-csi/vol39no5/pdf/v39i5a14p.pdf.

19. 프랑스는 잠수함 생산에 사용되는 공작기계를 소련에 판매했다. 프랑스가 물밑 판매한 전자제품도 소련의 전략프로그램에 이용되었을 수도 있다. 프랑스인들은 숨길 것이 많았고, "발각"되는 것에 대해 극도로 민감했다는 것은 의심할 여지가 없다.

20. 톰 클랜시(Tom Clancy)는 The Hunt for Red October(Harper Collins,

1984)라는 작품에서 “애벌레 시스템(caterpillar system)” 또는 “자기유체역학(magnetohyrdodynamic) 구동시스템”을 사용하는 Red October 잠수함의 동력시스템 개념을 대중화하였다. 자기유체역학(MHD) 잠수함이 실제로 존재하는지 알려져 있지 않지만 해군에서는 이 아이디어를 연구했다.

21. 잠수함의 디젤엔진은 잠수함의 배터리를 충전하기 위하여 수면 위에 있어야 하거나, 스노클을 이용해 공기를 엔진에 공급해주어야 한다. 잘 설계된 디젤잠수함이 배터리로만 작동이 가능하다면 핵잠수함 수준으로 조용할 수 있다.

22. 잠수함은 능동소나, 수동소나, 수중음파장치, 해군함정, 공중 소노부이(sonobuoy, 음파탐지기부표) 등에 의해 추적될 수 있다. 어떤 경우에는 레이더를 사용하여 대만해협과 같은 얕은 바다에서 잠수함을 찾을 수도 있다. 잠망경은 잠수함이 지나간 특유의 흔적을 생성할 수도 있기 때문에 때때로 추적이 가능하다.

23. 선박의 프로펠러는 편평하지 않고, 나사모양으로 회전(때로는 두바퀴)하기 때문에 종종 “스크루(screw)” 또는 “스크루 프로펠러(screw propeller)”라고 한다. 프랜시스 페팃 스미스(Francis Petit Smith)는 1836년에 “스크루 프로펠러”에 대한 특허를 취득했다. 스웨덴의 발명가인 존 에릭슨(John Ericsson)도 스크루 추진 특허를 출원했으며, 그의 설계는 1843년에 스크루 프로펠러를 장착한 최초의 미국 군함인 프린스턴함(USS Princeton)에 사용되었다. 에릭슨은 또한 최초의 완전 철갑선인 모니터(Monitor)함의 건조에 기여한 숨겨진 공학 천재이기도 하다.

24. 프랑스인들은 공작기계가 어디로 가는지 궁금하지 않았다. 레닌그라

드 조선소에서 프랑스 기술자들은 군사업무를 위한 안전한 시설에 배치되었고, 현장에서 소련을 도왔다.

25. 소련의 영아 사망률 증가와 관련된 자료는 다음을 참조하시오. Rising infant mortality in the USSR in the 1970′s, Part 38 by Christopher Davis and Murray Feshbach (United States Bureau of the Census, Foreign Demographic Analysis Division, September 1980). (http://books.google.com/books?id=wsU3dYSZOBIC&pg=PA1&lpg=PA1&dq=soviet+mortality&source=bl& ots=1AIMLJNKPL&sig=MoaHR5yD_JqJQYNJBW32iBvmDzI&hl=en&sa=X&ei=jMTWU83HGoSXyATK2IL oBw&ved=0CGEQ6AEwCzgK#v=onepage&q=soviet%20mortality&f=false).

제5장 확산

1. 불행하게도 두라 에우로포스는 ISIS(일명 이슬람 국가)에 의해 크게 손실되면서 문명이 파괴되고 있다. 다음을 참조하시오. http://1389blog.com/2014/07/14/isis-profits-from-destruction-of-dura-europos-and-other- Ancient-sites/.

2. Adrienne Mayor, Greek Fire, Poison Arrows & Scorpion Bombs: Biological and Chemical Warfare in the Ancient World (Overlook Press, 2003).

3. 1914년 8월, 프랑스는 독일군을 상대로 26mm 자일릴 브로마이드(xylyl bromide) 가스 수류탄을 사용했으며, 독일군에게 화학무기를 사용할 구실을 제공했다. 염소가스 공격부터 시작된 것은 헤이그 협약에서 염소가스를 명확하게 통제하지 않았기 때문이다. 1915년 4월 22일,

독일군은 벨기에의 르페르(Leper)에서 염소가스를 사용했다. 오늘날 시리아는 같은 이유로 민간인을 대상으로 염소통 폭탄을 사용하고 있다. 자일릴 브로마이드(xylyl bromide)는 최루가스이다.

4. 미국은 1899년 화학무기에 관한 헤이그 협약에 반대한 유일한 국가였다.

5. Between Genius and Genocide: The Tragedy of Fritz Haber, Father of Chemical Warfare by Daniel Charles (Jonathan Cape Ltd., 2005) for a full account.

6. 화학자이기도 했던 하임 바이츠만(Chaim Weizmann)은 산업용 발효의 아버지로도 알려져 있으며, 영국의 제1차 세계대전 성패에 필수적이었던 아세톤을 생산하기 위해 세균학적 방법을 개발했다. 바이츠만의 아세톤은 처음에는 곡물에서 증류되었고, 나중에 곡물 공급이 부족하자 마로니에에서 증류되었으며, 마지막으로 캐나다에서 옥수수로부터 증류되었다. 그의 작업은 윈스턴 처칠(Winston Churchill)의 후원을 받았으며, 영국군의 전쟁 노력을 지원하는 데 필요한 포탄용 코르다이트(cordite) 추진체(propellant)를 생산할 수 있었다. 바이츠만은 1949년 이스라엘의 초대 대통령이 되었으며, 아들은 제2차 세계대전 당시 영국의 조종사였으나 격추되어 세상을 떠났다. 조카인 에제르 바이츠만(Ezer Weizmann)은 이스라엘 공군사령관이자 이스라엘의 제7대 대통령이었다. 하임 바이츠만은 노벨상을 받지 못했다.

7. 시에프 연구소(Sieff Institute)는 18세의 나이에 비극적으로 사망한 젊은 과학자 다니엘 시에프(Daniel Sieff)의 이름을 따서 명명되었다. 유명한 소매점인 마크스 앤 스펜서(Marks and Spencer)의 공동 창업자인 그의 아버지 이스라엘 시에프(Israel Sieff)가 그를 기리기 위해 연구소를 헌정

했다. 1949년에 이 연구소는 바이츠만 과학연구소(Weizmann Institute of Science)의 일부로 흡수되었다.

8. 소만(Soman)은 1944년 하이델베르그(Heidelberg)의 카이저 빌헬름 의학연구소(Kaiser Wilhelm Institute for Medical Research)에서 개발되었다. 타분(Tabun)은 1936년 게르하르트 슈레이더(Gerhard Schrader)에 의해 개발되었으며, 그것은 디헤언포어트(Dyhernfurth)의 비밀공장인 이게 파벤(I.G. Farben)에서 제작되었다. 연합군의 정보부는 독일군이 타분(Tabun)을 갖고 있다는 것을 알고 있었다.

9. 이라크는 화학무기의 대부분을 포기해야 할 의무가 생기기전에 작용제들을 섞었고, 시리아인들 또한 최대의 살상효과를 거두기 위하여 다양한 화학 작용제들을 함께 섞고 있었다.

10. 알 포 전투를 주의깊게 살펴보면, 사담이 이란을 상대로 신경가스를 사용할 수 있도록 미국이 얼마나 기여했는지에 대한 합리적인 의문점들이 많이 있다. 다음을 참조하시오. http://www.foreignpolicy.com/articles/2013/08/25/secret_cia_files_prove_america_helped_saddam_as_he_gassed_iran.

11. 이라크의 화학무기 프로그램에 대한 미국의 공모 가능성에 대한 이야기는 여전히 불분명하다. 하지만 최근에 밝혀진 증거들은 미국이 이라크에 포탄용 탄피와 화학물질의 사용을 촉진시키는 장비들을 공급하는 데 도움을 주었다는 사실을 보여준다. 미국이 이라크의 화학무기 생산을 위한 제조장비를 "허용하는 정책"을 채택했는지의 여부는 여전히 의문이다. 다음을 참조하시오.
http://takingnote.blogs.nytimes.com/2014/10/21/the- pentagon-will-look-into-the-iraq-chemical-weapon-scandal-after-

all/?_php=true&_type=blogs&_r=0.http://www.nytimes.com/interactive/2014/10/14/world/middleeast/us-casualties-of-iraq-chemical-weapons.html.

이 기사들은 이라크 화학무기와 관련된 사실과 화학무기를 처리하는 과정에서 부상을 입은 미군들을 은폐하려는 것에 초점을 맞추고 있다. 기사의 내용은 미국 정부가 사담 후세인의 화학무기와 알 무타나(Al-Muthanna)의 제조시설에 대한 정보를 숨기려 했던 이유를 미국산 제품들이 발견되었기 때문이라고 보고 있다. 특히 주목할 점은 이원화 화학무기(binary weapon) - 독성이 거의 없는 두 성분을 목표물에 도달하기 직전에 합성해 맹독을 만드는 방법 - 를 발견한 것이다. 1980년대에 이원화 화학무기 기술을 가지고 있었던 국가는 미국이 유일하다.

12. 이들은 둘 다 G-시리즈 신경작용제로 알려져 있다. V 시리즈에는 소만(soman), 사이클로사린(Cyclosarin), GV도 포함된다. V-Agent는 EA-3148, VE, VG, VM, VR, VX이다.

13. 모든 독일군은 전쟁 중에 방독면을 휴대했지만, 신경작용제를 우려했던 또 다른 이유가 있었을 것이다. 신경가스는 겨자가스나 염소와 같은 작용제보다 배치하고 사용하기가 훨씬 더 어렵다. 또한 휘발성이 높고, 취급하기가 어려우며, 포탄에서 누출되는 경우가 많아 안전하게 운반하기가 어렵다. 이 때문에 미국은 신경가스 취급 문제를 해결하기 위해 이원화 화학무기(binary weapon)를 선택한 것이다. 게다가 독일군은 신경가스에 대한 해독제가 없었으며, 연합군이 신경가스를 가지고 있는지도 몰랐다.

14. Disaster at Bari by Glenn B. Infield (New English Library Ltd; New edition, July 1, 1976).

15. 디헤안포어트(Dyhernfurth)와 브레슬라우(Breslau)의 신경가스 공장에서는 화학물질을 준비하고, 신경가스 포탄을 채우기 위해 강제수용소의 노동력을 사용했다. 그 노동력은 공장 인근에 위치한 그로스-로젠(Gross-Rosen)이라는 강제 수용소 분배시설 - 동독 지역의 거점 수용소로 동독, 체코슬로바키아, 폴란드 지역의 약 100여개의 수용소를 통제 - 에서 나왔다. 약 57,000명의 유대인(그 중 26,000명은 여성)들이 이 공장에 동원됐고, 생존자는 거의 없었다. 다수의 이게파벤(I.G. Farben)의 과학자와 화학자는 전쟁이 끝난 후 재판을 받았고, 일부는 상대적으로 가벼운 징역형을 받았다. 다음을 참조하시오. http://www.wollheim-memorial.de/en/die_hauptverhandlung_im_nuernberger_prozess_gegen_ig_farben.

16. 미국이 VX 신경가스 포탄을 제거했을 때, 그것들을 오래된 선체에 넣었고 선체는 대서양에 가라앉았다. 다음을 참조하시오. http://articles.philly.com/2006-04-09/news/25394631_1_vx-fishing-industry-miss-fortescue, http://usatoday30.usatoday.com/news/nation/2005-11-01-weapons-ocean_x.htm. 위 내용에서 미국 육군은 신경가스와 겨자가스 포탄을 대서양에 몰래 버렸다고 지적한다.

17. https://www.youtube.com/watch?v=mkbBnvz0rw0.

18. 재비츠(Javits)는 1981년까지 상원의원으로 재직했고, 1986년에 사망했다.

19. "The use of chemical weapons in the 1935–36 Italo-Ethiopian War" by Lina Grip and John Hart, http://www.sipri.org/research/disarmament/chemical/publications/ethiopiapaper. 이탈리아의

화학무기 사용과 제조능력, 이탈리아 군이 가스를 사용한 마을들(towns)에 대한 훌륭한 리뷰이다.

20. 공격이 시작된 정치적 또는 군사적 이유에 대한 설명은 다음을 참조하시오. A Poisonous Affair: America, Iraq, and the Gassing of Halabja by Joost R. Hiltermann, (Cambridge University Press, 2007).

21. Christine Gosden, http://www.bbc.com/news/magazine-20553826.

22. 개조되지 않은 SCUD-B 전술 미사일의 사거리는 300km이고, 탑재량은 950kg이다.

23. http://cns.miis.edu/iraq/pirgyro2.htm.

24. "1995년 12월 9일, UN무기사찰단(UNSCOM)이 고용한 스쿠버 다이버 그룹은 바그다드 근처에 숨겨진 6개의 미사일 장비를 회수하였다. 일련번호 L24-560-4 : 2단 자이로 장치, 일련번호 A17373, Z17530 : L20-17G 통합 자이로, 일련번호 E17248, T17215 : LVR-014 공기압 조절기(십진수 LD2.573.014), 마이크로 모터(일련번호 A093)." 이 모든 것들은 소련에서 생산된 것들이다. http://cns.miis.edu/iraq/pirgyro2.htm.

25. 미국의 동맹국인 이집트는 프로젝트 395를 지원하는 데 주도적인 역할을 했다. 프로젝트 참여 업체들은 이라크나 아르헨티나가 아닌 CONSEN을 통해 이집트와 사업을 하는 것처럼 보였다.

26. 이것은 중요한 기술을 밀수한 죄에 대해 내려진 가장 가벼운 형벌 중 하나이다. 헬미(Helmy)가 이집트 정부의 유급 대리인이라는 점을 고

려하면, 이 역시 가장 가벼운 형벌이다. 상대적으로 작은 범죄로 종신형을 선고받은 유대인 조나단 폴라드(Jonathan Pollard)의 "폴라드 사건" - 미국 해군 정보분석관으로서 1급 기밀정보를 이스라엘에게 전한 혐의로 종신형을 선고 받음. - 과 비교해 볼 필요가 있다. 헬미는 미사일 기술을 밀수하고 이집트 정부에 우라늄 농축에 관해 조언하는 일에 관여했다. http://www.wisconsinproject.org/countries/egypt/miss.html.

27. 국무부 관리들은 제임스 A. 베이커 3세(James A. Baker III) 국무장관이 호스니 무바라크(Hosni Mubarak) 이집트 대통령과 이 문제를 논의한 적이 없다고 인정했다. 5년 동안 이집트 주재 미국 대사를 지낸 프랭크 위스너(Frank Wisner)는 CIA로부터 헬미에 관한 어떤 보고도 받지 못했다고 말했다. http://articles.chicagotribune.com/1991-08-04/news/9103250731_1_nuclear-warhead-missile-nuclear-device.

28. Falaq-1 및 Falaq-2에 대한 자세한 내용은 다음을 참조하시오. N.R. Jenzen-Jones, Yuri Lyamin, and Galen Wright Iranian Falaq-1 and Falaq-2 Rockets in Syria at http://www.armamentresearch.com/wp-content/uploads/2014/01/ARES-Research-Report-No.-2-Iranian-Falaq-1-Falaq-2-Rockets-in-Syria.pdf.

29. 다음의 보고서는 이라크 사린(Sarin)의 품질이 순도 50~60% 범위 내에 있거나, 때로는 순도가 더 낮았다고 보고한다. http://www.un.org/depts/unmovic/new/documents/technical_documents/s-2006-701-munitions.pdf. 2013년 9월 16일 UN 사무총장에게 제출한 보고서에는 Åke Sellström 박사가 다음과 같이 말한 내용이 기재되어 있다. "질문에 답변하자면, 사린의 품질이 도쿄 지하철에서 사용된 것뿐만 아니라 이라크-이란 전쟁에서 이라크가 사용한 것보다

우수하다는 것을 확인해주었다." http://www.jpost.com/Middle-East/UN-chemical-experts-confirm-sarin-gas-used-in-Syria-attack-326282.

30. http://www.dtic.mil/dtic/tr/fulltext/u2/a089646.pdf.

31. 2003년 8월, 부시 행정부는 이란에 미사일 관련 제품을 판매한 노린코(Norinco)에 대해 제재를 가했다.

32. 소식통에 따르면 시리아인들은 화학무기를 제거하는 척하면서도 VX 신경가스와 전달 시스템을 숨겼다고 한다. 아래의 자료는 이 물질들이 언제, 어디에, 어떻게 숨겨졌는지 구체적으로 설명해준다. http://www.timesofisrael.com/syria-still-has-large-caches-of-chemical-weapons/.

33. 사담 후세인도 헬리콥터에 동일하게 설치하였다.

34. 에이전트 오렌지(Agent Orange) 또는 제초제 오렌지(Herbicide Orange)는 제초제이자 고엽제이다.

35. http://rt.com/news/uk-sarin-syria-weapons-chemical-573/.

36. 시리아 화학무기 프로그램에 대한 기술, 노하우, 공급물자의 이전에 대한 자세한 설명은 다음을 참조하시오. http://www.ibtimes.com/syria-chemical-weapons-program-helped-western-companies-selling- precursor-nerve-agents-1395301.

37. 이탈리아는 두 차례의 세계대전 사이에 에티오피아를 상대로 화학무

기를 사용했지만, 에티오피아는 화학무기를 갖고 있지 않았다. 이탈리아는 리비아에서도 화학무기를 사용했다. 일본군은 중국군을 상대로 겨자가스를 사용했다. 분명히 미국은 중국에 화학무기를 공급하지 않았다.

38. 독일군은 연합군이 신경가스를 갖고 있다고 생각했을 것이다. 그렇다면, 방독면으로는 민간인을 보호할 수 없을 것이며, 방독면의 보급은 경각심만 불러일으킬 것이었다. 독일 공군은 시민들에게 연합군의 폭격으로부터 도시를 보호할 수 있다는 확신을 주려고 노력했는데, 이는 전쟁이 진행되면서 큰 의구심을 불러일으켰다.

39. http://rense.com/general83/gas.htm. 처칠은 또한 다음과 같이 말했다. "나는 냉혈한 전쟁의 노력이 시작되고, 독가스가 사용되기를 바란다. 우리가 이것을 시작할 때, 나는 모든 사람들이 그들이 가진 모든 것을 가지고 나가기를 바란다. 나는 건전한 사고를 가진 사람들이 이러한 계획을 세우기를 원하며, 우리가 하려는 일을 어떤 찬양 가수도 막지 않기를 바란다."

40. 처칠은 계획에 참여했기 때문에 바리(Bari)에서 무슨 일이 일어났는지 알고 있었다. 따라서 바리에서 겨자가스에 관해 공개적인 성명을 발표하지 말라고 명령했다. 영국은 1974년에서야 이 정보를 기밀해제하였다.

41. 이른바 "걸프전 병(Gulf War illness)"은 전쟁 후 연합군이 위치한 곳 근처에서 이라크의 화학무기가 파괴되었기 때문에 발생했다고 보는 시각이 있다.

42. 본 책의 저술을 위해 미국 밴더빌트(Vanderbilt) 대학교의 아리 브라이

엔(Ari Bryen) 역사학 교수가 특별히 번역해주었다.

43. 미국 육군 의무부대 예비역 대령, 일리노이대학교 의과대학 교수 겸 일반내과 과장.

44. Yellow Rain과 관련된 이야기는 다음을 참조하시오. http://www.thefirearmblog.com/blog/2014/06/16/yellow-rain-story/.

45. Military Technology Information Handbook: Chemical Weapons, 2nd Edition(Beijing, People's Liberation Army Press, 2000), p. 9. 군사기술정보편람: 화학무기, 제2판(베이징, 인민해방군 출판부, 2000), p. 9.

46. http://www.nytimes.com/1984/03/19/us/2-types-of-chemical-war-agents-Detected-in-hospitalized-iranians.html. 전화 인터뷰를 했던 오빈 하인드릭스 박사(Dr. Aubin Heyndrickx)는 그의 연구팀이 9명의 이란 군인들로부터 채취한 샘플에서 최소 2개, 때로는 3개의 진균독(Mycotoxin)을 발견했다고 말했다. 다수의 군인들에게서 발견된 진균독(Mycotoxin)은 니발레놀(Nivalenol), T-2, HT-2, 베루카롤(Verrucarol)이라고 설명했다.

47. 출처는 체코정보국 관계자였다. 당시 체코의 내무장관 스타니슬라프 그로스(Stanislav Gross)에 따르면 이라크 대사관 직원은 이후 추방되었다고 했다. 이러한 폭로에 대한 미국의 불만을 감지한 체코의 관리들은 "아타(Ata)와 알아니(al-Ani)의 만남"과 관련된 이야기에서 한 발 빼기 시작했다.

48. 꿀벌과 관련한 논제를 진지하게 고민하려면, 꿀벌이 정치적 목적을 갖고 몽족(Hmong)만 공격했다는 점에 동의해야 한다.

49. 캄보디아의 Yellow Rain 샘플이 있다면, 그것이 어떻게 군사화 되었는지 살펴보는 것은 흥미로울 것이다.

50. 미국은 이라크에 파병된 모든 군인들에게 백신 접종을 명령했다. 이 명령은 여전히 논란의 여지가 있는 명령이다. 탄저균 백신에 대한 자세한 내용은 다음을 참조하시오. http://www.biothrax.com/forhealthpros/clinicalInfo/dosageandadmin.aspx.

51. 건조탱크가 시리아로 밀반입 되었을 가능성이 있다.

52. 1991년 미국의 군사보고서에는 분진물질의 겨자무기가 비축된 이라크의 무기고를 노획했다는 기록이 있다. 1991년 2월 26일, 사막의 폭풍 지상 작전 중 쿠웨이트 작전 전구에서 리퍼(Ripper) TF부대는 "벙커에 보관된 분진겨자"를 발견했다고 보고했다. http://www.nti.org/analytic/articles/dusty-agents-iraqi-chemical-Weapons/.

53. GEA Niro는 덴마크에 본사를 두고 있다. 이 회사는 원래 "Niro Atomiser(분무기)"였으며, 1993년 GEA 그룹에 인수되었다.

54. From Anthrax: Some New Findings by Clarice Feldman http://www.americanthinker.com/blog/2007/04/post_33.html.

55. 1979년 스베르들롭스크(Sverdlovsk) 탄저균 피해자의 조직 샘플에 대한 PCR 분석: 여러 피해자에게서 다양한 바실루스 탄저균(Bacillus anthracis) 균주가 존재. 다음을 참조하시오. PCR analysis

of tissue samples from the 1979 Sverdlovsk anthrax victims: The presence of multiple Bacillus anthracis strains in different victims, National Academy of Science Proceedings, http://www.pnas.org/content/95/3/1224.full.
"B. 탄저균 염색체의 vrrA 유전자 가변영역을 감지하는 프라이머를 사용한 PCR 분석에서 5개로 알려진 균주 카테고리 중 최소 4개가 조직 샘플에 존재한다는 사실이 입증되었다. 단일 B. 탄저균 균주에서는 하나의 카테고리만 발견되었다." 이것은 즉, 샘플에 여러 종류의 탄저균이 존재한다는 것을 의미하고, 무기화된 탄저균(weaponized anthrax)임을 암시한다.

56. 세계무역센터 쌍둥이 타워(1동, 2동) 근처의 세계무역센터 7동에는 CIA 뉴욕지부가 있었다. CIA의 모든 직원은 안전하게 철수할 수 있었지만, 쌍둥이 타워가 붕괴되면서 CIA 건물도 파괴되었다. 뉴욕타임스는 이 때문에 미국의 정보작전이 심각한 수준으로 중단되었다고 보도했다. http://www.nytimes.com/2001/11/04/us/nation-challenged-intelligence-agency-secret-cia-site-new-york-was-destroyed.html.

57. 러시아인들은 미국 육군의 생물무기에 대한 연구개발이 메릴랜드 주 프레데릭(Frederick)의 포트 디트릭(Ft. Detrick)에서 진행되고 있는 것을 알고 있었다. 러시아인들의 관점에서 보면, 미국은 러시아인들에게 사용할 수 있는 첨단 생물무기를 개발하고 있는 것이었다.

58. "알카에다 생물무기 전문가가 3년 동안 이스라엘에 억류되어 있다." http://www.timesofisrael.com/al-qaeda-biological-weapons-expert-held-in-israel-for- three-year/#ixzz39XYSvGLG. "팔레스타인계 쿠웨이트 시민인 사마르 할미 압델 라티프 알-바르크(Samar

Halmi Abdel Latif Al-Barq)는 요르단에서 이스라엘로 가기 위해 알렌비-킹 후세인 다리(Allenby-King Hussein Bridge)를 건너던 중 2010년 7월 체포되었다… 파키스탄에서 미생물학을 공부했으며, 알카에다로부터 군사훈련을 받았다… 요르단의 유대인 관광객을 대상으로 대규모 테러공격을 계획하는 데 관여한 것으로 보이며, 이스라엘 내에서 비전통적인 공격을 감행하기 위해 다른 테러리스트들이 치명적인 독소를 생산할 수 있도록 훈련시킬 계획을 세웠다." http://urielperezcenteno.wordpress.com/2013/11/18/samer-halmi-abdel-latif- al-barq-the-al-qaeda-terrorist-israel-has-been-holding-for-three-years-needs-to-remain-in-jail/.

59. http://newmediajournal.us/indx.php/item/11049에서 알카에다의 생물무기 프로그램을 참조하시오. "야지드 수팟(Yazid Sufaat)은 미국 새크라멘토 캘리포니아주립대(Cal State)에서 생물학 학위를 취득했으며, 알카에다의 생물학전 전문가가 되기 전에 말레이시아 군대에서 복무한 것으로 알려져 있다. 1993년에 수팟은 알카에다를 대신하여 탄저균을 무기화하려고 시도한 병리학 연구소인 Green Laboratory Medicine을 설립했다. 수팟은 9.11테러 당시 미국 국방부에 추락했던 항공편 AA77에 탑승하고 있었던 나와프 알하즈미(Nawaf Alhazmi), 그리고 칼리드 알미흐다르(Khalid Almihdhar)와 직접적인 관련이 있었다. 수팟은 이후 2001년 말레이시아에서 체포되어 2008년 석방될 때까지 7년 동안 구금되었다." 본문에서 언급했듯이 2013년 말레이시아에서 다시 체포되었다.

60. http://www.worldfuturefund.org/wffmaster/Reading/war.crimes/World.war.2/Jap%20Bio- Warfare.htm, and Sheldon H. Harris, Factories of Death: Japanese Biological Warfare, 1932-45, and the American Cover-up (Routledge, 1995) and Brandi Altheide,

"Biohazard: Unit 731 and the American Cover-Up", http://www.umflint.edu/sites/default/files/groups/Research_and_Sponsored_Programs/MOM/b.altheide.pdf.

61. http://khv9923.narod.ru/The_trial_of_Unit_731.pdf.

62. 일부는 출신상 유대인이었지만 종교적으로는 그렇지 않았다. 나치는 유대인을 단순한 종교적 집단이 아닌 하나의 인종으로 여겼다. 엔리코 페르미(Enrico Fermi)는 유대인은 아니었지만 유대인과 결혼했고, 한스 베테(Hans Bethe)는 그의 아버지와 마찬가지로 개신교인으로 자랐지만 그의 어머니가 유대인이었다.

63. 나치의 원자폭탄 제조 관련 내용은 다음을 참조하시오. http://strangeside.com/696-2/.

64. Lise Meitner: A Life in Physics by Ruth Lewin Sime (University of California Press, 1996) and Lise Meitner and the Dawn of the Nuclear Age by Patricia Rife and J.A. Wheeler (Birkhäuser, Boston, 1999).

65. 반유대주의의 대표적인 문헌은 다음에서 찾을 수 있다. https://www.archiv.uni-leipzig.de/heisenberg/physik_deutsche_familie/Heisenberg_und_die_Deutsche_Ph/galerie_korps.html.

66. 이 편지는 실제로 유대계 미국 물리학자인 레오 실라르드(Leó Szilárd)가 작성했지만 아인슈타인이 서명했기 때문에 큰 관심을 끌었다. http://en.wikipedia.org/wiki/Einstein%E2%80%93Szil%C3%A1rd_letter#mediaviewer/File:Einstein- Roosevelt-letter.png.

67. 미국과 영국은 독일의 핵 과학자들을 추적하는 엡실론(Epsilon) 작전을 실행했다. 여기에는 에리히 바게(Erich Bagge), 쿠르트 디브너(Kurt Diebner), 발터 게를라흐(Walther Gerlach), 오토 한(Otto Hahn), 폴 하텍(Paul Harteck), 베르너 하이젠베르크(Werner Heisenberg), 호르스트 코르싱(Horst Korsching), 막스 폰 라우에(Max von Laue), 카를 프리드리히 폰 바이츠제커(Carl Friedrich von Weizsäcker), 칼 비르츠(Karl Wirtz) 등이 포함되었다. 과학자들은 비밀 녹음이 이루어진 영국의 팜 홀(Farm Hall)에 수감되었다. 일부 인원들의 발언을 보면, 자신들의 발언이 녹음되고 있다는 사실을 알고 있었음이 분명하다.

68. 저자는 독일의 프로그램이 그렇게까지 뒤처져 있었다는 것에 동의할 수 없다. 연합군이 독일의 프로그램에 대해 알기도 전에 독일의 중요한 정보가 소련의 손에 들어갔거나, 연합군이 독일의 프로그램을 잘 알고 있었지만 그 내용이 새어나가는 것을 원치 않았다고 생각한다. 독일은 일본, 미국과 마찬가지로 원자폭탄 설계를 위해 다방면으로 노력했다. 독일은 안슈츠 마크(Anschutz Mark) III-B와 같은 초원심분리기를 생산하고 있었고, 우라늄 연료 핵무기를 제작하고 있었을 수도 있다. 확인된 사실은 아니지만 독일의 원자폭탄 실험에 대한 기사를 찾을 수 있다. "[1944년 10월 루겐(Rugen), 1945년 3월 오르도프(Ohrdorf)] 가장 흥미로운 점은, 독일에는 핵분열성 우라늄 233을 생산할 수 있는 프로트악티늄(protactinium) 233을 제조하기 위한 비밀 입자 가속기 프로젝트가 있었다. 입자 가속기 프로젝트는 여전히 미스터리에 싸여 있다."

69. 독일의 프로그램에 대한 흥미로운 질문 중 하나는 독일 과학자들이 미래에 나치가 원자폭탄을 사용하는 것과 핵전쟁의 가능성을 우려하여 고의적으로 프로그램을 지연시켰는지의 여부이다. 독일의 정보기관이 미국의 진행상황을 추적하고 있었다는 것은 분명한 사실이

다. 소련도 마찬가지였다. 또 다른 가능성은 알소스(Alsos) 프로그램과 - Alsos는 그로브(Grove)의 그리스식(Greek) 이름이고, 레슬리 그로브스(Leslie Groves) 장군은 맨해튼 프로젝트의 육군 책임자였다. - 종전 시 독일 과학자들을 대상으로 한 심문과 조사를 근거로 했을 때, 독일의 프로그램에 대한 추정치는 틀렸으며, 알려진 것과 달리 사실상 독일이 훨씬 더 발전했다는 것이다. 독일의 프로그램은 매우 세분화되어 있었지만 오늘날까지 그 전모가 밝혀지지 않은 것 일수도 있다.

70. 수소폭탄 제조는 1952년 미국에서, 1953년 소련에서 시작되었다.

71. 1945년 8월 6일, 히로시마에 투하된 우라늄폭탄에 대한 실험은 없었다. 우라늄 공급은 부족했고, 실험할 만큼 충분하지 않았다. 우라늄폭탄 설계는 가젯(Gadget)보다 훨씬 단순했기 때문에 지상 테스트만 마쳤지만, 완전한 테스트를 거치지 않고 사용한 것은 위험성이 컸다.

72. 소련은 이스라엘에 대해 큰 야망을 갖고 있었고, 여전히 그러한 야망을 갖고 있을 수도 있다는 사실은 종종 잊혀 진다. 긴즈부르크(Ginzburg)는 그들에게 중요한 정치적 연결점을 제공했다. 긴즈부르크는 2007년 93세의 나이로 사망했다. 그의 노벨상 수상자 강연은 다음을 참조하시오. http://www.nobelprize.org/mediaplayer/index.php?id=540.

73. 이 숫자는 기껏해야 실제로 일어난 최저치에 불과하다. 건강에 미치는 영향을 추적하는 것은 거의 불가능에 가깝다.

74. 이탈리아에서는 핵 프로그램에 대해 내부적으로 강력한 반대가 있었으며, 오늘날까지 계속되고 있다. 독일에서는 미국과 핵 협력 프로그

램을 추진하려는 것에 대해 강력히 반대하는 좌파세력이 있었다.

75. 칸(Khan)의 "절도(thefts)"에 관한 이야기는 파키스탄이 체계적으로 획득한 산업장비와 특수 물질들과 잘 맞아 떨어진다. 어떤 경우에도 칸이 훔쳤다는 원심분리기와 우라늄 정제기술에 대하여 그가 충분한 정보를 갖고 있었을 가능성은 희박하다.

76. 칸(Khan)은 파키스탄 정부의 지원을 받은 것으로 추정되며, 이 자금이 없었다면 국제적인 공급망을 구축할 수 없었을 것이다.

77. 이란이나 리비아는 아직 핵무기를 배치한 적이 없다. 리비아의 경우 카다피(Kaddafi)를 설득한 결과 핵무기와 화학무기 프로그램을 중단했다. 반면 이란은 고도로 발전된 핵무기 프로그램을 보유하고 있으며, Urenco로부터 "원심분리기 설계"를 제공 받았다. 현재 이란에 있는 원심분리기는 칸(Khan)이 Urenco에 있는 동안에는 사용할 수 없었던 정교한 탄소-탄소 스핀 튜브로 제조되었다. 이 기술이 어떻게 이란에 도달했는지는 확실하지 않지만, 칸이 네덜란드를 떠난 후에도 유럽은 지속적으로 파키스탄에 핵 기술을 제공했다는 사실은 설득력이 있어 보인다.

78. http://connection.ebscohost.com/c/articles/11078319/swedens-abortive-nuclear-weapons-project.

79. Raid on the Sun: Inside Israel's Secret Campaign that Denied Saddam the Bomb by Roger Claire (Random House), 2004 and Two Minutes Over Baghdad - the True Story of the Daring Destruction of the Iraqi Nuclear Plant - Told for the First Time by Michael Handel and Uri Bar-Jospeh and Amos Perlmutter

(Corgi Books, 1982).

80. 다음을 참조하시오. http://www.washingtoninstitute.org/policy-analytic/view/nuclear-kingdom-saudi-arabias-atomic-ambitions. 사우디에도 CSS2 또는 CSS5로 명명된 미사일들이 있었다. CSS2 또는 DF-3은 액체연료 로켓이다. CSS5는 고체연료를 사용하며, CSS2를 대체한다. 사우디아라비아가 고체연료 모델을 보유하고 있는지에 대해서는 언론 기사마다 다르다.

81. http://www.spiegel.de/international/world/a-nuclear-needle-in-a-haystack-the-cold-war-s-missing-atom- bombs-a-590513.html.

82. 새로운 보고서와 공식적인 증언에 따르면 만약 풍향이 바뀌었다면, 플루토늄 먼지가 대기 중으로 분출된 후 기지와 인근 주택들을 위험에 빠뜨렸을 것이다. 다음을 참조하시오. http://articles.philly.com/1991-08-13/news/25804807_1_nuclear-weapons-nuclear-arsenal-roger-batzel.

83. 마이클 자신스키(Michael Jasinsky) 부분을 참조하시오. http://www.nti.org/analysis/articles/security-and-safety-russias-nuclear-weapons/.

84. http://www.nytimes.com/2008/06/16/world/asia/16nuke.html?pagewanted=all&_r=0.http://www.washingtonpost.com/wp-dyn/content/article/2008/06/14/AR2008061402032_2.html. http://isis-online.org/uploads/isis-reports/documents/Advanced_Bomb_16June2008.pdf.

85. http://www.nytimes.com/1999/03/06/world/breach-los-alamos-special-report-china-stole-nuclear-secrets-for-bombs-us-aides.html.

86. http://iis-db.stanford.edu/evnts/7484/Weiss_vela_presentation_12.10.12.pdf.

87. North Korea's Nuclear Weapons: Technical Issues by Mary Beth Nikitin, CRS Report for Congress, April 3, 2013. http://fas.org/sgp/crs/nuke/RL34256.pdf 참조. 니키틴(Nikitin)은 "2007년 2월, 비핵화 행동계획은 우라늄 농축 관련 활동이나 탄두 해체를 다루지 않고, 대신 영변(Yongbyon)의 핵심 플루토늄 생산시설을 폐쇄하고, 불능화 하는 것에 초점을 맞췄다."고 말했다. 따라서 한국은 어떤 경우에도 점점 더 가능성이 없어 보이는 플루토늄 농축에 관한 거래에만 집중하는 선택권을 유지하게 된다.

88. https://www.armscontrol.org/act/1997_09/lebedsept.

89. http://www.youtube.com/watch?v=kR2IarjjmxE를 참조하시오. 이러한 분실 또는 분실된 여행가방 폭탄 이야기들은 검증된 적은 없다.

90. http://www.americansecurityproject.org/shipping-containers-the-poor-mans-icbm/.

91. 심지어 러시아인들도 엑스레이 검사기를 구입하고 있다.

92. http://www.pbs.org/wgbh/nova/dirtybomb/chrono.html 참조.

93. 폐기물 처리장은 구소련에 있다. 또한 의료용 방사성 폐기물도 크게 우려할만한 사항이며, 이러한 물질의 도난을 보도하는 기사가 많이 있었다.

94. 카자흐스탄은 소련에 의해 핵폐기물 처리장으로 사용되었다. http://atimes.com/atimes/Central_Asia/EC26Ag01.html을 참조하시오.

95. http://fas.org/sgp/crs/nuke/R41890.pdf를 참조하시오.

96. http://www.reformation.org/atlanta-constitution.html.http://www.koreatimes.co.kr/www/news/nation/2009/12/113_56715.html.

97. https://sites.google.com/site/naziabomb/home/japan-s-a-bomb-project.

98. 북한은 공업지대로서 수력발전의 축복을 받았다. 이 기간 동안 한국(남한)은 주로 농업 지역이었다.

99. 일본의 원자폭탄 작전을 수행하던 NZ 플랜트는 실제 목적을 숨기기 위해 공식적으로 F-NZ 또는 ENNUZETTO로 명명되었다. 이는 항공력 프로젝트(Project Airpower)를 의미한다. 북한의 NZ 플랜트 근처에는 중수 생산시설이 있었고, 또한 일본이 채굴하던 우라늄 매장층(광상)이 있었다. 플랜트에는 가스 원심분리기가 있었을 수도 있다. 일본의 원심분리기 프로그램은 상당히 발전했다. 일본 정부는 도쿄 게이키 전기회사(Tokyo Keiki Electric Company)의 지원을 받는 호쿠시네 전기(Hokushine Electric Company)회사에 기술 개발을 의뢰했으며, 원심분리기는 스미토모(Sumitomo)에서 제조하였다. 일본의 원심분리기는

100,000~150,000rpm으로 회전했는데, 이는 40,000~50,000rpm으로 회전하는 현대의 원심분리기보다 상당히 빠른 속도였으며, 더 효율적이었을 것이다. 초기 일본의 원심분리기 로터는 알루미늄으로 만들어졌다. 그러나 목적 달성에 더 적합한 재료인 마레이징 강철(maraging steel)로 변경한 다음, 독일에서 공급된 것으로 추정되는 희토류 광물 - 대부분이 중국에 매장된 - 과 탄소섬유 브러시로 변경하였다. 일본이 확실하게 습득한 핵심기술은 원심분리기 로터로 사용할 수 있는 신뢰성이 높은 볼 베어링이었다. 일본은 오랫동안 소형 볼 베어링 제조 분야에서 세계의 선두 자리를 지켜왔다. 독일과 스웨덴도 첨단 볼 베어링을 생산했으며, 슈바인푸르트-레겐스부르크(Schweinfurt-Regensburg) 볼 베어링 제조 공장에 대한 연합군 폭격은 독일의 무기 공급원을 파괴하려는 의도였다. 독일의 무기 생산에 스웨덴의 볼 베어링이 사용되었다고 주장하는 중요한 논문이 하나있다. 에릭 골슨(Eric B. Golson)의 "스웨덴의 볼 베어링이 제2차 세계대전을 지속시켰는가?"를 참조하시오.
"Did Swedish Ball Bearings Keep the Second World War Going?" by Eric B. Golson (http://es.handels.gu.se/digitalAssets/1341/1341645_golson.pdf). 최고급 품질의 볼 베어링은 독일의 원심분리기 프로그램에 필수적이었다.

100. 승무원 중 6명은 Hog Wild 항공기가 추락하기 전에 탈출했다. 이들은 낙하산을 타고 동해에 떨어졌다가 한국의 어부들에 의해 구조됐다. 비행기는 승무원 포로들과 함께 미국 육군 항공대에 반환되었다. 소련은 그들의 행동에 대해 사과했다.

101. Mochitsura Hashimoto, Sunk: The Story of the Japanese Submarine Fleet 1941-1945 (Progressive Press, 2010). 하시모토(Hashimoto)는 전쟁에서 살아남은 단 4명의 일본 잠수함 함장 중 한 명이었다.

102. 일본 항공모함 함대의 대부분은 1944년에 파괴되었다. 전쟁이 끝날 무렵 건조 중이던 항공모함은 4척이었다. 마지막으로 파괴된 항공모함 아마기(Amagi)는 1945년 7월 쿠레항(Kure Harbor)에서 침몰했다.

103. 일본이 원자폭탄 프로그램을 갖기 위해서는 생산 기반시설이 필요했다. 하지만 이것은 발견되지 않았다. 앞으로 설명하겠지만 기반시설의 상당 부분은 히로시마에 있었을 것이다.

104. https://www.youtube.com/watch?v=nTrQSlp2QFQ. 아마도 현재의 기술로는 침몰한 잠수함에 안전하게 들어가기가 어려울 것으로 보인다.

105. http://www.operationrisingsun.com/JP.html.

106. 물론 이것은 전쟁포로 처우에 관한 제네바 협약을 직접적으로 위반하는 것이다.

107. Operation Paperclip: The Secret Intelligence Program that Brought Nazi Scientists to America by Annie Jacobsen (Little Brown & Company, 2014).

108. 알소스(Alsos) 작전으로 1,200톤의 우라늄과 산화우라늄을 노획할 수 있었으며, 이 우라늄은 오크리지(Oak Ridge)로 이동하여 히로시마 폭탄에 사용되었거나, 플루토늄 생산을 위해 핸포드(Hanford)로 수송된 것으로 보인다.

109. 노획된 우라늄의 농축 정도는 보고된 바가 없다. 그러나 농축도가 대략 20%였다면 베타 칼루트론(Beta Calutron)만 필요하므로 오크리

지(Oak Ridge)에서의 작업이 훨씬 용이했을 것이다. 우라늄 농축의 효율성이 가장 낮은 단계는 "오크리지 알파(Oak Ridge Alpha) 경기장(racetrack)"으로 알려진 첫 번째 단계이다.

110. 미국은 맨해튼 프로젝트의 일환으로 캐나다에 중수공장을, 미국에 3개의 보조공장을 갖고 있었다. 주요 시설은 캐나다의 브리티시 컬럼비아(British Columbia)주의 트레일(Trail)에 있었다. 나머지는 웨스트버지니아(West Virginia), 인디애나(Indiana), 앨라배마(Alabama)에 있었다.

111. 이는 또한 알소스(Alsos) 프로젝트에 의해 발견된 시설로 설명할 수 있는 것보다 독일이 더 많은 농축우라늄을 보유하고 있음을 알려준다.

112. http://www.bibliotecapleyades.net/ciencia/atomicbomb/chap01.htm.

113. 베를린이 곧 함락될 것을 예상하고, 독일이 고위급 장교와 잠수함을 일본으로 보냈다는 것은 전후 독일의 의도에 대한 흥미로운 의문을 불러일으킨다.

114. 다른 많은 잠수함들도 일본으로 우라늄을 수송했을 가능성이 있다. 그중 한 척은 싱가포르가 12톤의 "수은" 화물을 수거한 후 독일로 반환했다. 노르웨이 해안에서 침몰한 또 다른 U 보트는 함정의 "수은"에 의한 환경파괴의 위험 때문에 인양을 기다리고 있다. 한편, 우라늄이 "충격" 흡수제 역할을 하도록 반죽의 형태로 수은과 혼합되었다고 말하는 사람들이 있다. 이것이 사실이라면 산화우라늄에는 충격 흡수제가 필요하지 않기 때문에 우라늄을 부분적으로 정제

해야 한다. 아퀼라(Aquila)급 잠수함인 이탈리아 잠수함 아미라글리오 카그니(Ammiraglio Cagni)함은 1943년 9월 20일 남아프리카 해안 더빈(Durbin) 근처에서 영국군에 항복할 당시 "수은" 덩어리를 운반하고 있었다. 우라늄과 라듐은 수은과 혼합된 덩어리 형태로 32kg의 아연 용기 또는 플라스크에 저장되어 있었다. 이 플라스크는 타다미(Tadami) 무기 공장에서 활용하기 위하여 히로시마 항구에 전달된 것으로 알려져 있다. 여기서 우라늄은 분리되어 한국으로 보내져 NZ 플랜트 근처의 조선질소비료공장(Chosen Nitrogen Fertilizer Complex)에서 처리되었다. 카그니(Cagni)함은 수송 임무를 16번이나 수행했다. 우라늄 광산에 인접해있던 한국에 농축되지 않은 우라늄을 전달할 필요는 없었을 것이다. 따라서 카그니함에 선적된 화물은 부분적으로 농축된 우라늄일 가능성이 높다. http://www.sulo.no/uran_engelsk.htm. 해당 플랜트는 1950년 한국전쟁 초기에 B-29에 의해 파괴되었다. 당시 이곳에서는 소련의 핵무기 프로그램을 위한 토륨을 생산하고 있었다. https://www.academia.edu/7791284/Two_CIA_Reports_Hungnam_North_Korea.

115. https://www.academia.edu/7791284/Two_CIA_Reports_Hungnam_North_Korea 제공.

116. 승조원과 승객들이 하선하는 내용은 언론에 보도되었고, 수많은 사진이 촬영되고 유포되었다.

117. http://www.foreignpolicy.com/articles/2013/05/29/the_bomb_didnt_beat_japan_nuclear_world_war_ii.

118. 독일군은 아마도 소련의 통신케이블을 감청해서 조르게(Sorge) 간첩단에 대한 정보를 파악했을 것이다.

119. Harry S. Truman, Year of Decisions (Garden City, NY: Doubleday and Company, 1955) p. 416.

120. Racing the Enemy: Stalin, Truman, and the Surrender of Japan by Tsuyoshi Hasegawa (Harvard University Press, 2005)을 참조하시오. 하세가와(Hasegawa)가 주장하는 핵심은 일본의 항복이 미국의 임박한 침공보다는 소련 붉은 군대의 참전 결정과 훨씬 더 밀접하다는 것이다. 그러나 일본이 제조업의 주요 중심지인 히로시마나 나가사키에 폭탄 제조시설을 갖고 있었다면, 이들은 공격대상으로서 군사적인 의미가 있으며, 그것들로 더 이상 미국을 억제할 수 없다고 일본을 이해시키는 데 도움이 되었을 것이다.

121. 로버트 오펜하이머(Robert Oppenheimer)는 일본을 상대로 원자폭탄을 군사무기로 사용하지 말 것을 트루먼 대통령에게 호소하는 155명의 맨해튼 프로젝트 과학자들의 청원을 효과적으로 지연시켰다. 청원서는 폭탄이 이미 투하된 후에 공개되었다. 과학자들이 일본의 목표물에 대한 공격계획을 본질적인 군사적 공격으로 간주했다는 사실이 흥미롭다.

122. 특히 다음 부분을 참고하시오. The origin of Iraq's nuclear weapons program: Technical reality and Western hypocrisy by Suren Erkman, Andre Gsponer, JeanPierre Hurni, and Stephan Klement (Independent Scientific Research Institute, 2005 and revised 2008). 1979년, CERN의 사이클로트론에 사용되는 특수 자석에 대해 문의하기 위해 이라크의 핵 과학자가 안드레 그스포너(Andre Gsponer)에게 접근했다. 그스포너는 이에 대하여 서방에 경각심을 주려고 하였고, 경고성 메시지를 전문저널에 게재하려고 했지만 거절당했다.

123. 다음의 자료를 참조하시오. http://www.emptywheel.net/2012/10/03/caramel-the-7-5-solution-to-irans-60-uranium-enrichment-threat/. https://www.oecd-nea.org/science/docs/978/neacrp-l-1978-214.pdf. "Uranium Dioxide Caramel Fuel: An Alternative Fuel Cycle for Research and Test Reactors", by J.P. Schwartz(Commissariat à l'Energie Atomique et aux énergies alternatives - France).

124. 이란-이라크 전쟁은 1980년 9월 22일부터 1988년 8월 20일까지 진행되었으며, UN이 중재한 휴전 협정에 따라 종결되었다.

125. 다음을 참조하시오. "The Underground White House", https://whitehouse.gov1.info/tunnel/. "Emergency Command Centers and the Continuity of Government" by the Brookings Institution (http://www.brookings.edu/about/projects/archive/nucweapons/box3-3).

126. 당시 ISIS는 이라크 군대를 상대로 염소무기(chlorine weapons)를 사용했으며, 겨자가스와 사린을 포함한 옛 이라크의 화학무기도 손쉽게 구할 수 있는 것으로 알려졌다. 또한 ISIS는 시리아로부터 화학무기 공급을 받을 수도 있었으며, ISIS가 사용한 염소폭탄도 시리아산일 가능성이 높다.

127. http://shadow.foreignpolicy.com/posts/2013/09/04/pakistan_and_the_nuclear_nightmare.

128. http://tribune.com.pk/story/603433/pakistans-battlefield-nukes-risk-nuclear-war-iiss-think-tank. 또한 파키스탄의 전술 핵무기에 대한 워싱턴 포스트의 기사는 다음을 참조하시오. http://www.washingtonpost.com/world/asia_pacific/pakistan-is-eyeing-

sea-based-and-short-range-nuclear-weapons-analysts-say/2014/09/20/1bd9436a-11bb-11e4-8936-26932bcfd6ed_story.html.

129. https://www.youtube.com/watch?v=A_fP6mlNSK8. 하마스가 이스라엘로 로켓을 발사한다(video).

130. http://www.bbc.com/news/world-middle-east-30882935.

131. 이탈리아의 중요한 물리학자 중 한 명은 이미 맨해튼 프로젝트의 캐나다 담당 부분을 연구하고 있었다. 그는 핵분열의 필수 단계인 느린 중성자로 획기적인 발전을 이룬 엔리코 페르미(Enrico Fermi)의 연구팀 "비아 파니스페르나 보이즈(Via Panisperna Boys)"의 일원이었던 브루노 폰테코르보(Bruno Pontecorvo)였다. Panisperna라는 이름은 연구소의 주소에서 유래된 것으로 인근에 파니스페르나 산 로렌조(San Lorenzo in Panisperna)라는 수도원이 있었다. 공산주의자였던 폰테코르보는 로젠버그 간첩단 사건이 터진 시점인 1950년에 모스크바로 망명했다. 폰테코르보가 소련에 비밀을 누설했다는 증거는 없다. 훗날 유럽에서의 지위가 복권되었으며, 고향인 이탈리아를 다시 방문할 수 있었다.

132. 최장수 CIA국장이자 CIA의 아버지로 불리는 앨런 덜레스(Allen Dulles)는 취리히 OSS의 책임자였다.

제6장 사이버전

1. P-5+1은 유엔 안전보장이사회 5개 상임이사국(미국, 러시아, 중국, 영국, 프

랑스)과 독일이다.

2. 일리아 베쿠아 소쿠미(Ilia Vekua Sokhumi) 물리학 기술연구소(SIPT: Sokhumi Institute of Physics and Technology)는 소련의 원자폭탄 프로젝트를 위한 일급비밀 작업의 결과로 1950년에 설립되었다. 연구소의 책임자들은 독일의 과학자인 만프레드 폰 아르덴(Manfred von Ardenne) 교수와 물리학 분야의 노벨상 수상자 구스타브 루트비히 헤르츠(Gustav Ludwig Hertz)였다. 연구소의 또 다른 독일인 과학자로는 M. Steenbeck, P. Thiessen, H. Barwich, M. Volmer, W. Schütze, N. Riehl 등이 있었다. 연구소의 활동에는 핵 및 열핵 무기 연구, 플라즈마 물리학, 고체 물리학, 비전통적인 에너지학과 물리 전자공학 연구가 포함되었다. http://www.sipt.org/history.html.

3. 아르덴(Ardenne)은 소련의 원자 프로그램에 대한 연구로 스탈린상을 받았다. 아르덴과 스틴벡(Steenbeck)은 결국 독일 민주공화국(동독)으로 돌아와 다양한 프로젝트를 진행했다.

4. 마레이징 강철은 탄소 함량이 낮아서 연성이 매우 좋다. 이는 가스 원심분리기, 외장 및 기타 로켓 부품에 사용된다.

5. http://www.freepatentsonline.com/3248046.pdf.

6. http://www.pcs.ir/. Siemens 컨트롤러는 SIMATIC S7-300으로 식별된다.

7. http://fararopaya.com/default.aspx.

8. http://isis-online.org/isis-reports/detail/did-stuxnet-take-out-

1000-centrifuges-at-the-natanz-enrichment-plant/. 핵공급국그룹(NSG)의 "지침"은 쉽게 말하면 효과가 없다. NSG는 금지된 장비를 더 비싸게 만드는 데 큰 효과가 있다는 의견도 있다.

9. http://www.treasury.gov/resource-center/sanctions/Programs/pages/iran.aspx.

10. 스턱스넷(Stuxnet)이라는 이름은 웜 소프트웨어의 주요 항목인 .stub와 mrxnet.sys에서 유래되었다.

11. 스턱스넷(Stuxnet)이 이러한 특정 기기를 표적으로 삼았다는 사실은 미국과 이스라엘이 이란이 사용하는 기술에 대해 완벽한 정보를 갖고 있었음을 보여준다. 미국은 독일에게 이란으로 컨트롤러를 운송하는 것을 중단하라고 요청한 적이 없었던 것으로 판단된다.

12. http://www.iranicaonline.org/articles/elqanian-habib.

13. 산업용 컨트롤러를 공격할 가능성에 대한 우려는 1999년 일본에서 MITI(현재의 일본 경제산업성, METI: Ministry for Economy, Trade and Industry)의 거대 플랜트 네트워크 보안 위원회가 후원하는 "핵심 국가 기반시설을 위한 보안(Security for Critical National Infrastructure)"이라는 컨퍼런스에서 처음 제기되었다. https://www.ipa.go.jp/security/fy11/report/contents/intrusion/psec/symposium/sympo_rep.pdf. 일본은 원자력 발전소와 정유소에 대한 사이버 공격으로 인해 발생할 수 있는 피해를 깊이 우려하였는데, 이는 일본경제를 혼란에 빠뜨리고 효과적으로 파괴할 수 있기 때문이다. 저자는 이 컨퍼런스의 참가자이자 기고자였다.

14. 만약 이것이 사실이라면, 비교적 새로운 버전의 컨트롤러나 소프트웨어는 독일에서 개조되었을 것이다. 그 다음에는 스프트웨어를 업데이트하는 방식으로 이란의 캐스케이드(cascades)를 감염시켰을 것이다.

15. http://www.dhs.gov/critical-infrastructure.

16. 스턱스넷이 공격할 수 있는 타겟들에 대한 분석을 보려면 다음을 참조하시오. http://spectregroup.wordpress.com/2010/11/26/stuxnets-target/.

17. https://www.schneier.com/blog/archives/2010/09/the_stuxnet_wor.html.

18. SCADA에 대한 지침서(tutorial)를 보려면 다음을 참조하시오. https://www.youtube.com/watch?v=tIU_wDVoEVE.

19. http://www.symantec.com/connect/blogs/dragonfly-western-energy-companies-under-sabotage-threat.

20. http://www.adobe.com/products/acrobat/adobepdf.html. PDF는 Portable Document Format의 약자로 Adobe Systems에서 개발하였다.

21. http://pcsupport.about.com/od/termsf/g/firmware.htm.

22. 저자는 이것이 바로 스턱스넷(Stuxnet)이 정교하게 확산된 방식이라고 믿는다. 그렇다면 잠자리갱단은 모방범이다.

23. 최근 폴란드의 간첩 사건에서 변호사 스타니스와프 시포프스키(Stanisław Szypowski)가 에너지 비밀을 러시아에 전달한 혐의로 체포되었다. 폴란드는 대체 파이프라인 프로젝트로 가스프롬(Gazprom)과 경쟁하고 있다. 자세한 내용은 다음을 참조하시오. http://www.matthewaid.com/post/100312127231/polish-tv-reports-that-investigators-have-found-list-of.

24. 스웨덴은 또한 1981년 이후로 잠수함의 침투가 전혀 없었다고 보고했다. 1981년은 그 유명한 "위스키 온 더 록스(Whisky on the Rocks)" - 소련 잠수함이 스웨덴 영해에서 좌초 - 에피소드가 스웨덴 당국을 사로잡았던 시기이다. 여기서 위스키는 소련의 핵 공격용 잠수함의 NATO식 이름이다.

25. 미국을 위협하려는 의도로 러시아(대리인을 통해)는 적어도 10개의 미국 주요 은행의 사이버 인프라를 성공적으로 공격했다. 다음을 참조하시오. http://dealbook.nytimes.com/2014/10/03/hackers-attack-cracked-10-banks-in-major-assault/.

26. 카스퍼스키(Kaspersky) 연구소는 모스크바에 본거지를 두고 있으며, 스턱스넷과 미국의 국가안보국(NSA)이 후원하는 다른 사이버 공격들에 비상한 관심을 보였다. 우리는 분명히 제1차 사이버 전쟁이 전개되는 것을 지켜보고 있다.

27. Reto E. Haeni Information Warfare an introduction (George Washington University, 1997) at http://www.trinity.edu/rjensen/infowar.pdf.

28. 애국자법은 미국의 경제, 정부, 군대에 필수적인 첨단기술 부문, 특히

컴퓨터와 마이크로 전자공학 분야를 생략하고 있다. 이러한 산업기반의 상당 부분은 해외에 있지만 소스코드에 대한 기업의 운영과 통제권은 미국에게 있다. 애국자법으로 각종 테러를 방지한다는 목적에도 불구하고 독소조항에 대한 논란으로 2015년 6월 미국 자유법(The USA Freedom Act)으로 대체되었다.

29. RDX와 PETN(PentaErythritol TetraNitrate)은 플라스틱 폭발물로 간주된다. 체코 발명가 Stanislaw Brebera와 Bohumil Sole은 이러한 폭발물과 특수 바인더 재료를 결합한 SEMTEX를 개발했다. Sole은 1997년 5월 25일 SEMTEX를 이용하여 자살했다. 한때 SEMTEX는 테러리스트들에게 최고의 선택이었다. 오늘날 불가리아에서 생산되는 SEMTEX에는 이를 탐지하기 쉽게 해주는 미량의 물질이 포함되어 있다.

30. 휴대폰 회로기판의 일부는 폭발을 견뎌냈고, 압력솥 폭탄잔해 인근에서 발견되었다.

31. http://www.theguardian.com/media-network/partner-zone-infosecurity/what-is-the-syrian-electronic-army.

32. 이란의 사이버전 능력에 관해서는 하원 국토안보위원회에서 일란 버먼(Ilan Berman)이 증언한 내용을 참조하시오. http://www2.gwu.edu/~nsarchiv/NSAEBB/NSAEBB424/docs/Cyber-071d.pdf.

33. http://www.darpa.mil/Our_Work/I2O/Programs/Plan_X.aspx.

34. 캄보디아 폭격은 언론에 유출되었고, 이로 인해 닉슨과 키신저는 정부의 고위 관리 3명과 언론인 1명을 도청했다. 좀 더 음흉한

이야기는 다음을 참조하시오. https://sites.google.com/site/thesecretbombingofcambodia/domestic-effects/secrecy-and-scandals.

35. http://fas.org/sgp/crs/natsec/RL33532.pdf.

36. http://articles.economictimes.indiatimes.com/2014-09-18/news/54068445_1_chinese-hackers-chinese-government-and-military-new-government-computers.

37. www.webintpro.com 프랑스 연구자료는 대중에게 공개되지 않았다.

38. 2015년 말, Sony 해킹 사건의 대응책으로 미국은 북한의 인터넷을 마비시켰을 가능성이 높다. 흥미로운 점은 미국과 무관한 인프라를 상대로 해킹을 했다는 것과 미국 소유가 아닌 일본 기업에 대한 해킹에 대응하기로 결정했다는 것이다. 물론 이는 미국의 대응이 본질적으로 비용이 들지 않는 작전이었고, 정치적인 시위를 위한 일회성의 작전이었음을 시사하기도 한다.

39. 반도체와 전자부품 제조에는 위험한 화학물질이 사용된다. 미국에서는 규정을 준수하고, 제조 현장을 개선하는 것이 중요하지만, 중국의에서는 확연히 다르다.

40. "딥 웹(deep web)"은 폐쇄될 수 있고 폐쇄되어야 하지만, 이를 폐쇄하는 데 누구도 관심이 없는 것 같다.

41. https://en.wikipedia.org/wiki/Hacking Team. https:// www.hani.co.kr/arti/international/international-general/701755.html.

42. Gamma의 웹사이트는 해킹을 당했다. 다음을 참조하시오. http://securityaffairs.co/wordpress/27408/hacking/disclosed-40-gb-finfisher.html, http://www.zdnet.com/top-govt-spyware-company-hacked-gammas-finfisher-leaked-7000032399/.

43. 다음을 참조하시오. https://citizenlab.org/2014/08/cat-video-and-the-death-of-clear-text/. 미국 회사가 Gamma와 협력하여 YouTube와 Google을 감염시키는 스파이웨어가 내장된 "기기(appliance)"를 생산했다는 것이다. 다음도 참조하시오. http://www.washingtonpost.com/world/national-security/spyware-tools-allow-buyers-to-slip-malicious-code-into-youtube-videos-microsoft-pages/2014/08/15/31c5696c-249c-11e4-8593-da634b334390_story.html?hpid=z1.

44. https://intelligence.house.gov/sites/intelligence.house.gov/files/documents/Huawei-ZTE%20Investigative%20Report%20(FINAL).pdf.

45. http://qz.com/140896/australias-new-government-extends-huawei-ban-after-spy-briefing/.

제7장 코드, 암호, 암호화 그리고 기술보호

1. http://blogs.mhs.ox.ac.uk/innovatingincombat/files/2013/03/Innovating-in-Combat-educational- resources-telegraph-cable-draft-1.pdf.

2. Barbara Tuchman, The Zimmermann Telegram (Random House, 1985).

3. By Augusto Buonafalce (De componendis cifris) [GFDL (http://www.gnu.org/copyleft/fdl.html) or CC-BY-SA-3.0 (http://creativecommons.org/licenses/by-sa/3.0/)], via Wikimedia Commons.

4. 미 해군 국립 암호 박물관에서 보유하고 있는 노획된 일본 해군의 빨간색 암호화 기계(DSC07868, by Daderot-Own work)는 다음을 참고하시오. http://commons.wikimedia.org/wiki/File:Japanese_Navy_RED_cryptographic_device_captured_by_US_Navy_-_National_Cryptologic_Museum_-_DSC07868.JPG, Licensed under CC0 via Wikimedia Commons.

5. 자주색(Purple) 기계의 코드 해독은 일본의 진주만 공격을 앞두고, 미국 정부가 보유하고 있던 정보의 양을 둘러싼 중요한 이슈를 제기한다. 특히 Robert Stinnett, Day of Deceit: The Truth about FDR and Pearl Harbor (기만의 날: 프랭클린 루즈벨트와 진주만의 진실, Free Press, 2001)를 참조하시오.

6. 에니그마(Enigma) 기계의 작동 원리에 대한 비디오는 다음을 참조하시오. https://www.youtube.com/watch?v=lsv_Li2FXzw.
또는 https://www.youtube.com/watch?v=2OcC- 8zUUEc.

7. 블레츨리 파크(Bletchley Park)는 일급비밀 장소로 선정되었다. 이는 다행히도 나치의 표적 목록에 포함되지 않았고 V-1, V-2 공격 등 어떠한 공습이나 사보타주(sabotage)로 인해 파괴되거나 피해를 입지 않았다.

8. Gustave Bertrand, Enigma ou la plus grande énigme de la guerre 1939-1945 (Plon, 1973). 이 책은 에니그마에 대한 프랑스와 폴란드 정보기관의 협력을 직접적으로 묘사한다.

9. 슈미트 자신은 1943년에 체포되어 자살했거나 게슈타포(Gestapo)에 의해 독살되었을 가능성이 있다. 그의 쌍둥이 형은 독일의 육군대장(Generaloberst)의 계급까지 진급한 기갑 장군인 루돌프 슈미트(Rudolph Schmidt)였다. 동생이 체포되자 루돌프 슈미트는 현역에서 부적격 처리되었고, 반(反) 히틀러 저작물을 소지했다는 주장이 제기되어 군법회의에 회부되었다. 결국 무죄 판결을 받고, 예비군에 배치되어 전쟁에 참여했으며, 1957년에 사망했다.

10. 미국의 키보드는 다르다. 미국의 첫 줄 여섯 글자는 QWERTY이다.

11. 이 책에서 조셉 레이먼드 데쉬(Joseph Raymond Desch, 1907~1987)와 국립 금전등록기 회사(National Cash Register Company)의 놀랍고 중요한 작업을 다루지 않았다. 데쉬(Desch)는 미국과 영국 정부를 위한 암호해독 기계를 설계하고 제작하는 팀을 이끌었다. "데쉬 기계(Desch Bombe)"라고 알려진 이것은 뛰어난 성능을 발휘했는데, 유명했던 튜링(Turing)의 기계보다는 뛰어나지는 않더라도 동등한 수준이었다고 본다. 데쉬는 기계에 대한 공로를 인정받지 못했고, 암호를 해독함으로써 수많은 연합군의 생명을 구했다는 사실도 인정받지 못했다.

12. 임의의 종이테이프에 대해 상상할 수 있는 한 가지는 거대한 암호 키(key)와 같다는 것이다. 메시지가 길면 길수록 수학 문제를 푸는 것은 슈퍼컴퓨터에게도 너무나 어려운 일이다.

13. 당시에는 디지털정보 저장시대가 미래에 있었다는 점을 항상 명심해

야 한다.

14. SE를 통한 IBM의 Lorenz 소유권은 "무간섭 주의(hands off)"로 추정된다. 독일인들은 IBM이라는 회사가 SE의 보안경계를 뚫을 수 없도록 하고 싶었을 것이다. IBM이 SE의 보안업무에 접근했다는 정보는 없다.

15. T-43은 Lorenz Mixer의 LOMI로 알려졌다. Siemens T-43은 문제가 없는 것이 아니었다. "Tempest 문제"(미국 NSA, NATO 기준 등 Siemens가 수정한 문제)가 있었고, 여전히 운영자의 근면함에 의존했다. 일반적으로 말하면 적어도 상용통신에 있어서는 좋은 성능을 발휘하기에 충분했다.

16. 핫라인을 설정할 당시에는 어느 쪽도 양측의 암호기계를 수락하지 않았다. 하지만 제3자로부터 상용기계를 도입하는 것에 동의했다.

17. 독일에는 없었던 항공모함을 일본은 갖고 있었으며, 미국의 영토를 공격하였다. 그것이 1941년 12월 7일, 하와이 진주만이었다.

18. 군사용으로 "특별히 설계된(specially designed)"이라는 용어는 무기수출통제법(AECA, Arms Export Control Act)과 국제무기거래규정(ITAR, International Traffic in Arms Regulations)의 목록(또는 군수품 목록)에 포함되었다.

19. 이 법은 대륙간탄도미사일(ICBM)의 노즈콘(nose cone)을 포함한 다양하고 매우 민감한 방산물자들의 공개 특허를 막지는 못했다. http://www.google.com/patents/US3026806.

20. 많은 기업들은 기업비밀을 보호하기 위한 특허를 신뢰하지 않는다. 그렇기 때문에 발명보안법(Invention Security Act)을 피하는 가장 손쉬운 방법은 특허를 출원하지 않는 것이다.

21. 전쟁이 끝난 후 미국과 소련은 독일의 특허 중 발명과 공정에 도움이 될 만한 모든 특허를 가져갔다. http://www.disclose.tv/forum/theft-of-german-patents-fueled-post-war-technology-boom-t35026.html.

22. C-35와 C-36은 1930년대 스웨덴의 암호학자 보리스 하겔린(Boris Hagelin)이 설계한 상용 암호기계였다. 같은 시리즈의 최신 기계인 M209B는 미국 육군에서 사용되었다.

23. 두 가지 기본 유형, 즉 대칭 알고리즘(symmetrical algorithms)과 공개 키 알고리즘(public key algorithms)이 있다. 둘 다 키(key) - 또는 키들(keys) - 를 사용하지만 문제를 관리하는 방법은 다르다. 대칭 알고리즘에서 키는 트랜잭션이 끝날 때마다 사용자가 공유하는 비밀이다. 키는 메시지를 암호화(인코딩)하고 해독(또는 디코딩)하는 데 사용된다. 두 번째 형태의 암호화를 공개 키 암호화라고 한다. 공개 키 암호화는 다양한 형태로 제공된다. 비밀 키가 결코 공개적으로 공유되지 않는다는 점에서 대칭 암호화와 다르지만, 일반 키 또는 공개 키에서 비밀 키를 파생하는 데 어떤 공식이 사용된다. 대칭 암호화와 공개 키 암호화 모두 원래의 키를 마스킹하는 방법 - "해싱(hashing)"이라고 하는데 - 이 있고, 각 형식은 메시징 세션의 일회성 암호화인 "세션 키(session key)"를 생성할 수 있으며, 이는 절대 반복되지 않는다.

24. 암호장비는 거의 항상 국가안보국(NSA), 군 관련 정부부처, CIA, 국무부와의 상업적 계약에 따라 제작된다.

25. 최신 암호화 "엔진"에는 난수 생성기(RNG, Random Number Generator)가 필요하다. RNG에 결함이 있으면, 코드는 상당히 쉽게 깨질 수 있다.

26. http://www.washingtonpost.com/wp-srv/special/national/black-budget/.

27. https://www.techdirt.com/articles/20140422/12243126991/nist-finally-removes-nsa-compromised-crypto-algorithm-random-number-generator-recommendations.shtml.

28. Java 프로그래밍 언어는 원래 Sun Microsystems에서 개발되었다.

29. Open SSL로 인한 피해는 훨씬 더 광범위하며, 모바일 컴퓨팅에도 영향을 미친다. 다음을 참조하시오.
Iain Thompson, "Apple and Android SSL is WIDE OPEN to Snoopers: OpenSSL, iOS and OS X tricked into using weak 1990s-grade encryption keys"
(http://www.theregister.co.uk/2015/03/03/government_crippleware_freaks_out_tlsssl/).
FREAK는 "Factoring RSA Export Keys"를 의미한다.

30. 사무용 Cisco 전화 핸드셋(handset)은 세계에서 가장 인기 있는 상품 중 하나이다. Cisco의 라우터도 마찬가지이다. 이러한 장치는 일상적으로 복사되고, 복제되므로 수백만 개 이상의 시스템이 해커와 침입자들에게 취약하다는 것을 의미한다.

31. 사이버 절도를 발견하는 것은 항상 쉬운 일이 아니다. 일부는 수년간

의 활동 이후 뒤늦게 감지되기도 하지만, 일부기관은 주주, 투자자, 그리고 고객의 신뢰를 잃을 수도 있기 때문에 공격 사실을 공개하지 않을 수도 있다.

제8장 기술보호와 수출통제

1. 능동형 소나(음파 탐지기)는 "핑(ping)" 소리를 보낸다. "핑" 소리가 물체를 만나면, 그 소리의 음파는 반향되어 돌아온다. 소리가 되돌아오는데 걸리는 시간을 측정하면 물체의 거리와 방향을 확인할 수 있다. 현대의 소나 시스템은 산부인과 병동에서 태아의 상태를 검사하는 초음파 검사와 유사하게 작동한다. 컴퓨터는 반향되는 음파를 종합하여 물체의 이미지를 나타내는 패턴을 형성한다. 군사 작전에서 핑을 방출하는 소나는 이를 송출하는 송신장비의 위치도 알려주므로 잠수함 운용자들에게 위험을 초래한다. 수동형 시스템은 특정 소리를 "듣고(listen)" 핑을 보내지 않고도 추적할 수 있다. 현대 잠수함에는 능동형, 수동형 소나 시스템이 모두 장착되어 있다.

2. http://www.henryakissinger.com/articles/fwddetente1007.html.

3. Vneshtorgbank와의 합의는 비밀리에 이루어졌고, 의회에 통보되지 않았으며 판례법(PL 92-403)을 위반했다. 이로 인해 상원 외교위원회와 닉슨 정부 사이에 대립이 발생했고, 결국 미국 국무부가 비밀합의서를 미국 상원에 제출하기로 약속하면서 해결되었다. 그 후 의회는 수출입은행이 소련과의 거래에 자금을 조달하는 것을 금지하였다.

4. 카터 대통령과 국가안보팀은 소련이 아프가니스탄에 군대를 파견할 것이라고 생각하지 않았다. 침공 직전에도 큰 사건이 정권을 뒤흔들었

는데, 카불(Kabul) 주재 미국 대사인 아돌프 더브스(Adolph Dubs)가 납치되어 사망한 것이었다. 더브스는 미국대사관으로 가던 중 납치되어 카불 호텔에서 억류되었다. 더브스를 포로로 잡은 사람들은 아프가니스탄 경찰 제복을 입고 있었다. 이후에도 탈레반은 경찰 제복을 여러 번 착용하였는데, 가장 최근 사례는 2014년 8월 5일 아프가니스탄 경찰 훈련대를 시찰하던 해롤드 그린(Harold J. Greene) 소장이 총격으로 사망한 사건에서였다. 더브스를 납치한 인원들의 요구사항은 불분명했고, "구출(rescue)"임무는 소련의 지휘아래 KGB의 작전활동과 연계하여 아프간 경찰이 착수하였다. 호텔 114호에 경찰이 진입하는 동안 중기관총 사격 소리가 들렸다(1979. 2. 14). 더브스는 머리에 총상을 입고, 의자에서 쓰러진 채 발견되었다. 이 사건으로 인해 미국은 아프가니스탄에서 철수하기 시작했고, 미국의 철수는 다양한 구실로 아프가니스탄을 침공하려는 소련에게 문을 활짝 열어주는 부정적인 효과를 가져왔다.

5. https://www.princeton.edu/ ~ota/disk3/1979/7918/791810.PDF.

6. 미국의 대표는 보통 국무부의 차관보가 맡았으며, 대표부에는 국무부를 중심으로 상무부, 국방부, 기술 전문가들이 항상 포함되었다.

7. COCOM은 소련, 바르샤바 조약 기구 국가들, 중국, 북베트남, 북한을 모두 포함하는 "금지"된 국가들을 다루었다. 쿠바는 COCOM의 적용을 받지 않았다. 1980년대 중반에는 중국으로의 수출을 자유화하는 특별한 규정이 제정되었다.

8. 중국의 경우 이러한 패턴은 반복될 것이다. 중국에 대한 무제한적 접근 방식은 중국을 진정한 초강대국으로 만드는데 큰 도움이 될 것이다. 특히, Michael Pillsbury의 The Hundred-Year Marathon:

China's Secret Strategy to Replace America as the Global Superpower (Henry Holt and Company, 2015)를 참조하시오. 미국은 군사 및 정보시스템을 포함하여 중국에 기술을 공급할 때 모든 COCOM 규칙을 체계적으로 무시했다.

9. 이러한 판매는 수익 창출에 도움이 되었을지 모르지만 결국 유럽의 컴퓨터 산업은 경쟁력이 없었다.
http://www.nytimes.com/1996/10/07/business/why-european-computer-makers-flop.html.

10. William A. Root and John R. Liebman, United States Export Controls (Aspen Law & Business; 3 Lslf Sub edition, 1991).

11. http://www.jta.org/1975/01/23/archive/u-s-soviet-trade-and-economic-council-to-lobby-for-unhampered-trade-between-two-countries.

12. http://news.google.com/newspapers?nid=2245&dat=19870502&id=57AzAAAAIBAJ&sjid=jDIHAAAAIBAJ &pg=6011,203664. http://www.csmonitor.com/1984/1126/112610.html. Techno-Bandits: How The Soviets Are Stealing America's High-Tech Future by Linda with David Hebditch and Nick Anning Melvern (HMCo, 1984).

13. 제트엔진 거래는 기관 간 승인을 받았으며, 미국 수출통제 허가 절차를 거쳤다.

14. 중국에 대한 미국의 무기 판매는 다음을 참조하시오.

http://www.disam.dsca.mil/pubs/Vol%208-1/Dumbaugh%20&%20Grimmett.pdf.

15. 당시 랜드샛(Landsat) 시스템의 해상도는 30m로 소련의 미사일 기지와 기타 군사시설을 식별하는데 적합한 시스템이었다. 중국은 랜드샛을 획득한 것을 가장 중요한 성과로 여겼다. 중국은 소련의 군사장비를 사용하는 고객이지만, 소련을 주요 경쟁자이자 위협으로 여겼다. 불행하게도 랜드샛에는 대만과 대만 해협을 감시하는 눈(eye)도 있었는데, 이는 중국의 눈을 거의 피하기 힘든 수준이다.

16. 현재 중국에 있는 대만 회사의 목록은 다음을 참조하시오.
http://en.wikipedia.org/wiki/List_of_companies_of_Taiwan.

17. 당시 대만은 엄청난 노동력 부족을 겪고 있었고, 그 격차를 메우기 위해 저임금 국가로부터 노동자를 받아들여 활용하고 있었다. 중국의 값싼 노동력을 이용할 수 있다는 점은 대만 투자에 큰 동기를 부여했다.

18. 오바마 대통령은 2010년 미군 C-130 항공기가 중국 지역의 기름 유출을 정화하는 데, 도움을 줄 수 있도록 군사판매 금지 조치를 부분적으로 해제했다.

19. 마약 카르텔은 마약을 미국으로 밀반입하기 위한 "긴급 배송(go-fasts)" 작전을 위해 비행기, 배의 착탈식 코터, 암호 및 통신 장비, 저격용 소총 등 기타 무기를 구매하는 것으로 알려져 있다. 종종 위장회사와 "컷아웃(cutout)"을 추적하는 것은 복잡한 일인데, 카르텔은 미국 남서부에서 중개인을 통해 무기를 구입한 후 국경을 넘어 다시 밀수입하는 등 미국의 수출통제를 대부분 어떤 식으로든 우회할 수 있

었다. 그리하여 미국 법무부와 주류·담배·화기 및 폭발물 단속국(AFT, Alcohol, Tobacco and Firearms Agency)이 관리하는 - 미국의 국경 너머 총기 이동(gun walking)을 막으려던 실패한 시도인 - 패스트 앤 퓨리어스 작전(Operation Fast and Furious)이 탄생했다.

20. 각각의 정부 부처에 따라 자유화는 중단되고 시작된다. 클린턴 정부의 아이디어는 주로 중국을 위해 슈퍼컴퓨터를 개방하는 것이었다. 이러한 노력에 대한 검토는 다음을 참조하시오.
Mark D. Gursky, Liberalization of High Performance Computer Export Controls under the Clinton Administration: Balancing National Security and Economic Interests (http://scholarship.law.edu/cgi/viewcontent.cgi?article=1390&context=lawreview, 2000).

21. 미국이 소련의 아프가니스탄에서의 경험으로부터 아무것도 배우지 못했다는 것은 참으로 큰 역사적 아이러니이다. 이는 역사가 "형편없는 교사"이거나 국가의 정치, 군사 지도자들의 판단력이 부족하다는 것을 증명한다.

22. 텡기즈(Tengiz) 유전은 당시 소련의 일부였던 카자흐스탄 북서부에 위치하고 있다. 소련의 유정은 1985년에 폭발하여 거의 1년 동안 불에 탔다.

23. 미국 국방부는 이 주장에 대해 많은 비판을 받았지만, 지난 20년 동안 러시아는 정치적 이유로 여러 차례 가스 공급을 중단했다.

24. http://www.nytimes.com/2004/02/02/opinion/the-farewell-dossier.html.
이는 CIA가 겪은 이야기들이다. 레이건이 CIA의 야말 가스관 전략에 반대했기 때문에 CIA는 어려움을 겪었다. 웨이스는 레이건의 가스관 정책에 대한 CIA의 격렬한 반대를 은폐하고, CIA 요원들을 정치적인 숙청으로부터 보호하기 위해 이 이야기를 꺼냈을지도 모른다.

25. 러시아 정부의 투자금액 추산은 놀라울 정도로 낙관적인 것으로 보인다. 첫 번째 파이프라인의 비용은 360억 달러였다. 오늘날 투자 수준은 아마도 푸틴이 주장한 것보다 10배는 더 많은 500억 달러 이상이 될 것이다. 어쨌든 서유럽은 더 이상 러시아에 크게 의존하지 않으며, 투자자들은 러시아의 모든 사업에서 빠르게 철수하고 있다. 푸틴의 우크라이나 정책은 러시아 국민들의 중요한 경제적 회생 기회를 잃게 했고, 많은 것을 낭비했다.

26. 현재는 제조기술협회(Association for Manufacturing Technology)라고 부른다.

제9장 모바일 기기와 기술보호

1. https://whatsthebigdata.com/smartphone-stats/.

2. 방화벽은 복잡함과 정교함에 따라 다양한 형태로 나뉜다. 일부는 하드웨어 기반이고, 어떤 것들은 단지 소프트웨어로도 작동된다. 하지만 이들 모두는 승인되지 않은 작업을 거부하고, 시스템 관리자가 승인하지 않은 프로그램을 차단할 수 있다.

3. 라우터는 단일 인터넷 또는 로컬 네트워크의 연결을 허용하여 여러 플랫폼들을 지원하는 장치이다. 가정용 라우터는 일반적으로 최대 256개의 기기까지 Wi-Fi 및 이더넷 연결을 모두 지원할 수 있다. 기업

용 라우터는 일반적으로 랙(rack)에 설치되며 수천 명의 사용자를 지원할 수 있다. 라우터의 유일한 제한사항은 기업과 인터넷서비스 제공자 간의 연결 대역폭이다.

4. http://www.pcworld.com/article/2455400/vulnerability-exposes-some-cisco-home-wireless-devices-to-hacking.html.

5. http://www.stoptheftaa.org/artman/publish/article_36.shtml.

6. http://www.verizonenterprise.com/DBIR/.

7. Verizon 보고서가 발표된 이후에도 Target이나 Home Depot 매장과 같은 소매점에서 POS 침해 사건이 발생하여 수백만 명의 신용카드 정보가 유출되는 피해를 입혔다. 또한 외국 정부가 지원하는 미국 은행시스템에 대한 침투작전으로 인해 수백만 개의 - 개인과 회사의 - 계좌정보가 탈취 당하는 내용을 놓치고 있다.

8. 많은 미국의 기업들은 중국과 중요한 비즈니스 관계를 맺고 있기 때문에 주주들에게 걱정을 끼치고, 중국의 호스트들에게 불편함을 주는 행동을 회피하는 경향이 있다. 이 때문에 문제점을 보고하는 것을 꺼린다.

9. http://intelreport.mandiant.com/.

10. Mandiant는 중국에서 20여개 이상의 APT 작전이 진행 중이라고 보고 있다. Mandiant의 보고서의 연구대상이 된 기관은 중국의 인민해방군 제2국과 관련이 있다.

11. http://gawker.com/5966335/crazy-computer-guru-john-mcafee-arrested-in-guatemala-after-vice-reveals-his-location.

12. DES(Data Encryption Standard)는 64비트 키(key)를 사용하는 데이터 암호화 표준이다. DES는 256비트 암호인 AES(Advanced Encryption Standard)로 대체되었다.

13. "rainbow table"로 어떻게 깨질 수 있는지 보려면 https://srlabs.de/decrypting_gsm/을 참조하시오.

14. 카스미는 영어로 "안개(misty)"라는 뜻이다

15. GEA(GPRS Encryption Algorithm)-3 키 스트림 생성기의 GPRS(General Packet Radio System)의 안에 있다.

16. http://www.usatoday.com/story/news/nation/2013/12/08/cellphone-data-spying-nsa-police/3902809/.

17. 일부 미국 제품은 http://arstechnica.com/tech-policy/2013/09/meet-the-machines-that-steal-your-phones-data/2/에서 찾을 수 있다.

18. 대부분의 피처폰과 스마트폰 암호는 해독하기 쉽다. 최신 스마트폰은 암호화 기능이 향상되었기 때문에 상용 IMSI 장치 사용에 몇 가지 문제를 야기할 수 있다.

19. 대부분의 스마트폰에는 2개 이상의 마이크로 폰과 카메라가 있다.

20. http://lifehacker.com/5305094/how-to-crack-a-wi-fi-networks-wep-password-with-backtrack에서 한 가지 예를 확인할 수 있다.

21. 펜 등록기는 특정 전화선에서 걸려오는 모든 전화번호를 기록하는 장치이다. 원래 크로스바 타입의 전화교환시스템을 다루기 위해 설계되었는데, 오늘날의 시스템은 완전히 디지털화되었으며, 교환방식도 완전히 전산화 되었다. 1970년대 미국은 완전하게 전산화된 전화교환시스템을 아직 갖추지 못했다.

22. http://supreme.justia.com/cases/federal/us/442/735/case.html.

23. FISA 법원(해외정보감시법 법원, Foreign Intelligence Surveillance Act Court)이라고도 한다. 해당 법원은 외국이나 국내정보 문제와 관련이 없다고 생각할 수 있는 미국시민을 상대로 수백만 건의 기록 수집을 감독하는 것으로 추정된다.

24. http://www.thelocal.de/20150304/snowden-nsa-inquiry-bundestag-chief-suspects-phone-hacking.

25. http://www.bbc.com/news/world-europe-26079957.

26. 실제 도청은 다음에서 들을 수 있다. https://www.youtube.com/watch?v=YgdqdklrqDA.
요격에 대한 설명은 아래에서 확인할 수 있다. http://www.forbes.com/sites/paulroderickgregory/2014/07/19/what-more-smoking-guns-are-needed-for-mh17-the-worlds-first-sam-terrorism/.

27. 러시아는 부크(Buk) 미사일을 자신들이 분리주의자들에게 공급한 것이 아니라 우크라이나 육군의 장비라고 주장했었다. 그러나 감청된 전화통화가 공개되자 러시아의 체면은 큰 손상을 입었다. 부크 미사일은 러시아의 병력 수송 장갑차처럼 보이는 궤도 차량 위에 장착된 이동식 레이더 유도 지대공미사일이다. 부크(Buk)는 러시아어로 자작나무(Birch Tree)를 뜻한다.

28. 모든 상업용 항공기는 레이더에 자신의 위치를 보고하는 트랜스폰더(transponder)를 장착하고 있다. 말레이시아 항공기는 트랜스폰더 코드를 "빽빽빽(squawking)" 송신하고 있었을 것이고, 그 코드는 러시아의 항로 레이더 추적시스템에서 수신하였을 것이다.

29. http://www.ccrjustice.org/newsroom/press-releases/supreme-court-refuses-hear-wiretapping-case-government-can-keep-secret-whet.

30. http://www.nationallawjournal.com/legaltimes/id=1202662477081/Report-Two-Muslim-American-Lawyers-Target-of-NSA-Surveillance?slreturn=20140716100635.

31. 그 회사는 그들이 스파이 행위의 대상이 아니라고 주장한다. 다음을 참조하시오.
https://www.abajournal.com/news/article/mayer_brown_responds_to_report_it_was_subjected_to_spying_by_nsa_ally. http://www.theguardian.com/world/2014/feb/16/australia-spied-indonesia-talks-us-firm.
호주는 또한 휴대전화 계정의 암호화된 마스터 키(key) 180만 개를 NSA와 공유한 것으로 알려졌다. http://rt.com/news/nsa-us-

lawyers-indonesia-spying-229.

32. http://www.nytimes.com/2014/02/16/us/eavesdropping-ensnared-american-law-firm.html?_r=0.

33. BBC는 NOW의 표적이 된 사람이 4,000명이 넘을 것 이라고 주장한다. http://www.bbc.com/news/uk-11195407.

34. http://www.independent.co.uk/news/uk/crime/the-other-hacking-scandal-suppressed-report-reveals-that-law-firms-telecoms-giants-and-insurance-companies-routinely-hire-criminals-to-steal-rivals-information-8669148.html. http://www.telegraph.co.uk/news/uknews/law-and-order/10203584/20-law-firms-implicated-in-secret-phone-hacking-scandal.html.https://www.forbes.com/sites/eamonnfingleton/2013/07/25/phone-hacking-scandal-goes-nuclear-blue-chips-law-firms-and-insurers-caught-in-the-crosshairs/.

35. http://www.bbc.com/news/technology-28701124. 만약 이 연구 내용이 맞다면, 현재 국방부에서 사용하고 있는 일명 보안 메모리스틱도 안전하지 않다.

36. 펌웨어는 제조업체가 스마트폰이나 기타 장치에 설치한 프로그램 코드와 비휘발성 메모리 또는 보호 메모리로 구성된다.

37. http://digitalspyshop.com/Mobile%20phone%20charger%20listening%20device%20GSM.htm.

38. http://leaksource.info/2014/02/11/death-by-unreliable-metadata-nsa-creates-sim-card-kill-list-for-cia-jsoc-drone-strikes/.

39. 위성전화(SAT)는 도청에 취약한 것으로 악명이 높다.

40. 구글 등 민간 기업 소유의 광케이블도 도청된 것으로 알려졌다. http://venturebeat.com/2013/11/25/level-3-google-yahoo/ 참조.

제10장 군수산업과 기술보호

1. 미국은 전쟁에 참전하기 전인 1940년 후반에 영국의 재보급을 돕기 위해 긴급 선박건조 프로그램을 착수했다. 전쟁이 끝날 무렵에는 약 6,000척의 수송함이 건조되었다. 미국식이 아닌 영국식의 설계방식을 채택하였으며, 엔진은 구식의 증기 동력장치로 최대 속도는 11노트가 적당했다. 흔히 리버티 선(Liberty Ship)라고 불리는 이 수송선은 미국이 전쟁에 참전했을 때, 영국의 보급과 미군의 작전지원에 필수적이었다. 리버티 선의 건조 속도는 매우 빨랐는데, 나치(Nazi)의 U-보트(U-boat)가 이를 침몰시킬 수 있는 속도보다 더 빨리 제작되었다.

2. 1940년 의회는 미국의 해군함대를 크게 늘리기 위한 긴급 조치인 빈슨-월시 법(Vinson Walsh Act, Two-Ocean Navy Act(양대양 해군법)이라고도 함)을 통과시켰다. 이는 미국 역사상 가장 큰 해군조달 법안으로 남아 있으며, 미국 해군의 규모를 70%나 증가시켰다. 역사가들은 일본의 진주만 공격배경 중 하나가 미국이 새로운 선박과 잠수함으로 함대를 보충하기 전에 태평양 함대를 최대한 많이 파괴하기 위한 것이라고 생각한다. 일본은 진주만 공격을 시작하기 직전에 해군의 이점을 토대

로 상당한 우위를 누렸다. 하지만 빈슨-월시 법에 따라 미국이 함정들을 건조한다면, 일본의 우위는 사라질 것이었다. 이 법에는 항공모함 18척, 아이오와급 전함(battleship) 2척, 몬타나급 전투함 5척, 알래스카급 순양함 6척, 순양함 27척, 구축함 115척, 잠수함 43척이 명시되어 있었다. 당시 진주만에는 항모가 없었기 때문에 피해를 입지 않았다. 그러나 8척의 전함이 퇴역되었고, 2척은 완전히 파괴되어 전손되었으며, 나머지 6척은 피해를 입었으나 수리되어 임무에 복귀하였다. 공격을 받았던 미국의 모든 순양함과 구축함은 살아남아 수리된 후 다시 운용되었다. 미국은 2,403명(부상자 1,940명)이 사망하였고, 188대의 항공기를 잃었으며, 159대가 추가로 손상되었는데, 이는 태평양에 배치된 항공기의 50%에 달하는 수치였다. 그러나 이들 중 다수는 최신 모델의 항공기로 교체될 예정이었다. 일본의 공격에 대해서는 여러 가지 의견이 있다. 미국을 전쟁에 끌어들인 것은 히틀러에게는 좌절이었고, 일본에게는 커다란 전략적 실수이기도 했다. 일본의 하라 타다이치(Tadaichi Hara) 제독은 "우리는 진주만에서 위대한 전술적 승리를 거두었지만 이로써 전쟁에서는 지게 되었다." 라는 유명한 말을 남겼다.

3. 반유대주의(Anti-Semitism)는 "War is a Racket(전쟁은 소동이다. 번역서: 전쟁은 사기다.)"를 칭송하였고, "Business Plot(사업가들의 음모)"의 핵심이었다. 찰스 린드버그(Charles Lindbergh)가 나치와 결탁한 것과 미국 제1위원회에서 그가 맡은 핵심적인 역할 역시 반유대주의 이데올로기와 직결된다.

4. 제시 벤추라(Jesse Ventura)가 버틀러(Butler)의 책을 소개하는 영상은 https://www.youtube.com/watch?v=h30FE0MxEMc에서 볼 수 있다. 벤추라는 책의 주제를 채택한 후 베트남 전쟁이 소란스러운 소동이었다는 생각을 홍보하려고 했다.

5. 위원회의 조사 결과는 다음을 참조하시오. "Report of the Special Committee on Investigation of the Munitions Industry (The Nye Report)", US Congress, Senate, 74th Congress, 2nd sess., February 24, 1936, pp. 3-13. 또는 https://www.mtholyoke.edu/acad/intrel/nye.htm

6. 나이(Nye) 상원의원이 워싱턴 DC에서 가진 인터뷰에서 1935년 중립법을 발표한 것을 참조하시오. "https://www.youtube.com/watch?v=C2yOq8SzZ_8". 이 비디오 클립은 전쟁에 대한 나이의 견해를 잘 요약하였다. 미국 제1위원회를 대표하는 찰스 린드버그의 훨씬 긴 연설은 다음을 참조하시오. https://www.youtube.com/watch?v=r4GyYPLHlwA.

7. 이는 무기수출통제법(Arms Export Control Act)의 전신이라고 볼 수 있다.

8. Piercing the Fog: Intelligence and Army Air Forces Operations in World War II, Robert C Ehrhart, Jr., Alexander S Cochran, Robert F Futrell, Thomas A Fabyanic, John F Kreis, (Air Force Historical Studies Office, Washington D.C.).

9. Berlin Alert: The Memoirs and Reports of Truman Smith by Robert Hessen, Hoover Institute for Public Policy (1984).

10. 린드버그는 영국과 프랑스가 체임벌린-히틀러의 뮌헨 협정을 위반한 독일에 대응한다면, 독일군의 우월한 군사장비를 상대로 자살행위에 해당한다는 경고성 메모를 영국 정부로 보냈다. 이는 영국 주재 미국 대사 조셉 케네디(Joseph Kennedy)의 긴급한 요청에 의한 것이었다.

11. 500대의 항공기는 오늘날에는 많은 숫자처럼 보이지만 그 당시에는 매우 적은 숫자였다.

12. 흥미롭지만 답이 없는 질문을 하자면, 왜 미국은 서면 설계보다 우수한 소련의 T-32 설계를 채택하지 않았느냐는 것이다.

13. 연합군이 독일 도시에 폭격을 가한 것은 많은 사상자를 내면서 독일을 전쟁에서 몰아낼 의도였다. 일본은 지하시설 외에도 전시 생산기계를 가정주택에 집어넣었다. 원자폭탄이 나가사키에 떨어졌을 때, 전시 국방물자의 생산공장이기도 했던 수천 채의 가옥들이 파괴되었다.

14. 미국 유대인 단체들의 적극적인 요청에도 불구하고, 미국은 강제수용소 또는 피해자들을 수용소로 이동시키는 철도를 폭격하는 것을 거부했다. 이는 도덕적인 문제와 별개로 나치가 일부 강제수용소에서 징집한 수만 명의 수감자들을 군수공장에서 노동력으로 사용했기 때문에 이를 막지 못한 것은 전략적인 실수로 보여 진다.

15. 미국은 1958년에 Jupiter C 로켓을 추가하여 탑재한 Juno-1 발사체(4단 로켓)를 통해 최초의 인공위성 익스플로러 1호를 발사했다. 이 로켓은 V-2 프로그램이 명백하게 진화된 모습이었다. Juno-1 작업은 폰 브라운(Von Braun)과 그의 팀이 주요 설계자로 참여한 레드스톤 조병창(Redstone Arsenal)에서 수행되었다. 이는 1957년 12월 6일, 케이프 커내버럴(Cape Canaveral)에서 뱅가드(Vanguard) 로켓의 발사가 실패한 후에 나온 것이다. 뱅가드는 미국 해군의 프로그램이었다. 다음 해에는 작은 자몽 크기의 위성을 궤도에 진입시키는 데 성공할 것이었다.

16. 우크라이나는 공중급유기로 다양한 버전의 안토노프(Antonov)를 제안했다.

17. CFIUS는 방산업체가 관여하지 않는 국가안보와 관련된 많은 결정과정에 참여할 수 있다. 이 책에서는 방산업체 인수에만 초점을 맞추고 있다.

18. 미국의 제트엔진 제조업체들은 일본을 잠재적인 경쟁자로 보고 일본제철(Nippon Steel)의 입찰에 강력하게 반발했다. 미국 국방부는 이 기술이 궁극적으로 소련과 중국에 돌아갈 것이라고 우려했다.

19. 능동형 레이더는 능동형 소나(음파 탐지기)와 마찬가지로 추적이 가능한 신호를 생성한다.

20. 레이저유도 폭탄은 탑재된 무기 중 중요한 역할을 담당하였다. 레이저유도 폭탄의 효과가 성공적일 것이라는 최초 보고서에도 불구하고 이라크 전 이후의 평가에서는 성능과 효과에 대한 의문이 제기되었다.

21. F-117A는 핵무기 탑재가 가능한 항공기로 B-61 전술핵폭탄을 탑재할 수 있었다.

22. 클론이 RQ-170만큼 뛰어난 성능을 발휘할 가능성은 거의 없다.

23. Rannoch는 이 기술의 소유자인 체코회사 ERA를 투자자 그룹과 함께 625만 유로(820만 달러)에 인수했다. Rannoch는 자체적으로 ERA의 이름을 변경한 후 원래 투자금액의 17배가 넘는 1억 2,550만 달러에 SRA에 다시 매각했다.

24. http://object.cato.org/sites/cato.org/files/serials/files/regulation/1999/10/defensemonopoly.pdf.

25. http://bbs.stardestroyer.net/viewtopic.php?t=121911.

26. http://www.economist.com/node/91022.

27. John Wolf, "Paying More for Less in Defense Budgets." http://breakinggov.com/2012/05/21/paying-more-for-less-in-defense-budgets/.

28. http://www.cycleworld.com/2013/11/12/where-is-it-made-2014-harley-davidson-street-750-and-street-500/.

29. http://practicalbrilliance.com/apogeeconsulting/index.php?option=com_content&view=article&id=947:innovation-not-invented-here-anymore&catid=1:latest-news&Itemid=55.

30. 미국 국방부의 조달결정 과정을 최종적으로 검토하는 책임은 획득기술군수차관실에서 맡았으나, 2018년 2월 미국 국방부의 국방획득조직 개편을 통해 획득기술군수차관실은 연구공학차관실과 획득운영유지차관실로 분리되었다. 조달업무는 획득운영유지차관실에서 수행한다.

31. 미국의 마지막 디젤전기 잠수함은 구피(Guppy)급으로 불렸다. 이름은 "Greater Underwater Propulsion Power Program(GUPPP)"에서 파생되어 GUPPY가 되었으며, 1947년부터 1955년까지 생산되었다. 1990년대 중반 미국은 대만을 위한 디젤전기 잠수함을 찾고 있었

다. 유럽의 주요 생산업체들이 잠수함을 제공하려던 노력은 각 정부에 의해 차단되었는데, 1980년대 초에 구입한 대만의 Guppy급 잠수함 2척과 네덜란드에서 공급한 즈바르드디스(Zwaardvis)급 잠수함 2척을 대체할 수 있는 라이선스 설계나 완성품 잠수함을 제공하는 것이 허용되지 않은 것이다. 그러자 미국 국방부는 초기개발비를 포함, 잠수함 한 대당 10억 달러에 가까운 비용이 소요되는 새로운 버전의 Guppy급 잠수함을 제조할 것을 제안했다. 대만의 입법원은 이 계약에 반대했고, 미국 정부는 중국과의 관계가 더 우선시되자 2008년에 이 제안을 철회했다.

32. 러시아도 미국의 고객에게 무기를 판매하기 시작했다. 이집트는 욤 키푸르(Yom Kippur) 전쟁 이후 중단되었던 러시아와 무기거래를 2014년에 재개했다. 이집트는 미국과 러시아 사이에서 어려운 선택을 해야 할 수도 있다.

제11장 세계화 시대의 기술보호와 새로운 접근

1. https://www.macrotrends.net/stocks/charts/AAPL/apple/gross-profit#:~:text=Apple%20gross%20profit%20for%20the%20twelve%20months%20ending%20March%2031,a%2011.74%25%20increase%20from%202021.
   https://www.statista.com/statistics/273439/number-of-employees-of-apple-since-2005/.
   http://www.npr.org/2012/03/06/148049517/how-many-u-s-jobs-does-apple-really-create.

2. http://theweek.com/article/index/223580/why-apple-builds-

iphones-and-everything-else-in-china.

3. http://wwwnc.cdc.gov/travel/yellowbook/2014/chapter-6-conveyance-and-transportation-issues/air-travel. 질병통제센터(The Centers for Disease Control)는 현재 항공기의 공기순환 시스템이 만족스럽다고 생각한다. 하지만 많은 승객들은 다르게 생각한다.

4. 미국이 여러 지역에서 안정화 역할을 하는 것이 점점 더 어려워짐에 따라 미국의 군사태세가 바뀔 수도 있다. NATO가 약화되고, 유럽 대륙에서 비대칭 전쟁의 출현이 둔화된다면 미국의 개입과 파트너들을 보호하는 능력이 악화될 수 있음을 의미한다. 결과적으로 국방과 기술의 투자에도 불구하고, 의미 있는 지원을 제공하기 위한 정치적 의지나 군사적 수단을 집결할 수 있는지는 불분명하다. 제2차 세계대전 이후 팍스아메리카나(Pax-Americana)가 그 과정을 밟았다고 말할 수도 있기 때문에 미국은 크게 변화된 세계에서 새로운 모델을 찾아야 한다.

5. http://www.the-american-interest.com/blog/2014/02/06/japanese-government-panel-to- recommend-rearmament/.

6. http://www.cnbc.com/id/100293527#.

7. http://news.xinhuanet.com/english/indepth/2013-08/07/c_132609894.htm.

8. http://www.businessinsider.com/chinas-carrier-killer-missile-test-proves-df-21d-lives-up-to-name-2013-1.

9. http://freebeacon.com/national-security/china-military-buildup-shifts-balance-of-power-in-asia-in- beijings-favor/.

10. http://www.chinausfocus.com/foreign-policy/pentagon-report-offers-balanced-assessment-of- chinese-military-power/, http://www.defense.gov/pubs/2013_china_report_final.pdf.

11. http://csis.org/files/publication/120814_FINAL_PACOM_optimized.pdf.

12. http://www.forbes.com/sites/singularity/2012/07/23/the-end-of-chinese-manufacturing-and-rebirth-of-u-s-industry/.

13. 유럽의 금수조치는 대만에도 적용되지단 중국보다 대만에 훨씬 더 큰 고통을 준다.

14. http://www.reuters.com/article/2012/09/16/us-china-defence-idUSBRE88F0GM20120916.

15. http://defense-update.com/20140311_turkey-distancing-missile-deal-china.html.

16. http://chinadailymail.com/2014/05/03/china-claims-successful-attack-on-japanese-military-satellite- destroyed-control-chip-with-secret-weapon/.

17. http://www.chinasignpost.com/2012/05/04/shenlong-divine-dragon-takes-flight-is-china-developing-its- first-spaceplane/.

18. http://www.americaspace.com/?p=9076.

19. http://www.hlhl.org.cn/english/index.asp.

20. http://www.cnn.com/ALLPOLITICS/1998/05/25/time/china.missles.html and Robert D. Lamb, "Satellites, Security, and Scandal: Understanding the Politics of Export Control" at http://www.cissm.umd.edu/papers/display.php?id=356 and http://articles.baltimoresun.com/2003-03- 06/news/0303060232_1_rocket-aerospace-companies-china.

21. http://www.janes.com/article/38971/russian-t-50-pak-fa-fighter-prototype-catches-fire and http://thediplomat.com/2012/12/the-long-pole-in-the-tent-chinas-military-jet-engines/.

22. NPO Saturn의 시설은 다음의 영상을 참조하시오. https://www.youtube.com/watch?v=2rlB3Igc9w4.

23. 초음속 순항(supercruising)은 엔진의 애프터버너를 사용하지 않고도 항공기가 음속보다 빠르게 비행하는 것을 말한다. 엔진의 애프터버너는 연료를 많이 소모하므로 이를 사용하면 항공기의 운용 범위가 크게 줄어든다. F-22, T-50 PAK-FA(Su-57), J-20은 초음속 순항 능력을 갖추고 있다. J-31도 초음속 순항이 가능하다. CVGB는 - US Aircraft Carrier Battle Group – 항모전투단을 의미한다.

24. http://www.ausairpower.net/APA-NOTAM-090111-1.html.

25. B-1과 B-2는 전투기가 아니다.

26. https://www.youtube.com/watch?v=H1wXsygQTVA.

27. 미국의 시스템은 보통 다른 곳에서 만들어진 시스템보다 더 뛰어난 성능을 보여준다. 구매자가 당면한 문제는 향상된 기술과 정교함이 얼마나 가치가 있는지, 비용을 감당할 수 있는지, 국가적으로 복잡한 하드웨어를 지원이 가능한지이다.

28. https://www.youtube.com/watch?v=plNYSaC5Avc.

29. "The (Rail) Road to a Deal" at http://www.defenseindustrydaily.com/us-export-restrictions-hand- korean-ex-competition-to-us-firm-02497/.

30. http://articles.baltimoresun.com/2000-04-12/news/0004130300_1_aid-to-israel-china-aircraft and http://news.bbc.co.uk/2/hi/asia-pacific/1717800.stm.

31. http://en.wikipedia.org/wiki/Financial_cost_of_the_Iraq_War.

32. http://www.publicintegrity.org/2011/03/27/3799/jieddo-manhattan-project-bombed.

33. http://articles.latimes.com/2013/dec/27/world/la-fg-afghanistan-armor-20131227.

34. http://www.nationaldefensemagazine.org/archive/2012/

October/Pages/TheMRAPWasItWorththePrice.aspx.

35. http://en.ria.ru/military_news/20090622/155314762.html.

36. http://www.saudigazette.com.sa/index.cfm?method=home.regcon&contentid=20140705210524.

37. http://www.boeing.com/assets/pdf/aboutus/international/docs/Backgrounders/chinaback grounder.pdf.

제12장 승자와 패자

1. 앞서 언급한 바와 같이 일본도 첨단 원심분리기 프로그램을 보유하고 있었다.

참고문헌(Bibliography)

제1장 고대인과 기술

Biran, Avraham and Joseph Naveh. "An Aramaic Stele Fragment from Tel Dan." Israel Exploration Journal, 43, no. 2/3 (1993): 81-98.

Gardiner, Alan H. The Admonitions of an Egyptian Sage, Georg Olms, 1969. First published 1909.

Montgomery, Alan. A Chronological Model for the 1st and 2nd Millennium BC. Canada: Self Published, 2003.

제2장 기술과 보안 그리고 교리

Adams, James. Bulls Eye: The Assassination and Life of Supergun Inventor Gerald Bull. Crown Books, 1992.

Bull, Gerald and Charles H. Murphy. Paris Kanonen -The Paris Guns(Wilhelmgeschütze) and Project HARP. E. S. Mittler & Son, 1991.

Lowther, William. Arms and the Man: Dr. Gerald Bull, Iraq and the

Supergun. New York: Presidio Press, 1992.

제3장 냉전의 승자 : 마이크로칩

Gilder, George. The Silicon Eye: Microchip Swashbucklers and the Future of High-Tech Innovation. W. W. Norton & Company, 2006.
Ginor, Isabella and Remez, Gideon. Foxbats Over Dimona: The Soviets' Nuclear Gamble in the Six Day War. Yale University Press, 2007.
Herron, Robert L. Comparison of Fast Fourier Transforms with Other Transforms in Signal Processing for Tactical Radar Target Identification. PN, 1977.
Hurley, Matthew. "The BEKAA Valley Air Battle, June 1982: Lessons Mislearned?" Air Power Journal (Winter, 1989).
Younger, Stephen, Irvin Lindemuth, Robert Reinovsky, C. Maxwell Fowler, James Goforth, and Carl Ekdahl. "Scientific Collaborations Between Los Alamos and Arzamas-16 Using Explosive-Driven Flux Compression Generators." Lab to Lab, Los Alamos Science, 24 (1996).

제4장 소련의 군사력 증강과 디렉토라트 T

Clancy, Tom. The Hunt for Red October. Harper Collins, 1984.
Davis, Christopher and Murray Feshbach. Rising Infant Mortality in the USSR in the 1970's, Part 38. United States Bureau of the Census, Foreign Demographic Analysis Division, September 1980.
Ginor, Isabella and Gideon Ramez. Foxbats Over Dimona: The

Soviet Nuclear Gamble in the Six Day War. Yale University Press, 2008.
Medvedev, Roy A. Let History Judge: The Origins and Consequences of Stalinism. Columbia University Press, 1989.

제5장 확산

Bernstein, Jeremy. Hitler's Uranium Club: The Secret Recordings at Farm Hall. Copernicus Books, 2001.
Charles, Daniel. Between Genius and Genocide: The Tragedy of Fritz Haber, Father of Chemical Warfare. Jonathan Cape Ltd., 2005.
Claire, Roger. Raid on the Sun: Inside Israel's Secret Campaign that Denied Saddam the Bomb. Random House, 2004.
Close, Frank. Half Life: The Divided Life of Bruno Pontecorvo, Physicist or Spy. Basic Books, 2015.
Coster-Mullen, John. Atom Bombs: The Top Secret Inside Story of Little Boy and Fat Man. Self published, 2005.
Erkman, Suren, Andre Gsponer, JeanPierre Hurni, and Stephen Klement. The Origin of Iraq's Nuclear Weapons Program: Technical Reality and Western Hypocrisy. Independent Scientific Research Institute, 2005, and revised 2008.
Feldman, Clarice. "Anthrax: Some New Findings." American Thinker, April 2007.
Grip, Linda and John Hart. "The Use of Chemical Weapons in the 1935-36 Italo-Ethiopian War." SIPRI Arms Control and Non-proliferation Program(October 2009).
Handel, Michael, Uri-Bar Joseph, and Amos Perlmutter. Two

Minutes Over Baghdad-The True Story of the Daring Destruction of the Iraqi Nuclear Plant-Told for the First Time. Corgi Books, 1982.

Hasegawa, Tsuyoshi. Racing the Enemy: Stalin, Truman, and the Surrender of Japan. Harvard University Press, 2005.

Harris, Sheldon H. Factories of Death: Japanese Biological Warfare, 1932-45 and the American Cover-up. Routledge, 1995.

Hiltermann, Joost R. A Poisonous Affair: America, Iraq, and the Gassing of Halabja. Cambridge University Press, 2007.

Jacobsen, Annie. Operation Paperclip; The Secret Intelligence Program that Brought Nazi Scientists to America. Little Brown & Company, 2014.

Mayor, Adrienne. Greek Fire, Poison Arrows & Scorpion Bombs: Biological and Chemical Warfare in the Ancient World, Overlook Press, 2003.

Military Technology Information Handbook: Chemical Weapons, 2nd ed. Beijing: People's Liberation Army Press, 2000.

Nikitin, Mary Beth. North Korea's Nuclear Weapons: Technical Issues. CRS Report for Congress, April 3, 2013.

Rife, Patricia and J. A, Wheeler. Lise Meitner and the Dawn of the Nuclear Age. Boston: Birkhäuser, 1999.

Schwartz, J. P. "Uranium Dioxide Caramel Fuel: An Alternative Fuel Cycle for Research and Test Reactors" Commissariat 5 l'Energie Atomique et aux énergies alternatives (France, 1978).

Sime, Ruth Lewin. Lise Meitner: A Life in Physics. University of California Press, 1996.

"Sverdlovsk Anthrax Victims: The Presence of Multiple Bacillus Anthracis Strains in Different Victims" National Academy of Science Proceedings(March, 1995).

Truman, Harry S. Year of Decisions. Doubleday and Company, 1955.

제6장 사이버전

Haeni, Reto E. Information Warfare an Introduction. George Washington University, 1997.

"Security for Critical National Infrastructure." Large-Scale Plant Network Security Committee at MITI (Japan, Symposium Security for Critical National Infrastructure, October, 1999).

제7장 코드, 암호, 암호화 그리고 기술보호

Bertrand, Gustave. Enigma ou la plus grande énigme de la guerre 1939-1945. Pion, 1973.

DeBrosse, Jim and Colin Burke. The Secret in Building 26: The Untold Story of America's Ultra War Against the U-boat Enigma Codes. Random House, 2004.

Stinnett, Robert. Day of Deceit: The Truth About FDR and Pearl Harbor. Free Press, 2001.

Tuchman, Barbara. The Zimmermann Telegram. Random House, 1985.

제8장 기술보호와 수출통제

Melvern, Linda, David Hebditch, and Nick Anning. Techno-Bandits:

How The Soviets Are Stealing America's High-Tech Future. Houghton Mifflin, 1984.

Root, William A and John R. Liebman. United States Export Controls. Aspen Law & Business, 1991.

제10장 군수산업과 기술보호

Cochran, Alexander S, Robert F, Futrell, Thomas A. Fabyanic, and John F Kreis. Piercing the Fog: Intelligence and Army Air Forces Operations in World War II Washington, DC: Air Force Historical Studies Office, 1996.

Hessen, Robert. Berlin Alert: The Memoirs and Reports of Truman Smith. Hoover Institute for Public Policy, 1984.

Report of the Special Committee on Investigation of the Munitions Industry. 74th Congress, 2nd sess., February 24, 1936.

기타 참고문헌

Franz, Douglas and Catherine Collins. The Man from Pakistan: The True Story of the World's Most Dangerous Nuclear Smuggler. Twelve, 2007.

deGraffenreid, Ken, ed. The Cox Report: U.S. National Security and Military/Commercial Concerns with the People's Republic of China. Select Committee U.S, House of Representatives. Regnery, 1999.

Kahn, David. The Codebreakers: The Story of Secret Writing. MacMillan Publishing Co., 1967.

Kostin, Sergei and Eric Raynaud. Farewell: The Greatest Spy Story of the Twentieth Century. Amazon Crossing, 2011.

Krosney, Herbert. Deadly Business: Legal Deals and Outlaw Weapons. The Arming of Iran and Iraq, 1975 to Present. Four Walls/Eight Windows, 1993.

Pillsbury, Michael. The Hundred Year Marathon: China's Secret Strategy to Replace America as the Global Superpower. Henry Holt & Co., 2015.

Rhodes, Richard. Dark Sun: The Making of the Hydrogen Bomb. Simon and Schuster, 1996, - Making of the Atomic Bomb: 25th Anniversary Edition. Simon & Schuster, 2012.

Timmerman, Kenneth. The Death Lobby: How the West Armed Iraq. Houghton Mifflin, 1993.

Usdin, Stephen. Engineering Communism: How Two Americans Spied for Stalin and Founded the Soviet Silicon Valley. Yale University Press, 2005.

Wolton, Thierry. Le KGB en France. Grasset, 1986.

역자후기

"조용호씨는 나의 친구이자 진정한 애국자입니다.
우리 함께 평화로운 미래를 만듭시다."
2019년 10월 3일
- 스티븐 브라이엔 -

스티븐 브라이엔 박사님(이하 "저자")을 처음 알게 된 것은 지금으로부터 5년 전인 2019년 초로 기억한다. 방위사업청(이하 "방사청")에서는 방산기술보호 국제컨퍼런스를 개최하는데, 이 국제행사를 준비하면서 저자를 연사로 모시기 위해 이메일을 보냈고, 이내 답장을 받을 수 있었다. 이후에도 군사기술과 안보정책 분야에 오랜 기간 헌신하신 저자의 경험과 지혜를 빌리고자 종종 연락을 하였고, 그의 저서들에 대한 의견을 교환하기도 했었다. 그러다가 그해 10월, 수출통제 연구를 위해 미국의 메릴랜드대학교 공공정책대학원에 연수를 가게 되었고, 함께 시간을 보낼 수 있었다. 저자는 내가 소장하고 있던 그의 저서에 - 심지어 저자의 박사 논문까지 - 영광스럽게도 위와 같이 서명을 해주었다. 그때의 만남은 오래도록 여운이 남았고, 한국에서는 알려지지 않은 "기술안보 바이블"을 여러 사람들과 공유하고 싶은 욕심이 생겼다. 그러다가 저자의 허락을 얻은 후, 올해부터 번역과 개정작업을 본격적으로 시작하였고, 한국의 독자들을 위한 새로운 개정증보판을 발간하게 되었다.

나는 대한민국 공군에서 항공기, 지휘통제, 미사일방어 무기체계에 많은 관심을 갖고, 이들을 운용하는 작전분야에서 임무를 수행하다가 방사청으로 와서는 공군의 무기체계를 도입하고, 국방기술 정책을 수립하는 업무를 하게 되었다. 특히, 무기체계 연구개발을 진행하면서 우리의 기술을 보호하는 것도 중요하지만 우방국으로부터 도입하는 기술을 보호하는 것도 중요하다는 사실을 인식하였다. 이를 위해 방위산업 기술보호를 위한 시행계획을 종합하고, 국제협력 분야에서 원활한 기술협력과 국가신뢰도 향상을 위하여 최선의 노력을 다했다. 현재도 방위산업 기술보호와 전략물자(군용물자품목) 수출통제와 관련된 업무는 방사청에서 주도하고 있는데, 저자가 창설하고 초대 청장으로 근무했던 미국의 국방기술보안청(DTSA) - 때로는 국방부 방산기술보호본부라고 부르기도 한다. - 과 긴밀하게 협력하고 있고, 바세나르체제(Wassenaar Arrangement)나 미사일기술통제체제(Missile Technology Control Regime)와 같은 다자간 수출통제체제에도 적극적으로 대응함으로써 역내 기술안보와 투명성 강화에 기여하고 있다. 또한 방사청의 기술보호와 수출통제는 방위산업기술 보호법에 따라 수립된 연간 시행계획과 5년 단위의 종합계획을 통해 추진되고 있으며, 방사청 외에도 방위산업기술보호위원회(위원장: 국방부장관)에서 관계부처들이 합동으로 이행과제들을 선정하고 관리하는 등 제도적으로도 정착단계에 접어들어 부족함 없이 운영되고 있다고 본다.

이제 우리도 기술을 가진 자로서 기술보호에 기여할 권한과 책임이 있는 행위자로 초대받고 있다. 연일 K-방산이 화두가 되고, 환영받는 분위기에서 기술보호를 단순히 일차적인 이익을 보호하거나 수출을 가로막는 장벽으로 여길 것이 아니라, 기술의 본질과 성격부터 이해하려는 노력이 필요하다. 이 책에서 살펴본 것처럼 기술은 성서시대에서 지금 이 순간까지 조연의 역할만 한 것이 아니라 주연의 역할을 하고 있으며, 그 비중도 점점 더 커지고 있다. 이러한 역전 현상은 가속화되어 안보에 직접적인 영향을 미치게 될 것이며, 그 파급효과 또한 반드시 순환하여 우리에게 돌아 올 것이다.

모든 사람들이 안보의 중요성에 대해 이야기한다. 과거의 전통적인 안보가 오늘날 경제, 식량, 건강, 환경, 인간안보에 이르기까지 다양하게 세분화되었으며, 학술적으로도 지평을 넓혀가고 있다. 국가의 안보까지 손에 쥔 "기술"도 위의 자격을 갖추기에 충분하며, "기술안보"라는 개념까지 확장하여 정책을 준비해야 한다. 과거에는 보고 만질 수 있었으며, 우리 손 안에 있다고 확신했던 "도구"들이 지금은 한눈에 보이지 않는 복잡하고, 치명적인 "해결사"로 바뀌었다는 사실은 누구도 부정할 수 없을 것이다. 하지만 이러한 기술들이 실종상태로 사라졌다가 우리를 향해 되돌아온다면 과연 어떤 모습일까? 이러한 경각심을 공유하고자 책 제목을 기술보안 또는 기술보호가 아니라 좀 더 높은 수준의 기술안보로 정한 이유이다.

몇몇 사람들은 본 책의 내용이 다소 미국중심의 보수적인 시각에서 작성되었다고 볼 수도 있겠지만, 미국의 정부와 업계에서 고위직을 역임하고, 언론과 학술 분야에서 근 50년간 활동한 원로의 지적인(intellectual) 결론이자 산출물이라는 점과 미국이 아닌 우리의 국가안보를 위한 역사적인 관점에서 조망한다면 어느 정도의 불편함은 감수할 수 있을 것이다. 또한 과거와 현재, 미국과 다른 국가들의 선례를 학습하고, 향후 정책을 수립하기 위한 정보를 획득하는 차원에서도 큰 도움이 될 것이라고 생각한다.

책의 주제, 저자의 지식과 전문성, 그리고 저자가 강조하는 교훈을 고려하면 책의 내용은 무거울 수밖에 없다. 그렇지만 그 중요성을 인식하고, 가급적 모든 내용을 살려야겠다는 일종의 의무감으로 원문을 지켜가며 번역하였고, 독자들의 이해를 돕기 위해 저작권에 문제가 없는 수준에서 다양한 사진자료들을 추가하였다. 그럼에도 혹시 내용이 부족하거나 문제가 있다면, 역자의 탓으로 돌리길 바란다. 부족한 부분은 독자들과 지속적으로 소통하면서 발전시킬 계획을 갖고 있다.

끝으로 오랜 사제(師弟) 관계를 유지하면서 깊은 가르침을 주시고, 기술안보의 기본서와 같은 본 책의 번역과 개정을 흔쾌히 허락해주셨으며, 책의 인세를 소중한 곳에 기부할 수 있도록 동참해주신 저자, 스티븐 브라이엔 박사님께 존경과 감사를 표한다. 아울러 책의 출간을 아낌없이 지원해주신 드러커마인드의 최대석 대표님, 최연 편집장님, 황문희 에디터님, 조혜수 대리님, 임설아님, 김지인님에게도 따뜻한 감사의 인사를 전한다. 그리고 현재의 나를 키워준 대한민국 공군, 그리고 방위사업청의 선배님들과 동료들에게도 깊은 감사의 인사를 올리고 싶다. 무엇보다도 가장 소중한 것은 가족들의 무한한 사랑과 헌신이다.

2024년 8월 15일

옮긴이 조용호

기술과 국가

군사기술혁명 시대의 기술안보

초판발행 2024년 10월 8일
지은이 스티븐 브라이엔 지음 | 조용호 옮김
펴낸이 최대석 **펴낸곳** 드러커마인드 **출판등록** 제2008-04호
등록일 2006년 10월 27일
주소 a1. 서울특별시 종로구 종로1길 50 더케이트윈타워 B동 위워크 2층
a2. 경기도 가평군 경반안로 115
전화 031-581-0491 **팩스** 031-581-0492
전자우편 book@happypress.co.kr
정가 28,000원 ISBN 979-11-94192-08-4

*드러커마인드는 행복우물출판사의 임프린트입니다